普通高等教育人工智能与大数据系列教材

智能科学与技术导论

主　编　朱　珍

副主编　陈荟慧

参　编　王爱国　郑春弟　刘翔宇

　　　　刘宪国　易长安　王金海

机械工业出版社

本书围绕智能科学与技术的学科内涵，沿自然智能和机器智能两大主线展开介绍，覆盖学科的主要基础知识、研究方法、研究方向和应用领域。本书共9章，内容包括绪论、认知科学及其应用、机器感知及其应用、模式识别及其应用、机器学习及其应用、机器人及其智能化、自然语言处理及其应用、大数据及其应用、智能系统与发展前瞻。从第2章开始，本书分别从各个研究方向的技术发展角度，阐述了各种智能科学理论与技术的产生和发展趋势，介绍了技术方法、算法和典型应用，以及智能科学理论与技术对人类社会各领域的广泛影响。本书覆盖面广，强调基础性、广泛性、相关性和前瞻性，内容丰富。

本书可作为智能科学与技术及相关专业的入门课程教材，也可作为其他专业本科生和研究生智能科学与技术通识教育教材，或相关技术人员的参考用书。

图书在版编目（CIP）数据

智能科学与技术导论/朱珍主编 . —北京：机械工业出版社，2021.4
（2024.6重印）
普通高等教育人工智能与大数据系列教材
ISBN 978-7-111-67994-3

Ⅰ.①智…　Ⅱ.①朱…　Ⅲ.①智能技术-高等学校-教材　Ⅳ.①TP18

中国版本图书馆 CIP 数据核字（2021）第 065671 号

机械工业出版社（北京市百万庄大街22号　邮政编码100037）
策划编辑：路乙达　责任编辑：路乙达　刘　静
责任校对：肖　琳　封面设计：张　静
责任印制：单爱军
北京虎彩文化传播有限公司印刷
2024 年 6 月第 1 版第 5 次印刷
184mm×260mm · 18 印张 · 441 千字
标准书号：ISBN 978-7-111-67994-3
定价：53.80 元

电话服务　　　　　　　　网络服务
客服电话：010-88361066　机 工 官 网：www.cmpbook.com
　　　　　010-88379833　机 工 官 博：weibo.com/cmp1952
　　　　　010-68326294　金 书 网：www.golden-book.com
封底无防伪标均为盗版　机工教育服务网：www.cmpedu.com

前　言

智能科学与技术专业是一个新兴的学科专业，其发展迅猛，内涵和外延不断丰富与拓展，在人文、工业、社会、经济、环境、生物等多个领域发挥着越来越重要的作用。智能科学与技术已成为人类建设智能世界的重要理论与技术支撑。2018 年 4 月，教育部印发《高等学校引领人工智能创新行动计划》，引导高等学校瞄准世界科技前沿，不断提高人工智能领域科技创新、人才培养和国际合作交流等能力，为我国新一代人工智能发展提供战略支撑。近几年，各高校纷纷设立智能科学与技术、人工智能、数据科学与大数据技术、机器人工程、智能科学与管理、智能制造工程、机器人工程、大数据管理与应用等专业，使我国人工智能领域专业人才培养格局逐步完善。但与此同时，专业教材建设滞后的问题凸显出来，远远不能满足相关专业的教学需求。

为了补充国内本科院校智能科学与技术、人工智能等相关专业的入门导论教材，本着"树精品意识、出优秀教材"的宗旨，我们着手编写了本书。本书是全国高校人工智能与大数据创新联盟牵头组织编写的系列教材之一，全国高校人工智能与大数据创新联盟由一批积极投身于"人工智能、大数据、区块链"教育事业的高校、科研机构、企事业单位和个人自愿组成，是一个面向全国的公益性社会学术组织和服务平台，在推动教材出版、专业建设、学科发展、人才培养等方面发挥着积极作用，也将进一步为我国人工智能、大数据和区块链教育事业赋能。

本书围绕智能科学与技术的学科内涵，沿自然智能和机器智能两大主线展开介绍，覆盖学科的主要基础知识、研究方法、研究方向和应用领域。从各个研究方向的技术发展角度，阐述了各种智能科学理论与技术的产生和发展趋势，介绍了技术方法、算法和典型应用，以及智能科学理论与技术对人类社会各领域的广泛影响。本书覆盖面广，强调基础性、广泛性、相关性和前瞻性，内容丰富。同时，本书编写团队还进行了课程思政探索，录制了相关视频。

本书共分 9 章，编写团队来自于佛山科学技术学院，朱珍负责统筹全书内容，并编写第 1 章和第 9 章的 9.1、9.3、9.4 节；王爱国编写第 2 章；郑春弟编写第 3 章；刘翔宇编写第 4 章；刘宪国编写第 5 章；易长安编写第 6 章；陈荟慧编写第 7 章和第 9 章的 9.2 节，并负责部分章节的审改；王金海编写第 8 章。

本书可作为智能科学与技术及相关专业学生的入门课程教材，也可作为其他专业本科生和研究生智能科学与技术通识教育教材，或相关技术人员的参考用书。由于作者水平有限，内容错漏难以避免，敬请各位读者提出宝贵的意见和建议，我们将在未来的版本中逐一改进。

课程思政微视频

编　者

目 录

第1章 绪 论

👆 **导 读**

主要内容：

本章为绪论，主要内容包括：

1）智能、人类智能、机器智能的概念与内涵，人工智能发展历程，智能模拟、智能计算的产生和发展。

2）科学、技术与工程的内涵、区别、发生发展规律，以及智能科学与技术的相关概念和内涵。

3）数据、信息、知识、策略、智能活动等相关概念，人类的心智模型，智能科学与技术基本模型。

4）智能科学与技术的诞生、发展、重点研究领域，各阶段的标志性事件，智能科学与技术的应用，以及智能科学与技术和新一代信息技术之间的关系。

学习要点：

理解和掌握智能、智能科学、智能技术的相关概念与内涵，以及智能科学与技术的基本模型。熟悉科学、技术与工程的内涵与区别，智能科学与技术的重点研究领域。了解智能科学与技术的诞生与发展，各阶段的标志性事件，以及重点应用领域。

1.1 人类智能与机器智能

在人类社会发展的历史长河中，人类依靠自身的智能去认识世界、改造世界，创造了人类特有的灿烂文化和科学技术，不断揭示着客观世界的奥秘，开辟了一个又一个认识领域和行动领域，与此同时，智能形态也在不断拓展。

1.1.1 智能与自然智能

1. 智能的含义

中国古代思想家一般认为智力和能力是两个相对独立的概念，认为智能是智力和能力的总称。而在西方和苏联的心理学领域，通常认为智能等同于智力或能力。归结起来，国内外有关"智能"一词的含义共有以下四种观点：

1）独立说。我国古代的智能观既不同于西方，也有别于苏联，可称之独立说。认为智力与能力是两个独立的概念，二者既有区别，又有联系。例如，明末清初思想家王夫之认为：智为认识潜能，即潜在的认识能力；能是实践潜能，即潜在的实践能力。智乃"知"，系"耳力""目力""心思"对外界的了解并获得成功，属于认识活动；能为"用"，即作用于外部世界并取得效果，属于实践活动。

2）包容说。部分西方心理学家认为智能等同于智力或能力，智力包含多种多样的能力，各种能力是智力的组成因素。例如，著名教育心理学家霍华德·加德纳（Howard Gardner）提出了"多元智能理论"，他认为人在实际生活中所表现出来的智能是多种多样的，这些智能可以被区分为八种：语言文字智能、数学逻辑智能、视觉空间智能、身体运动智能、音乐旋律智能、人际关系智能、自我认知智能和自然观察智能。

3）等同说。亦有部分西方心理学家认为智能等同于智力或能力，智力就是能力。例如，智力就是思维能力、学习能力或适应环境的能力。

4）从属说。苏联的心理学家认为智能等同于智力或能力，能力是上位概念，而智力则是其下位概念。能力包含着智力，智力是能力的组成部分。可以把能力划分为一般能力和特殊能力，一般能力就是指智力。

2. 智能的定义

关于智能的定义，哲学、脑科学、心理学、控制科学、计算机科学、人工智能等领域的专家学者从不同角度给出的定义有几十种之多，而且绝大部分也都是从人类自身智能的角度给出的定义。例如：

1）哲学学者认为人类的智能是自然界的物质、能量和信息在人那里所达到的一种新形式的运动，它涉及人脑、社会和宇宙三者之间的内在演化过程。

2）心理学学者通常将智能定义为各种能力的综合（例如，加德纳总结为八种能力，也有学者认为是五种能力），包括人的注意力、观察力、想象力、记忆力和思维力。人的智能作为一种综合能力，以人的思维力为核心。

无论哪种定义，人们均把感觉、注意、记忆、思维、逻辑、理解、推理以及决策等作为智能的特征，然而这些无一不是人脑的功能。难道除了人类之外，地球上的其他动物和植物就没有智能吗？

近年来，研究人员发现，一些动物有使用工具、辨认图案、认识数字、规划路线的能力。例如，鸽子可以辨认不同图案，甚至能分辨哪些图案相同、哪些图案不同。老虎遇到猎物时会俯低身体，并且寻找掩护慢慢潜近；在追捕时，老虎会规划路线，打出提前量截击猎物。还有"语法大师"黑猩猩，"优秀学生"海豚，"逻辑学者"海狮，"多情才子"鹦鹉，等等。

从进化论角度看，人类是从自然界动物演化来的，动物又是从古生物，甚至是微生物、单细胞生物等演化来的。同样，作为人类智慧之源的人脑也经历了这样的演化过程，单纯地从人类的角度来定义智能，忽略其他生物智能是不科学的，也是不完整的。因此，本书对智能的定义如下：智能是指生物体或系统在特定环境条件下，自适应地调整自身或调控各种资源实现目标的能力。

3. 智能谱

上面给出的智能定义不再特别强调思维、逻辑、推理等特殊的脑功能特征，而强调自适应环境变化，能够调控资源实现目标的能力，这样定义智能更加具有普适性。对于地球上的生物来说，只要它具有自适应地调整自身或调控各种资源实现目标的能力，这种生物就具有智能，或称该生物就具有自然智能。换言之，如果一个系统在一定的环境下，表现出自适应地调整或控制各种资源尽可能地实现预定目标的能力，就说该系统具有一定的智能。当该系统为机器时，就是一种机器智能。

国内外的研究成果表明，智能的进化可以用一条从低到高的智能谱来表示，不同的生物体或系统，依据其智能水平高低在智能谱中都能找到合适的位置，如图 1-1 所示。

无论是无机物、植物、动物，还是高等动物或人类，他们都具有智能，只是智能水平的高低不同而已。人类具有最高的智能水平，智能的最主要体现是在智力上，而智力的表现往往以思维为核心。

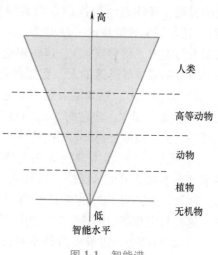

图 1-1　智能谱

1.1.2　人类智能与能力

根据知识学原理，人类智力是知识基础上的行为（简称知识行为）能力。知识行为是人类独有的智力行为，人与动物智力的本质差异就在于此。所有动物智力几乎都是先天的，而人类智力大多是在后天知识环境下开发培养出来的。新生婴儿智力低下，只有在知识的海洋中汲取知识，才能迅速提升智力。

1. 能力与素质

按照中国古代思想家的智能独立说，能力也是人类智能的重要组成部分，而个体能力更多取决于其自身的综合素质。1973 年，美国心理学家戴维·麦克利兰（David C. McClelland）提出了著名的素质冰山模型（Iceberg Model），该模型将人类个体综合素质划分为显性的"水面之上冰山部分"和潜在的"水面之下冰山部分"，如图 1-2 所示。

"水面之上冰山部分"包括知识和技能，知识是指个体拥有的某一特定领域的事实型与经验型信息，技能是指个体对某一特定领域所需技术与知识的掌握情况。知识和技能是外在的显性表现，容易了解与测量，相对而言也容易通过学习培训加以改变和发展。

"水面之下冰山部分"约占个体综合素质的 7/8，包括社会角色、自我认知、特质和动机，是人类个体内在的、难以测量的部分。社

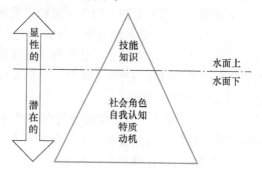

图 1-2　素质冰山模型

会角色是指个体基于态度和价值观的行为方式与风格，自我认知是指个体的态度、价值观和对自我的认知，特质是指个性、身体特征对环境和各种信息所表现出来的持续反应，动机则是指在一个特定领域的自然而持续的想法和偏好（如成就、亲和力、影响力等）。社会角

色、自我认知、特质和动机将驱动、引导和决定一个人的外在行动，不太容易通过外界影响加以改变，但它们却对人类个体的行为与表现起着关键性的作用。

人类个体智力的高低，取决于其拥有知识的真实、准确、可靠程度，以及在所掌握的知识基础上的悟性、想象力等主观因素。而能力的高低则取决于其本身的特质和自我认知，在自我动机支配下的社会角色实现，以及知识获取与技能锻炼。因此，人类智力源于人类对客观自然规律的认识与了解，能力则源于人类文明、文化的发展与演化过程中的不断实践。随着人类的不断进化，人类的智能也在不断发展和提升。

2. 能力的分类

从上面的讨论可以看出，无论是八元智能理论（语言文字智能、数学逻辑智能、视觉空间智能、身体运动智能、音乐旋律智能、人际关系智能、自我认知智能和自然观察智能），还是五元智能理论（注意力、观察力、想象力、记忆力和思维力），抑或智能独立说的智力与能力（综合素质），这些理论和观点都从不同角度给出了人类智能的定义和内容。为了与近年来发展迅速的人工智能研究相对比，可以将人类智能所涉及的能力归纳为六种：

1）感知能力。感知能力是指通过感受器官感知外界的能力。感知是对外界事物（信息）的感觉、知觉、注意的一系列过程，例如，眼睛能感知光线，耳朵能感知声音，鼻子能感知气味，皮肤能感知冷热，等等。

2）记忆能力。记忆能力是指对外界信息和内部知识的存储能力。记忆是人脑对经历过的事件或事物的识记、保持、再现或再认，是进行思维、想象、决策等高级心理活动的基础。例如，人们对儿时的成长经历常常会有所记忆，尤其对那些特别的事件更加记忆深刻，遇到与之相类似的情况时，当时的场景就会清晰地浮现在脑海中。

3）思维能力。思维能力是指对已存储信息或知识的本质属性、内部知识的认识能力。每逢人们在工作、学习、生活中遇到问题，总要"想一想"，这种"想"就是思维，通过分析、综合、概括、抽象、比较、具体化和系统化，找出解决问题的办法。思维能力包括常识思维能力、逻辑思维能力、形象思维能力、灵感思维能力等。例如，树上还有几只鸟（常识思维）？人是怎样横穿马路的（逻辑思维）？人是怎样识别景物的（形象思维）？等等。灵感思维是人们在科学研究、科学创造、产品开发或问题解决过程中突然涌现、瞬息即逝，使问题得到解决的思维过程。很显然，灵感思维能力并不是每个人都具备的，是可遇不可求的，不然的话，世界上伟大的科学家和发明家将会更多一些。

4）学习能力。学习能力是指具有特定目的的知识获取的能力。学习是指通过阅读、听讲、思考、研究、实践等途径获得知识和技能的过程，人类的学习能力与生俱来，从出生到离世，每个人每时每刻都在不断学习，但不同阶段的学习目的不同，而且每个人的学习能力和知识水平也有所差异。

5）自适应能力。自适应能力是指通过自我调节适应外界环境的能力。人类可以根据环境的变化，调整自身使得其行为在新的或者已经改变了的环境下达到最佳状态。例如，人们可以自我调整以适应各种恶劣的自然环境而获得生存的权利，或能够在各种复杂的社会环境下工作、生活。

6）行为能力。行为能力是指人们对感知到的外界信息做出动作反应的能力。外界信息来源于眼、耳、鼻、皮肤等感觉器官，经思维决策，由语言、表情、体姿等实现沟通交流，通过脊髓神经控制人体效应器（如手、脚）采取相应行动。

1.1.3 机器智能模拟

1956 年夏季，约翰·麦卡锡（John McCarthy）和马文·明斯基（Marvin Minsky）等科学家在美国达特茅斯学院召开研讨会讨论"如何用机器模拟人的智能"，并首次提出"人工智能"（Artificial Intelligence，AI）这一术语。自此之后，人工智能的探索之路曲折起伏，而且人工智能研究的领域与触角也在不断拓展，不再仅仅局限于当初提出人工智能时的目标，即用机器模拟人的智能，而是触及自然界存在的各种各样的自然智能。因此，可以认为机器智能是指一切人造的智能。

1. 人工智能发展历程

对于人工智能的发展历程，学术界可谓见仁见智，本书将人工智能的发展历程划分为六个阶段：

1）起步发展期：1956 年至 20 世纪 60 年代初。人工智能概念提出后，相继取得了一批令人瞩目的研究成果，如机器定理证明、问题求解等，掀起了人工智能发展的第一个高潮。学术界也有人将人工智能起步追溯到 1950 年"图灵测试"诞生。

2）反思发展期：20 世纪 60 年代至 70 年代初。人们开始尝试更具挑战性的任务，并提出了一些不切实际的研发目标，多次的失败和预期目标的落空使人工智能的发展走入低谷。

3）应用发展期：20 世纪 70 年代初至 80 年代中。20 世纪 70 年代出现的专家系统模拟人类专家的知识和经验解决特定领域的问题，实现了人工智能从理论研究走向实际应用、从一般推理策略探讨转向运用专门知识的重大突破。例如，专家系统在医疗、化学、地质等领域取得成功，推动人工智能迎来应用发展热潮。

4）低迷发展期：20 世纪 80 年代中至 90 年代中。随着人工智能应用规模的不断扩大，专家系统存在的应用领域狭窄、缺乏常识性知识、知识获取困难、推理方法单一、缺乏分布式功能、难以与现有数据库兼容等问题逐渐暴露出来。

5）稳步发展期：20 世纪 90 年代中至 2010 年。网络技术特别是互联网技术的发展，加速了人工智能的创新研究，促使人工智能技术进一步走向实用化。1997 年，IBM 的"深蓝"超级计算机战胜了国际象棋世界冠军加里·卡斯帕罗夫（Garry Kasparov）；2008 年，IBM 提出"智慧地球"的概念。

6）蓬勃发展期：2011 年至今。随着大数据、云计算、互联网、物联网等新一代信息技术的发展，泛在感知数据和图形处理器等计算平台推动了以深度神经网络为代表的人工智能技术飞速发展，大幅跨越了科学与应用之间的"技术鸿沟"。诸如图像分类、语音识别、知识问答、人机对弈、无人驾驶等人工智能技术实现了从"不能用、不好用"到"可以用"的技术突破，迎来了爆发式增长的新高潮。

在企业界，也有人将反思发展期、低迷发展期更加形象地称为人工智能的低谷和人工智能的冬天。无论怎样，在人工智能的发展历程中有过两次低潮，而每次低潮都孕育了下一阶段发展的智慧和力量。

2. 智能模拟技术路线

在人工智能的发展过程中，不同学科背景的学者对人工智能给出了各自的理解，提出了不同的观点，由此产生了不同的学术流派，其中影响较大的主要有符号主义、联结主义和行为主义三大学派，不同学派采取不同的技术路线模拟人类（自然）的智能。

1）功能模拟。功能模拟方式亦称为符号主义（逻辑主义）。符号主义认为，人类认知的基元是符号，认知过程是符号表示上的一种运算。智能的基础是知识，其核心是知识表示和知识推理。知识可用符号表示，也可用符号进行推理，因而可以建立基于知识的人类智能和机器智能的统一的理论体系。由此发展了启发式算法、专家系统、知识工程理论与技术。符号主义至今仍是人工智能的主流学派。

2）结构模拟。结构模拟方式亦称为联结主义（仿生学派或生理学派）。联结主义认为，AI 起源于仿生学，特别是人脑模型。人类认知的基元是神经元，认知过程是神经元的联结活动过程。思维的基元是神经元，而不是符号。思维过程是神经元的联结活动过程，而不是符号运算过程，反对符号主义关于物理符号系统的假设。模拟人类大脑结构构建的人工神经网络系统是结构模拟的典型实例。

3）行为模拟。行为模拟方式亦称行为主义（进化主义或控制论学派）。行为主义认为，人工智能起源于控制论，智能取决于感知和行为，取决于对外界复杂环境的适应，而不是推理。智能不需要知识、不需要表示、不需要推理，智能行为只能在现实世界中与周围环境交互作用而表现出来，而且人工智能可以像人类智能那样逐步进化。行为主义提出了著名的智能行为"感知-动作"模型。

1.1.4 机器智能计算

1. 智能计算的概念

"智能计算（计算智能）"是一个内涵相当丰富的概念，而且由于实施计算的主体是机器（计算机），故也可称为"机器智能计算"或"机器计算智能"。

在自然界，智能是在生物的遗传、变异、生长以及外部环境的自然选择中产生的，智能计算就是人们基于对自然界独特规律的认知，提取相关特性，研究设计出适合问题求解的计算工具（模型和算法）。因此，智能计算是以生物进化的观点来认识和模拟智能的。

智能计算涉及物理学、数学、生理学、心理学、神经科学、计算机科学等多个学科，智能计算的方法包括遗传算法、模拟退火算法、禁忌搜索算法、进化算法、启发式算法、蚁群算法、人工鱼群算法、粒子群算法、免疫算法、神经网络、模糊逻辑、机器学习、生物计算、DNA 计算、量子计算，等等。

2. 典型智能计算方法

四种典型的智能计算方法如下：

1）进化算法（Evolutionary Algorithm）。进化算法启迪于大自然适者生存、优胜劣汰的进化规律，进化算法中将群体中的每一个个体称为染色体，将每一个个体的特性称为基因，子代通过个体间的竞争而繁殖产生，群体的进化通过个体之间的交叉、变异、选择等一系列过程而实现。

遗传算法（Genetic Algorithm）是进化算法的典型算法之一，其主要特点是直接对结构对象进行操作，不存在求导和函数连续性的限定；具有内在的隐并行性和解空间全局寻优能力；能自适应地调整搜索方向，不需要确定性的规则。由于这些性质，遗传算法已被人们广泛地应用于组合优化、信号处理、自适应控制和人工生命等领域。

2）人工神经网络（Artificial Neural Network）。生物的神经系统由大量的神经元和传播信号的突触组成，它的传播机制为人工神经网络模型的设计提供了灵感，人工神经元被用来模拟生物神经元从而可以产生多种不同类型的神经网络模型。

神经网络的一个重要特性是它能够从环境中学习，并把学习的结果分布存储在网络的突触连接中。学习是一个过程，在其所处环境的激励下输入一定数量的训练样本，并按照一定的规则（学习算法）调整网络各层的权值矩阵，当权值收敛时，则学习过程结束，所生成的神经网络即可正式处理实际数据。

3）免疫算法（Immune Algorithm）。免疫算法引入自然免疫系统中的抗原、抗体、亲和度、B 细胞、树突细胞、T 细胞等一系列概念，建立解决具体问题的模型。与传统智能计算方法相比，免疫算法全局收敛能力和收敛速度都表现出优越性，可以克服寻优处理过程中的早熟现象，然而大量参数的配置成为人工免疫算法的瓶颈。

近年来，人工免疫系统在模式识别、机器学习和自动控制等众多领域得到了深入研究和广泛应用，基于人工免疫系统的分类是人工免疫系统研究的热点之一。随着人工免疫的进一步发展和完善，其分类性能和处理能力也将会得到进一步的提高。

4）群智能算法（Swarm Intelligence Algorithm）。群智能算法启迪于诸如鸟群、蚁群、鱼群、蝇群等群居生物体的社会行为，通常情况下群体中的个体行为都比较简单，而且个体之间没有差异，群体中也没有中心控制个体，个体与个体之间可以通过相互协作来完成复杂问题的求解。

例如，蚁群算法用蚂蚁的行走路径表示待优化问题的可行解，粒子群算法起源于对鸟类寻找食物的飞行行为轨迹的研究，果蝇算法产生于研究果蝇这一群体寻找食物的行为轨迹，烟花算法启迪于烟花爆炸时产生的火花现象。群智能在没有集中控制并且不提供全局模型的前提下，为寻找复杂分布式问题的解决方案提供了有效工具，特别是在组合优化这一传统领域，群智能算法表现出了很好的求解能力。

3. 智能计算与大数据分析

智能计算的研究在国内外得到了广泛的关注，其理论和方法也处于不断发展和完善的过程中。智能计算的最大特点是不需要建立问题本身的精确（数学或逻辑）模型，不依赖于知识表示，而是在样本数据的基础上直接对输入信息进行处理。这一特点非常适合于解决大数据分析中那些由于难以建立有效的形式化模型而用传统技术难以解决，甚至于无法解决的问题，具有巨大的应用潜力。

近年来，智能计算的理论与技术发展迅速，在图像处理、模式识别、知识获取、经济管理、生物医学、智能控制等许多领域都得到了广泛应用，取得了一系列令人鼓舞的研究成果。同时，大数据也给智能计算的发展带来了新的挑战与机遇，目前在大数据分析领域的智能计算应用已经有了一些探索性的研究工作，但是总体上看，针对大数据分析的智能计算方法的研究还处于起步阶段，尚有诸多问题亟待解决。

1.2 智能科学与技术

人们习惯于把科学和技术连在一起，统称为科学技术，简称科技。实际上二者既有密切联系，又有重要区别。简单来说：科学解决理论问题，技术解决实际问题。科学与技术的发生与发展，有其自身的内在规律，智能科学与技术也是一样。

1.2.1　科学、技术与工程

所谓"科学技术工程三元论"是相对于对科学与技术的关系的认识"一元论"（认为科学和技术是同一体）及"二元论"（认为科学和技术不是同一体）而言的。三元论是在 21 世纪初由一门新兴的学科——工程哲学的相关学者提出的，他们认为科学、技术与工程三者是并列的，是人类的三大主要行为或活动。

1. 科学、技术与工程之间的关系

科学、技术与工程之间的关系如图 1-3 所示。

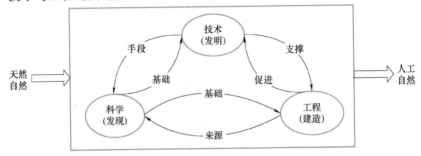

图 1-3　科学、技术与工程之间的关系

尽管科学、技术和工程都反映了人与自然之间的能动关系，但科学的本质是发现，它使那些完全独立于人存在的天然自然在实践中被人认识成为人工自然；技术的灵魂是发明，它使一种崭新的人工自然的诞生成为可能；工程的核心是建造，使为人类服务的人工自然成为现实。因此，科学、技术与工程三者之间的关系可描述为：科学是技术的基础，技术是科学的手段；技术支撑工程的实施，工程促进技术的发展；科学往往来源于工程实践，而工程必须建立在科学的基础之上。

实质上，科学、技术和工程三者之间既有密切联系，又有明显区别。表 1-1 从研究的目的与任务、研究的过程与方法、成果性质与评价标准三个不同维度描述了科学、技术与工程的内涵，以及三者之间的区别。

表 1-1　科学、技术与工程的内涵和区别

维　　度	科　　学	技　　术	工　　程
研究的目的与任务	目的是认识世界，揭示自然界的客观规律 任务是解决自然界"是什么""为什么"的问题	目的是改造世界，实现对自然物和自然力的利用 任务是解决改造自然界"做什么""怎么做"的问题	目的是使为人类服务的人工自然成为现实 任务是解决"在什么地方做""什么时候做""按什么标准做"等问题
研究的过程与方法	研究过程追求精确的数据和完备的理论，从认识的经验水平上升到理论水平；探索性很强，偶然因素较多 主要研究方法包括观测、实验推理、归纳、演绎等	研究过程追求比较稳定的应用目标，要利用科学理论解决实际问题；认识由理论向实践转化，有的放矢，偶然性较小 主要研究方法包括论证、调查、设计、试验、修正等	研究过程是工程目标的确定、工程方案的设计和工程项目的决策等，其实现要考虑资源、经济、环境等方方面面的因素 主要研究方法是论证、计划、设计、实施、观测、评价、反馈、修正等

（续）

维 度	科 学	技 术	工 程
成果性质与评价标准	最终成果主要是知识形态的理论或知识体系，具有公共性或共享性，一般不保密 评价标准是是非正误，以真理为准绳；与社会现实价值联系相对较弱，或者说仅蕴含少量的价值成分	最终成果主要是技术发明和生产经验的物化形态，是某种程序或人工器物，具有商品性；可以在保密的同时出卖或转让 评价标准是利弊得失，以功利为尺度；处处渗透价值、时时体现价值	最终成果是达到预期目标，人工自然建造完成 评价标准是达不到预期目标就意味着失败；有很强的实践价值依赖性；要在资源、经济、环境等各方面间权衡，妥协性是工程价值性的体现

讨论科学、技术与工程的相互关系，无疑可以理清从科学向技术的"转化"和从技术向工程的"转化"路径，使科学、技术与工程的研究成果造福人类。

2. 科学、技术与工程的定义

由以上论述，给出科学、技术与工程的定义如下：

1）科学（Science）。科学是指关于世界本质及其规律的知识体系，是人们对各种事实和现象进行观察、分类、归纳、演绎、分析、推理、计算和实验，从而发现规律，并对各种定量规律予以验证和公式化的知识体系。按研究对象的不同，科学可分为自然科学、社会科学和思维科学三大类。

2）技术（Technology）。技术是指关于利用和改造自然的知识、经验、技巧和手段，是人们利用现有事物形成新事物，或是改变现有事物功能、性能的方法。技术应具备明确的使用范围和被其他人认知的形式和载体，如原材料（输入）、产成品（输出）、工艺、工具、设备、设施、标准、规范、指标、计量方法等。

3）工程（Engineering）。工程是指关于人工自然设计与建造实施的过程，是一项精心计划和设计以实现一个特定目标的单独进行或联合实施的工作。人们要应用科学知识和各种手段使自然力和自然物更好地为人类服务。工程活动的内涵可以概括为"一个对象、两种手段、三个阶段"。一个对象是指改造对象或建造对象，如建筑工程中的一栋大厦。两种手段是指技术手段和管理手段，后者包括行政手段、经济手段和法律手段等。三个阶段包括：①策划阶段，包括可行性论证、规划、设计、调查、勘测等一系列前期工作；②实施阶段，包括施工、制造、改造等；③使用阶段，包括使用、跟踪监测和维修保养等。

1.2.2 科学技术的发生发展规律

任何科学技术的发生发展都不是偶然的，即使出现的时间和地点具有偶然性，即使由什么人发现也具有偶然性。但是，某一门科学技术究竟是否应该发生、如何发展，则遵从人类社会进步的需求，以及科学技术发生和发展的规律。

1. 科学技术发生学——辅人律

人类的发展历史证明，人类的进化分为两个阶段：生物学进化阶段和文明进化阶段。在生物学进化阶段，人类主要通过自身器官功能的分化和强化来增强自身的能力，直立行走和手脚分工是人类生物学进化阶段的主要标志。而在文明进化阶段，人类试图通过利用外部世界的力量来增强人类自身的能力。

科学技术发生学的辅人律逻辑模型如图1-4所示。"由内部器官功能分化和强化"机制向"利用身外之物强化自身功能"机制的转变，是科学技术发生的根本前提，即科学技术之所以会发生，根本原因在于人类希望"利用身外之物强化自身功能"。"身外之物"就是通过科学技术手段创造出来的各种工具，正是通过使用这些工具，人类自身的能力才得到了有效加强。其中，科学主要扩展人类认识世界的能力，技术主要扩展人类改造世界的能力。

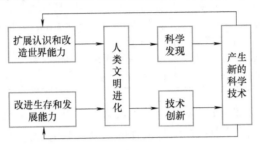

图 1-4　辅人律逻辑模型

事实上，一切科学技术都是"辅人"的，只不过有些科学技术的"辅人"作用非常直接和明显，而有的则比较间接和隐含。但无论如何，科学技术的"辅人"本质是无可争辩的。

2. 科学技术发展学——拟人律

人类和人类社会的固有本性之一，是不断追求更好的生存和发展条件。原有的目标实现了，又会进一步追求更高的生存和发展目标，永远不会停留在一个水平上，这就是人类社会得以不断前进的永恒定律，也是科学技术发展的永恒动力。

科学技术发展学的拟人律逻辑模型如图 1-5 所示。人类的"实际的能力水平"与"更高的能力要求"之间存在的差距，成为一种无形却又巨大的驱动力，支配人类在实践探索中自觉或不自觉地朝缩小"差距"的方向努力。努力得到的理论成果就沉淀为"科学发展"，工艺成果则成为"技术进步"。科学技术的发展不但缩小了"差距"，也必然推动人类提出新的"更高的生存和发展目标"。于是，新的更高的能力又会成为新的需求，新的能力差距又会出现，新一轮的实践探索和科学技术进步又开始了。如此，科学技术水平呈螺旋式上升，永无止境。

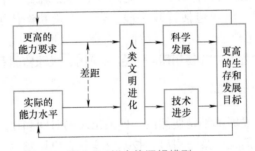

图 1-5　拟人律逻辑模型

由此可以清楚地看到，科学技术的发展方向一直在跟随人类能力扩展的需求，亦步亦趋，始终把缩小"实际的能力水平"与"更高的能力要求"之间的差距、使科学技术发展水平拟合人类需求水平作为前进动力，宏观上从来没有脱离这个轨道，这就是把科学技术发展的规律称为"拟人律"的原因所在。

3. 科学技术未来学——共生律

人类进步发展的历程中，单纯利用物质资源和力学原理构成的工具为质料工具，既要靠人力来驱动，也要靠人来驾驭，因此被称为"人力工具"（如镰刀、锄头等）。随着时代的进步，同时利用物质资源和能量资源制造出了自身具有动力的工具——动力工具，它不需要人力驱动，但还需要人来驾驭，因此被称为"动力工具"（如机床、火车等）。在现代的信息社会，综合利用物质资源、能量资源和信息资源，可以制造出自身不仅具有动力，而且还具有智能的高级工具——智能工具，它不但可以不需要人的驱动，也可以不需要人的驾驭，是一种自主的机器，因此被称为"智能工具"（如专家系统、机器人等）。

工具的换代是在继承基础上的创新，而不是简单淘汰。正因为如此，动力工具既能具有人力工具的功能而又比人力工具强大，智能工具则具有动力工具的功能而又比动力工具聪明。总之，科学技术发展到今天，人类认识世界和改造世界的能力得到了空前提高。因此，人类的全部能力应该是自身的能力加上科学技术产物的能力，这就是"共生律"。

在这个共生体中，人类和智能工具之间存在着合理的分工，智能工具可以承担非创造性的劳动，人类主要承担创造性劳动。人有人的作用，机器有机器的作用，两者合理分工，默契合作，人主机辅，相得益彰。

1.2.3　智能科学与技术学科

近年来，以人工智能为代表的智能科学与技术迅猛发展，从日常生活中的无人驾驶汽车到智能技术前沿的机器学习，不断吸引着人们的目光，智能科学与技术的应用也越来越贴近人们的工作和生活。

1. 智能科学与智能技术

如何界定"智能科学"与"智能技术"呢？一些专家学者给出了如下几种解释：①"智能科学与技术中的智能科学，在于揭示智能的本质和发展规律，而智能技术的目的则在于对客观世界的利用、控制和改造"；②"智能科学研究智能的基本理论和实现技术，是由脑科学、认知科学、人工智能等学科构成的交叉学科"；③"智能技术是用机器来模拟人的外在认识及思想行为的技术总称"；④"智能科学技术是研究智能的本质和研究扩展人类智力功能的原理和方法的科学技术，其中，'研究智能的本质'是智能科学的任务，'研究扩展人类智力功能的原理和方法'则是智能技术的任务"。

综合各种观点，给出如下定义：

1）智能科学：探索自然界生物体或系统的行为机制，发现自然智能的本质和发展规律，揭示机器智能的原理和实现途径。

2）智能技术：基于心理学、神经学、智能科学及相关的研究成果，寻求机器智能的构建方法和实现技术，用机器模拟自然界的智能，实现对自然界的利用、控制和改造。

20世纪90年代，意大利学者在研究蚂蚁觅食的过程中，发现单个蚂蚁的行为比较简单，但是蚁群整体却可以体现一些智能的行为：蚁群可以在不同的环境下，寻找最短到达食物源的路径。进一步研究发现，蚂蚁会在其经过的路径上释放一种可以称之为"信息素"的物质，蚁群内的蚂蚁对"信息素"具有感知能力，它们会沿着"信息素"浓度较高的路径行走，而每只路过的蚂蚁都会在路上留下"信息素"，这就形成一种类似正反馈的机制，这样经过一段时间后，整个蚁群就会沿着最短路径到达食物源了。由此提出了蚁群算法，计算机编程实现后将其广泛应用于组合优化问题，如旅行商问题、车辆导航问题、图形着色问题和网络路由问题等。

机器人虽然是 1920 年由捷克斯洛伐克作家卡雷尔·恰佩克（Karel Capek）在他的科幻小说中创造出来的一个词，但如今却已经家喻户晓。人们通过研究人类甚至其他生物的各种智能行为，并将智能植入到机器中，各种各样的机器人就出现在了日常的工作、生活当中，协助或取代人类工作，或给人类带来愉悦。例如：足球机器人有自己的眼睛、双腿和大脑，还有自己的嘴——把自己的想法告诉别人，协同进行比赛；礼仪机器人能够识别外界环境，靠手进行作业，靠脚实现移动，靠嘴回答问题，由脑接受统一指挥，完成迎宾接待工作；扫地机器人可以规划路线，识别障碍物，自动充电，完成清扫、吸尘、擦地工作；工业机器人在机械结构上有类似人的腿、腰、大臂、小臂、手腕、手爪等部分，由计算机控制，可以代替人完成预定的工作，如装配、搬运、焊接、检测，等等。

长期以来，心理学家试图从人的外在行为来研究人的思维活动，阐明思维活动的一般规律，特别是近年来发展起来的认知科学。神经学家试图从微观来研究人类复杂的思维活动，即从研究神经元、神经网络着手，这两门科学无疑都取得了很多成就。但由于人体太复杂，人类的智能行为至今仍是一个谜，像生命科学中生物具有生命现象一样，我们知之甚少，这是一个长期的自然科学命题，有待于去继续探索。

2. 人工智能

自第一台电子计算机 ENIAC 于 1946 年问世以后，人们就开始研究机器思维（Machine Thinking）问题。1956 年，"人工智能"概念被提出，最初设想是研究如何用计算机去模拟人的智能行为——思维，经过很多专家学者的共同努力取得了巨大进展。虽然距离机器能够自主思维的距离甚远，但智能技术方面发展的成就是有目共睹的，很多只有人类才能做到的事情今天用机器实现了，例如，语音识别、故障诊断、人脸识别、机器翻译等。而且，人工智能概念的内涵不断丰富，外延也在不断拓展。这里将人工智能定义为研究、开发用于模拟、延伸和扩展自然智能（特别是人的智能）的理论、方法、技术及应用系统的一门新的科学技术。

实际上，人工智能涉及"科学"和"技术"两个层面，既需要在心理学、神经学等相关学科成果的基础上研究机器智能的原理和实现途径，又要寻求机器模拟自然智能的构建方法和实现技术。显然，人工智能是智能科学与技术的一部分，或者说人工智能有力地支撑了智能科学与技术学科的发展。

3. 智能科学与技术学科的体系框架

智能科学与技术学科是多学科支撑、多技术综合、研究方向宽泛、跨领域应用的一门交叉学科，如图 1-6 所示。智能科学与技术涉及脑科学、认知科学、计算机科学、控制科学、逻辑学等多个学科，技术支撑包括通信技术、网络技术、计算机技术、自动化技术、电子技术等多项技术，主要研究自然智能、人工智能（机器感知、机器思维、机器学习、机器行为）、计算智能、分布智能和集成智能的基本理论和应用技术。智能科学与技术前景广阔，是信息科学技术的核心，也是现代科学技术的前沿和制高点。

1.3 智能科学与技术模型

知识是用信息表达的，信息则是用数据表达的，这种层次不仅反映了数据、信息和知识的因果关系，也反映了它们不同的抽象程度。人类在社会实践过程中，主要的智能活动就是获取知识，并运用知识解决生产生活中遇到的各种问题。因此，知识是人类智能的基础。

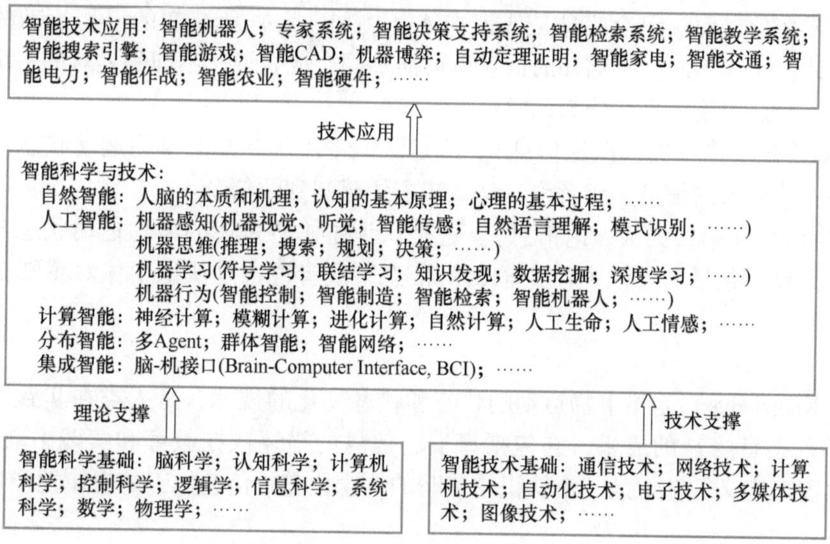

智能技术应用：智能机器人；专家系统；智能决策支持系统；智能检索系统；智能教学系统；智能搜索引擎；智能游戏；智能CAD；机器博弈；自动定理证明；智能家电；智能交通；智能电力；智能作战；智能农业；智能硬件；……

↑ 技术应用

智能科学与技术：
　　自然智能：人脑的本质和机理；认知的基本原理；心理的基本过程；……
　　人工智能：机器感知(机器视觉、听觉；智能传感；自然语言理解；模式识别；……)
　　　　　　　机器思维(推理；搜索；规划；决策；……)
　　　　　　　机器学习(符号学习；联结学习；知识发现；数据挖掘；深度学习；……)
　　　　　　　机器行为(智能控制；智能制造；智能检索；智能机器人；……)
　　计算智能：神经计算；模糊计算；进化计算；自然计算；人工生命；人工情感；……
　　分布智能：多Agent；群体智能；智能网络；……
　　集成智能：脑-机接口(Brain-Computer Interface, BCI)；……

理论支撑 ↑　　　　　　　　　　　　　　　　　　技术支撑 ↑

智能科学基础：脑科学；认知科学；计算机科学；控制科学；逻辑学；信息科学；系统科学；数学；物理学；……

智能技术基础：通信技术；网络技术；计算机技术；自动化技术；电子技术；多媒体技术；图像技术；……

图 1-6　智能科学与技术学科的体系框架

1.3.1 智能活动的基本概念

如今，人类正处在信息化时代（信息社会），信息化是当今时代发展的大趋势。而且信息已经成为重要的生产力要素，和物质、能量一起构成人类社会赖以生存发展的三大资源。信息革命是社会变革的第三次浪潮，大约从 20 世纪 50 年代中期开始，其代表性象征为"计算机"。第三次浪潮的信息社会与前两次浪潮的农业社会和工业社会最大的区别就是：不再以体能和机械能为主，而是以智能为主。作为信息社会的一员，应该清楚数据、信息、知识、策略与智能活动等基本概念，以及它们之间的关系。

1. 数据

数据（Data）是指对客观事件进行记录并可以鉴别的符号，是对客观事物的性质、状态以及相互关系等进行记载的物理符号或这些物理符号的组合。数据不仅是指狭义上的数字，还可以是具有一定意义的文字、字母、数字符号的组合，以及图形、图像、视频、音频等，是客观事物的属性、数量、位置及其相互关系等的抽象表示。

例如，"0、1、2……""阴、下雨、气温下降……""学生的档案记录、货物的运输情况、视频监控录像……"等都是数据。数据可以是连续的值，如声音、图像，称为模拟数据；也可以是离散的值，如符号、文字，称为数字数据。在计算机系统中，各种数据均以二进制符号 0、1 的形式表示。

2. 信息

信息（Information）是对客观世界中各种事物的运动状态和变化的反映，是客观事物之间相互联系和相互作用的表征，表现的是客观事物运动状态和变化的实质内容。从信息管理角度来定义，信息是为了满足用户决策的需要而经过加工处理的数据，简单地说，信息是经过加工的数据，或者说，信息是数据处理的结果。

按照所站立场不同，信息可以分为本体论信息（纯客观的立场）和认识论信息（认识主体的立场）。本体论信息是指事物运动的状态和状态变化方式，它的存在或表现不以人的意志而转移或变化。而认识论信息是认识主体（例如，人）所感知的事物运动的状态及其变化方式，认识主体不同，所感知的信息也可能不同。或者说，不同的人对同一事物可能有不同的认识。而认识论信息又分为两类：

1）感知信息（第一类认识论信息）。这是认识主体所感知的事物运动状态与方式，是外部世界向主体输入的信息，或者说，是认知主体感知到的信息。

2）再生信息（第二类认识论信息）。这是认识主体所表述的事物运动状态与方式，是主体向外部世界（包括向其他主体）输出的信息，或者说，是认识主体对感知信息加工后的结果。

3. 知识

知识（Knowledge）是指事物运动的状态和状态变化的规律，是人类在实践中认识客观世界（包括人类自身）的成果，它包括事实、信息的描述或在教育和实践中获得的技能。从认识论角度来定义，知识是一个认识论范畴的概念，它是信息加工的规律性产物，知识属再生信息。

4. 策略

策略（Strategy）是关于如何解决问题的计策方略，包括在什么时间、什么地点，由什么主体采取什么行动、达到什么目标、注意什么事项等一整套具体的计划规划、行动步骤、工作方式和工作方法。本质上，策略是信息、知识加工的产物，也属于再生信息。

5. 智能活动

人类智能是有目的地认识问题、合理地解决问题的能力。人类在智能活动（Intelligent Activity）时，能有针对性地获得问题-环境-目标的数据和信息，并恰当地处理这些信息从而获得相关知识实现认知，在此基础上结合自身的目的生成求解问题的策略，能根据策略产生相应的行为，在满足约束的条件下求解问题，实现预定的目标。数据、信息、知识与策略在人类智能活动中呈现层次关系，如图 1-7 所示。

由图 1-7 可知，在人类的智能活动中，策略是人类智能活动的最高级产物，而决策的支撑在于原始数据的收集与加工处理。因此，"用数据说话，凭数据决策"是人类智能活动的客观规律，也应该成为现代社会一切工作的行为准则。

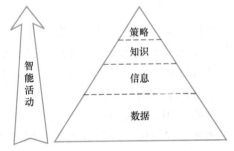

图 1-7 数据、信息、知识与策略之间的层次关系

1.3.2 人类的心智模型

心智（Mind）是指人类的全部精神活动，包括情感、意志、感觉、知觉、表象、学习、记忆、思维、直觉等。研究人类心理与认知融合运作的形式、过程及规律，建立心智模型的技术常被称为心智建模，目的是探索和揭示人类的思维机制，特别是人类的信息处理机制，同时也为设计相应的人工智能系统提供体系结构和技术方面的参考。

1. 纯认知系统模型

1976 年，赫伯特·西蒙（Herbert Simon）和艾伦·纽厄尔（Allen Newell）提出了物理符号系统假设。1981 年，纽厄尔以物理符号系统为中心，建立了纯认知系统模型，如图 1-8 所示。

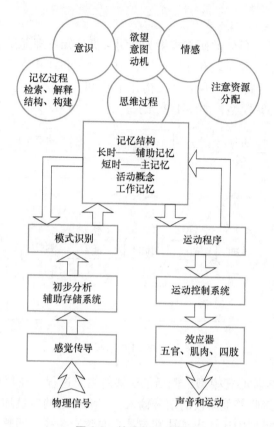

图 1-8　纯认知系统模型

物理符号系统假设的主要内容如下：物理系统表现智能行为的必要和充分条件是它是一个物理符号系统。

1）必要性。表现智能的任何物理符号系统将是物理符号系统的一个实例。

2）充分性。任何物理符号系统都可以进一步组织来表现智能行为。

3）智能行为就是人类所具有的智能，是在某种物理条件限制下，实际发生的符合系统目标和适应环境要求的行为。

由此可见，既然人具有智能，那就是一个物理符号系统。人类能够观察、认识外界事物，接收智力测验，通过考试等，这些都是人的智能的表现。人之所以能表现出智能，就是基于其本身的信息加工过程，这是由物理符号系统假设得出的第一个推论。第二个推论是：既然计算机是一个物理符号系统，那它就一定能表现出智能，这是人工智能提出的基本前提和条件。第三个推论是：既然人是一个物理符号系统，计算机也是一个物理符号系统，那么一定能用计算机来模拟人的活动，即用计算机在形式上来描述人的活动过程，或者建立一个理论说明人的活动过程。

图 1-8 给出了从物理信号感觉一直到声音和运动输出的整个过程。对于人类而言，物理信号经过分析和模式识别分为长时记忆和短时记忆，思维与意识、欲望、情感相互交织，经过记忆搜索与解释，调动可分配资源，大脑驱动五官、肌肉和四肢，发出声音并进行运动。对于机器（计算机）而言，前端的感知部分具有辅助存储功能，而输出依靠程序控制，由效应器执行预定的动作。

2. PMJ 心智模型

认知心理学和认知神经科学的研究成果为阐明人类认知机理提供了大量的实验证明和理论观点，明确认知过程的主要阶段和通路，即感知、记忆和判断阶段以及快速加工通路、精细加工通路和反馈加工通路。傅小兰等人构建了感知、记忆和判断（Perception，Memory and Judgement，PMJ）心智模型，如图1-9所示。

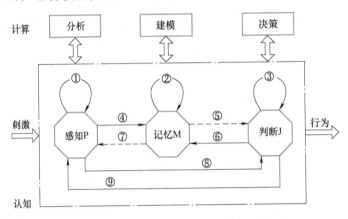

图 1-9 PMJ 心智模型

图 1-9 中的虚线框内为心智模型，概括了认知的主要过程。在每个阶段，认知系统在各种认知机制的约束下，接收其他阶段的信号输入，完成特定的信息加工任务，并将加工结果信息输出到其他阶段。模型中还给出了认知与计算的对应关系，即感知阶段对应计算流程中的分析，记忆阶段对应计算流程中的建模，判断阶段对应计算流程中的决策。

1）快速加工通路。快速加工通路是指从感知阶段直接到判断阶段的加工过程（图1-9中的⑧），实现基于感知的判断。该过程不需要过多的已有知识、经验的参与，主要处理所有刺激输入的整体特征、轮廓以及低空间频率信息，对这些输入信息进行初级粗糙加工后，即可完成分类判断。

2）精细加工通路。精细加工通路是指从感知阶段到记忆阶段，再从记忆阶段到感知和判断阶段的加工过程（如图1-9中的④、⑤和⑦），实现基于记忆的感知和判断。该过程依赖于已有的知识和经验，主要处理刺激输入的局部特征、细节信息以及高空间频率信息，并与长时记忆中存储的知识进行精细匹配，并在此基础上进行分类判断。

3）反馈加工通路。反馈加工通路是指从判断阶段到记忆阶段，或者从判断阶段到感知阶段（如图1-9中的⑥或⑨）的加工过程，实现基于判断的感知和记忆。认知系统根据判断阶段输出的结果，修正短时或长时记忆中存储的知识。判断阶段输出的结果也会给感知阶段提供线索，使感知阶段的信息加工更加准确高效。

1.3.3 智能系统的基本模型

首先来考察人类智能的生成过程，或者说，人类作为一个自然的智能系统，考察该智能系统的工作过程。图1-10所示为智能系统的基本模型。

对于人类而言，人们所面对的各种事物和问题，以及求解这些问题所面临的环境和必须遵循的约束条件都存在于现实世界之中。问题和环境的运动变化会产生出各种各样的信息即

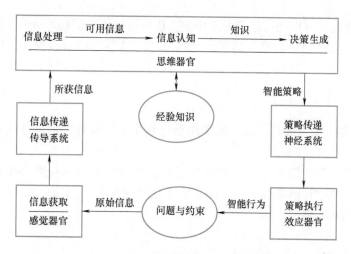

图 1-10 智能系统的基本模型

为原始信息，也就是本体论信息。

人们为了认识和理解所面临的问题和环境，必须利用感觉器官的"信息获取"功能获取这些原始信息，所获得的信息就是感知信息（也称第一类感知信息）。感知信息通过神经传导系统的"信息传递"功能传送到人类的思维器官（大脑）。

大脑是人类的思维器官，也是人类的思维处理系统，利用其"信息处理"功能对信息进行必要的加工，形成可用信息。在此基础上，通过思维器官的"信息认知"将可用信息提炼为知识，并在目标指引下，通过思维器官的"决策生成"功能把知识转变成为解决问题的策略。策略是智能的集中体现，所以也可称为智能策略。在信息处理、信息认知和决策生成过程中获得的经验与形成的知识存储在大脑记忆中，供思维处理过程中调用和参考。

神经系统的"策略传递"功能将智能策略传递到效应器官（口、手、脚等），通过效应器官的"策略执行"功能把智能策略转变成为智能行为（语言或行动）。智能行为可以改变问题与环境的状态，从而达到解决问题的目的，当然，对于复杂的问题，上述过程可能需要多次循环才能解决。

上述过程中，从获取信息、传递信息、处理信息到获得知识，这是人们"认识世界"的过程，而从决策生成形成智能策略、传递策略、执行策略产生智能行为到解决问题，这是人们"改造世界"的过程。而整个"认识世界"和"改造世界"的过程，正是人类的全部智力体现，或者说，是人类智能的生成过程。

在整个过程中，从"信息获取"到"信息处理"的操作对象是信息（感知信息、有用信息），从"决策生成"到"策略执行"的操作对象是智能（智能策略、智能行为），"信息认知"则完成了把信息转换为知识的操作，也正是知识成为信息与智能之间的中介与桥梁。

智能系统基本模型的各个组成部分各自担负着各不相同的任务，相互之间存在以下几种层次关系：

1）"信息获取"和"策略执行"是智能系统与外部世界的两个接口，前者从外部世界获得系统所需要的信息，后者则把系统的策略行为反作用于外部世界。

2）"信息处理""信息认知"和"决策生成"是智能系统的主体，因为经过信息处理、信息认知和决策生成，可以把信息资源逐步加工成为可以解决问题的智能策略。

3）在主体部分，"信息处理"的任务是执行"非认知"的处理操作，把感知信息加工成为可用信息（它的输入输出都属于信息），可以称之为智能系统的预处理。"信息认知"和"决策生成"的任务则是把信息转换成为知识和智能策略，因而可以被认为是智能系统和智能的核心。

4）"信息传递"和"策略传递"的作用是把整个系统和外部世界连接成为一个有机的整体。

其实，人类在研发智能系统时，始终在模拟人类的智能，以人类的智能生成过程为参考，因此，人工的典型智能系统和人类的智能系统高度对应。所以，图 1-10 也可以认为是智能科学与技术的基本模型。

1.4 智能科学与技术重点研究领域

智能科学与技术在众多理论和技术的支撑下，研究范围囊括了自然智能和机器智能两大领域，触及人类社会的方方面面。本节仅从五个方面来介绍智能科学与技术的重点研究领域，包括自然智能研究、机器感知研究、机器思维研究、机器行为研究和智能系统研究。

1.4.1 自然智能研究

大千世界，无奇不有，因果循环，自然界孕育着无穷的智慧和力量。人类要发展科学与技术，寻求智能的本质和源泉，首先就将目标锁定在了人自身这种高级动物身上。

人类大脑如何产生新想法？思维如何产生，又是如何运作的？意识缘何形成？什么是情感、感觉、想法？如果将人类大脑看成一台机器，那么这是否有益于我们设计出能够像人一样能理解、善思考、会工作的高级人工智能机器？这一朴素的想法激励着成千上万的科技工作者在不同学科领域努力钻研。

近年来，各国都在加大投入，开展多学科交叉、多层次的脑与认知科学研究。美国、韩国、欧盟、日本、澳大利亚等国家和地区都积极布局各自的脑计划。它们在自然智能研究方面的主要思路为：一是探索脑科学的秘密，研究人类大脑成像技术的机制，统计大脑细胞的类型，把神经科学与理论模型统计学结合整合；二是提出新一代的人工智能理论与方法，建立从机器感知、机器学习到机器思维和机器决策的颠覆性模型和工作方式。

中国的"脑科学与类脑研究"也早已经作为重大科技项目被列入《"十三五"国家科技创新规划》，创新地提出了以脑认知原理为主体，以类脑计算与脑机智能、脑重大疾病诊治为"两翼"的"一体两翼"脑计划布局。2018 年，北京脑科学与类脑研究中心、上海脑科学与类脑研究中心相继成立，这标志着"中国脑计划"正式拉开序幕。脑科学是研究脑认知、意识与智能的本质与规律的科学，随着脑成像、生物传感、人机交互等新技术的不断涌现，必将有效推动自然智能研究领域，尤其是人类智能研究领域的跨越式发展。

1973 年，英国爱丁堡大学人工智能系教授朗吉特·希金斯（Longuet Higgins）第一次在论文中使用"认知科学"（Cognitive Science）一词。至今 40 多年过去了，认知科学已经发展成为一门涉及语言学、人类学、心理学、神经科学、哲学和计算机科学等跨学科的新兴学科，其研究对象为人类、动物和人工智能机制的理解和认知，研究范围包括知觉、注意、记忆、动作、语言、推理、思考乃至意识在内的各个层次和各个方面的人类的认知活动。因此，认知科学是研究人类认知的本质及规律、揭示人类心智奥秘的科学。

认知科学的所谓心智，是指具有脑和神经系统的动物的智能行为，而大脑产生心智的过程被称为认知。在 35 亿年漫长的生命进化过程中，逐步产生了从低级到高级的五个层级的心智和认知：神经层级、心理层级、语言层级、思维层级以及文化层级，如图 1-11 所示。其中：神经认知和心理认知是人和动物共有的，称为"低阶认知"；语言认知、思维认知和文化认知是人类特有的，称为"高阶认知"。五个层级的心智和认知的关系是：低层级的心智和认知决定高层级的心智和认知，高层级的心智和认知影响低层级的心智和认知。

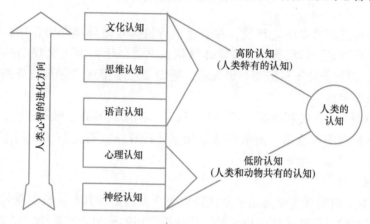

图 1-11 人类认知的五个层级

人类出现在距今 600 万年到 400 万年前，人类的出现是心智和认知进化到语言层级的产物。或者说，动物心智进化到以抽象概念为标志的符号语言，人类就出现了。在此之前，人类进化的另外两个重要标志事件是直立行走和火的使用，但只有第三个事件的出现，即表意的抽象语言的发明，才使猿最终进化成人。

在研究人类智能的同时，人们也在研究其他形式的自然智能，如动物智能或自然现象所孕育的智能，从中发现智能的原理和本质、机制，发明各种各样的仿生智能算法，如蚁群算法、果蝇算法、烟花算法等。除此之外，人们也在研究人类智能与人工智能之间的关系。

思维移植、芯片植入、脑机接口、人机融合研究寄希望于整个世界的生物智能和非生物智能高度融合，成为一个功能强大的"人-机智能共生体"。或将大脑与互联网直接相连，提升人类智能甚至构建"全球超级大脑"，这种"脑联网"的研究也受到越来越多的关注。

另外，关于人工智能的发展对人类的影响的研究主要集中在以下几个方面：①人工智能对人类个体认知结构的影响及其在教育领域的应用；②人工智能带来的社会风险及其规避；③人工智能与人类未来。

1.4.2 机器感知研究

1. 智能体模型

如图 1-12 所示为智能体（Agent）模型结构。

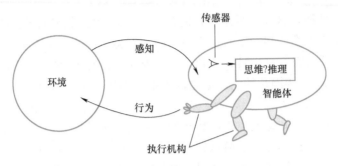

图 1-12　智能体模型结构

　　智能体通过传感器感知所处环境，并通过执行机构对该环境产生作用，智能体可以是人，是机器，也可以是计算机程序。智能体结构虽然类似于行为主义提出的智能行为"感知-动作"模型，但智能体不仅需要知识表示，更需要思维推理，它在与周围环境的感知和交互作用下实现既定目标。

　　在智能体模型中，人类利用眼、耳、手、脚、鼻和皮肤等器官感知环境、感知世界，继而实现对自然界的利用和改造。而机器感知是要让计算机具有类似于人的感知能力，如视觉、听觉、触觉、嗅觉、味觉等。

2. 机器感知技术

　　1）机器视觉。机器视觉就是用机器代替人眼来做测量和判断。机器视觉系统通过图像摄取装置将被摄取的目标转换成图像信号，传送给专用的图像处理系统，根据像素分布和亮度、颜色等信息，抽取目标的特征进行测量和判断。机器视觉是一项综合技术，涉及图像处理、模式识别、机械工程、自动控制、电光源照明、光学成像、传感器、模拟与数字视频技术、计算机软硬件技术，等等。

　　近年来，机器视觉研究与应用进展迅速，例如，车牌识别、人脸识别、指纹识别等在智能交通、平安城市建设、身份验证等领域得到了广泛应用。在制药、包装、电子、汽车制造、半导体、纺织、烟草、交通、物流等行业，用机器视觉技术取代人工，大幅度提高了生产效率和产品质量。而且 3D 机器视觉也逐渐进入人们的视野，并已经被用于水果、蔬菜、木材、化妆品、烘焙食品、电子组件和医药产品的检测与评级。在机器视觉理论不断丰富完善的同时，机器视觉的应用场景也在不断扩展，例如，自动驾驶领域的环境感知，医疗影像的病灶检测，人工孵化的胚胎检测，交通领域的摄像测速、测距、违法抓拍，以及位置感知导航和空天地集成传感网在感知城市中的应用，等等。

　　2）机器听觉。机器听觉涉及声音采集、预处理、声源分离、去噪/增强、音频事件检测、提取或学习音频特征、声音分类、声音识别等，在医疗卫生、安全监控、交通运输、物流仓储、制造业、农林牧渔业、水利环境、公共设施管理、建筑、采矿、日常生活、身份识别、军事等领域具有众多应用。自然语言处理是机器听觉的一个重要应用领域，使得计算机能够听懂一种自然语言语音，理解后翻译成另外一种自然语言（声音的、书面的）。另外，机器听觉也可以用于设备故障检测、安全防盗、动物疫病诊断等场合，通过异常声音的识别来判断结果。

　　3）机器触觉、嗅觉和味觉。对于机器触觉、嗅觉、味觉等的研究也一直从未间断过，从传统的压力、温度、可燃或有毒气体等常规的传感器，到现代新型的红外、激光、光纤、雷达、紫外等传感器，越来越多的新型传感器、新算法出现在研究人员以及大众的视野中。据有关机构最新统计，全球的传感器种类已经超过 2.6 万余种，并且还在不断增加。

目前，在交通运输、航空航天、航海、生产制造等领域存在大量的人机一体化系统，有些信息只有人类才能感觉到，有些信息只有用机器传感器才能检测到，而且不同的人或传感器所感知或检测的范围也不一样，因此，人机一体化的综合感知理论与技术实现日益受到关注，包括人和机器对环境的感知、对自身的感知，以及机器对人操作意图的感知等。

另外，近几年众多领域都非常重视"态势感知"技术研究，它融合运用内部、外部的多维感知数据，进行未来发展趋势的预测分析，并且在网络安全态势分析、设备运维故障预警、市场前景评估、业务用户感知等得到了初步应用。

1.4.3　机器思维研究

最早提出"机器思维"这一概念的人是艾伦·麦席森·图灵（Alan Mathison Turing）。1950 年他在《计算机和智力》一文中讲到："我相信在本世纪末……人们可以谈论机器思维而不会遭到什么反对"。卡内基理工学院教授、诺贝尔经济学奖、图灵奖获得者赫伯特·亚历山大·西蒙（Herbert Alexander Simon）也认为机器有思维能力。他说："现在计算机正在向又一个根深蒂固的传统提出挑战，这就是只有人才具有思维能力"，"思维是人与其他物种（包括用极为普遍的方式处理符号的计算机这样的人造物在内）所共同具有的特征"。

1. 机器思维标准

自从"机器思维"概念被提出，对于机器能否像人类一样具有思维能力这个问题一直争论不休。这可能牵涉到对"机器思维"的不同理解，事实上，国内外学者在使用这一概念时就有不同的理解和不同的标准。

1）费根鲍姆的标准。爱德华·费根鲍姆（Edward Albert Feigenbaum）认为：一项需要人依靠智力才能完成的工作，如果交给机器也能完成，就应该认为机器有思维能力。这是一种低级标准，按此标准，应该认为任何一台计算机都具有"思维"功能，机器思维的确已是"现实"。

2）图灵的标准。即图灵测试：如果一部机器，能在某些指定条件下模仿人把问题回答得很好，以致在很长一段时间内能迷惑提出该问题的人，使他分不清究竟是机器还是人在回答问题，那么就可以认为这台机器是能思维的。图灵的标准实际上是一种高级标准，到目前为止人们还没有制造出这样的机器，"机器思维"还只是一种梦想。

无论是费根鲍姆的标准，还是图灵的标准，尽管他们对"机器思维"的理解有很大不同，甚至具有某些质的区别，但二者却有一个共同的特点，即忽略了机器同人脑在行为方式、结构和材料方面的差异，而只仅仅考虑到机器的功能同人脑功能的相似，只考虑到机器最终得出的结果同人脑得出的结果相同。而且，虽然机器思维基于人类思维进行研究，但已经发展为不同于人类思维的另一种思维形式，并通过某种技术或产品改变着人类的工作与生活。就像"人工智能"概念一样，当初只是为了研究能像人一样有思维能力的机器，但现在的"人工智能"研究与应用已经远远超出了这个范围。因此，在不忘初心的前提下，基于现有的理论和技术成果继续前行才是正道，不必再纠结于是否能达到高级标准。

2. 机器博弈

近年来，随着人工智能技术的发展，机器思维已经不再那么神秘，而是更多表现为机器学习、记忆、搜索、判断和推理等具体形式，尤其在机器博弈方面取得了巨大进展。机器博弈是人工智能的一个重要领域，其核心思想并不复杂，就是对博弈树节点估值过程和对博弈树搜索过程的结合。1997 年 IBM 的"深蓝"战胜了国际象棋世界冠军卡斯帕罗夫。2016 年 3 月，谷歌（Google）的 AlphaGo 以 4 比 1 的总比分击败了围棋职业九段棋手李世石，重新唤起了人们对人工智能的热切期盼与向往。

AlphaGo 通过两个不同神经网络"大脑"合作来改进下棋，第一个大脑是"策略网络"（Policy Network），观察棋盘布局试图找到最佳的下一步，可以理解成"落子选择器"。第二个大脑是"价值网络"（Value network），在给定棋子位置的情况下，预测每一个棋手赢棋的概率，可以理解为"局面评估器"。为了应对围棋的复杂性，AlphaGo 融合了监督学习和强化学习的优势，成为机器学习应用的成功典范。

3. 搜索与定理证明

传统机器学习的研究方向主要包括决策树、随机森林、人工神经网络、贝叶斯学习等方面的研究，近年来，深度学习成为机器学习领域的一个热门研究方向，并且在搜索技术、数据挖掘、机器翻译、自然语言处理、多媒体技术、语音服务、推荐和个性化服务，以及其他相关领域都取得了很多的应用成果。而且深度学习使机器能在一定程度上模仿视听和思考等人类的活动，解决了很多复杂的模式识别难题，使人工智能的相关技术取得了很大进步。

搜索是指在缺乏解决问题的足够知识时，为了实现某一目标而不断寻找恰当线路或最优方案，逐步使问题得以解决的过程。搜索技术常被用于诸如机器博弈、定理证明、问题求解之类的情形。状态空间搜索从初始状态到目标状态常常采取深度优先或广度优先策略（盲目搜索）或启发式搜索技术。与/或树搜索的基本搜索算法有极大极小值算法、负极大值搜索、Alpha-Beta 剪枝算法等，以及通过缩小窗口、增加置换表、迭代深化、历史启发、机器学习等对算法进行优化。

定理证明的研究在人工智能发展中曾起到了重要的作用，例如使用谓词逻辑语言，其演绎过程的形式体系研究帮助人们更清楚地理解推理过程的各个组成部分。推理是指按照某种策略从已知事实出发，利用知识推出所需结论的过程。机器推理分为两大类：一类为确定性推理，这是指推理所使用的知识和推出的结论都是精确的；另一类是不确定性推理，这是指推理所使用的知识和推出的结论可以是不确定的，或者说结论是不精确性的、模糊的和非完备性的。确定性推理主要是基于一阶经典逻辑，不确定性推理主要基于非经典逻辑和概率等。近几年，机器推理（Machine Reasoning）在常识问答、事实检测、自然语言理解、视觉常识推理、视觉问答、文档级问答等应用上取得了重大进展。

1.4.4 机器行为研究

机器行为（Machine Behavior）或计算机行为（Computer Behavior）是研究如何用机器去模拟、延伸、扩展人的智能行为，如走、跑、拿、说、唱、写、画等。2019 年年初，由麻省理工学院（MIT）媒体实验室领衔，哈佛大学、耶鲁大学、马克斯·普朗克研究所等院所和微软、谷歌、脸书（Facebook）等公司的多位研究者参与的课题组，在 *Nature* 上发表了一篇以"Machine Behavior"为题的综述文章，宣告"机器行为学"这门跨越多个研究领域的新兴学科正式诞生。机器行为学的研究从机器行为的机制、发展、功能、进化四个维度展开，范围包括机器个体行为、机器群集行为与人机交互。但归根结底，机器行为学是一门研究人工智能如何与人类共存的学科。

1. 机器人

机器人研究是近几年发展最活跃的领域。机器人既可以接受人类指挥，又可以运行预先编排的程序，它可以协助或取代人类的工作，在工业、医学、农业、建筑业甚至军事等领域均有重要用途。

机器人一般由执行机构、驱动装置、检测装置、控制系统和复杂机械等组成，可以从智能、技能和物理能等几个方面进行评价。智能是指机器人的感觉和感知，包括记忆、运算、比较、鉴别、判断、决策、学习和逻辑推理等；技能是指机器人的变通性、通用性或空间占有性等；物理能是指机器人的力量、速度、可靠性、联用性和寿命等。因此，可以说机器人就是具有生物功能的工具，可以代替人类完成一些危险或难以进行的劳作、任务等。

近年来，机器人应用不断渗透到各行各业、各个领域，工业机器人、农业机器人、服务机器人、娱乐机器人、警用机器人、军用机器人、医用机器人、危险作业机器人、水下机器人、科技机器人……，可以说应有尽有，种类繁多。而且，柔性机器人技术、液态金属控制技术、生肌电控制技术、敏感触觉技术、会话式智能交互技术、情感识别技术、脑机接口技术、自动驾驶技术、虚拟现实机器人技术、机器人云服务技术是业界认可的机器人领域的十大前沿技术。

2. 自然语言生成

自然语言处理（NLP）包括自然语言理解和自然语言生成。自然语言理解（Natural Language Understanding）已经在机器翻译、人机交谈、自动摘要，甚至工业控制领域得到了广泛应用。在自然语言生成（Natural Language Generation）方面，文字转语音技术（Text-to-speech）也已经成熟，在位置导航等领域达到了实用程度。

自然语言生成是研究使计算机具有和人一样的表达和写作的功能，即能够根据一些关键信息及其在机器内部的表达形式，基于语言信息处理模型和自然语言的语义、语法规则，经过一定的规划选择过程，自动生成高质量的自然语言文本（语音）。自然语言生成技术可以用来生成分析报告、帮助消息等，或者作为鉴别特殊语言的一种手段。目前，自然语言生成技术还存在着数据集缺乏、生成文本短、评价方法不独立等问题。

自然语言生成技术已诞生了近半个世纪，科学家一直在致力于使这项技术能够更加成熟、实用。例如，微软小冰 2014 年 5 月诞生，最初人们认为它只是一个单纯的聊天工具。但经过不断的迭代，小冰得到了全面提升，甚至有了自己的全息影像，EQ 和 IQ 也得到了升级。现在的小冰，已经成为微软通过使用自然语言生成等技术创造出来的一个超前产品。

有网友问小冰："照片里的人是谁？"，而小冰会回答"咳咳，就是最美丽可爱的美少女我啊"。首先，小冰通过文字识别和分析提取出了问题是在询问人，而之后，小冰通过图像处理识别出了照片里的人是自己，再经过系统规划选择，得出回答的关键词，并进行加工，最后回答了这个问题。由此可以看出，小冰已经拥有了一个完整的情感计算框架，发展成了更加完善的系统。目前，类似小冰的聊天机器人正在逐步发展，为使其具有更加完备的处理系统，能更加像人一样思考、写作、说话做出努力。

3. 智能控制

20 世纪 40 年代，美国数学家诺伯特·维纳（Norbert Wiener）创立了控制论，主要解决了最简单对象的控制问题。而随着控制系统设计与应用的发展，已有的自动控制方法和技术受到了挑战。1965 年美国普渡大学傅京孙（K. S. Fu）教授首先把 AI 的启发式推理规则用于学习控制系统，1966 年美国门德尔（J. M. Mendel）主张将 AI 用于飞船控制系统的设计，由此智能控制诞生。

智能控制是具有智能信息处理、智能信息反馈和智能控制决策的控制方式，它以控制理论、计算机科学、人工智能、运筹学等学科为基础，扩展了相关的理论和技术，其中应用较多的有专家系统、模糊逻辑、神经网络、遗传算法等理论和自适应控制、自组织控制、自学习控制等技术，主要用来解决那些用传统方法难以解决的复杂系统的控制问题。

专家控制（Expert Control）主要利用专家系统来达成目的，将行业内控制工程师的经验和知识体系进行规范化，将其导入控制系统的知识库中，继而由推理机、解析机制和知识获取系统共同作用的专家系统完成专家控制。模糊控制（Fuzzy Control）理论于 1965 年由拉特飞·扎德（Lotfi A. Zadeh）教授首先提出，利用模糊数学方法将控制对象模糊化，将其与知识库信息模糊对比推理得到相关信息，再进行清晰化处理给控制对象提供控制信息。神经网络控制（Neural Networks Control）将神经网络作为控制系统的控制器与（或）辨识器，解决复杂的非线性、不确定性系统在不确定性环境下的控制问题，通过不断地修正神经元之间连接的权值来优化控制信息，使控制系统稳定、鲁棒性好，具有要求的静态、动态性能。

近年来，智能控制已广泛应用于工业、农业、军事等众多领域，用于解决复杂的生产过程控制、先进制造控制、电力系统控制、机器行为控制等问题。

1.4.5　智能系统研究

智能系统研究致力于充分利用智能科学与技术的研究成果，利用计算机（机器系统）模拟自然系统的信息处理与行为控制规律，特别是自组织、自学习、自适应、自修复、自生长、自复制等基本特性，以及感知、知觉、认知、判断、思维、推理、动作等智能行为。近年来，随着对人类智能生成机理认识的不断深入，以及人工智能研究成果的不断积累，拥有智能感知、智能计算、智能思维和智能行为的智能系统不断涌现，并在不同领域得到了应用。限于篇幅，下面仅介绍专家系统和物联网系统。

1. 专家系统

专家系统是一个具有大量的专门知识与经验的程序系统，它应用人工智能技术和计算机技术，根据某领域一个或多个专家提供的知识和经验进行推理和判断，模拟人类专家的决策过程，解决那些需要人类专家处理的复杂问题。简而言之，专家系统是一种模拟人类专家解决领域问题的计算机应用系统。

专家系统通常由人机交互界面、知识库、推理机、解释器、综合数据库、知识获取六部分构成，如图 1-13 所示。

通过专门的软件工具，领域专家在知识工程师的帮助下，将专业知识转化为机器内部表达形式存入知识库，知识库中的知识将得到不断充实和完善。用户通过人机界面提出问题，并提供事实、数据等信息，推理机将用户输入的信息与知识库中各个规则的条件进行匹配，并把匹配规则的结论存放到综合数据库中。最后，专家系统将得出的最终结果或答案通过人机交互界面呈现给用户。专家系统的体系结构随专家系统的类型、功能和规模的不同而有所差异。按知识表示技术，专家系统可分为基于逻辑的专家系统、基于规则的专家系统、基于语义网络的专家系统和基于框架的专家系统等；按任务类型，专家系统可分为解释型、

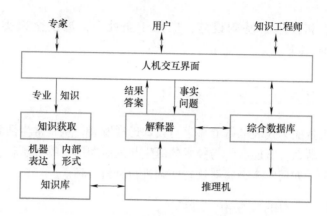

图 1-13 专家系统组成

预测型、诊断型、调试型、维修型、规划型、设计型、监护型、控制型和教育型等。

近年来，专家系统技术逐渐成熟，广泛应用在工程、科学、医药、军事、商业、农业等方方面面，而且成果相当丰硕，甚至在某些应用领域，还超过了人类专家的智能与判断。例如，医疗专家系统（青光眼医疗诊断系统、内科病医疗诊断系统、肾病医疗诊断系统、精神病医疗诊断系统等）、设备故障诊断定位专家系统、装备缺陷诊断专家系统、动物识别专家系统、农业施肥专家系统、心理测试专家系统、自然灾害预警预报专家系统，等等。

2. 物联网系统

麻省理工学院凯文·阿什顿（Kevin Ashton）教授于 1999 年最早提出物联网（Internet of Things，IoT）理念，近年来，物联网处在不断发展之中。国际上通用的物联网的定义是：通过射频识别（RFID）、红外感应器、全球定位系统（GPS）、激光扫描器等信息传感设备，按约定的协议，把任何（一种或多种）物品与互联网连接起来，进行信息交换和通信，以实现智能化识别、定位、跟踪、监控和管理的一种网络。

物联网作为一个复杂的系统，它的推广与普及给智能系统带来了新的挑战，促使人类在指导思想、技术路线、系统体系结构、计算模式等方面为智能系统的研究融入新的思想与技术，使得智能系统的研究迈入了新的阶段，即以开放复杂智能系统（Open Complex Intelligent System），特别是巨型开放复杂智能系统（Open Giant Complex Intelligent System）为研究对象，以社会智能为研究重点的综合研究阶段。开放复杂智能系统是指具有开放性特征、与环境之间存在交互、系统成员众多、系统有多个层次、系统可能涉及人的参与的智能系统。

人们对物联网系统的技术体系结构基本达成了统一认识，将其分为感知层、网络层、应用层三个大的层次，关键技术主要有 RFID 技术、嵌入式系统技术、无线传感网络技术、智能技术、云计算技术、大数据技术、信息安全技术等。目前，物联网在智能家居、智能建筑、智能城市、智能交通、智能物流、智能医疗、智能教育、智能环保、智能制造、智能农业等领域应用广泛。

作为新一代信息技术的重要组成部分，物联网的跨界融合、集成创新和规模化发展，在促进传统产业转型升级方面起到了巨大的作用。当前，窄带物联网（NB-IoT）、5G、AI、云计算、大数据、区块链、边缘计算等一系列新的技术正在不断地注入物联网系统，将促使物联网在工业、能源、交通、医疗、新零售等领域不断普及，进而构建出一个新的、泛在的智能 ICT（信息、通信和技术）基础设施，应用于全社会，惠及全人类，实现万物互联（Internet of Everything，IoE）。

1.5 智能科学与技术发展和应用

近年来，以人工智能为代表的智能科学与技术迅猛发展，从日常生活到科技前沿，不断吸引着人们的目光。那么，智能科学与技术的诞生与发展经历了哪些历程？有哪些应用？与新一代信息技术的关系如何？本节将对这些问题进行分析梳理。

1.5.1 智能科学与技术的诞生和发展

下面分别从脑科学、认知科学、计算机科学、人工智能和控制科学等不同角度，简单描绘智能科学与技术的产生与发展。

1. 脑科学

我国古代，长期以来认为"心之官则思，思则得之，不思则不得也"。而古希腊对灵魂驻地的看法则有"三级"的特色，认为：脑司理性思想，心司意气感情，肝司食色欲望。亚里士多德也明确地以心脏作为人体的中心，认为心是综合、比较各种感觉材料的"公共感官"，思维、意识、想象及记忆均源于心。这与我国古代的看法类似，即思维的器官是心。以希波克拉底为代表的古希腊医生最早完成了"从心到脑"的认识转移，基于他们对脑功能的了解，提出："是由于脑，我们思考、理解、看见，知道丑和美、恶和善"。

现代脑研究开始于 19 世纪末，西班牙神经学家圣地亚哥·拉蒙·卡哈尔（Santiago Ramóny Cajal，1852—1934）对大脑的微观神经元结构研究是开创性的，被许多人认为是现代神经科学之父。20 世纪 40 年代末期微电极的发明，开创了神经生理研究的新时代，对神经活动的认识因此出现了重大飞跃。20 世纪 60 年代后期，神经科学概念的出现是人类认识脑历程中的又一个里程碑。

在过去的两个世纪里，虽然脑科学研究领域取得了一些进展，例如，初步弄清楚了神经细胞的信息处理，大致了解脑区及功能的关系，但对神经环路及整个大脑复杂的网络结构的工作原理了解并不多；对各种感知觉、情绪，高级认知功能的思维、抉择甚至意识等，理解也较粗浅。可以说，到目前为止，脑科学仍然属于一个"神秘"领域。因此，从 20 世纪末开始，美国（1997 年）、韩国（1998 年）、欧盟（2013 年）、日本（2014 年）、澳大利亚（2016 年）、加拿大（2017 年），包括我国（2006 年开始布局，2016 年正式启动），先后启动脑科学研究计划，希望在认识脑、保护脑、模拟脑三个方向上取得突破。

2. 认知科学

作为智能科学与技术基础的认知科学，其发展轨迹有如下几个关键时间点：①1967 年，被誉为认知心理学之父的美国心理学家奈瑟尔（Ulric Neisser，1928—2012）提出以信息加工理论为基础的现代认知心理学；②1973 年，英国爱丁堡大学人工智能系教授朗吉特·希金斯（Longuet Higgins）第一次在论文中使用了"认知科学"（Cognitive Science）一词；③1977 年，著名的认知科学研究领域的权威期刊《认知科学》（*Cognitive Science*）创刊；④1979 年，认知科学学会（Cognitive Science Society）在美国成立，标志着认知科学诞生。

在认知科学近几十年的发展历程中，其主要指导理论一直在发生着变化。依据主要指导理论可以将认知科学的发展分为如下三个阶段：

1）20 世纪 40 年代至 50 年代末，计算理论阶段。研究主要是基于"认知即计算"这一经典理论而展开的，其代表人物为邱奇（Alonzo Church）、图灵、冯·诺依曼（Von Neumann）。

2）20 世纪 50 年代末至 80 年代初期，符号处理理论阶段。研究主要基于"认知是对符号的计算机处理"的理论，又被称为"计算机处理经典符号阶段"，因为它和当时逐渐发展起来的计算机科学紧密相关，其代表人物为纽维尔（Allen Newell）和西蒙。

3）20 世纪 70 年代至今，多理论阶段。三种主要的指导理论引领认知科学的发展，它们分别是人工神经网络理论、模块理论、环境作用理论。

3. 计算机科学

在计算机科学发展过程中，20 世纪 30 年代，可计算理论取得突破性进展，众多理论模型中以图灵机更接近常人计算，成为计算机的计算理论基础。20 世纪 50 年代乔姆斯基（N. Chomsky）建立了形式语言的理论体系，它对计算机科学有着深刻的影响，特别是对程序设计语言和编译方法等有重要的作用。同时，20 世纪 60 年代的计算复杂性和 20 世纪 70 年代的程序验证理论都为整个计算机科学的发展奠定了坚实的理论基础。

另外是计算机技术的发展。20 世纪 50 年代，冯·诺依曼提出计算机体系结构，以程序存储为基础，程序指令和数据共用一个存储空间。1946 年，第一台电子数字计算机 ENIAC 诞生。1964 年，IBM 推出一款计算机系统 IBM360，在业界引起轰动。20 世纪 80 年代，IBM PC 使计算机进入了各行各业、千家万户。20 世纪 90 年代出现的互联网，以及后续的物联网、云计算、大数据等新一代信息技术相继涌现，计算机系统经历了从单机时代进化到能够共享资源的专用局域网系统，然后发展到资源可整合、共享的互联网时代，逐步演进到目前资源动态分配、服务高度发达共享的网络信息服务时代。

4. 人工智能

AI 作为计算机科学、控制科学的一个研究方向，其发展最早可以追溯到 20 世纪 50 年代以符号主义为代表的逻辑推理和定理证明研究。之后，20 世纪 60 年代 AI 模拟人类专家的行为，将其概括成经验性的规则形成规则系统，以推演应用领域知识的生成。基于此原理构造的专家系统在医疗诊断、化学逻辑关系推演等方面发挥了很好的作用。后来的数据库、知识库、语义网络、知识图谱在模拟和学习人类的逻辑思维，以及系统推演中更进一步。

AI 的另外一条主线是以联结主义为代表，模拟发生在人类神经系统中的认知过程。20 世纪 50 年代提出的感知机是最早的模拟神经元细胞和突触机制的计算模型。之后模拟人的神经系统，建立了多层感知机等人工神经网络，一直到现在的深度学习都是沿着这条路径发展起来的。

与此同时，在 AI 发展过程中的另外一个重要学派——行为主义学派认为，智能是系统与环境之间的交互行为。因此，形成了强化学习、进化计算等智能方法，这可以看作是控制科学对 AI 的启发和贡献。

5. 控制科学

控制科学的发展经历了以下三个重要时期：

1）20 世纪 40 年代末至 50 年代的经典控制理论时期，着重解决单输入单输出系统的控制问题（PID控制、反馈控制），主要方法是时域法、频域法、根轨迹法。

2）20世纪60年代至70年代的现代控制理论时期，着重解决多输入多输出系统的控制问题（最优控制、模糊控制、自适应控制），主要方法是变分法、极大值原理、动态规划理论。

3）20世纪80年代后的先进控制理论时期，先进控制理论是现代控制理论的发展和延伸。先进控制理论内容丰富、涵盖面最广，包括鲁棒控制、智能控制、集成控制等。

此外，20世纪50年代开始的机器人也非常有代表性，已经渗透到了人类社会的各个角落，出现在人们的日常工作生活中。

6. 智能科学与技术发展历程

由以上对相关学科发展的分析梳理，可以将智能科学与技术的产生与发展划分为五个阶段：茫然期、萌芽期、初创期、发展期和繁荣期，阶段划分及标志性事件如下：

1）茫然期：从人类社会形成至19世纪末。虽然也有与"聪明""精明""神明"或"视听"相关的探索和论述，但由于主导认识是把心作为思维的器官，限制了人们的"智慧"，无法深入探索人类"智能"的本质和源泉。

2）萌芽期：19世纪末至20世纪40年代。19世纪90年代，以希波克拉底为代表的古希腊医生提出人脑的神经元结构，完成了思维"从心到脑"的认识转移。20世纪30年代，可计算理论取得突破性进展。20世纪40年代，以频率响应法（1932）和根轨迹法（1948）为核心的经典控制理论（PID控制、反馈控制）诞生。

3）初创期：20世纪40年代至60年代末。1946年，第一台计算机诞生；1950年，图灵提出了著名的"图灵测试"；1956年，达特茅斯学院的研讨会提出AI概念；20世纪50年代，形式语言的理论体系建立；20世纪60年代，计算复杂性和模拟人类专家行为出现；1964年，IBM推出IBM360计算机系统；20世纪60年代末，现代控制理论（最优控制、模糊控制、自适应控制）奠基。

4）发展期：20世纪60年代末至21世纪初。1967年，美国心理学家奈瑟尔提出现代认知心理学；1979年，认知科学正式确立；20世纪80年代，IBM PC使计算机进入各行各业、千家万户；20世纪90年代出现的互联网加速了人工智能的创新研究；20世纪80年代以后，先进控制理论（鲁棒控制、智能控制、集成控制）萌芽。1997年，IBM的超级计算机"深蓝"战胜了国际象棋世界冠军卡斯帕罗夫；2008年，IBM提出"智慧地球"的概念。

5）繁荣期：21世纪初至今。随着移动互联网、大数据、云计算、物联网等新一代信息技术的发展，人工智能技术飞速发展，大幅跨越了科学与应用之间的"技术鸿沟"，以机器人为代表的人工智能产品大量出现在人们的工作生活中。2016年3月，阿尔法围棋以4比1的总比分战胜职业九段棋手李世石，唤起人们对AI的极大热情，大量的人力、物力、财力纷纷投到智能科学与技术的研究与应用领域。韩国、美国、欧盟、日本、澳大利亚、加拿大和我国先后启动脑科学研究计划，认识脑、保护脑、模拟脑，推动以神经计算和类脑智能为代表的脑科学研究，成为各国追求的目标。

1.5.2 智能科学与技术应用

按照科学技术的发生发展规律，任何科学技术之所以能够产生和发展的根本原因是它对人类有用，智能科学与技术也是一样。自诞生至今，随着理论的不断完善和技术的不断进步，智能科学与技术应用日益广袤，已经为人类做出了突出贡献，成为科学技术的前沿。下面从保障身体健康、保障衣食住行、辅助终身学习、辅助观察世界、辅助决策判断和辅助改造世界六个方面，阐述智能科学与技术的应用。

1. 保障身体健康的应用

保障身体健康的应用是指智能科学与技术在人类自身身体状况监测、疾病诊断、治疗康复、娱乐锻炼等方面，以及在相关行业的应用。

近年来，智能手表、智能手环、智能眼镜等可穿戴智能设备越来越多。这些设备可实时采集用户日常工作生活中的步数、心率、体温、血压等数据，App 基于这些数据分析监测用户的锻炼情况、能量消耗、睡眠质量、身体状况等，起到了指导健康生活的作用。另外，利用这些可穿戴智能设备也可进行社交网络分享，老年人还可通过内置的 GPS/北斗卫星定位系统，随时将身体状况及位置传送给家人或相关医疗、养老机构。

不久之前，"人工智能健身房"走进了人们的视野。初来健身者利用无感扫描设备读取全身指标信息，佩戴智能手环用于收集个人运动数据，由此可获得个性化的智能健身方案，并建立个人信息档案。在运动过程中，对健身者的心率、呼吸频率等运动、生理数据进行记录和分析，并指导健身者按照预定方案进行锻炼，以达到预期效果。随着数据量的积累和机器学习算法模型的优化，健身者也可获得有针对性的健康改进方案。可以预见，未来的健身设备、健身房、运动场馆将会融入越来越多的智能元素。

"用 AI 监测驾驶员情绪，告别疲劳驾驶和路怒"也早已成为现实，结合传统 RGB 镜头和近红外线镜头，监测驾驶员每分钟眨眼次数、脸部表情、头部姿势等数据，通过深度神经网络识别驾驶员疲劳程度和愤怒情绪，进而判断驾驶员是否适合开车。若驾驶员处于愤怒中，系统会建议其先沿途停车休息，甚至虚拟助手可以播放使其情绪放松的音乐；如果驾驶员处于疲劳状态，可以转换为自动驾驶或建议停止驾驶，保障驾驶员的人身安全。

专家系统最早被应用于疾病的诊断，而且在引入深度学习、知识图谱等技术后，各类疾病诊断专家系统更加实用。另外，还有智能导诊、电子病历语音助理、医疗影像辅助诊断、手术机器人、护理机器人、康复机器人、助力药物研发、个人健康大数据的智能分析，等等。尤其在近几年，综合运用移动互联网、物联网、智能传感等技术的智慧医疗在不断探索中，通过打造区域性（或跨区域性）医疗平台，实现患者与医务人员、医疗机构、医疗设备之间的互动，使远程会诊、康复治疗、居家养老成为可能。

人工智能在游戏娱乐方面的应用更加出色，不仅可以用来生产图片、音频、文字、视频等各种内容素材，还可以代替人类玩家在游戏发布之前进行测试，更能给游戏创造更高的可玩性，增强趣味性。例如游戏《极限竞速》的 AI 会观察玩家的玩法并模拟开车风格，还能从云端搜集更多人类玩家的资料，让对手更像人类，包括技巧、强项与失误，从而给人类带来不可预期的体验。还可以将游戏 AI 与虚拟现实/增强现实（VR/AR）技术相结合，使游戏更加逼真，玩者更有沉浸感。

2. 保障衣食住行的应用

保障衣食住行的应用是指智能科学与技术在改变人类传统的衣食住行观念、提供现代化的衣食住行条件等方面，以及在相关行业的应用。

人工智能服饰内置温度传感器，能够根据用户体温和室外温度自动开合气孔调节，内嵌的学习算法会记录每一个用户的舒适温度，并能根据其喜好自动打开保护层，使其保持在一个舒适的程度。基于"3D建模+AI图像"的服装定制将改变人们传统的试衣购买或定制的习惯，AI试衣镜可以识别年龄、性别，完成对身体尺寸的测量和采集，再通过人工智能技术为用户推荐合适的服装。在服装营销行业，除利用AI试衣提高用户购物体验外，智能科学与技术应用还包括服务机器人智能导购、分析用户画像与精准营销、面料色彩纹路和花色智能识别，以及通过理解图像、识别图像来理解服装流行时尚等。

AI菜谱可以根据实物辨别出食材的品种和质量，给出最好的烹饪方法，最大限度地发挥食物的营养价值。现在，很多人都会发现日常生活已经越来越离不开外卖了。外卖看起来和科技好像没什么关系。但是，美团构建的AI相关技术囊括了语音、视觉、自然语言处理、机器学习、知识图谱等，以美团/大众点评App搜索、推荐为核心，由面向外卖配送的策略、调度算法、定价系统，延伸到无人配送的自动驾驶、智能耳机里的语音识别、人脸识别，再到连接用户端的客服系统，连接商家端的金融体系、供应链系统等，美团正在构建庞大的知识图谱体系。

现代家庭里的电视、音响、冰箱、洗衣机、空调等家电均可以有线/无线方式上网，云上AI资源丰富，云端AI功能也越来越强，人脸识别、语音遥控、远程控制越来越普及。智能家居是智能科学技术、物联网技术的重点应用领域，它利用综合布线技术、网络通信技术、安全防范技术、自动控制技术、音视频技术，以及智能科学与技术，将与家居生活有关的设备设施集成，构建高效的住宅设施与家庭日程事务的智能管理系统，提升家居安全性、便利性、舒适性、艺术性。与普通家居相比，智能家居不仅具有传统的居住功能，还兼备绿色环保、信息家电、设备自动化，以及全方位的信息交互功能。

在"万物智能"的今天，能够用手机控制速度、方向，拥有微电脑和蓝牙的智能自行车、智能滑板出现在人们的生活中。近年来，汽车内的传感器越来越多，在提高驾驶舒适性的同时，各种智能技术（包括车联网）在为驾驶员的安全保驾护航。而且，近几年无人驾驶汽车发展迅速，吸引了众多研究人员和企业家投身到该领域。

在现代化的智能互联城市里，居民的出行方式和工具越来越智能化。从公交车的抵达时间预测到最近单车共享站的单车数量，从普通市民智能手机应用的轻松导航到专为听力和视觉障碍者设计的路线规划器，从智能交通信号灯网络到智能泊车诱导系统，从地铁低效的定期维护转向智能的预测性维护，智能科学与技术应用到了智能交通的各个领域。出差旅游需乘坐的火车、飞机、轮船等交通工具，都大量使用了智能传感、控制、规划、调度等技术，宇宙空间探测更是如此，包括射电望远镜、火箭、卫星、太空站等，没有智能科学与技术的支撑是不可能实现的。

3. 辅助终身学习的应用

辅助终身学习的应用是指智能科学与技术在人生各个阶段（包括婴幼儿、中小学、大学、工作、退休养老期间）学习，以及在教育培训领域中的应用。

在婴幼儿成长的过程中，有很多专门设计的智能可穿戴设备，例如，监测器、智能体温计、智能纽扣、智能摄像头、智能床等，以检测和监控婴幼儿身体状况为主。当然，也有以安抚和陪伴婴幼儿玩耍和学习为主的智能设备，例如，早教机器人可以给婴幼儿创造趣味性的学习环境，不但可以陪伴孩子成长，更可以引导孩子去认识世界，使孩子变得更加活泼，实现真正的寓教于乐。

多元智能理论由心理发展学家霍华德·加德纳（Howard Gardner）在1983年提出

后，对传统的中小学、大学、研究生教育产生了极大影响，主要体现在以下四个方面：①改变传统学生观：用赏识和发现的目光去看待学生，通过正确的引导和挖掘，使每个学生都能成才；②重新定位教学观：根据每个学生的智能优势和弱势选择最适合学生个体的方法，运用多样化的教学模式促进学生潜能的开发；③改变教学目标：根据学生的不同情况确定每个学生最适合的发展道路，提倡"让每个学生都来有所学，学有所得，得有所长"；④改变教学行为：教学形式上重视小组合作学习和讨论，以利于人际智能的培养，在教学环节上重视最后的反思环节，培养学生的内省智能。

当然，人工智能的发展也给教育技术的方式方法带来了革命性的改变，比如智能语音技术可以帮助教师打造标准化的语言教学与学习环境；AI 场景下改变了知识传递传授的样式，原本只能通过书本学到抽象知识，在 AI 场景下学生可以身临其境，学生对知识的概念学习更多地转化为感知、体验和感受。另外，还可以基于采集到的学生学习过程中的各项数据，运用大数据智能技术实现对日常教学过程中的考试、作业、测验等环节的识别分析，可以为学生推荐符合其个人学习特点、规律的个性化的学习方案，还可以针对学生的学习情况提供更加具有实效性的辅导。

近几年，智慧地球概念极大地推动了智慧教育的发展，而智慧校园作为智慧教育的一个缩影、数字校园的高级形态，其建设在我国高校、中小学已经取得了一定的成就。智慧校园建设除了需要传统的数字化校园技术外，还需要融合新一代信息技术和人工智能技术，诸如物联网技术、云计算与虚拟化技术、移动互联技术、虚拟现实技术、大数据技术、体感技术、可穿戴技术、仿真技术、3D 成像技术、全息投影技术与幻影成像技术等，广泛应用到学校的教学、科研与管理的各项工作中。

目前，智慧教育不仅在中小学、大学的智慧校园建设中取得了实效，而且在政府部门的教育行政管理，以及全民终身教育体系构建中也发挥了重要作用。例如智能决策使发展规划与计划管理更加科学、教育结构与资源布局更加合理；新一代信息技术与人工智能技术的深度融合应用，不仅丰富了终身教育的内容，扩展了终身教育的对象，降低了客观条件对终身教育的限制，也使终身教育可以更平等地惠及全体人民。

4. 辅助观察世界的应用

辅助观察世界的应用是指智能科学与技术在人类社会经济各类事物（自然界物体或社会活动事件等）外表特征、运行状态、本质规律及发展趋势观测中的应用，包括运用智能硬件工具，也包括采用智能软件和相关数据。

作为与外界环境交互的重要手段和感知信息的主要来源，智能传感器为人类感知世界插上了翅膀。例如，日常使用的手机，除常规的麦克风外，还可以配置多达六个摄像头，更有如光线传感器、距离传感器、重力传感器、加速度传感器、磁（场）传感器、陀螺仪、北斗/GPS、指纹传感器、霍尔式传感器、温度传感器、气压传感器、心率传感器、血氧传感器、紫外线传感器等十几种传感器，这些器件使手机成为名副其实的移动智能终端。手机可以记录用户的言行，也可以感知其周围的世界，是大数据时代重要的数据来源。

智能传感器的应用已经深入各行各业，在工农业生产、交通运输、文化教育、城市管理、军事国防、医疗卫生、航空航天等方方面面都有广泛应用。例如，在工农业生产领域，各类传感器被用来感知生产工艺过程数据。在交通运输领域，基于机器视觉的车牌识别、违法抓拍、流量监测、重点车辆追踪已被大范围推广应用。在军事国防领域，有用于探测军用装备外界信息的外部传感器，如目标探测、精确打击、姿态控制的光电传感器、红外传感器、光纤陀螺等；有用于检测军用装备内部各子系统、各部件、各参数的内部传感器，如各类发动机系统、火控系统和监控系统的力学量传感器、温度传感器、光电传感器等。

网络舆情监控是智能科学与技术辅助人们观察世界的另一个很好的例证。它整合互联网信息采集技术及信息智能处理技术，通过对互联网海量信息的自动抓取、自动分类聚类、主题检测、专题聚焦，形成简报、报告、图表等分析结果，实现网络舆情监测和新闻专题追踪，为全面掌握社会思想动态、做出正确舆论引导提供科学依据。一旦发生危害社会的情况，立即报警，必要时采取应急处理措施，避免出现灾难性的后果。网络舆情监控作为自然语言处理的一个重要研究方向，已经成为现代社会管理的重要监控手段。

在人类从事科学研究和技术研发中的应用也是智能科学与技术辅助人们观察世界的一个有力例证。例如，研究人员使用机器学习算法研究基因突变数据并检测相关模式，在输入来自178名癌症病人的768个肿瘤的信息后，成功找到了病人间与促使肿瘤转移的改变相关的突变模式，借此预测肿瘤可能如何改变以及如何在病人体内传播的方法。在材料科学领域，使用传统方法，一天只能对材料成分做一两次分析试验，实验室"诞生"一个新材料平均需要10年，从实验室"走进"生产车间可能需要再用20年；而通过对废弃数据的机器学习，再对新材料进行预测，新材料的研发和应用周期有望缩短一半以上。

5. 辅助决策判断的应用

辅助决策判断的应用是指智能科学与技术在人类社会经济各类事务推理、决策、判断、控制方面的应用，包括工农业生产、交通运输、文化教育、城市管理、军事国防、医疗卫生、航空航天等各个领域。

在大数据智能处理技术出现之前，农业生产专家系统、农作物模拟模型、农作物生产决策支持系统是主要的农业生产决策技术。而大数据智能处理技术可以集成农作物自身生长发育状况以及农作物生长环境中的气候、土壤、生物等数据，同时综合考虑经济、环境、可持续发展等指标，弥补专家系统、模拟模型在多结构、高密度数据处理方式上的不足，提供更加精准、实时、高效的自然灾害监测预警、农作物估产及生长动态监测、农产品市场监测预警，为决策者做出精准的农业生产决策提供技术支撑。

办公自动化（Office Automation，OA）迄今为止已经历了以数据统计和文档写作电子化为主要特征的第一代、以工作流程自动化为主要特征的第二代、以知识管理为主要特征的第三代的不断迭代。而目前各级政府部门、企事业单位、组织机构正在大力建设的新一代OA则是以新一代信息技术应用与智能决策为主要特征，是基于AI技术和OA场景相结合打造的高度交互性的智能办公决策平台，而且更加强调移动智能应用。例如，OA在移动设备的支撑下，通过引入语音处理技术，将办公需求在语音的接入、识别、语义分析、标签技术等功能作用下快速匹配给恰当的人、应用和数据，使手机成为具有感知、理解、决策和行动能力的7×24h智能办公助理。

云计算、大数据、互联网、物联网、人工智能等技术的进步，催生、驱动了新型智慧城市的建设，新型智慧城市需要"城市大脑"。新型智慧城市的大脑是神经网络化的，基于大数据、云计算，通过对数据的收集、挖掘与分析，为"互联网+"政务服务、交通出行、智慧医疗、智慧旅游、普惠金融、效能提升、信用建设、新型治理等提供支持。城市大脑部署在云端，互联互通的数据中心也在云端，而一体化的服务可以在网络上延伸。云端应用大数据、深度学习、智能计算与其他人工智能技术，既可以将数据聚类化、结构化，又可以将其分层分类，乃至个性化。城市大脑的神经末梢可以触达每一个参与者、每一个角落、每一个场景，以及每一个点，在任何需要的时刻将服务通过移动端，随时随地、动态实时延伸到网络可以覆盖到的地方。

2019年12月30日，京张高速铁路正式开通运营。作为中国首条智能高速铁路，设计、建设与运营注入了很多先进的智能科学与技术。例如，在列车的车身安装有数千个具有自动体检功能的传感器，能够在列车运行过程中自动检测运行情况，保障列车运行安全；采用了世界领先水平的CTCS-3级列车运行控制系统，基于GSM-R网络实现地面与动车组控制信息的双向实时传输；新增了智能环境感知调节技术，能够实现对温度、灯光、车窗颜色等的调节，进一步提高了乘客乘坐的舒适度，同时全车覆盖WiFi，配置多语种旅客信息系统，能够满足国际与国内旅客的通信和语言需求；引入了自动驾驶技术，能够实现车站自动发车、区间自动运行、车站自动停车、车门自动打开等功能。值得注意的一点是，京张智能高铁通过将导航系统和人工智能相结合，成为全球第一条具有自动驾驶能力的高速铁路。当然，并不是列车全程无人控制、完全由AI完成整个运行流程，目前自动驾驶技术还只是起到辅助列车驾驶员的作用。

6. 辅助改造世界的应用

辅助改造世界的应用是指智能科学与技术在人类从事社会经济各种活动时，辅助人们完成指定动作或工作方面的应用，包括各种智能设备和智能机器人等。

从最普通的卫生清扫到最高端的航空航天，智能科学与技术的应用案例数不胜数。集远程控制和智能导航定位于一体的智能家用扫地机器人，通过全屋定位、实时构图、路径规划、弓字形清扫等一系列操作，实现智能导航规划对全屋进行有序清扫，不放过任何死角，也不会出现漏扫、重复扫的情况。高楼外墙清洗机器人内置多种传感器，可以对楼宇外墙面结构进行空间建模，智能识别楼宇表面材质，根据玻璃、铝板、石材等不同材质及污染程度，自动选用不同的清洗方案；可以智能判断并跨越障碍物，可以根据风速大小做出相应的姿态调整，保证机体牢牢抓住墙面。

占据工业机器人应用半壁江山的焊接机器人，已被广泛应用于汽车、电子、航空、航天、铁路、工程机械、能源装备和海洋重工等领域。特别是近年来，以信息技术为牵引的智能化焊接技术，融合人的感官信息（视觉、听觉、触觉）、经验（熔池行为、电弧声音、焊缝外观）、推理判断、焊接过程控制以及工艺优化各方面专门知识，已成为一种现实和迫切的需要。在装备制造和机械加工生产领域，智能机床了解制造的整个过程，能够监控、诊断和修正在生产过程中出现的各类偏差，并且能为生产的最优化提供方案；此外，智能机床还能计算出所使用的切削刀具、主轴、轴承和导轨的剩余寿命，让使用者清楚其剩余使用时间和替换时间。

在社区管理方面，通过在社区道路、楼道门禁、通行出入口进行人脸采集抓拍，实现出入口人员、社区居民的智能管控，解决群租、孤寡老人等特殊人群的定期监护问题；另外，智能社区管理系统还能自动检测禁停区域内的违停车辆，准确识别乱摆摊、乱丢弃垃圾等行为，并通过人工智能算法，可以设定不规则的周界区域，对社区内湖面等特殊防范区域进行安全监控；与此同时，当出现居民大量聚集或高空坠物时，智能分析算法能快速检测并报警，还能准确溯源。

军事、太空、灾难、高温、超低温、剧毒等特殊场景，具有一定的危险性，智能科学与技术应用更能发挥优势。例如，"玉兔号"是中国首辆月球车，和着陆器共同组成"嫦娥三号"探测器，其设计质量 140kg，能源为太阳能，能够耐受月球表面真空、强辐射、−180～150℃极限温度等极端环境。"玉兔号"月球车配备有全景相机、红外成像光谱仪、测月雷达、粒子激发 X 射线谱仪等科学探测仪器，代替人类进行月球探测。2013 年 12 月 15日，"玉兔号"顺利驶抵月球表面。2016 年 7 月 31 日晚，"玉兔号"月球车超额完成任务，停止工作。

在过去的几十年，智能科学与技术，特别是人工智能的出现也导致了人类的集体焦虑。人们普遍的担忧是，随着机器人和计算机取代更多人类的工作岗位，将会有大量的人员面临失业。而这种恐惧并非杞人忧天，毕竟，机器人和计算机在执行某些任务方面比人类要好得多。然而，必须注意的是，并非所有的工作最终都会被人工智能取代。人类必须清醒地知道人工智能在哪些方面比人类做得更好，人类在哪些方面比人工智能做得更好。而且，机器人的广泛应用也将催生机器人设计、制造、运输、安装、维修、保养等工作岗位。

当人类摒弃了人与机器的对立态度，人类既能依旧作为智能系统的终极目的而发挥人类本质层面上的导引作用，又可以在个体层面上履行新的社会分工责任，也就是说，人有人的用处，仍将是智能科学与技术的主宰。苹果公司首席执行官（CEO）蒂姆·库克（Tim Cook）在麻省理工学院第 151 届毕业典礼上发表主题为"科技终须服务人性"的演讲时说："我不担心人工智能能够让计算机像人类一样思考，我更担心人类像计算机一样思考……，没有价值观，没有怜悯心，全然不顾后果……，而这些也正是我需要你们去捍卫的东西。"

1.5.3 智能科学与技术和新一代信息技术

随着（移动）互联网的普及、各类感知设备的泛在、云计算与大数据的应用、网上信息社区的兴起、区块链技术的萌芽，数据与知识在人类社会、物理空间和信息空间之间交叉融合、相互作用，使智能科学与技术，特别是人工智能发展与应用所处的信息环境和理论基础都发生了巨大而深刻的变化。与此同时，智能科学与技术的概念、内涵、目标与理念也出现了重大调整，促使智能科学与技术的发展与应用进入一个崭新阶段。

1. 互联网是新一代信息技术的源头

互联网是广域网、局域网及单机按照一定的通信协议组成的国际计算机网络。根据《国务院关于积极推进"互联网+"行动的指导意见》，"'互联网+'是把互联网的创新成果与经济社会各领域深度融合"。可见，"互联网+"之中的互联网远远不止于网络，云计算、物联网、大数据、智能机器人等均在其中，"互联网"已经成为一个复合集成的概念，其范畴其实是"以互联网为代表的现代信息技术"。互联网作为计算机网络普及的开始，也是新一轮信息技术变革的源头。

互联网诞生于 1969 年的美国，而我国互联网发展起源于 1994 年。1994 年 4 月 20日，我国通过一条 64kbit/s 的国际专线接入国际互联网，标志着我国互联网的诞生。从 1997年我国互联网的正式起步至今已有 20 多年，而近十几年是我国互联网快速发展的阶段。2006 年我国互联网普及率仅为 10.5%，而到了 2020 年 12 月底，我国互联网普及率提升到了 70.4%，网民数量为 9.89 亿人，手机网民 9.36 亿人，居全球首位。

互联网带来的革命性改变是连接和在线。互联网带来了线下生产生活的在线化，使在线成为普遍特征和时代本能，使无人不在线、无业不在线、无时无刻不在线成为可能。物联网的成熟推动我们进入了人人互联、人物互联、物物互联的万物互联时代。随着连接的不断扩展和深化，互联网在经济社会中的地位和作用也在逐渐发生变化。

目前，互联网已经渗透到生产生活的方方面面，成为越来越多经济社会活动的渠道和平台，也成为创新创业最活跃的领域和创新驱动发展的主导力量。互联网由最初的单一技术工具，逐渐拓展成为社交工具、媒体工具、交易工具、创新工具、创业工具，等等，成为生产生活方方面面都不可或缺的基础设施。

2. 互联网和物联网催生大数据

互联网最大的特征在于，在线的行为全部都可以被记录转化为数据。任何人和物只要连接到互联网上，都会变成数据源，其一切状态和所有行为都可以被数据化记录，互联网与经济社会各领域的深度融合引发了数据量的爆发式增长。除此之外，基于网络环境运行的各种信息系统是大数据的第二个来源，第三个大数据的来源就是物联网。

物联网可用的感知工具种类繁多、多种多样，包括各类传感器、变送器（气体浓度传感器、温度传感器、湿度传感器、电流互感器、电压变送器等）、RFID 标签/EPC 编码读写扫描器、定时定位终端（卫星定位、基站定位）、摄像头/麦克风、人体热红外感应器、遥感测控装置、证件自动识别装置，等等。物联网每天产生的数据量非常庞大，占到了整个大数据来源的 90% 以上。

同时，网络的完善大大提升了数据传输速度，硬件性能的提升解决了数据存储问题。在数据产生、传输、存储的条件成熟的同时，数据挖掘条件也在与时俱进，尤其是云计算的发展不仅为海量数据提供了存储的空间，更重要的是使得实时在线处理成为可能，云计算为大数据提供了弹性可拓展的基础设施。

大数据的价值特性与物质、能源等传统资源有着本质的区别。传统资源总量有限，总会用尽枯竭，数据不是对自然资源掠夺，而是来自于经济社会活动本身，且经济社会活动越活跃，产生的数据资源越多。同时，数据不会因为人们的使用而折旧和贬值，这就从根本上改变了资源要素边际价值递减规律，数据越挖掘，其价值越大，而且随着挖掘新增和沉淀的数据越多，数据总量也将越来越多，在一定程度上可以实现"取之不尽、用之不竭"。

另外，大数据带来了前所未有的革命性影响，尤其是对人们的思维方式带来了根本性变革。基于量化分析的科学决策、可以精细到了解知悉每一个个体情况、从完全混乱中找到潜在关联等这些科学理性的处事方式，在大数据之前也不是完全不能做，但是需要浩大的工作量，让人望而却步，以至于只能将其当作不可能完成的任务。

历史学家黄仁宇认为我国传统社会最大的弊病就是"缺乏数目字管理"，无论是文化精神，还是施政方针，或者是人才选拔，核心要点都是道德标准，技术性管理被忽视，不能对国家经济，特别是财政税收进行精确、有效的管理，导致糊涂账，甚至连账都没有。大数据的到来，不仅为实现"数目字管理"提供了可能，更重要的意义在于促进了科学理性精神的复兴，"用数据说话"作为金科玉律和重要法宝，被越来越多的人所接受，成为人们的习惯自觉。

3. 大数据激活人工智能

之所以说大数据激活人工智能，是因为人工智能概念的产生比大数据早，甚至比互联网还要早。大数据激活人工智能是指，大数据使人工智能"枯木再逢春，老树发新芽"。

1950 年，图灵提出了检验机器是否智能的"图灵测试"，成为人工智能思想的起源。1956 年在达特茅斯学院的研讨会上正式提出了人工智能的概念术语。自 1956 年至今的 60 多年间，人工智能的发展起起伏伏，本轮发展热潮的核心特征可以概括为"海量数据+先进算法+超强计算能力"，根本驱动力是技术条件的逐步成熟，主要包括大数据技术、云计算技术及更好、更普遍可用的算法。其中，算法是核心，数据和硬件是基础，感知识别、知识计算、认知推理、运动执行、人机交互能力等是重要支撑。

对于人工智能而言，其表征是智能化，基础是大数据，核心是计算能力。一方面，大数据之于本轮人工智能热潮具有战略意义，人工智能的兴起可以看作大数据应用的结果。海量数据为训练人工智能提供了素材，为机器学习提供了样本和对象。在同等计算能力下，"海量的数据+普通的算法"所能产生的结果，远非"少量的数据+先进的算法"所能比，这是已经被充分证实的结果，比如谷歌的阿尔法围棋采用的就是 40 多年前就已经成熟的人工神经网络方法。

另一方面，人工智能的核心是超强的计算能力或者学习能力。在这方面，人类无法比拟，学习量大，速度快。例如，AlphaGo 利用几十万台服务器在数月内就学习了 20 万张高手对弈棋谱，这对于人来说简直不可想象，人终其一生可能也学不完。可以说，计算能力是决定未来人工智能所能到达高度的重要因素。同时，智能是人工智能最突出的特征，与人工智能相关的脑科学和认知科学发展、理论建模、技术创新、软硬件升级等整体快速推进，正在引发链式突破，推动经济社会各领域从数字化、网络化向智能化加速跃升，推动信息社会向智能社会迈进。

4. 人工智能与新一代信息技术相互促进

首先，人工智能在沉寂了多年后再次引人关注，正是由于以大数据为代表的新一代信息技术的快速发展，为人工智能技术的突破带来了重大契机。近 10 年来，高端芯片、传感器、宽带网络等快速发展使得制约人工智能发展的感知、传输、处理等瓶颈逐渐消失，一些依赖复杂运算和快速处理的算法与建模得以实现，尤其是互联网、传感器的普及应用更是提供了海量的"训练数据"，有力地支撑了人工智能技术的突破性发展。

例如，机器学习技术借助大数据支撑的新算法和新模型，对来自互联网、移动终端、生产设备的海量数据进行推算和优化，不断提高机器的认知能力和深度学习水平，使其未知事件能够做出更精准的预测判断。20 世纪 80 年代，图像识别技术虽然在手写数字等小规模应用方面取得过一些成果，但受限于运算能力和经验数据的不足，在大规模图像识别方面进展甚微。新一代信息技术发展使得上述瓶颈逐步突破，图像识别、人脸识别技术获得重大进展，目前在移动支付、身份验证等领域得到了广泛应用。

另外，随着智能科学与技术繁荣期的到来，智能科学与技术的研究成果，尤其是人工智能的研究成果在新一代信息技术的各个领域得到了推广应用，也为新一代信息技术的智能化提升注入了强大动力，从下面几个实例可见一斑：

1）人工智能使安全的互联网能够满足用户需求。人工智能在反垃圾邮件、防火墙、入侵检测、网络监测与控制等方面的应用，能更好地保障网络环境的安全。而且运用人工智能技术可以建立互联网用户行为分析系统，掌握用户的上网习惯以及偏好，从而准确定位用户对互联网的需求，为改善互联网服务性能提供数据与决策支撑。

2）人工智能与云计算关系越来越密切。IaaS（Infrastructure as a Service，基础设施即服务）层所能提供的 GPU（Graphics Processing Unit，图形处理单元）云主机、FPGA（Field Programmable Gate Array，现场可编程门阵列）云主机等基础设施级服务在人工智能模型训练中各有优势；在 PaaS（Platform as a Service，平台即服务）层，通过封装 TensorFlow 等深度学习平台，可以加速云计算向更多的行业领域垂直发展；在 SaaS（Software as a Service，软件即服务）层，人脸识别、光学字符识别（OCR）、语音识别、证件识别、内容安全等可拓展云计算的应用边界，进一步加速应用端的迭代速度。

3）人工智能边缘计算释放物联网潜能。物联网本身就是一个巨型复杂的智能系统，而智能边缘计算可以利用物联网的边缘设备进行数据采集和智能分析计算，实现智能在云和边缘之间流动。云端的人工智能由单一大型处理中心管理，而边缘人工智能则由小巧但运算能力强大的边缘设备共同运作，以推动在本地依据数据判断决策。这样不仅消除了影响实时决策正确性的延迟问题，而且减少了通信成本，释放了物联网边缘（端）设备的潜能。

4）人工智能助力从大数据挖掘出大知识。大数据的巨大价值在于依据数据间关联性而建立的复杂结构关系网络中所蕴含的知识，而且随着大数据不断到来，原有的关联性也在不断改变。从人类认知原理角度出发，运用知识的非线性融合、知识图谱、知识重组、在线学习等方法，可以从大数据中获取潜在的大知识，为用户提供个性化的诸如网络词典、新闻跟踪、自动出版、就业培训等的大知识服务。

5. 智能科学与技术将引领新一代信息技术发展

人脑与计算机互有优劣，那么能不能把计算机严谨细致的逻辑思维方式，与人脑擅长的诸如经验思维、形象思维、直觉思维、灵感思维等跳跃性、模糊性、随机性的思维方式结合起来，相互取长补短一起工作呢？这一想法并不是什么天方夜谭。随着科技的发展，近年来有多项研究成果表明，未来将有多种方法可实现计算机对人脑机能的增强。

1）脑强化剂。将纳米机器人作为脑强化剂，添加进入人脑，并与人脑神经元协同工作，将极大地增强人脑的模式识别能力、记忆力和综合思考能力。

2）思维移植。利用类似"大脑扫描仪"的设备扫描人脑，捕捉所有主要细节，形成"思维文件"，然后将大脑的状态通过文件传输的方式，完整地"复制"到一台超级计算机或另一个人脑上，从而实现"思维移植"。

3）芯片植入。将可以取代人脑海马体的芯片植入人脑，大幅提高人脑的记忆力。例如普通人通过接受几十年的学校教育才能获得的知识，只需要移植一个存有大量知识信息的芯片就能解决。随着信息技术与纳米技术的整合，以及电源持久供应等问题的解决，计算机将进一步微型化，除植入记忆芯片外，还可以直接植入一台或数台微型超级计算机协助大脑工作，从而大大提高人类个体的智力水平。

4）脑机接口。既不需要服用含纳米机器人的脑强化剂，也不需要在人体内植入任何芯片，只需把微型读脑装置安装在眼镜、项链、衣领等随身物品中，人脑即可与计算机直接交互信息（脑联网），快速调用计算机和网络中的计算资源和数据资源辅助人脑工作。

另外，人脑是世界上最复杂、最神秘的天然信息加工系统，加强脑科学研究不仅有助于人类更清晰地认识自我，而且对发展类脑智能、抢占未来智能社会发展先机十分重要。所以，近年来，世界各国纷纷启动脑计划。

1）1997 年，"人类脑计划"在美国正式启动；2010 年，美国国家卫生研究院（National Institutes of Health，NIH）推出"人脑连接计划"；2013 年 4 月，美国启动"使用先进革新型神经技术的人脑研究"（Brain Research through Advancing Innovative Neurotechnologies，BRAIN）计划，旨在发展新型脑科学研究技术，探索大脑功能和机制等，侧重于新型脑研究技术的研发。其发展目标是既要引领科学前沿，又要促进相关产业的发展。

2）韩国在 1998 年制定了《脑研究促进法》，重点支持方向包括基于创新科技及新一代人工智能算法的连接组学分析技术及促进神经系统疾病早诊早治的精准医疗技术。

3）欧盟脑计划（EU Human Brain Project，EU HBP）于 2013 年 10 月启动，旨在建立用于模拟和理解人类大脑所需的信息技术、建模技术和超级计算技术的平台。

4）日本脑计划"综合神经技术用于疾病研究的脑图谱"（Brain Mapping by Integrated Neurotechnologies for Disease Studies，Brain /MINDS）于 2014 年启动，研究内容包括非人灵长类动物（尤其是狨猴）的大脑结构和功能图谱、创新型大脑成像技术、人类大脑图谱与临床研究。

5）2016 年 2 月，澳大利亚大脑联盟（Australian Brain Alliance，ABA）组建完成，旨在协调和促进本国的大脑战略性研究，并与全球各国的大脑研究计划展开合作，聚焦于神经科学与医学应用的转化性研究。

6）2017 年，加拿大脑科学家发起了脑科学研究战略（Canadian Brain Research Strategy，CBRS）倡议，致力于改善加拿大神经与精神健康状况，构建加拿大神经科学创新合作平台。

7）2006 年 2 月，我国颁布的《国家中长期科学和技术发展规划纲要（2006—2020 年）》将"脑科学与认知科学"列入基础研究八个科学前沿问题之一。中科院在 2012 年启动了战略性先导科技专项（B 类）"脑功能联结图谱计划"。2016 年，我国发布了"中国脑计划"，即"脑科学与类脑研究"国家重大科技专项，侧重以探索大脑认知原理的基础研究为主体，以发展类脑人工智能的计算技术和器件、研发脑重大疾病的诊断干预手段为应用导向。

由以上论述可以看出，认识脑、保护脑、模拟脑是人类脑计划的长期目标，以神经计算和类脑智能为代表的脑科学是当前国际科技前沿的研究热点。随着世界各国脑计划的陆续启动和稳步推进，将会产生更多的突破性研究成果，必将有力地推动以脑科学、认知科学为理论基础的智能科学与技术的跨越式发展。而且，新一代信息技术是人类发明创造的，是为人类服务的科学与技术。作为科学技术前沿的智能科学与技术取得的巨大进展，必将引领新一代信息技术进一步向前发展。

✍ 思考题与习题

1-1 填空题

1）智能一词的含义共有四种观点，分别是（　　）、（　　）、（　　）和（　　）。

2）为了与人工智能研究相对比，可以将人类智能所涉及的能力归纳为六种能力，分别是（　　）、（　　）、（　　）、（　　）、（　　）和（　　）。

3）人工智能的发展历程可以划分为六个阶段，分别是（　　　）、（　　　）、（　　　）、（　　　）、（　　　）和（　　　）。

4）人工智能领域有符号主义、联结主义和行为主义三大学派，不同学派分别采取（　　　）、（　　　）和（　　　）的技术路线模拟人类（自然）智能。

5）科学技术的发生发展规律分别为：科学技术发生学的（　　　）、科学技术发展学的（　　　）和科学技术未来学的（　　　）。

6）PMJ 心智模型中 P、M、J 分别代表（　　　）、（　　　）和（　　　）。

7）国内外学者在使用"机器思维"这一概念时，对其理解和主要的参考标准有两种，分别是（　　　）和（　　　）。

8）专家系统通常由（　　　）、（　　　）、（　　　）、（　　　）、（　　　）和（　　　）六部分构成。

9）智能科学与技术的产生与发展可以划分为五个阶段，分别是（　　　）、（　　　）、（　　　）、（　　　）和（　　　）。

10）近年来各国纷纷启动脑计划，三个主要目标分别是（　　　）、（　　　）和（　　　）。

1-2　不仅人有智能，其他生物也有智能，请简单阐述你的观点。

1-3　请简单论述科学、技术与工程之间的关系。

1-4　请给出智能科学、智能技术的定义，并简单阐述它们之间的关系。

1-5　请简单阐述数据、信息和知识的概念，以及它们之间的关系。

1-6　请结合图示，简单描述 PMJ 模型中的快速加工通路、精细加工通路和反馈加工通路的加工过程和主要作用。

1-7　请结合图示说明人类智能的生成过程。

1-8　请结合实际案例，谈一谈你对自然语言处理的认识。

1-9　请在五个智能科学与技术的重点研究领域（自然智能研究、机器感知研究、机器思维研究、机器行为研究、智能系统研究）中选一个，谈一谈你的认知。

1-10　请在智能科学与技术六方面应用（保障身体健康的应用、保障衣食住行的应用、辅助终身学习的应用、辅助观察世界的应用、辅助决策判断的应用、辅助改造世界的应用）中选一个，谈一谈你的看法。

参考文献

[1] 陈巧英. 智能问题之我见 [J]. 群文天地，2011（11）：261-262.

[2] 周臻泽，陈加洲. 智能及未来发展趋势探究 [J]. 电子商务，2020（1）：59-60.

[3] 张勇，耿国华，周明全，等. 计算智能研究综述 [J]. 计算机应用研究，2017（11）：3201-3203，3213.

[4] 郭平，王可，罗阿理，等. 大数据分析中的计算智能研究现状与展望 [J]. 软件学报，2015（11）：3010-3025.

[5] 李蕾，王婵，王小捷，等. "机器智能"课程建设初探 [J]. 计算机教育，2009（11）：86-92.

[6] 钟义信. 人工智能：进展与挑战 [J]. 微型电脑应用，2009（9）：1，10-11.

[7] 曹仲文. 基于"科学技术工程三元论"认识"烹饪工程" [J]. 美食研究，2017（3）：1-4.

［8］沈珠江．论科学、技术与工程之间的关系［J］．科学技术与辩证法，2006（3）：21-25.

［9］王启睿．智能科学与技术的现代应用与未来发展［J］．电子技术与软件工程，2018（2）：248-249.

［10］史忠植．智能科学［M］．北京：清华大学出版社，2019.

［11］蒋新松．智能科学与智能技术［J］．信息与控制，1994（1）：38-39.

［12］熊凤，许勇，杨青，等．浅谈智能科学与技术实验室建设［J］．实验室研究与探索，2012（6）：173-175.

［13］蔡曙山．人类认知体系和数据加工［J］．张江科技评论，2019（4）：22-24.

［14］杨灿军，陈鹰．人机一体化智能系统综合感知体系建模方法研究［J］．控制理论与应用，2000（2）：76-79.

［15］傅正华．关于"机器思维"的几点思考［J］．华中理工大学学报（社会科学版），1994（1）：76-79.

［16］肖烨晗．基于自然语言生成技术的人工智能应用［J］．科技传播，2019（4）上：155-156.

［17］薛荣辉．智能控制理论及应用综述［J］．现代信息科技，2019（22）：176-178.

［18］华珊，宋晓乔，杨小妮．智能控制综述［J］．数字通信世界，2019（3）：144，161.

［19］张田．关于脑理论模型研究的历史［J］．云南教育学院学报，1995（2）：65-68.

［20］李萍萍，马涛，张鑫，等．各国脑计划实施特点对我国脑科学创新的启示［J］．同济大学学报（医学版），2019（4）：397-401.

［21］蒲慕明．脑科学的未来［J］．心理学通讯，2019（2）：80-83.

［22］郑植，海川．智能传感器开启万物智联新时代［J］．新经济导刊，2018（9）：51-55.

［23］杜伟杰．认清新一轮信息技术演进脉络［J］．信息化建设，2018（3）：16-19.

［24］安富利：边缘人工智能将加速物联网落地［J］．软件和集成电路，2020（1）：10-11.

［25］王哲．智能边缘计算的发展现状和前景展望［J］．人工智能，2019（5）：18-25.

［26］吴信东，何进，陆汝钤，等．从大数据到大知识：HACE+BigKE［J］．自动化学报，2016（7）：965-982.

［27］刘文远，李少雄，王晓敏，等．大数据知识发现［J］．燕山大学学报，2014（5）：377-380.

［28］张培．国外人工智能领域最新进展［J］．中国安防，2019（11）：107-111.

［29］王东辉，吴菲菲，王圣明，等．人类脑科学研究计划的进展［J］．中国医学创新，2019（7）：168-172.

［30］朱珍，王景艳．生物识别技术及应用［J］．佛山科学技术学院学报（自然科学版），2003（3）：66-69.

［31］周昌乐．智能科学技术导论［M］．北京：机械工业出版社，2015.

［32］钟义信，等．智能科学技术导论［M］．北京：北京邮电大学出版社，2006.

第 2 章　认知科学及其应用

导读

主要内容：

本章讨论认知科学及其应用，主要内容包括：

1）认知科学的概念与内涵，认知科学的理论体系和方法论，人类认知的神经系统和脑基础，以及认知科学与脑科学的常用实验技术。

2）感知觉、注意、记忆、知识的表征等认知活动，四种常用的知识表征模型，以及用于表征陈述性知识和程序性知识的代表性模型。

3）认知模型、认知计算的概念与内涵，物理符号系统和符号主义认知模型。

4）认知科学在疾病诊疗、人机交互、机器学习等领域的应用。

学习要点：

理解和掌握认知科学、认知模型、认知计算的概念与内涵，感知觉、注意、记忆以及知识的表征等认知活动。熟悉人类认知的神经系统和脑基础，物理符号系统和符号主义认知模型。了解认知科学的发展、理论体系和方法论，以及应用领域。

2.1　认知科学基础

在人工智能的发展历程中，正是因为人们在认知科学、脑科学，以及类脑智能领域的不断探索，才使人工智能走出低谷，迎来发展的春天，进而极大地影响了人类社会。从这个意义上讲，认知科学研究、脑科学研究、类脑研究将会对未来人类科技的发展起着极其重要的作用。

2.1.1　认知科学概述

1. 认知科学的发展

认知科学作为一门研究人类的认知和智力的本质、机制和规律的前沿性、综合性交叉学科，与心理学的研究密切相关。心理学上通常把认知理解为与思维、情感、动机、意志、意识等相对的理智活动或认识活动。早在古希腊时期，柏拉图和亚里士多德等曾探讨过关于人的认知性质与起源的问题，并发表了有关记忆与思维的论述。其中的一些论点后来成为经验论和唯理论之间相互争论的焦点。德国心理学家和生理学家威廉·冯特（Wilhelm Wundt）在 1879 年建立了第一个心理学实验室，这标志着认知问题的研究从思辨哲学领域转移到实验研究上。

20 世纪 50 年代，以反对行为主义面目出现的认知心理学开始兴起。一般认为，"认知心理学"一词，是由美国心理学家奈瑟尔于 1967 年首次正式提出的，这标志着认知心理学学科的确立，为心理学研究提供了一种新的范式和研究取向。

以信息加工为指导思想的认知心理学的产生，为认知科学的形成奠定了基础。此外，以研制可以从功能上模拟人类智能的人工系统为目标的人工智能，自 1956 年在美国达特茅斯学院召开的夏季研讨会上被提出以来，取得了众多有实用价值的成果，比如逻辑推理机、Deep Mind 设计开发的 Alpha Go 等。在把计算机与人的心理活动进行类比时，可以看出人工智能和人的智能在结构、功能和信息加工过程方面有诸多相似之处。这为把人看作是与计算机相似的信息处理系统的思想提供了有力支持，这一思想促使了认知科学的诞生。

"认知科学"（Cognitive Science）一词最早是由朗吉特-希金斯于 1973 年开始使用的，并公开出现在丹尼尔·波布罗（Daniel Borow）和艾伦·科林斯（Allan Collins）于 1975 年主编的《表示与理解：认知科学研究》（*Representation and Understanding*：*Studies in Cognitive Science*）一书中。1979 年 8 月，在美国加利福尼亚州召开的首届认知科学会议上，与会人员决定成立美国认知科学学会，并将 1977 年创刊的《认知科学》作为学会的刊物。自此，认知科学正式确立为一门学科，也引发了世界各国对认知科学的研究热潮。

作为一门快速发展的学科，人们对"认知"开展了多方面、多角度的深入研究与探索工作。加拿大认知科学家大卫·基尔希（David Kirsh）提出了关于认知科学的五大核心问题："第一，知识和概念化是人工智能的核心吗？第二，认知能力及其所预设的知识能否脱离其有机体进行研究？第三，是否可用类自然语言描述认知的知识形态或信息形态的轨迹？第四，学习能否与认知相分离加以研究？第五，是否有对于所有认知的统一结构？"。这些问题是关于人们对于哲学中的意向性、意识以及心灵是否涉身的三个方面的困惑与困难。

美国心理学家约翰·霍斯顿（John Houston）等将认知归纳为五种主要类型：认知是信息加工过程；认知是心理上的符号运算；认知是问题求解；认知是思维；认知是一组相关的活动，如知觉、记忆、思维、判断、推理、问题求解、学习、想象、概念形成、语言使用等。

认知心理学家迈克尔·道格（Michael Dodd）指出，认知包括适应、结构和过程三个方面。认知是为了达到一定的目的，在一定的心理结构中进行信息加工的过程，即人与环境之间的相互作用，与复杂的计算机处理系统类似，至少要经过输入、处理和输出三个阶段。

唐纳德·诺曼（Donald Norman）提出，认知科学是心的科学、智能的科学、思维的科学，是关于知识及其应用的科学。认知科学是为了探索和了解认知，包括真实的和抽象的、人类的或机器的，其目的是要了解智能、认识行为的原理，以便更好地了解人的心理，了解教育和学习，了解智力和能力，开发智能设备，扩充人的能力。

西蒙主张认知科学是一门为了探究智能系统和智能性质的学科，认为人脑和计算机的运算都是基于物理符号系统的信息加工过程，并进一步断言，直觉、顿悟和学习不再是人类专有，任何大型高速计算机都可以通过编程表现出这些能力。

1993 年，在美国华盛顿召开的认知科学教育会议上，与会专家认为，认知科学是研究人、其他动物以及机器智能的本质和规律的科学，是探索人类的智力如何由物质产生和人脑信息处理的过程，包括从感觉的输入到复杂问题的分析求解，从人类个体到人类社会的智能活动，以及人类智能和机器智能的性质。认知科学涉及的内容广泛，涵盖感知觉、表象、注意、学习、记忆、知识的获得与表征、推理、问题解决、思维决策、情绪和意识等高级心理现象以及认知模拟，等等。认知科学的目的就是要说明和解释人在完成认知活动时是如何进行信息的存储、加工与分析的。认知科学的研究将使人类进一步自我了解和自我控制，把人的认知和智能提高到前所未有的高度，并为信息科学技术的智能化做出了巨大贡献。

认知科学的兴起得益于多个学科的发展、渗透与融合，是学科的分化过程与整体化过程的统一。特别地，认知科学是由哲学、心理学、语言学、人类学、计算机科学、神经科学六个相关学科支撑的，并分别形成了认知科学的六个核心分支学科，表 2-1 给出的是这六个分支的主旨。关于认知科学的学科组成，认知心理学家杰瑞·福多（Jerry Fodor）指出："标准的一致意见是，核心学科是哲学、语言学、计算机科学，也许主要是认知心理学。根据我的观点，认知心理学是中心学科，然后是神经科学，也许还有人类学的某些部分以及与此类似的领域"。哲学家约翰·塞尔（John Searle）指出："语言是人类心智的基本功能"。进一步地，上述六个分支学科之间相互交叉和融合，又产生众多新型分支学科，如控制论、神经语言学、神经心理学、认知过程仿真、计算语言学、心理语言学、心理哲学、语言哲学、人类学语言学、认知人类学和脑进化，等等。

表 2-1 认知科学的六个核心分支学科

分支学科	学科特点
认知哲学	从人类心智过程，主要包括意识、思维、认识、推理和逻辑等方面来研究认知
认知心理学	以信息加工观点为核心的心理学，主要研究信息的检测、加工以及信息的获取与激励，把个体看作是一个积极的、具有主观能动性的知识获得者和信息加工者
认知语言学	认知科学的重要基础学科，提出语言的创建、学习及运用基本上都必须通过人类的认知加以解释，认知语言学正在改变认知科学的语言学基础
认知人类学	从文化和进化方面来研究不同文化对认知的影响，探讨在不同的文化以及人们感知世界的方式之中所具有的共性
认知计算机科学	研究如何利用计算机模仿、延伸和拓展人的智能，研究具有更高智能水平的计算机理论、方法、技术和应用系统，主张学习人的智能
认知神经科学	利用功能性磁共振成像、正电子发射断层扫描、事件相关电位等现代科学技术研究脑认知的生理机制和功能，旨在阐明意识、思维、语言等高级心理活动的神经机制

随着学科建制化步伐的加快，认知科学得到世界各国和国际性组织，特别是发达国家的高度重视和多方面支持。1989 年，美国率先推出全国性的脑科学计划，并把 1990 年—2000 年命名为"脑的十年"，欧洲随后推出"欧洲脑的十年"计划。日本于 1996 年启动为期二十年的"脑科学时代"计划，内容涵盖知觉、注意、记忆、动作、语言、推理和思考、意识乃至情感动机在内的各个层次和各个方面的认知和智力活动，特别是脑的认知功能及其信

息处理的研究。国际著名科研资助机构"人类前沿科学计划"将认知科学及其信息处理方面的研究列为整个计划的三大部分之一，并且其中 12 大焦点问题中有 4 个涉及认知科学范畴。

21 世纪初，美国国家科学基金会和美国商务部共同资助了"提高人类素质的聚合技术"的计划，将纳米技术、生物技术、信息技术和认知科学看作 21 世纪的四大前沿技术，并将认知科学视为最优先发展领域。该计划主张以认知科学为先导，融合发展四大技术，因为一旦能够在"如何、为何、何处、何时"这四个层次上理解思维，人类就可以用纳米科技来制造它（消除自然的和人造的系统之间的界限），用生物技术和生物医学来实现它（仿生物），最后用信息技术来操纵和控制它（具有自主能力的智能体）。

我国政府高度重视认知科学的研究工作，在制定的《国家中长期科学和技术发展规划纲要（2006—2020 年）》中，将脑科学与认知科学列为八大前沿科学问题之一。2016 年 8月，国务院正式印发《"十三五"国家科技创新规划》，全面启动脑科学与类脑研究。2018年，中国科学院、北京大学和清华大学等单位联合成立北京脑科学与类脑研究中心，标志着"事关我国未来发展的重大科技项目"之一的"脑科学与类脑研究"（简称为"中国脑计划"）正式启动。"中国脑计划"主要有两个研究方向：以探索大脑秘密、攻克大脑疾病为导向的脑科学研究以及以建立和发展人工智能技术为导向的类脑研究。

"中国脑计划"的目标主要解决三个层面的认知问题：①脑对客观事物的认知，探究人对外界环境的感知，如人的注意、学习、记忆以及决策等；②对人以及非人灵长类自我意识的认知，通过动物模型研究人以及非人灵长类的自我意识、同情心以及意识的形成；③对语言的认知，探究语法以及广泛的句式结构，用以研究人工智能技术。

2. 理论体系与方法论

由于认知科学的高度跨学科性质，人们从多个方面开展了研究工作，在此过程中形成了不同的理论体系和方法论。目前主要的理论体系包括物理符号论、联结理论、模块论以及生态现实论。这些理论对认知科学以及相关学科的发展起到了很大的推动作用。

1）物理符号论。将认知看作对外部输入的物理符号的处理过程，物理符号论属于人工智能的认知科学理论。人的认知是将外部输入的符号组织成关于外部世界的内在表达，并根据意向的符号表达指令产生相应行为。

2）联结理论。联结理论受人脑的神经网络研究启发，认为认知活动是基于神经元间联结强度的动态连续变化，通过调整内部大量节点之间的联系进行分布式并行信息处理。人工神经网络是一种典型的联结模型。

3）模块论。受计算机编程和硬件模块的启发，杰瑞·福多提出人脑在结构和功能上是由高度特异化并且相对独立的模块组成的，模块间的灵活组合是实现复杂认知功能的基础。模块理论自提出以来已发展成为多功能系统理论，得到了较多学科的支持。

4）生态现实论。该理论认为认知发生在个体与环境的交互作用中，而不是简单发生在人脑中的信息加工过程。

由于认知系统的复杂性，认知科学需要运用多门学科所使用的工具和方法对认知现象进行多维度、多层次的综合研究。从方法论的角度可以大致将已有的研究方法归结为如表 2-2中所列出的认知内在主义方法、认知外在主义方法以及认知语境主义方法。

表 2-2　认知科学的研究方法汇总

方 法 论	出 发 点	代表性方法	代表人物
认知内在主义方法	从心智内在因素的关联中研究认知问题，忽略外在因素对心智的影响	来自物理学的还原主义方法	保罗·卡尔纳普（Paul Carnap）
		来自计算机科学的功能主义方法	丹尼尔·丹尼特（Daniel Dennett）
		来自现象学的内省主义方法	埃德蒙德·胡塞尔（Edmund Husserl）
		来自人工智能的认知主义方法	赫伯特·西蒙（Herbert Simon）
认知外在主义方法	从心智之外的行为、文化等因素来解释心智的功能	来自心理学的行为主义方法	约翰·华生（John Watson）、伯尔赫斯·斯纳金（Burrhus Skinner）
		来自人类学的文化主义方法	莱斯利·怀特（Leslie White）、莫里斯·里契特（Maurice Richter）
认知语境主义方法	通过整合相关认知因素，即心智的内在和外在因素来认识心智	来自脑科学的连接主义	沃伦·麦卡洛克（Warren McCulloch）、沃特·皮茨（Walter Pitts）
		来自系统哲学的双透视主义	欧文·拉兹洛（Ervin Laszlo）
		心智的计算-表征主义	保罗·萨伽德（Paul Thagard）

1）认知内在主义方法。主张从心智内在因素的关联中研究认知问题，忽略外在因素对心智的影响。来自物理学的还原主义、来自计算机科学的功能主义、来自现象学的内省主义以及来自人工智能的认知主义是四种典型代表。还原主义主张事物的高层性质和功能可归结为低层的性质和功能，并可用低层现象说明高层现象。功能主义从功能角度出发，强调心理活动的功能表现，认为可通过心理事件间的功能关系研究心理现象，智能表现为机体对环境的适应，是某种形式的实证主义。功能主义可进一步分为本体论功能主义、功能分析主义、计算表征功能主义和意向论功能主义。内省主义以内省法或内在审察法研究纯粹意识，哲学家埃德蒙德·胡塞尔（Edmund Husserl）的现象学是典型代表，主张以理智的直觉来看待事物。内省主义夸大了心智的能动作用，认为外部事物对于心智只是消极的适应。认知主义的核心思想是认知的信息加工理论，把认知过程理解为信息加工、处理、同化过程，认为一切智能系统都是关于物理符号运算的系统。

2）认知外在主义方法。这是从心智之外的行为、文化等因素来解释心智功能的方法论，主要包括来自心理学的行为主义和来自人类学的文化主义。与内省主义方法相反，行为主义方法通过人的可观察行为来研究认知，主要包括以约翰·华生（John Watson）为代表的古典行为主义和以伯尔赫斯·斯纳金（Burrhus Skinner）为代表的新行为主义。文化主义方法则认为认知是一种文化现象，人的认知的发展是借助于文化的结果，心理活动只是消极地适应文化。显然，文化主义夸大了文化对认知的作用，忽视了心理的内在因素。

3）认知语境主义方法。该方法提出从心智的内在和外在因素整合上认知心智，主要包括来自脑科学的联结主义，来自系统哲学的双透视主义，以及心智的计算-表征理解方法。联结主义认为认知是相互联结的神经元之间的相互作用，认知过程在于联结的动态变化。由于人脑神经元的联结看起来是脑整体的功能，联结主义强调了认知的内在整体机制，而忽略了认知发生的外在因素。目前认知主义的联结模型有多种，如局部模型和分布式模型等，具有分布式并行信息处理的特点。双透视主义的主要观点是，自然-认知系统是一种"双透视"

的系统；如果从外部观察，它是物理事件系统，即自然系统；如果从内部观察，它就是心灵事件系统，即认知系统。认知哲学家保罗·萨伽德（Paul Thagard）认为，对思维最恰当的理解是将其视为心智中的表征结构以及在这些结构上进行操作的计算程序，并把基于该中心假设对心智理解的方式称为心智的计算-表征理解方法。逻辑、规则、概念、表象、范例和联结是其心理表征形式，演绎、搜索、匹配、循环和恢复是其计算程序。保罗·萨伽德主张对心智的计算-表征理解方法进行生物学、动力学、意识经验、社会学和文化性因素的整合，将其语境化。

2.1.2 人体神经系统

脑是人类的智能和高级精神活动的生理基础，要研究人类的认知过程和智能机理，就必须了解高度复杂而有序的脑的生理机制。人脑可以说是世界上最复杂的物体之一，其神经系统的主要细胞组成包括神经细胞和神经胶质细胞，神经系统表现出来的一切兴奋、传导和整合等特性都是神经细胞的机能。

1. 神经细胞

（1）神经细胞结构

神经细胞亦称神经元，是构成神经系统的基本结构，一般由神经细胞体和突起两个部分组成。神经元是一种高度分化的细胞，可以接受刺激，产生神经冲动，并将神经冲动传递给其他神经元或效应细胞。

1）神经细胞体。神经细胞体简称胞体，是神经元的营养和代谢中心，主要存在于脑和脊髓的灰质及神经节内，不同胞体的形状和大小差异较大，直径为 $5\sim150\mu m$。胞体具有细胞核、核仁、细胞质和细胞膜。胞内原浆在活细胞内呈颗粒状，经染色后显示内部含有神经元纤维、核外染色质。胞体和突起的表面都有一层细胞膜，以液态的脂质双分子层为基架，在其中镶嵌具有各种生理功能的蛋白质分子。在膜上有各种受体和离子通道，膜上的受体可与相应的神经递质结合，当受体与乙酰胆碱递质或 γ-氨基丁酸递质结合时，膜的离子通透性及膜内外电位差发生改变，胞膜产生兴奋或抑制的生理活动。

2）突起。突起进一步分为树突和轴突，两者在形态结构和功能上存在一定的差异。树突是从胞体发出的一至多个突起，一般呈放射状。树突的起始部分较宽，向外生长时经反复分支而变细，形如树枝状。树突表面有大量的被称为树突棘的刺状突起，它是接受神经冲动的突触部位。树突作为神经元的感受区，基本功能是接受其他神经传来的刺激并将冲动传入胞体进行综合分析。树突的分支和树突棘可以增加神经元接受刺激的表面积，在大脑皮层里，树突约占脑神经组织总面积的1/4。

轴突是从胞体发出的细长管道，多呈锥形。每个神经元只有一根轴突。轴突自胞体伸出后，开始的一段称为起始段，通常较树突细，粗细均匀，表面光滑，分支较少；离开胞体一定距离后，有髓神经纤维。被称为轴突终末的轴突末端多呈纤细分支，与其他神经元或效应细胞接触。轴突表面的细胞膜称为轴膜，轴突内的胞质称为轴质或轴浆。轴突内不能合成蛋白质，轴突的成分代谢更新以及突触小泡内神经递质的合成，均在胞体内进行，通过轴突内微管、神经丝流向轴突末端。轴突的主要功能是将神经冲动由胞体传至其他神经元或效应细胞。轴突传导神经冲动的起始部位在轴突的起始段，沿轴膜进行传导。轴突的末梢，一经连续分支，以球形膨大的梢足与其他神经细胞或效应细胞构成突触联系。

（2）神经元分类

神经元在形状、功能、突起的排列与数量等方面存在一定的差异，例如，一些神经元的作用是接受外界视觉刺激，另外一些神经元起着联络作用。根据神经元突起数目的不同，可将神经元分为以下三类：

1）假单极神经元。这亦称单极神经元，常见于脑神经节和脊神经节。由神经元的胞体发出一个突起，在离胞体不远处呈 T 形分支，一支轴突进入脑或脊髓，称中枢突，一支树突分布到皮肤、肌肉或内脏等感受器，称周围突。两者在形态上无差异，但功能不同。

2）双极神经元。这是指两个独立突起的神经元，从胞体两端分别发出树突和轴突，如听神经的前庭神经节中的感觉神经元。

3）多极神经元。这是指具有一个轴突和多个树突的神经元。此类神经元数量多、分布广、接触面积大，主要存在于脑和脊髓。根据轴突的长短和分支情况，可将多极神经元分为：胞体大、轴突长的高尔基 I 型神经元，如脊髓前角运动神经元、大脑皮层的锥体细胞；胞体小、轴突短的高尔基 II 型神经元，如大脑皮层的颗粒细胞。

根据神经元功能的差异，可将其分为以下三类：

1）感觉神经元。感觉神经元多为单极或双极神经元，能够接受机体内部或外部的刺激并将兴奋传导至中枢神经系统，又称传入神经元。脑和脊髓的神经节细胞、视听觉的感觉细胞均为感觉神经元。感觉神经元的突起构成周围神经的传入神经，神经纤维终末在皮肤和肌肉等部位形成感受器。

2）运动神经元。运动神经元多为多极神经元，负责将信息从脑或脊髓传到效应器，以支配效应器的活动，亦称传出神经元。运动神经元的胞体位于中枢神经系统，其突起构成传出神经纤维，神经纤维终末在肌组织和腺体，形成效应器。

3）中间神经元。中间神经元又称联合神经元、转接神经元，属于多极神经元。它能够接受感觉神经元传入的神经冲动，然后传导到运动神经元。中间神经元是人体神经系统中最多的神经元，构成中枢神经内的复杂网络。大脑皮层的大多数神经元属于中间神经元。

人体中枢神经系统的运动神经元的数目总计为数十万，感觉神经元的数目约较运动神经元多 1~3 倍，中间神经元的数目最大，一般认为在大脑皮层中的中间神经元有 140 亿~150 亿个。

2. 神经胶质细胞

神经胶质细胞广泛分布于中枢和周围神经系统。胶质细胞具有突起，但不区分树突和轴突，也无传导神经冲动的功能。胶质细胞可分为星形胶质细胞、少突胶质细胞、小胶质细胞以及室管膜细胞等。它们形态各异，功能不同。星形胶质细胞的突起伸展填充在胞体及其突起之间，起支持和分开神经元的作用。在神经系统发育时期，某些星形胶质细胞能够引导神经元迁移到达预定区域并与其他细胞建立突触连接。中枢神经系统受损时，星形胶质细胞增生、肥大、充填缺损的空隙，形成胶质瘢痕。少突胶质细胞是中枢神经系统的髓鞘形成细胞。小胶质细胞可转变为巨噬细胞，吞噬细胞碎屑及退化变性的髓鞘。

3. 神经元联结

神经系统中存在大量的神经元，单个神经元难以完成完整的脑功能。脑功能的完成依赖于神经元之间以及神经元与非神经细胞（比如肌细胞、腺细胞等）之间的有效联结。神经元之间，或神经元与非神经细胞之间相互联系与信息传递的一种特化的细胞联结，称为突触。细胞之间的通信是通过突触的传递作用实现的，它在神经信息的传递与处理中处于重要地位。在神经元之间的联结中，最常见的方式是一个神经元的轴突终末与另一个神经元的树突、树突棘或胞体连接，分别构成轴-树、轴-棘、轴-体突触。此外，还有轴-轴和树-树突触等。根据传递媒介的不同，可将突触分为通过化学物质传递信息的化学突触和以电流形式传递信息的电突触，一般所说的突触是指化学突触。

（1）化学突触

在结构上，化学突触包括突触前膜、突触间隙和突触后膜。突触前膜具有大量的突触小泡，当神经冲动到来时，载有神经递质的突触小泡与前膜融合，通过"胞吐"作用释放神经递质。与突触前膜相对应的部分，形成突触后膜，突触后膜上具有受体和化学门控的离子通道，后膜上的受体可识别神经递质并与之结合。突触间隙是指位于突触前膜与突触后膜之间的间隙，其中包含的糖胺多糖和糖蛋白等物质促进神经递质由前膜移向后膜。

神经递质是指由突触前神经元合成并在末梢处释放，经突触间隙扩散，作用于突触后神经元或效应器上的受体，导致信息从突触前传递到突触后的一些化学物质。神经递质是化学传递的物质基础，是神经信息在神经元之间负载和传递的主要形式。

（2）电突触

电突触是神经元之间传递信息的最简单形式，包括突触前膜、突触后膜和突触间隙，可以构成树-树突触、体-体突触、轴-体突触、轴-树突触等形式。与化学突触不同，电突触的轴突终末无突触小泡，不依赖神经递质，以电流传递信息。在电突触中，由突触前神经末梢处一个冲动所引起的电流直接传递给下一个神经元或靶细胞，引起电突触另一个膜电位发生相应的变化。

电突触有双向传递的特点，神经细胞间电阻小，局部电流易通过，传递更有效。与化学突触相比，电突触具有更快的传递速度并对内、外环境的变化敏感，电突触的功能可能是使一群神经元产生同步性放电。已有研究表明，电突触主要分布于哺乳动物大脑的星形细胞、视网膜内水平细胞、双极细胞以及某些神经核。

（3）突触传递机制

突触对信息的传递和处理主要通过突触前膜释放的递质作用于突触后膜的受体实现。其基本过程是动作电位传到轴突末梢，引起小体区域的去极化，增加钙离子的通透性，细胞外液的钙离子流入，促使突触小泡前移与突触前膜融合，通过"胞吐"作用释放神经递质到突触间隙，弥散与突触后膜特异性受体结合，然后化学门控性通道开放，突触后膜对某些离子通透性增加，突触后膜电位变化，产生总和效应，引起突触后神经元兴奋或抑制。突触的兴奋或抑制取决于神经递质及其受体的种类。

在神经系统内，神经元表面通常有大量的突触，这些突触既是兴奋性的，也是抑制性的，神经元将每个瞬间自身的各个突触的兴奋性突触后电位和抑制性突触后电位进行时间性与空间性的综合并加以精确平衡，而后决定是否输出动作电位。如果兴奋性突触活动总和超过抑制性突触活动总和，并达到能使该神经元的轴突起始段发生动作电位、出现神经冲动时，则该神经元呈现兴奋；反之，则表现为抑制。上述过程称为突触的整合。概括来说，突触传递具有单向（只能由突触前传递到突触后）、突触延迟、时间性总和和空间性总和、对内环境变化敏感和易疲劳，以及兴奋节律性改变的特征。此外，突触传递还表现出后放的特点，即刺激停止后，传出神经在一定时间内仍发放冲动。

4. 神经系统

神经系统由脑、脊髓及遍布全身的神经组成，是机体各种活动的管理机构，在维持机体内环境稳态、保持机体完整统一性及其与外环境的协调平衡中起着主导作用。神经系统通过分布在身体各部分的感受器和感觉神经获得关于内、外环境变化的信息，经过各级中枢的分析综合，发出信号来控制各种躯体结构和内脏器官的活动，以维持机体与内、外界环境的相对平衡。根据神经系统的形态和所在部位，可将其分为中枢神经系统和周围神经系统。

1）中枢神经系统。中枢神经系统包括脑和脊髓，是人体神经系统的主体部分。在整个中枢神经系统中，脑是最主要的部分。对个体行为而言，几乎所有的复杂活动，如学习、记忆、思维、推理等都与脑神经有密切的联系。脊髓的主要功能包括：负责将感受器传入神经送来的神经冲动，传递给脑的高级中枢，将脑传来的神经冲动经由传出神经而终止于运动器官；在接受传入神经传来的冲动后，直接发生反射活动。

2）周围神经系统。周围神经系统包括体干神经系统和自主神经系统。体干神经系统遍布于头、面、躯干及四肢的肌肉内。体干传入神经与感受器相连接，负责把外界刺激所引起的神经冲动传递到中枢神经，中枢神经接受外来的神经冲动后产生反应，并以神经冲动的形式，由体干传出神经将反应传到运动器官，引起肌肉的运动，做出反应。自主神经系统负责传递内脏器官和腺体信息，有一定的自动性，不受人的意志控制而直接指挥内脏器官的活动，往往不能在意识上发生清晰的感觉。自主神经系统又分为交感神经系统和副交感神经系统，前者使人们的躯体在危险性或情绪性情景出现时兴奋起来，以采取紧急行动；后者使躯体保持平静，或使兴奋的躯体返回到较低的唤醒水平。

2.1.3 脑相关知识

1. 脑的基本结构与机能

脑是中枢神经系统的最重要部分，位于颅腔内，形态和功能都极其复杂，它为人类提供了知觉、注意、意识、思维、推理、语言、情感等重要的高级功能的认知行为。脑包括间脑、脑干、小脑和端脑，如图 2-1 所示。

1）间脑是位于中脑之上、处于端脑与中脑之间的脑部，解剖结构上包括丘脑和下丘脑两个部分。丘脑整合来自躯体和内脏的信息，并中继给大脑皮层特定的区域。当感觉信息通过特定通道传入大脑皮层时，丘脑是最后一个中继站。特别地，嗅觉信息不经过丘脑而被直接传送到大脑皮层。丘脑具有调控睡眠和觉醒的功能。下丘脑是自主性神经的皮质下调节中枢，与激素分泌、某些代谢过程的调节（如糖、脂肪等代谢）以及呼吸运动、体温、睡眠、觉醒、食欲等的调节有关。间脑受到损害时，出现感觉故障、内分泌紊乱等异常。

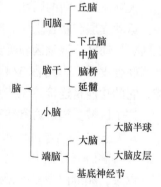

图 2-1　脑结构组成

2）脑干位于大脑下方，自上而下由中脑、脑桥和延髓三个部分组成。中脑控制着眼球、瞳孔等运动，是视觉与听觉的反射中枢。脑桥的神经纤维可连接到小脑，将神经冲动从小脑一半球传至大脑另一半球，以协调身体两侧肌肉活动。延髓与脊髓相连，主要机能是调节内脏活动，控制心跳、呼吸、循环、消化等功能。

3）小脑位于脑的后下方，通过上、中、下小脑臂与脑干相连，并且小脑借此与外部联系。小脑是运动的重要调节中枢，并在维持身体平衡方面起着重要作用。小脑机能丧失伴随着共济失调、语言爆发、协同障碍、肌张力变化等症状。

4）端脑包括大脑和基底神经节。基底神经节靠近脑底，参与机体运动调节，与肌紧张控制、随意运动稳定、感觉传入冲动处理有关。大脑是中枢神经中最复杂的结构，它覆盖在间脑、中脑和小脑的上面，中间有一纵裂，将大脑分为左、右两个半球，两半球借胼胝体连接。大脑左、右半球在功能上的分工有所不同，具有明显的不对称性，这称为大脑两半球功能的专化。大脑两半球的功能一侧化是相对的概念，大脑左右半球既有相对的分工，又有密切的合作，任何一种心理活动都是左右半球协调活动的结果。这种分工与合作的情况与刺激的性质、场合因素、人的心理特点等都有一定的关系。

2. 大脑皮质

大脑的表面有一层厚度约为 1~3mm 的灰质，称为大脑皮质。大脑皮质上有大量的沟与沟或裂与裂之间隆起的脑回。脑回和脑沟的出现使颅内相同容量下可以包含更多的大脑皮质。大脑机能的复杂性随着皮质表面积的增加而增强，通常脑回和脑沟的多少与智能高低有着正相关关系，随着皮质表面积的增加而增强。各种感觉传入冲动在大脑皮质进行分析与综合，产生相应的反应。根据解剖区域的不同，可以将人的大脑和皮质分为额叶、顶叶、枕叶和颞叶四个脑叶。

1）额叶位于中央沟前，有着人类高级的心理活动功能和运动控制中枢。人体几乎所有的控制肌肉运动的神经活动都源于该区域。在大脑顶部额叶后面，有一个被称为运动皮质的神经元带。

2）位于中央沟后的顶叶与感觉有关，同时负责各种感觉间的联系活动。在顶叶中分布的初级躯体感受区可以接受压力、温度、触摸和疼痛等感觉信息。

3）位于脑后部的枕叶是大脑皮质上的初级视觉区，各种视觉信息的处理在枕叶进行。

4）颞叶位于大脑两侧、耳朵的上方，主要负责处理听觉刺激。人类多数的语言中枢也在左侧颞叶。颞叶受损将使人丧失语言和听觉能力。

大脑皮层不同的区域在功能上有所不同。按照上述的结构分布，大致相应地分为感觉皮层、运动皮层和联合皮层。感觉皮层又可分为躯体感觉区、视觉区和听觉区。人脑除躯体感觉区、运动区、视觉区和听觉区之外，额叶皮层大部分，顶叶、枕叶和颞叶皮层的其他部分称为联合皮层区。约占 3/4 大脑区域的联合皮质区是不能单纯分化为单一功能的大脑区域，它的功能是连接感觉皮质和运动皮质来完成高层次的语言、认知、思维等更复杂的活动。这个区域受损，通常导致个体无法正常行动、说话或思考。

3. 脑与认知科学的常用实验技术

在科学研究过程中，重大理论的突破往往与新的观察、研究方法相联系。自 20 世纪 70 年代以来，相继出现多种无创或创伤较小的测量人脑的结构和功能的技术。把测量结果通过图形的形式显示出来的脑成像技术的发明和发展已成为研究认知结构和功能的重大技术路线，它具有传统研究方法无可比拟的优势，是当前最为有效的实验技术，为研究人员直接观察人脑的活动、系统客观地了解认知过程提供了工具支持。表 2-3 列出的是几种常用实验技术。

表 2-3　脑与认知科学的常用实验

技 术 名 称	方　　法	技 术 特 点
单细胞记录（Single Unit Recording，SUR）	将直径约为 1×10^{-4} mm 的微电极插入动物的大脑，记录细胞膜外电位；通过研究脑中单个细胞的反应特性来理解与某个感受和行为刺激相关的神经元的活动	灵敏度非常高，可记录神经元水平上的活动信息，信息测量的时间范围广泛；需要穿透神经组织，属于侵入式技术
电子计算机断层扫描（Computed Tomography，CT）	利用精确准直的 X 射线、γ 射线、超声波等，与灵敏度极高的探测器一同对人体某部位一定厚度的层面进行扫描，经过光电信号处理、数模转换、计算机处理，得到 CT 图像	扫描时间快，图像清晰，可用于多种疾病的检查；CT 诊断辐射剂量较普通 X 射线机大
正电子发射断层扫描（Positron Emission Tomography，PET）	特殊标记的化合物注入人体后，测量与心理活动相关的局部脑变化，这种变化标记的化合物用来跟踪生物代谢过程，可以脑部消耗的葡萄糖为重要指标	可用于研究多种认知活动的大脑兴奋区域，可观察动态过程，具有良好的空间分辨率；时间分辨率低，不能直接测量有关的神经活动，属于侵入式技术，不易为被试对象所接受
功能磁共振成像（Functional Magnetic Resonance Imaging，fMRI）	利用磁共振成像技术检测反映局部脑区活动水平的功能性氧消耗变化情况，在一定程度上反映神经元的活动，间接达到功能成像的目的	可提供结构和功能方面的信息，空间分辨率高；时间分辨率比较差，不能直接测量有关的神经活动
脑电图（Electroencephalogram，EEG）	通过精密的电子仪器，在头皮按一定部位放置若干电极，记录脑部的自发性生物电位，通过信号放大、记录后得到图形	广泛应用于癫痫、精神性疾病等临床实践应用，需在头皮放置电极
事件相关电位（Event-related Potential，ERP）	检测由多个或多样的特定刺激所引起的脑诱发电位，它反映了脑的神经电生理的变化，并且诱发电位的潜伏期与刺激之间有较严格的锁时关系	反映脑的高级思维活动，高时间分辨率，能锁时地反映认知的动态过程；事件相关电位包括内源性成分和外源性成分，受物理、生理和心理等因素的影响
脑磁图（Magnetoencephalography，MEG）	利用超导量子干扰磁强计检测脑电活动发出的微弱生物磁场信号，通过计算机综合影像信息处理，将信号转换成脑磁曲线图，借助数学模型定位信号源，进一步通过影像信息叠加整合，准确地反映出脑功能的瞬时变化状态	实验过程安全、简便，对脑神经活动直接测量且精度高，时间分辨率高；不能提供结构或解剖信息，难以排除无关磁场的干扰
脑涨落图（Encephalofluctuograph，EFG）	对脑电波进行脑电超慢涨落分析，分析脑内神经递质与脑电超慢波的动态变化规律	直接反映中枢神经递质功能，从更深层次上揭示大脑的活动与功能状态，可与 PET、fMRI 等结合使用

2.2　认知活动

　　认知科学作为一门研究人的心智过程的学科，研究的内容包括感觉、知觉、表象、模式识别、注意、记忆、知识表征、学习、概念形成、思维、问题解决、语言、情绪、意识、认知发展以及社会认知等方面。本节主要论述感知觉、注意、记忆和知识表征等内容。

2.2.1 感知觉

1. 感觉

感觉是客观事物直接作用于人的感觉器官,通过刺激相关的神经组织,在人脑中形成的关于该事物的各个属性、某种具体特征的反映,如视觉、听觉、触觉、嗅觉和味觉。在上述过程中,外界刺激与感觉器官接触或作用后,感受器将刺激转化成电信号,并通过动作电位传至大脑中枢的特定区域,如与视觉信息处理相关的枕叶、与听觉信息处理相关的颞叶。感觉提供了获取客观世界信息的渠道,是人们获得关于世界一切知识的重要源泉。

感觉受到人的解剖生理特点和功能的制约,以及客观事物各种物理特性与属性的影响。在感觉产生的过程中,分析器起着重要作用。分析器由三个部分组成:负责接收刺激物的感受器、将神经兴奋传到中枢的传入神经,以及对来自外周的刺激引起的神经冲动进行分析与综合的皮层下和皮层的中枢。根据所反映的刺激物,分析器又分为外部分析器和内部分析器。前者接受来自外部世界的刺激,其感受器位于身体表面,如眼睛、耳朵、手指等;后者的感受器位于身体内部的器官和组织中,接受机体内部的信号。此外,还有末梢感受器在肌肉和韧带内、能感受身体各器官的运动和位置情况的运动分析器。

客观事物的不同属性作用在不同的分析器上将产生不同的感觉,如颜色对应视觉、声音对应听觉、气味对应嗅觉,每种感觉对应一种特定的感受器。将对于刺激物的感觉能力称为感受性,并用感觉阈限来衡量感受器对于刺激物的感受能力。并不是任何刺激都能引起感觉,只有当刺激达到一定量才能引起感觉。例如,人们平时看不到空气中的水分子,但当水分子凝结成水滴时,人们不但能看到它,而且也能感到它对皮肤的压力。那种刚刚能引起感觉的最小刺激量,称为绝对感觉阈限,不同感受器的绝对感觉阈限有所差异。心理学研究指出,视觉可以在晴朗夜空下看到30ft[⊖]外的烛光,听觉能在无噪环境下听到20ft外的嘀嗒声。感受能力与绝对感觉阈限在数量上成反比,绝对感觉阈限越小,感受能力越大。此外,外界刺激的强度会影响动作电位的频率。

在识别强度不同的两种刺激时,德国生理学家恩斯特·韦伯(Ernst Weber)通过研究发现,刺激的增量 ΔI 与最初刺激强度 I 的比值是一个常数 K,即 $\Delta I / I = K$。刺激增量又称感觉差别阈限,常数 K 被称为韦伯常数。韦伯定律可以用于比较不同个体某种感觉的辨别能力。韦伯常数越小,辨别越灵敏,此外,不同感觉的韦伯常数差别较大。

外部信息在人脑内会瞬时滞留,这种被滞留的信息称为感觉信息。本质上感觉信息是尚未经过诠释与归类的信息。感觉信息的滞留时间十分短暂,往往以秒或毫秒为单位,但是它为进一步的信息加工提供了可能,对知觉活动本身和其他高级认知活动具有重要意义。

2. 知觉

(1) 知觉概念

知觉是在感觉的基础上对客观事物的各个属性、特征以及它们之间关系的整体反映,即知觉是对感觉信息的加工过程,对感受器反映的信息进行综合与解释。如何清晰地界定感觉与知觉目前尚未形成一致的看法,但两者的核心区别在于,感觉是客观事物个别属性的直接反映,而知觉是确定人所接受到的刺激物的信息并给予它们意义的过程。知觉过程中往往涉

⊖ 1ft = 0.3048m。

及复合刺激物，不同感觉之间往往存在强弱和相对关系。例如，交谈过程同时涉及听觉分析器和视觉分析器，并且可能听觉分析器占主导地位。

知觉的信息加工过程包含着觉察、辨别和确认过程。在认知心理学中，知觉过程可分为间接知觉和直接知觉。前者是指个体利用自己的经验来对客观事物进行反应；后者是指个体直接从客观事物中获取刺激信息，并对它们进行整体属性的反应。两者同时存在于个体的认知过程中，当环境刺激信息比较丰富时，直接知觉占优；反之，间接知觉占优。间接知觉和直接知觉都包含两个方向不同但又相互作用的信息加工过程：自下而上加工和自上而下加工。自下而上加工是指始于外部刺激信息的加工，强调感受器中滞留信息在知觉中的作用。通常从较小的知觉单元进行分析，再转向较大的知觉单元，经过一系列连续阶段的加工而达到对感觉刺激信息的解释。自上而下加工是指个体运用已有的知识经验和概念来加工当前刺激信息的过程，它的一个重要特点是，较高阶段的加工输出制约与影响较低阶段的加工输出。通常情况下，在知觉活动中，当非感觉的刺激信息较多时，往往以自上而下加工为主；当感觉的刺激信息较多时，以自下而上加工为主。

（2）知觉恒常性与错觉

知觉恒常性是指，当客观条件在一定范围内发生改变时，个体的知觉能够保持对客观事物相对稳定的反应。知觉恒常性可分为大小恒常性、颜色恒常性、距离恒常性、形状恒常性和速度恒常性。知觉恒常性有助于保持对客观事物的正确知觉，研究知觉恒常性有助于推动计算机图形图像学的发展。

另外，个体往往在已有经验的基础上对客观事物进行解释，但在特定条件下，由于主观或客观因素，这些解释容易产生偏差，导致错觉，并且可能发生在各种知觉中。常见的错觉有大小错觉、方向错觉、位置错觉、形状错觉、运动错觉和颜色错觉等，例如著名的米勒-莱尔错觉（图 2-2）、艾宾豪斯错觉（图 2-3）、冯特错觉（图 2-4）等。研究错觉现象有助于人们更全面地认识客观世界，并将其用于指导生产生活。

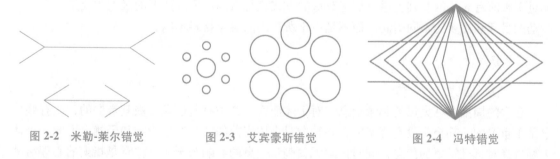

图 2-2 米勒-莱尔错觉　　　　图 2-3 艾宾豪斯错觉　　　　图 2-4 冯特错觉

（3）特征捆绑

由于不同的感知信息是在不同脑区处理的，为获得客观事物的整体映像，需要将分布于不同部位的表征信息有机地融合起来，即特征捆绑问题，研究如何把分散的知觉捆绑起来形成对整个对象的表达。目前关于特征捆绑问题代表性的理论有特征整合理论、特征捆绑的形式理论、双阶段理论、时间同步理论以及神经网络模型。其中，时间同步理论，亦称神经元同步振荡理论，被认为是当前最能解释特征捆绑问题的理论。

安德烈亚斯·恩格尔（Andreas Engel）和沃尔夫·辛格（Wolf Singer）指出，特征捆绑是建立在同步发放的神经元的基础上，通过神经活动的同步激活实现的。表征同一客体或事件的神经元能够以精确到毫秒级的时间同步性激活其对应行为。神经生理学的研究为时间同步理论提供了证据，研究表明，神经元的同步发放通常采取 $40\sim70Hz$ 的同步振荡形式，锁相 $40Hz$ 振荡可能是脑对捆绑问题的最好解答。锁相神经振荡通过标记与特定视觉刺激相关的发放神经元，实现特征捆绑。此外，认知心理学的研究也为该理论提供了支持，研究发现，在考察个体对复杂视觉图形组成的特征的时间同步性检测时，当复杂图形的组成特征选自同一个有意义的原始图形时，比混合图形特征的时间同步性检测容易。

3. 表象

表象是指客观对象不在主体面前呈现时，在观念中所保持的客观对象的形象以及在观念中复现该形象的过程。表象是在知觉过的内容的基础上产生的，与知觉相比，表象一般不能反映客观事物的详尽特征，它是变换的、流动的，是多次知觉概括的结果，往往反映的是对某类对象的表面感性形象的概括性反映。

表象不仅可以反映事物的个别特点，而且可以反映事物的一般特点，也就是说表象既具有直观性，又具有概括性。例如，关于一间教室的表象，而不是另一间教室的表象；对许多不同教室的感知，可以概括地反映教室的表象。概括的表象是从个别表象逐步积累融合而成的，个别表象在个体的活动中，不断地向概括表象发展。从生理机制上看，表象是由于刺激痕迹的再现产生的，然后通过个体不断地综合分析痕迹，产生概括表象。现代认知心理学的观点认为，不但可以存储这种痕迹，而且可以对其进行加工与编码。组合和融合是形成概括表象的两种主要方式。表象组合是表象不断积累的过程，如对同一事物或同一类事物的表象，不断进行组合，使其更加丰富和广阔。表象融合是指对表象的创造性的改造。概括表象是由感知觉向概念、思维过渡的直接基础，是感知与思维之间的中介反应形式。

表象有各种不同的种类，根据感觉通道的不同，表象包括听觉表象、视觉表象、味觉表象、嗅觉表象、运动表象等。根据功能的不同，也可将表象分为记忆表象和想象表象。前者是在过去感知的事物的基础上，当事物不在面前的情况下，在头脑中再现事物的形象；后者侧重于在原有表象的基础上通过加工改造的方式获得新的形象。两者的区别主要是：由个体活动的目标和需要的不同引起，而不是由于所运用的表象材料不同。

2.2.2 注意

1. 注意的概念

在人的周围存在大量的刺激信息，对个体而言，其中有些信息是极其重要的，而有些信息是不重要的，甚至是没有意义的，并且会对个体当前的活动产生影响和干扰。因此，个体需要选择对自己重要的信息，同时排除无关刺激信息的影响与干扰。注意是指人的心理活动在某一时刻对一定对象的持续指向与集中。注意的指向性表现为某一时刻的心理活动选择了某个对象，而忽略了其他对象，是对出现在同一时间的众多刺激的选择。当指向某个对象时，注意能集中和聚焦在所选择的对象上，表现出对无关刺激信息的抑制。也就是说，注意的核心在于个体对于刺激信息进行有选择的加工分析而忽略其他刺激信息的心理活动，这揭示了人具有自发主动加工刺激信息的本质特性。

注意与意识是紧密联系的概念，但两者之间存在一定的差异。概念内涵上，注意是一种心理活动，而意识偏向于一种心理内容，是在觉醒状态下的觉察，包括对外界事物的觉知和对自身状态的觉知。功能上，注意的指向和集中的特性决定个体可以注意哪些内容，进而产生意识；在可控的意识状态下，注意集中，在自动的意识状态下，注意一般很少，而在无意识状态下，注意基本停止。根据产生和保持注意时有无目的以及意志努力程度，注意可分为有意注意、无意注意、有意后注意和内隐注意。

1）有意注意。这是指在人们的实践活动中发展起来的，由目标驱动，需要意志努力的注意。它属于自上而下的方式，加深对活动目的的理解、培养间接兴趣、自主地排除干扰等方式有助于引起和保持有意注意。

2）无意注意。这是指事先没有预定目的，也不需个体刻意的注意。无意注意主要由刺激驱动，以自下而上的方式进行。刺激物的强度、对比差异、活动变化和新异性等是引起无意注意的客观条件。个体自身的状态，包括个人的知识经验、对事物的需要、兴趣和态度、精神状态等也与无意注意有关。

3）有意后注意。这是一种特殊的注意形式，是指事前有预定的目的，不需要意志努力的注意，同时具有有意注意和无意注意的某些特征。

4）内隐注意。这表现为注意所指向对象的位置与注视的位置不一样。例如听觉内隐注意，在会议交谈中，如果觉得对话内容无趣，个体可以在视线不转移的情况下，注意到周围人讨论的话题。

2. 注意的特征

1）注意的选择性。这是指注意从大量的刺激信息中选择重要的信息进行加工、处理与分析，同时忽略收到的其他信息。

2）注意的稳定性。这是指在连续的一段时间内保持对所感受的事物或所从事的活动的注意状态不变。稳定性是注意在时间上的品质，影响注意稳定性的因素包括刺激物的强度与持续的时间、客体的复杂性、个体差异与年龄差异，以及个体的积极性等。

3）注意的广度。这是指同一时间内，能够清楚地掌握对象的数量，是从空间上对注意的刻画。注意的广度与客观对象的特点、活动任务、人的知识经验等因素有关。一般来说，活动任务多，注意范围小；知识经验丰富，注意范围大。

4）注意的转移。这是指个体根据自己的目的与意愿，主动地把注意从一个对象转移到另一个对象上。影响注意转移的因素包括新事物的性质、原事物引起的注意强度、个体神经过程的灵活性等。

5）注意的分配。这是指在同一时间内，把注意指向两个或两个以上的不同对象。注意的分配与几种活动的性质、复杂程度以及人对活动的熟练程度等因素有关。

3. 注意的认知资源分配理论

人在进行两种或两种以上活动或任务时能把注意同时指向多个对象。例如，在个人的学习、生活和工作过程中，有时可以比较容易地同时做两件或两件以上的事情，如走路、听音乐和聊天。但有时却很难同时做两件事情，如编写代码和看电影。这些情况与注意的协调和分配有关，这也是注意的认知资源分配理论所研究的核心问题，涉及注意如何协调不同的认知任务以及如何分配注意。

注意的认知资源分配模型是由丹尼尔·凯恩曼（Daniel Kahneman）于 1973 年在《注意与努力》（*Attention and Effort*）一文中提出的，如图 2-5 所示。该模型的主要观点包括：注意是一组对刺激进行归类和识别的认知资源或认知能力；注意是人能用于执行任务的数量有限的能量或资源；认知资源的有限性是相对的，它与唤醒连接在一起，在某段时间内，唤醒水平决定注意的认知资源数量，唤醒水平高，可利用的认知资源就多；认知资源通过一个分配方案被分配到不同的可能活动之中，形成各种反应；注意认知资源的适宜分配是关键，个人的长期倾向、当前的意愿以及对完成任务的资源估计都影响着认知资源分配，同时认知资源的分配机制灵活，能根据实际需要来调节与控制，优先加工相对重要的任务。

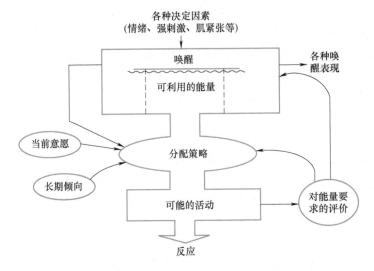

图 2-5　注意的认知资源分配模型

　　唤醒指的是一种警觉状态，表示个体在心理和生理上是否做好了反应的准备。唤醒水平受情绪、强刺激、肌紧张等因素的影响。注意的认知资源分配模型认为，只要可用的认知资源总量可以满足个体注意的需要，个体就可以同时接收多种刺激信息，同时做两件或两件以上事情。个体难以同时做两个或多个任务的原因是，刺激信息任务所需要的认知资源超过了个体可得到的认知资源量，而不是活动或任务之间相互干扰。如果加工处理的刺激信息量超过注意的认知资源的总量，个体同时做的多个事情中的某个事情的加工效果将下降。

　　基于上述模型，唐纳德·诺曼（Donald Norman）和丹尼尔·波布罗（Daniel Borow）将人的认知活动分为资源受限的认知操作和材料受限的认知操作。对于资源受限的认知操作，人的注意受到所分配的认知资源的限制，获得较多的认知资源有助于顺利进行注意分配。另外，人的注意受到刺激信息任务的低劣质量或不适宜加工信息的限制，分配再多的认知资源也不能顺利进行认知活动，这个过程被称为材料受限的认知操作。例如，难以辨认一张模糊照片中的场景，即使分配了很多认知资源；对于一段严重失真的音频，听者很难听出其中所包含的内容。

2.2.3　记忆

1. 记忆概念

　　记忆是知识和经验在人脑中的反映，是个体保持和利用所获得的知识和经验的一种能力，同时也是个体进行思维、想象和智力发展的基础。记忆与学习有着密切的联系，个体的记忆需要通过学习来获得知识和经验，然后在记忆的基础上进行学习。"记忆"一词表明知识和经验在人脑中的反映，是先有"记"再有"忆"，其基本内涵是：学习过后，信息保持一段时间，并在一些特定的情境中将它们提取出来加以运用。认知心理学把人类的记忆过程划分为三个连续的阶段：编码、存储和提取。

1）编码。编码是指把刺激信息转换成记忆系统可以接收和使用的形式，它包含着对刺激信息的反复感知、思考、体验和操作的展开过程。信息编码的方式影响着记忆的储存和提取，记忆的长短与信息编码的强弱密切相关。在记忆系统结构中，信息编码过程需要注意的参与，注意使编码具有不同的加工水平，而且以不同的表现形式存在。例如，形成的关于某部电影的视觉编码、声音编码。通常情况下，新输入的刺激信息需要与个体已有的知识结构和经验体系形成某种联系，并与其融合，才能被个体获得。也存在这样的情况，当某个事物与人的需要、兴趣、情绪等紧密联系时，一次经历也可以让个体产生深刻印象，牢固地存储这些信息。

2）存储。第二阶段的存储是将编码后的信息以一定的形式保持在头脑中。存储是编码与提取的中间环节，只有将编码信息存储下来，以后才能在一定条件下将其提取出来运用。认知心理学把信息的存储状况称为知识的表征。

3）提取。第三阶段的提取是指个体在一定情境下，从记忆系统中查找已存储的信息，将其运用于当前的活动或任务。对已存储信息的提取性能在一定程度上反映一个人记忆力的强弱。回忆和再认是记忆提取的两种表现形式。再认表现为，当原刺激信息呈现在眼前时，利用各种存储的线索对它进行确认。

以上三个阶段的完整性是一个人在记忆过程中获得成功的必要条件，任何一个阶段出问题，将导致记忆失败。认知心理学家根据记忆操作的时间长短，提出认知结构由三个不同的子系统构成：瞬时记忆、短时记忆和长时记忆，图 2-6 给出的是三者的关系。外界刺激信息首先到达瞬时记忆；被注意到的信息到达短时记忆，未经注意和编码的信息将消失；短时记忆中的信息经过加工、处理到达长时记忆；为分析短时记忆中的信息，往往需要提取存储在长时记忆中的知识。

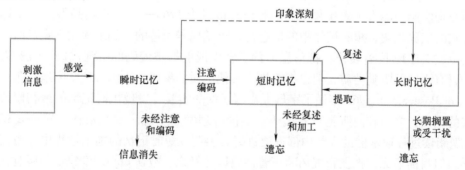

图 2-6　记忆系统

2. 瞬时记忆

瞬时记忆又称为感觉记忆或感觉登记，是刺激信息首先到达的记忆子系统，能够保持外界感觉刺激的瞬时映像。瞬时记忆是通过感觉通道，例如听觉、视觉、触觉、味觉、嗅觉等通道来独立地编码与暂留信息，它们存储的信息极其短暂。虽然瞬时记忆的保持时间比较短，但非常有用，比如眼动和眨眼的时间不影响人类的视觉的连贯性。各种感觉信息在瞬时记忆中以表象的形式保持一段时间，并发挥相应的作用。

在瞬时记忆中，如果刺激信息得到注意，则经过信息编码进入下一阶段加工；否则，感觉信息自动消失。瞬时记忆的这种选择性与事物的特点和个体的主观心理等因素有关。瞬时记忆具有以下特征：

1）瞬时记忆的保持时间比较短暂，视感觉记忆大致持续 1s，听感觉记忆时长大概为 1~4s。虽然保持信息的时间短暂，但人的认知系统足以对其进行操作和加工。

2）依据进入瞬时记忆刺激信息的物理特性进行编码，感觉记忆中的信息以感觉痕迹的形式被登记。

3）瞬时记忆的记忆容量由感受器的解剖生理特点决定。只有被注意的刺激信息，才能进入短时记忆，否则会很快衰退并消失。

3. 短时记忆

20 世纪 50 年代后期，英国心理学家约翰·布朗（John Brown）、劳埃德·彼得森（Lloyd Peterson）以及玛格丽特·彼得森（Margaret Peterson）等人通过实验证实短时记忆是一种独立的记忆结构，是处于瞬时记忆和长时记忆的过渡环节。短时记忆是对信息进行加工处理的一个重要环节，被登记的感觉信息在传入长时记忆之前，会在短时记忆中进行加工。

短时记忆在个体的心理活动中具有非常重要的作用。第一，短时记忆使得个体可以了解自己正在接收、加工、处理的信息，并在分析过程中充当临时寄存器的作用；第二，短时记忆通过整合各个感觉通道的信息构成完整的图像，如通过视觉、听觉、嗅觉、触觉形成事物的表象；第三，短时记忆保留了个体对于信息加工处理的当前策略与意愿，使得个体可以处理更复杂的行为，直到完成目标。

信息在短时记忆中以什么形式保持是信息编码的问题。认知心理学认为，编码是对刺激信息进行简约、转换，获得适合于认知结构的形式的加工过程。经过编码所产生的具体的信息形式叫作代码，比如听觉代码、视觉代码等。在短时记忆的信息编码方面，研究人员做了大量的研究工作并取得了显著的成果。

英国心理学家约瑟夫·康拉德（Joseph Conrad）于 1963—1964 年期间做的关于即时序列回忆范式的实验表明，短时记忆中的信息是以听觉代码保持的，如果使用视觉刺激，那么短时记忆中就会出现形-音转换，把信息简约、转换成能够被编码的听觉代码。虽然人的短时记忆编码有强烈的听觉性质，但也不能排除其他性质的编码。美国心理学家迈克尔·波斯纳（Michael Posner）于 1969 年做了字母大小写匹配的实验，发现短时记忆的最初阶段存在视觉形式的编码，之后转向听觉形式编码。美国心理学家韦恩·威克格林（Wayne Wickelgren）发现阅读过程通常借助人的内部言语进行，表明在短时记忆的加工过程中，可能存在言语代码。但目前还无法把发音混淆和声音混淆区分开来，故认知心理学家认为听觉代码和口语代码同时存在。

在认知心理学中，通常把听觉（Auditory）代码、言语（Verbal）代码、语言（Linguistic）代码联合起来，称为 AVL 单元，以此来说明短时记忆对信息的加工处理、编码与储存。随着研究的深入，美国心理学家和行为学家德洛斯·维肯斯（Delos Wickens）的前摄抑制实验发现在短时记忆中存在某种语义代码，其存储受到前后材料的意义联系的影响。美国心理学家哈维·舒尔曼（Harvey Shulman）的语义混淆实验也表明短时记忆中存在着语义代码。

对于短时记忆的存储容量问题，美国心理学家乔治·米勒（George Miller）于 1956 年在其论文《神奇的数字 7±2：我们信息加工能力的局限》（*The Magical Number Seven*, *Plus or*

Minus Two：Some Limits on Our Capacity for Processing Information）中提出，短时记忆的容量为 7±2 组块。组块是指将若干较小的信息单位联合成熟悉的、较大单位的具有意义的信息进行加工。组块可以是简单的音节、词，也可以是稍微复杂的数组、字符串。组块化可以显著增强一个人的记忆容量。研究表明，不同类别的刺激信息对应的短时记忆容量不同，个体的知识经验对组块化具有较大的影响。例如，一个汉语成语，对于会汉语的人来说，是一个组块；但对于不会汉语的人来说，是一组不相关的汉字。

短时记忆在无复述情况下的保持时间一般较短，除非积极加以复述，否则会在很短时间内遗忘。复述可以维持短时记忆中编码的活力，使得短时记忆中的信息保持较长的时间，还可以在长时记忆中产生与短时记忆中的信息相对应的编码。短时记忆中信息遗忘的原因的解释主要有衰退说和干扰说。前者认为遗忘是由于记忆未得到加强而自然消退的结果；后者则认为其他信息干扰了已存储在短时记忆中的信息，阻断了对原有信息的复述。

4. 工作记忆

工作记忆是由英国心理学家艾伦·巴德莱（Alan Baddeley）和格雷厄姆·希奇（Graham Hitch）在模拟短时记忆障碍的实验基础上提出的，并用它代替"短时记忆"概念。认知心理学把工作记忆定义为对信息进行临时的加工与存储的、能量有限的记忆系统。工作记忆作为知觉、长时记忆和动作之间的接口，是思维过程的一个基础支撑结构。工作记忆实际上也是指短时记忆，但它强调短时记忆与个体当前的活动或任务之间的联系，为复杂任务加工系统提供临时存储空间和所需要的信息，与短时记忆仅强调存储功能是不同的。由于工作进行的需要，工作记忆的内容往往不断变化并表现出一定的系统性。通过工作记忆系统，个体进行语言理解、阅读、运算和推理等高级认知活动，完成从短时记忆到长时记忆的信息转换。因此，可以将工作记忆理解为一个临时的、供个体加工处理信息的心理工作平台。

5. 长时记忆

长时记忆是相对短时记忆而言的，是指存储时间较长的记忆，能够保持数天、数月、数年甚至人的一生。短时记忆的信息通过精致复述的形式进入长时记忆，也有由于对刺激信息印象深刻而一次存储在长时记忆。对于短时记忆中的信息经过复述融合到个体已有的认知结构中的活动，加拿大心理学家艾伦·佩维奥（Allan Paivio）在其提出的双重信息编码理论中指出，长时记忆中存在两种独立的编码系统：专门处理语言信息的语义编码系统和专门处理非语言的客体和事件的表象编码系统。

如果说，短时记忆使得个体可以应对当前事物或事件，长时记忆的作用则是利用已存储的经验与知识来再现事物或事件。长时记忆类似于一个庞大而复杂的、有组织、有体系的经验与知识系统，记忆容量似乎没有限度，它存储的是个体过去的经验以及有关世界的知识，为个体的心理活动与行为提供必要的信息基础，这对个体的学习和行为决策具有重要意义。经验与知识系统的组织程度影响提取信息的速度以及知觉、语言理解和问题解决的速度。

回忆和再认是长时记忆信息提取的两种基本形式。关于长时记忆信息提取过程比较有影响力的假说有：①再认-产生假设，认为记忆搜索是由提取线索表征的激活扩散到目标表征来完成的；②编码特征假设，认为有效的记忆提取依赖于提取时的环境与编码时环境的相似程度，相似度越高，回忆越容易。与瞬时记忆和短时记忆的遗忘机制不同，长时记忆中信息的遗忘主要是由于前摄抑制和倒摄抑制的干扰导致信息提取困难。

随着对长时记忆相关问题的重视和工作的推进，研究人员采用了系统分析的方法对长时记忆进行研究，认为长时记忆可分为不同的类型，见表 2-4。可以看出，对长时记忆的研究不仅局限于以内部信息加工为基础的信息内部表征和组织，而且重视外部因素的作用。

表 2-4　长时记忆主要类型

分类角度	长时记忆类型	特　点
根据个体意识的参与情况	外显记忆	个体能运用存储在记忆中的信息并能意识到记忆活动的过程和自己正在积极地搜寻记忆线索，可以把当前的刺激信息与提取出的内容进行比较，以便能回忆出不在当前的事物的记忆
	内隐记忆	个体具有的特定经验无意识地影响当前的信息加工处理的绩效，而个体没有意识到这些经验，也未进行有意识的提取与操作
根据研究及观察结果	程序记忆	对习得行为和技能的记忆，主要通过动作来表达；一般需要相应的练习才能获得，熟练的行动能够自动执行；属于内隐记忆
	陈述记忆	存储各种事实和事件信息的记忆，包括各种特定的事实；对陈述记忆中刺激信息的提取往往需要个人意识的参与；属于外显记忆
针对陈述记忆，根据记忆存储的类型	情景记忆	存储与特定时空情景相关的各种事件以及事件之间的关系；一般情况下，情景记忆的记忆范围比语义记忆大，但有时情景记忆需要依赖语义记忆，个体的回忆行为是情景记忆的基本单位
	语义记忆	存储个体所理解的关于世界的知识，包括语言的、百科全书式的知识，其中不包括像情节记忆的具有个人性质的东西；一般按照客观事物的类别或属性、总括等抽象规则对刺激信息进行组织；语义记忆提取信息的精确程度一般比情景记忆的高

2.2.4　知识表征

1. 知识获得

以信息加工理论为指导思想的认知心理学认为知识是信息在记忆中的存储、整合和组织。个体的概念的形成与掌握、判断与推理、问题解决等思维活动需要提取与运用记忆中已经存储的有关世界的知识。人类对于知识的获得具有以下四个典型特点：

1）人类的知识是通过建构获得的。知识的建构是指刺激信息在人脑中存储与组织的过程。在这一过程中，知识的获得不单是知识由外向内的简单传递，更重要的是要个体主动建构自己的知识，这种建构活动往往通过新信息与已有知识和经验间的反复作用而实现。

2）人类知识的获得包含着重构过程。随着个体知识的增加，存储在长时记忆中的知识体系也在不断地被重新组织，原有知识会因为新知识的纳入而发生一定的调整或重组。知识重构过程可以看作个体的创造性思维活动及其产物。

3）人类知识获得过程的制约性。在个体获得知识的过程中，获得不同知识的难易程度不同，有的知识容易获得，有的知识却难以获得。认知心理学家认为，这与个体的先天倾向和已获得的知识有关。

4）人类大多数的知识是一个领域一个领域逐个获得的。认知心理学相关研究表明，个体的认知能力在面对不同领域的知识时存在较大差异。研究者认为，个体在获得某个领域的专业知识之前，必然要先涉及领域的概念内涵、概念之间的联系，以及它们在该领域时空条件下发生的变化。

2. 知识表征类型

知识表征是在人脑中标识有关知识内容与结构的方式，既包括感知、知觉、表象等形式，也包括概念、命题、图式等形式。知识表征是个体学习的关键，也是智能系统的重要基础，同时是最活跃的研究内容之一。

对于不同的知识内容，可采用不同的表征方式，即使是同一知识内容，也可以采用不同的表征方式，以提高一个人对知识的掌握和应用能力。对于知识表征的描述，主要有两种取向：基于信息加工观点的符号取向和基于联结主义观点的联结取向。前者认为知识是人脑对具有符号性质的信息进行加工与处理的结果，并且以某种概括的形式进行存储，比如概念、命题、脚本、图式、表象、产生式规则等具有符号性质的信息；后者则认为知识在大脑中是以类似于神经元的实体之间的相互作用进行联结、存储、组织和呈现的。接下来将介绍几种常用的知识表征模型，其中符号-网络模型、层次语义网络模型和激活-扩散模型属于符号取向的范畴，联结主义模型是联结取向的典型代表。

1）符号-网络模型。符号-网络模型基于数学和计算机的方式，指明人脑中知识的成分以及成分之间是如何组织与相互作用的，是人类知识的组织方式或呈现方式的一种反映。在该模型中，节点表示概念，并用带箭头的连线将两个概念联结起来，节点和连线表明了概念之间的可能联系以及它们之间联系的紧密程度。概念是人脑对客观事物本质特征反映的思维形式，是人类思维的基本单位。图 2-7 给出的是符号-网络模型的一部分，它表明节点"鸟"和"金丝雀"是以特定形式连接的两个概念，符号"金丝雀"表征了"金丝雀"的概念，即鸟和翅膀的基本特征，"金丝雀"是上位类别"鸟"的成员。虽然在图中，描述"金丝雀"节点的只有一个"是一只"的关系，但是还可以有其他关系，比如"属于"。同样，关系"有"也不是可以描述的唯一特征。在符号-网络模型中，箭头的方向具有理论意义，表示概念之间的"上级"类别关系，比如，"金丝雀"是一只"鸟"，而不能倒过来表述两者之间的关系。

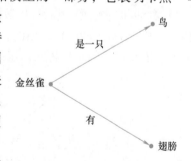

图 2-7　符号-网络模型的一部分

2）层次语义网络模型。层次语义网络模型是由艾伦·科林斯（Allan Collins）和罗斯·奎连（Ross Quillian）在其论文中提出的。在该模型中，知识表征为由相互连接的概念组成的网络，每个概念都具有一定的本质属性和特征。图 2-8 给出的是层次语义网络模型的一部分。每个概念有两种关系：每个概念都具有从属于其他概念的特点，这决定知识表征的类别，比如，"鸟是一种动物""鲨鱼是一种鱼"等；每个概念都具有一个或多个特征，比如，"鲨鱼会咬，是危险的"等。

对于层次语义网络模型，概念是按上下级关系联结的，因此，每个概念和特征处于网络中特定的位置，一个概念的意义取决于某种连线的模式。例如，概念"鱼"的意义取决于其与上级概念"动物"节点的联系，与下级概念"鲨鱼""鲑鱼"节点的联系，以及与

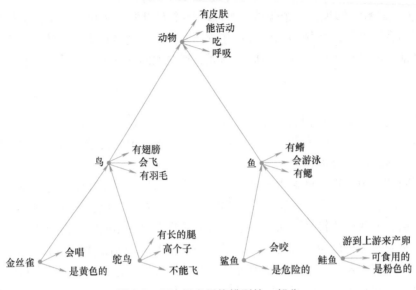

图 2-8　层次语义网络模型的一部分

"有鳍""会游泳""有鳃"等特征节点的联系。相关概念在上下级层次以及在同级水平的组织，通过节点和连线而构成一个复杂的层次语义网络。

　　层次语义网络模型是按照认知经济性原则来组织知识的，在最小化冗余的同时，最大化有效存储容量，即将节点的共同特征或普遍属性存储在最高层级的节点上，只有那些能够区别于其他事物的具体特征才存储在层级的低水平上。例如，"有皮肤、能活动、吃、呼吸"与节点"动物"相联系，而不与节点"鸟"和"鱼"相联系。

　　3）激活-扩散模型。激活-扩散模型是由艾伦·科林斯（Allan Collins）和伊丽莎白·劳福特斯（Elizabeth Loftus）提出的，它摈弃了层次语义网络模型中概念的层次结构，而以语义关系或语义之间的距离将知识组织为概念网络。图 2-9 给出的是激活-扩散模型的一部分。

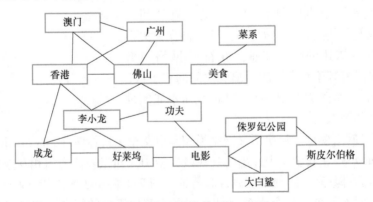

图 2-9　激活-扩散模型的一部分

　　在激活-扩散模型中，连接的是概念以及概念之间的关系，节点之间的连线表示概念之间的联系，连线长度与概念之间的联系程度呈反比。连线越短，说明相应的两个概念之间的联系越紧密，具有的共同特征越多。语义距离是知识组织的基本原则，一个概念的内涵是由与它相联系的其他概念，特别是紧密联系的概念来确定的。

4）联结主义模型。关于符号主义范式的一个担心是，它倾向于避免回答认知过程是怎样在人脑中实现以及怎样在神经元水平工作的问题。与以静态知识复制的形式进行存储的知识表征模型不同，联结主义模型能不通过命题、概念等一类的符号内容对信息进行表征，而采用由大量简单单元联结成的平行分布式处理网络组成的计算模型重新构建物体、图形等模式。

联结主义模型通过设计类似神经元的加工单位，使得其与大脑的联系更为直接，例如Muculloch-Pitts 模型是一个简单的神经元模型（图 2-10）。由大量简单神经元构成的神经网络天然具有存储知识和使之可用的特性。神经网络从两个方面模拟大脑：一是神经网络获取的知识是从外界环境中学习得到的；二是内部神经元的连接强度可用于存储获取的知识。

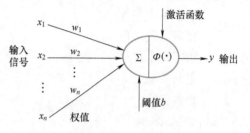

图 2-10 神经元模型

3. 陈述性知识与程序性知识

（1）陈述性知识

陈述性知识，又称描述性知识，是指描述客观事物的特点及关系的知识。陈述性知识的表征方式主要有概念、命题、命题网络、表象以及图式等。符号表征简单的陈述性知识，可以用于指代特定事物；概念是较为复杂的陈述性知识，可以反映一类事物的本质特征；命题是指具有内在联系的两个或两个以上概念之间组合而构成的事实，它描述了事物之间的关系，许多彼此联系的命题可以组成命题网络。以下介绍三种有代表性的陈述性知识表征模型：人的联想记忆模型、脚本以及框架表征法。

1）人的联想记忆模型。该模型假设命题是知识表征的基本单位。单个命题由若干个联想概念构成，每个联想将两个概念联系起来。在人的联想记忆模型中主要有五种类型的命题联想：上下文-事实联想、地点-时间联想、主项-谓项联想、关系-项联想以及概念-实例联想。这五种类型联想的恰当结合可以形成一个完整的命题表征，并且可以用命题树的方式给出相应的树形图。例如，图 2-11 给出的是语句"小智上午在教室学习智能科学课程"对应的命题树。命题树既可以表征语义知识，也可以表征情景知识。此外，命题树结构还可以将一个命题嵌入到另一个命题中，把几个命题有机地结合起来，构成一个更为复杂的命题网络来表征更为复杂的知识。例如，两个命题"小智认真学习课程""他的成绩提高"，结合成"小智认真学习课程，使他的成绩提高"。

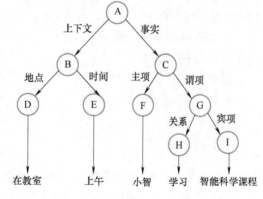

图 2-11 人的联想记忆模型命题树示例

2）脚本。脚本由美国认知心理学家罗杰·塞克（Roger Schank）等人提出，用来作为一种把概念依赖结构组织成典型情况描述的手段，可用于解释日常生活中出现的典型事件的序列，以及人类行为的某些相对固定的模式。脚本一般由进入条件、结局、道具、角色和场景五个部分组成。罗杰·塞克以"餐厅"为例说明了脚本的实际应用。

进入条件:顾客饥饿,顾客有钱。

结局:顾客不再饥饿,顾客花了钱,餐厅收了钱。

道具:桌子、椅子、菜单、钱。

角色:顾客、服务员、厨师、收银员。

场景:

场景1:进入餐厅

　　　顾客走进餐厅

　　　顾客寻找座位

　　　顾客确定位子

　　　走向餐桌

　　　顾客就座

场景2:点餐

　　　顾客向服务员要菜单

　　　服务员把菜单交给顾客

　　　顾客看菜单

　　　顾客点菜

　　　顾客把点的菜名告诉服务员

　　　服务员在菜单上记录菜名

　　　服务员把菜单交给厨师

　　　厨师准备菜

场景3:上菜

　　　厨师把菜交给服务员

　　　服务员上菜

　　　顾客用餐

场景4:离开餐厅

　　　顾客告诉服务员结账

　　　服务员核算账单

　　　服务员把账单交给顾客

　　　顾客把钱交给收银员

　　　收银员收钱

　　　顾客离开餐厅

　　3)框架表征法。框架理论是由马文·明斯基(Marvin Minsky)于1975年提出的一种知识的结构化表征方法,能够把知识的内部结构关系以及知识之间的特殊关系表示出来,并把与某个实体或实体集的相关特性集中在一起。框架是一种表示显式组织的数据结构,它的顶层是固定的,表示某个固定的概念、对象或事件,其下一层设若干个槽。框架有框架名,指出所表达知识的内容。槽用来说明框架的具体性质,每个槽设有槽名,每个槽可以被一定类型的实例或数据赋值,比如,规定其值为符合一定条件的事物、指向某类子框架的指针等,在槽中所填写的内容为槽值。框架中可以规定不同槽的槽值之间应满足的约束条件。

每个槽可以包括多个侧面，每个侧面可以有各自的取值。此外，可将槽看作一种子框架，子框架本身可以再分层次。一般的框架结构如下：

```
FRAME <框架名>
槽名1:侧面名1   值1
槽名2:侧面名21  值21
        侧面名22  值22
约束:约束条件1
        约束条件2
        约束条件3
```

例如,对于高校学生,可以用框架描述如下：

```
FRAME STUDENT
NAME:UNIT(FIRST-NAME,LAST-NAME)
SEX:RANGE OF(MALE,FEMALE)
AGE:UNIT(YEARS)
    IF-NEEDED:ASK-AGE
LANGUAGE:RANGE OF(ENGLISH CHINESE OTHERS)
            DEFUALT CHINESE
ADDRESS:<ADDR>
```

相互关联的框架连接起来组成框架网络，不同的框架网络又可以通过信息检索网络组成更大的系统。框架理论把知识看作相互关联的成块组织。框架之间的联系主要包括纵向联系和横向联系。前者是指那种具有继承关系的上下层框架之间的联系，可以通过预定以槽名 AKO 和 ISA 等来实现；后者是指以另外一个框架名作为一个槽的槽值或侧面值所建立起来的框架之间的联系。图 2-12 给出的是关于学生的框架网络。其中 STUDENT 是一般学生的框架，AKO 实现了框架 STUDENT 和 MASTER 之间的纵向联系，ISA 实现了框架 MASTER 和 MASTER-1 实例之间的联系。STUDENT 框架与 ADDR 框架之间是一种横向联系。

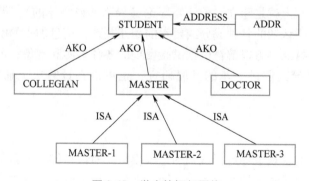

图 2-12　学生的框架网络

框架的层次结构不仅可以节省大量的存储空间，而且可以支持高效的查询与检索。此外，框架能够把复杂的对象表示成一个框架，这在一定程度上增强了语义网的表示能力。

（2）程序性知识

程序性知识又称操作性知识，是关于操作步骤和过程的知识。与陈述性知识主要用于描述"是什么"不同，程序性知识是按照规则进行表征的，将程序性知识与对事物的操作联系起来，主要解决"做什么"和"如何做"的问题，可用于指导操作和实践。

认知心理学把某种技能需要由规则才能完成的过程，称为产生式规则。规则一般由前项和后项两部分组成。前项表示前提条件，各个条件可由逻辑连接词组成各种不同的组合，常用的逻辑连接词有与、或、异或，等等。后项表示前提条件为真时，得到的结论或应采取的动作。产生式规则可表示为"前提→结论"或"条件→动作"，其简单形式为 IF <前提> THEN <结论>。例如，可给出以下规则：

规则1：

    IF 是鸟

    THEN 会飞

规则2：

    IF 是鸟

    THEN 会飞 AND 有翅膀

规则3：

    IF 有皮肤 AND 能活动 AND 会呼吸

    THEN 是动物

规则中的"IF"部分指明了规则运用的前提或条件，"THEN"部分对应结论或个体的动作。一种技能往往需要多个规则才能对它进行适当的描述，可称其为产生式系统，即需要多个或一系列产生式规则完成的技能。产生式规则和产生式系统存储在人脑中的长时记忆系统中，二者提供了模拟大脑怎么解决问题的一个自然方法，并且容易通过规则库建立解释机制，适合表示各种启发式的经验性关联规则。

2.3 认知模型

建立认知模型实际上就是建立一种认知理论（局部的或整体的），借助于认知模型，人们可以有效地描述人类认知的各种成分或要素的相互关系，信息加工的阶段以及从一个阶段过渡到另一个阶段的特点；可以解释根据试验发现的各种事实和现象；可以预测认知心理学的试验结果，可以指导人们进一步的试验研究，也可以在计算机上通过模拟对模型进行检验。

2.3.1 认知模型概述

认知模型是人类对客观世界进行认知的过程模型。所谓认知，通常包括感知、注意、知识、记忆、语言、问题求解和情绪等各个方面，在认知模型建立过程中涉及的技术称为认知建模，其目的是从某些方面探索和研究人的思维机制，特别是人的信息处理机制，同时为设计相应的人工智能系统提供新的体系结构和技术方法。

模型概念的基础在于，模型本身与某个对象之间存在某种相似性。如果可以建立两个对象之间的某种相似性，那么可以将其中一个对象看作原型，另一个看作模型，即这两个对象之间存在着原型-模型关系。一般来说，对象间的相似性可以是功能相似、结构相似、动力相似、几何相似等，也可以是对象表现出的行为相似。相似性概念适用于非常广泛的对象，包括自然界的生物和无生命对象等。一个成功的模型，应具备以下四个基本特点：能够合理地抽象和有效地模仿原型系统；应由反映系统本质特征的一组最少的因素所构成；能够充分、明确地表达出组成要素之间的有机联系；尽可能接近标准形式。

从信息和信息加工的观点出发，认知科学主要依据信息加工理论研究人如何注意和选择信息，对信息的认识、记忆，利用信息制定决策、指导外部行为等。信息加工有两条重要的准则：功能准则和整体准则。前者对系统进行分析综合时，把握系统行为功能的相似，是行为功能模拟的准则；后者强调从整体上优化系统，是整体优化的准则。信息加工方法着重从信息方面来研究系统的功能，认为系统借助于信息的获取、传递、加工和处理，以实现它的运动。由于认知科学是一个非常复杂的非线性问题，不同于传统的心理科学，它必须寻找脑科学和神经生物学的证据，以便为认知问题提供确定性基础，因此，必须借助现代科学的方法来研究心智世界。由于人类认知活动的复杂多样性，难以建立一个囊括一切的认知模型。通常根据模块性假设认为每一认知功能有其对应的结构原则，每一个认知模型一般只反映一方面或若干方面的认知特征。表 2-5 给出的是认知科学研究的子领域及其相应的认知模型。

表 2-5　认知科学研究的子领域及其相应的认知模型

子领域	认 知 模 型	子领域	认 知 模 型
知觉	神经网络	分类	神经网络
短时记忆	初级知觉和记忆程序、SOAR	知识获取	语义网
语言	奎连的语义记忆系统、人类长期记忆通用模型	问题解决	ACT、SOAR

目前，认知模型主要分为以并行分布式处理为代表的联结主义认知模型，以及以思维适应性控制（Adaptive Control of Thought，ACT）模型与状态、算子和结果（State，Operator and Result，SOAR）模型为代表的符号主义认知模型。联结主义认知模型即人工神经网络，是一种基于模仿生物神经网络的结构和功能而构成的信息处理系统，通过调整内部大量节点之间相互联结的关系，达到信息处理的目的。下面主要介绍几种具有代表性的符号主义认知模型。

2.3.2　物理符号系统

1. 概述

物理符号系统本质上是一个信息加工系统。所谓符号就是模式，任何一个模式，只要它可以和其他模式相区别，它就是一个符号。符号既可以是物理的符号，也可以是脑中的抽象符号，可以是计算机中的电子运动模式，也可以是脑中的神经元的某种运动方式。例如，不同的英文字母、数字、汉字是不同的符号，感觉神经元、运动神经元也是不同的符号。对符号进行操作就是对符号进行比较，物理符号系统的基本任务和功能就是辨认相同的符号、区分不同的符号。物理符号系统主要是强调所研究的对象是一个具体的物质系统，如计算机的构造系统、人的神经系统、大脑神经元等。

艾伦·纽维厄（Allen Newell）和赫伯特·西蒙于 1976 年提出了用于说明物理符号系统的本质的物理符号系统假设（Physical Symbol System Hypothesis，PSSH）。PSSH 认为，知识的基本元素是符号，智能的基础依赖于知识。PSSH 的主要内容包括：

1）物理符号系统假设。物理系统表现智能行为的充分必要条件是：它是一个物理符号系统。充分性意味着任何物理符号系统都可以通过进一步组织表现出智能行为，必要性意味着表现智能的任何物理系统将是一个物理符号系统的示例。

2）智能行为就是人类所具有的那种智能，是在某些物理限制下，实际上所发生的适合系统目的和适应环境要求的行为。

3）一个物理符号系统包含由符号组成的符号结构，以及在符号结构上进行运作的一系列过程。

大量的经验材料为 PSSH 提供了证据。人工智能领域大量的实践和成果证明，任何足够大的物理符号系统都可以通过进一步组织而表现出一般智能。例如，1997 年，IBM 的超级计算机"深蓝"击败国际象棋世界冠军卡斯帕罗夫。认知心理学在建立人类符号行为模型方面也取得了相应的成果，大量经验材料表明，任何表现出智能的系统都可以经分析被证明是一个物理符号系统。图 2-13 所示是艾伦·纽维厄给出的一种物理符号系统范例。

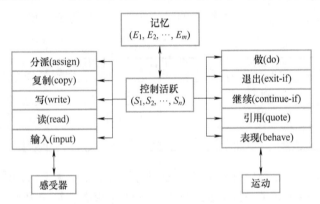

图 2-13　一种物理符号系统范例

图 2-13 的符号系统范例由输入、输出、控制、一组操作和记忆构成。艾伦·纽维厄规定了十种操作符：分派、复制、写、读、输入、做、退出、继续、引用以及表现。在物理符号系统中，记忆由一组符号结构 $\{E_1, E_2, \cdots, E_m\}$ 组成，其数量和内容具有时间可变性。进一步地，为定义上述符号结构，给出一组抽象符号 $\{S_1, S_2, \cdots, S_n\}$。每种符号结构具有给定的类型和一些不同的作用 $\{R_1, R_2, \cdots R_n\}$，每种作用包含一个抽象符号。可以将符号结构的显式表示写为：（Type：T　R_1：S_1，R_2：S_2，$\cdots$，R_n：S_n），隐式表示写为 $(S_1, S_2, \cdots, S_n)$。符号结构的内部改变称作表达。物理符号系统的输入由感受器完成；输出是关于输入的函数，是系统中确定组件的修改或建立，构成该系统的外部行为。因为输出会成为后面的输入客体，或者影响后面的输入客体，所以物理符号系统加上大的环境系统形成一个封闭系统。物理符号系统的内部状态是由它的记忆和控制的状态构成的，内部状态的全部变化构成系统的内部行为。

2. ACT 模型

ACT 模型是美国心理学家约翰·安德森（John Anderson）于 1976 年在人的联想记忆

（Human Associative Memory，HAM）模型基础上建立的，关于系统的整合与人脑如何进行信息加工活动的理论模型。ACT 是一般的认知模型，可以通过程序完成许多种认知课题。除了有长时记忆以外，ACT 还有关于活动概念的短时工作记忆以及一个可编程的"产生式系统"。约翰·安德森提出将 HAM 与产生式系统的结构相结合，模拟人类高级认知过程的产生式系统，这在人工智能的研究中有重要意义。在 ACT 的基础上，研究人员相继提出不同版本的 ACT 系统，包括 ACT * （1978）、ACT-R（1993）、ACT-R 4.0（1998）、ACT-R 5.0（2001）和 ACT-R 6.0（2004）。

约翰·安德森在其《认知结构》（*The Architecture of Cognition*）一书中提出，ACT 产生式系统的一般框架由陈述性记忆、产生式记忆和工作记忆三个记忆部分组成（图 2-14）。外部世界的信息经过编码暂存在工作记忆中，需要长时存储的信息放在陈述性记忆中；工作记忆包括传入信息的编码、提取的陈述性记忆中的信息和产生式记忆所执行的信息。匹配过程是把工作记忆中的材料与产生式的条件相对应，执行过程是把产生式匹配成功所引起的行动送到工作记忆中。在执行前的全部产生式匹配活动也称为产生式应用，在产生式应用中还可以学习到新的产生式；最后的操作由工作记忆完成，这些规则就能够得到执行。

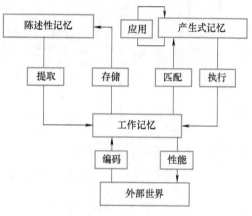

图 2-14　ACT 的一般框架

ACT 模型将个体获得新知识的过程表达成三个阶段。第一个阶段是陈述性阶段，个体获得有关现实的陈述性知识，并且运用一般可行的程序来处理这些知识；第二个阶段是知识编辑阶段，学习者通过形成新的产生式规则或用新规则代替旧规则，使得新旧知识产生联系；第三个阶段是程序性阶段，产生式可以被扩展、概括、具体化及根据使用程度不同得到强化或削弱，学习者形成与任务相适应的产生式规律并将产生式规则写回各个子模块中。

3. SOAR 模型

SOAR 模型是由艾伦·纽维厄、约翰·莱尔德（John Laird）和保罗·罗森布鲁姆（Paul Rosenbloom）于 1987 年提出的，它被称为"通用智能的一种框架"，简单来说就是应用算子改变状态和产生结果。SOAR 主要讨论知识、思考、智力和记忆等问题，是一个应用范围非常广的认知结构。SOAR 是一种理论认知模型，它既从心理学角度对人类认知建模，又从知识工程角度提出一个通用解题结构，并希望能把各种弱方法都实现在这个解题结构中。SOAR 以知识块理论为基础，利用基于规则的记忆，获取搜索控制知识和操作符，SOAR 能从经验中学习，不但可以记住自己是如何解决问题的，而且可以把这种经验和知识用于以后的问题求解。SOAR 的学习机制是由外部专家的指导来学习一般的搜索控制知识。

在 SOAR 问题求解过程中，如何利用知识空间中的知识非常重要。利用知识控制 SOAR 运行的过程，大体上包括分析-决策-行动。分析和决策阶段是通过产生式系统来实现的，产生式的形式是 $C_1 \land C_2 \land \cdots \land C_n \rightarrow A$，其中条件 C_i 是否成立取决于当前环境和库中的对象情况，A 是一个动作，它的内容包括增加某些对象的信息量和投票情况等。每当问题求解器不能顺利求解问题时，系统就进入劝告问题空间请求专家指导。虽然 SOAR 的成果是按照 if-then 的形式，但是它的思想并不是按照一般程序那样具体执行步骤都写得很清楚，而是对问题的状态进行描述，然后针对不同的状态执行动作，具体应该选择哪个动作则是不确定的（一个状态可以有几个动作可以选择），这类似于人处理问题的方法（对于一个问题，人可以有几种不同的解决办法），SOAR 的处理机制就像人脑选择应该应用哪种方法一样。图 2-15 给出的是 SOAR 模型的主要组件及其之间的关系。

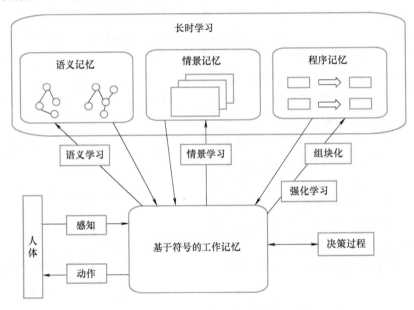

图 2-15 SOAR 模型的主要组件及其之间的关系

　　SOAR 由被编码为产生式规则的单一的长时记忆以及被编码为符号图结构的工作记忆组成。基于符号的工作记忆存储个体对当前环境及情况的评估，利用长时记忆回忆相关知识，经过输入、状态描述、提议算子、比较算子、选择算子、算子应用、输出这样的决策循环选择下一步操作，直到达到目标状态。随着研究的深入，研究人员不断为 SOAR 加入新的功能模块，比如语义记忆、情景记忆、强化学习、可视化成像和聚团（聚簇）机制等，并在模块融合方面加以研究。

2.3.3 认知计算

　　认知计算源自模拟人脑的计算机系统的人工智能。20 世纪 90 年代后，研究人员开始使用认知计算一词，以表明其用于教计算机像人脑一样思考，而不只是开发一种人工系统。虽然认知计算包含部分人工智能的内容，但是它涉及的范围更广。认知计算不是要生产出代替人类进行思考的机器，而是要帮助人类更好地思考，延伸和扩展人类的能力。

　　传统的计算技术是定量的，着重于精度和序列等级，而认知计算则试图解决生物系统中不精确、不确定和部分真实的问题。认知计算是一种自上而下的、全局性的统一理论研究，旨在解释观察到的认知现象，符合已知的自下而上的神经生物学事实，可以计算，也可以用数学原理解释。它寻求一种符合已知的有着脑神经生物学基础的计算机科学类软、硬件元件，并用于处理感知、记忆、语言、智力和意识等心智过程。认知计算意味着更高效的信息处理能力、更加自然的人机交互能力、以数据为中心的体系设计，以及类人脑的自主学习能力。

随着科学技术的发展以及大数据时代的到来，如何实现类人脑的认知与判断，发现新的关联和模式，从而做出正确的决策，显得尤为重要，这给认知计算技术的发展带来了新的机遇和挑战。IBM 是认知计算的先行者，开发的沃森（Watson）系统是认知计算系统的代表。IBM 的资料显示，从历史上看，认知计算是第三个计算时代。

第一个时代是制表时代，始于 19 世纪，进步标志是能够执行详细的人口普查和支持美国社会保障体系。

第二个时代是可编程计算时代，兴起于 20 世纪 40 年代，支持内容包罗万象，从太空探索到互联网都包含其中。

第三个时代是认知计算时代，它与前两个时代有着根本性的差异。认知系统会从自身与数据、与人的交互中学习，能够不断自我提高。认知系统不会过时，只会随着时间推移变得更加智能。

从上述分析可知，认知计算是一种全新的计算模式，涉及信息分析、自然语言处理和机器学习等多个领域的技术创新，能够帮助决策者从大量非结构化数据中获取知识。认知计算的核心特点包括：通过感知和互动快速理解结构化数据和非结构化数据，能够实现与用户之间的交互，从而理解、回答用户的问题；凭借假设生成技术，获取知识、模式和关系，以多种方式进行认知，产出多种而不仅仅是一种结果；凭借以证据为基础的学习能力，能够从所有文档中快速提取关键信息，像人类学习和认知，并通过追踪用户反馈和专家训练，不断进步，提升问题解决能力。图 2-16 给出了支撑认知计算的四大类关键技术。

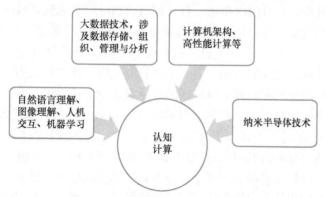

图 2-16　支撑认知计算关键支撑技术

由于人脑与计算机有着本质区别，认知计算的研究方向可分为近期目标和远期目标。近期目标是在计算机上尽可能像人类一样实现辅助、理解、决策和洞察与发现的能力，通过研究人类的认知机理，建立计算机认知模型，然后用计算机模拟人类认知过程以处理实际问题，比如目前正处于研究阶段的机器学习、自然语言理解以及视听觉信息处理等。认知计算的远期目标是研究一个具有与大脑存储结构相似的电子大脑，它完全不同于目前的计算机存储和处理机理，而是像人脑一样实现灵活而高深的认知过程。

可以预期，认知计算在人类生活的各个方面都将带来根本性的改变，认知计算系统能够以对人类而言更加自然的方式与人类交互。在教育领域，认知计算通过实时分析技术，为学习者制订个性化的学习计划并及时评估学习效果；在金融领域，认知计算有助于精准风险控制；认知商业将带给企业和各个行业以全新的变革，重新定义一些工作内容，产生更大的商业价值。目前 IBM 的沃森系统已经应用于医疗、金融和客户服务等领域，以其更加智能、精准的大数据分析能力，提升用户体验。

2.4 认知科学应用

下面简单介绍认知科学在疾病诊疗中的应用、在人机交互中的应用、在机器学习中的应用，从这三个实例可以看出认知科学和脑科学对智能科学与技术，尤其是人工智能发展的基础支撑作用。

2.4.1 在疾病诊疗中的应用

自闭症谱系障碍，简称自闭症，是一种发病于儿童早期的神经机制异常的广泛性发展障碍，主要表现为社会功能缺失、语言功能性缺陷和兴趣行为刻板，对儿童有着严重的不良影响。自闭症儿童存在语言、行为、情绪以及社会功能等认知方面的异常。近年来，研究人员从认知神经科学角度积极对自闭症的特征和深层机制进行研究，特别是随着 PET、fMRI、ERP 等技术的快速发展，及其在自闭症研究领域的广泛应用，自闭症的认知神经机制逐渐得到重视。

在自闭症个体脑结构研究方面，美国国立卫生研究院神经科学实验室的巴里·霍维茨（Barry Horwitz）等人于 1998 年运用 PET 探查了 14 名自闭症个体和 14 名正常个体的脑区功能联系状况。实验发现，与对照组相比，自闭症组的顶叶等其他低级脑区与额叶之间功能性联结有受损和减少的现象。在自闭症个体脑功能研究方面，马塞尔·加斯特（Marcel Just）等人在 2004 年利用 fMRI 考察了 17 名自闭症个体和 17 名对照个体在完成句子理解任务时大脑的激活状态以及各脑区之间的协同程度。该项研究发现，两组被试的两大语言区在理解句子时都产生激活，自闭症组在布罗卡语言区的激活显著少于正常组，但正常组的威尔尼克语言区的激活比自闭症组的显著多。此外，自闭症组两大语言区的协同系数远低于对照组的。上述研究解释了一些自闭症个体虽有丰富的词汇量，却无法理解复杂语句的现象。2005年，斯得雅·可希侬（Hideya Koshino）等人利用 fMRI 技术研究自闭症个体在字母识记任务中大脑的激活状态，该研究表明自闭症个体存在低级功能脑区激活增多、高级功能脑区激活减少的现象，并且在完成任务时多依赖于对视觉特征分析，而无法像正常个体那样运用语言编码。

相应地，认知领域的研究成果在自闭症的诊断与鉴别、康复与干预等方面具有重要的实践应用价值。例如，关键反应训练（Pivotal Response Training，PRT）是一种基于应用行为分析、具有循证实践支持的自闭症儿童干预方法。认知科学的研究成果可以用于探索 PRT 干预在自闭症个体脑生理层面产生的变化。基于认知理论的辅助沟通增强与替代（Augmentative and Alternative Communication，AAC）是一种成熟的可用于自闭症儿童的康复训练的干预方法。由于自闭症个体的思维方式是图像式，因此可以构建基于图片的沟通系统，比如 Voice4u 公司开发的 Picture ACC 应用程序，帮助儿童更好地表达自身的需求与感受，理解他人的言语、环境的含义。

2.4.2　在人机交互中的应用

人机交互（Human-computer Interaction，HCI）是指人与计算机之间使用某种对话语言，以一定的交互方式，为完成确定任务的人与计算机之间的信息交换过程。人机交互的核心是研究用户与系统之间的交互关系，系统能够了解用户的情绪、兴趣、意向、满意度等真实的用户意图。人机交互的发展主要经历了早期的手工作业阶段、交互命令语言阶段、图形用户界面阶段、网络用户界面阶段以及智能人机交互阶段。可以看出人机交互的发展过程是从人适应机到机不断地适应人，最终实现人、机协同发展的。

近年来，随着认知科学技术的快速发展，人们在研究人类感知觉、注意、记忆、语言、思维、意识、推理以及情绪等方面取得了长足进步。这可以帮助研究人员了解用户在人机交互过程中的认知机制，解决传统的以自主报告、行为观察和记录等方法难以揭示人机交互过程中用户真实认知过程的问题。此外，认知科学的发展可以拓展人机交互的研究领域，帮助研究人员建立基于认知科学理论和方法的人机交互模型和技术。例如，基于语言处理模型研究成果，开发服务于语言障碍人士的无声语音识别技术。

脑机接口（Brain-computer Interface，BCI）是认知神经科学与人机交互研究结合的典型领域。脑机接口是指人脑与外部设备间建立的直接连接通路，它可以利用信息技术将大脑思维过程中的复杂神经活动转译成驱动外部效应器或影响身体器官和机能的信号，实现人机之间的信息交互，在脑状态监测、神经假肢、神经康复训练、残疾人能力支持等领域有广泛的应用前景。

图 2-17 给出的是基于脑机接口的交互过程示意图。在此过程中，可以通过肌电、脑电以及其他生理信号测量设备，获得特定任务下个体的神经生理信号，结合认知科学相关理论、研究思路、研究方法和研究成果，经过特征提取、建模等过程分析信号并生成外部设备可识别的命令，或者将加工信息反馈给人脑，实现视听觉恢复、意念控制、神经反馈等人机交互应用。

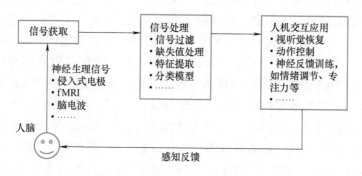

图 2-17　基于脑机接口的交互过程

近年来，欧美、日本等发达国家先后启动脑计划，开展类脑智能研究，我国于 2018 年正式启动"中国脑计划"。工业界对该领域的关注与投入也持续增加。例如，2016 年，埃隆·马斯克（Elon Musk）等投资创立面向神经假体应用和未来人机通信的脑机接口公司 Neuralink；2019 年，Facebook 收购脑机接口公司 CTRL-Labs。在脑机接口相关科学研究的推动下，脑机接口在关键技术研究和应用系统实现方面取得了重要成果。2017 年 2 月，美国斯坦福大学的研究团队在杂志《*eLife*》上报告了一项利用颅内脑电进行字符输入的高性能脑机接口应用系统。该系统通过在肌萎缩侧索硬化症和脊髓损伤瘫痪患者的运动皮层中负责手部运动的区域植入高密度微电极阵列，采集动作电位和高频局部场电位，然后解码这些神经活动信息以实现对屏幕上字符进行点击操作和光标的连续控制，达到患者通过屏幕虚拟键盘输入文本与外界交互的目的。借助上述系统，三位瘫痪患者可以每分钟输入几十个英文字符，在临床应用中表现出独特的优势。

2019 年 7 月，Neuralink 公司发布"人脑芯片"N1，该芯片由 3000 多个电极组成，具有很高的集成度，可以监测 1000 个神经元的活动。N1 芯片可以用于因脊髓损伤而四肢瘫痪的个体，帮助其建立大脑与周围神经的联系，实现行走，也可以通过向特定症状的大脑区域发送电脉冲来帮助中风、癫痫、抑郁症和帕金森症患者等。随着脑机接口研究的深入，人们在轮椅控制、机械手臂等动作辅助装置、渐冻症患者康复、语言表达翻译等方面也取得了一定的进展。

脑机接口技术有着巨大的社会价值，认知科学、人工智能、神经工程等学科的理论、技术与方法的快速发展，特别是认知科学与人机交互的深度融合，将极大地推动智能人机协同甚至脑机融合。正如"提高人类素质的聚合技术"计划所提出的规划：主张以认知科学为先导，融合发展四大技术，因为一旦我们能够在"如何、为何、何处、何时"这四个层次上理解思维，我们就可以用纳米科技来制造它，用生物技术和生物医学来实现它，最后用信息技术来操纵和控制它。

2.4.3　在机器学习中的应用

自图灵奖得主、计算机科学家和认知心理学家杰弗里·辛顿（Geoffrey Hinton）于 2006年在《科学》杂志发表"利用神经网络进行数据降维"（*Reducing the Dimensionality of Data with Neural Networks*）的论文以来，得益于日益剧增的数据量、模型规模和计算机算力，深度学习模型在自然语言理解、图像理解、机器人视觉以及普适计算等领域取得了突破性进展。深度学习模型本质是人工神经网络模型，属于人工智能研究学派中的联结主义，它掀起了人工神经网络研究的第三次浪潮。认知科学被视为深度学习研究的一个重要灵感来源。

卷积神经网络是深度学习模型中一种专门用来处理具有类似结构的神经网络，在诸多应用领域表现优异。图灵奖得主杨立昆（Yann Lecun）早在 1998 年就利用卷积网络技术开发出 LeNet-5，并将其用于识别手写的邮政编码数字图像，这也是卷积网络解决的首个商业应用问题。亚历克斯·克里泽夫斯基（Alex Krizhevsky）等人于 2012 年提出基于卷积网络的 AlexNet，并将其首次用于 ImageNet 大规模视觉识别挑战赛（ImageNet Large Scale Visual Recognition Challenge，ILSVRC），将图像分类的 Top-5 错误率[⊖]降低到 15.32%；何恺明于 2015 年提出的残差网络 ResNet 将错误率降到 3.57%；2017 年，由魔门塔公司（Momenta）和牛津大学联合提出的 SENet 进一步将 Top-5 错误率降到 2.25%，远低于人类的 5.1% 的错误率。卷积网络也在计算机视觉、自然语言理解以及语音识别等应用中具有重要的作用。

卷积网络在深度学习的发展中发挥了重要作用。虽然卷积网络的设计受到多个领域的影响，但卷积网络中一些关键设计原则来自于神经科学，卷积网络也许是受到生物学启发最为成功的机器学习模型。

⊖　Top-5 错误率为模型性能指标之一，这个数值越低，模型性能越好。

卷积网络的历史始于神经科学实验。大卫·胡塞尔（David Hubel）和托斯登·威塞尔（Torsten Wiesel）在观察猫的脑内神经元如何响应投影在猫前面屏幕上精确位置的图像时，发现处于视觉系统较前面的神经元对特定的光模式反应最强烈，但对其他模式几乎完全没有反应。他们的工作有助于表征大脑功能。可以关注简化的、草图形式的大脑功能视图中的初级视觉皮层，称为V1。V1是大脑对视觉输入开始执行显著高级处理的第一个区域。在该草图视图中，图像是由光到达眼睛并刺激视网膜形成的。视网膜中的神经元对图像执行一些简单的预处理，但基本不改变它的表示方式，然后将图像通过视神经和脑部区域。这些区域的主要作用是将信号从眼睛传递到位于脑后部的V1。卷积网络层被设计为描述V1的三个性质：

1）V1可以进行空间映射。它实际上具有二维结构来反映视网膜中的图像结构。相应地，卷积网络通过二维映射定义特征的方式来描述该特性。

2）V1包括许多简单细胞。简单细胞的活动在某种程度上可以概括为在一个小的空间位置感受视野内的图像的线性函数。卷积网络的检测器单元被设计为模拟简单细胞的这些性质。

3）V1包括许多复杂细胞。复杂细胞对于特征的位置微小偏移具有不变形的特征，这启发了卷积网络的池化单元。复杂细胞对于照明中的一些变化也是不变的，不能简单地通过在空间位置上池化来刻画。这些不变性激发了卷积网络中的一些跨通道池化策略。

与卷积网络的最后一层在特征上最接近的类比是称为下颞皮质（IT）的脑区。当观察一个对象时，信息从视网膜经外侧膝状体（Lateral Geniculate Nucleus，LGN）流到V1，然后到V2、V4，之后是IT。这发生在瞥见对象的前100ms内。如果允许一个人继续观察对象更长时间，信息将开始回流，因为大脑使用自上而下的反馈来更新较低级脑区中的激活。然而，如果打断人的注视，并且只观察前100mm内的大多数前向激活导致的放电率，那么IT被证明与卷积网络非常相似。卷积网络可用于预测IT的放电率，并且在有限时间情况下，其执行对象识别时与人类非常相似。

自谷歌于2014年发表论文"基于递归神经网络的视觉注意力模型"（*Recurrent Models of Visual Attention*）以来，注意力机制逐渐在深度学习模型中流行起来，并被广泛应用于机器翻译、语音识别、图像标注等众多领域。注意力机制其实模拟的是人的注意力，是一种资源分配模型。例如，在观看一辆汽车时，虽然可以看到车的全貌，但注意的焦点一般集中在部分特征上，也就是说，人脑对整个车的关注并不是均衡的，是有一定的权重区分的。注意力机制赋予了模型区分辨别的能力，例如在机器翻译、语音识别应用中，为句子中的每个词赋予不同的权重，使神经网络模型的学习更具适应能力，同时注意力本身可作为一种对齐关系，解释输出序列中的每个词与输入序列中的一些词的对齐关系。

思考题与习题

2-1 填空题

1）目前认知科学的主要理论体系包括（　　）、（　　）、（　　）及（　　）。

2）从方法论的角度，可以大致将认知科学已有的研究方法归结为（　　）、（　　）及（　　）。

3) 根据神经元突起数目不同，可将神经元分为三类：（　　）、（　　）和（　　）。

4) 根据神经元功能的差异，可将其分为三类：（　　）、（　　）和（　　）。

5) 根据神经系统的形态和所在部位，可将其分为（　　）和（　　）。

6) 表象有各种不同种类，根据感觉通道的不同，表象包括（　　）、（　　）、（　　）、（　　）和（　　）等。

7) 根据产生和保持注意时有无目的以及意志努力程度，注意可分为（　　）、（　　）、（　　）和（　　）。

8) 认知心理学把人类的记忆过程划分为三个连续阶段：（　　）、（　　）和（　　）。

9) 在常用的知识表征模型中，四种典型代表分别是（　　）、（　　）、（　　）和（　　）。

10) 三种有代表性的陈述性知识表征模型包括（　　）、（　　）和（　　）。

2-2 什么是认知科学？什么是脑科学？它们之间的关系是什么？

2-3 人类大脑左右半球的功能特点是什么？

2-4 什么是感觉、知觉、表象？它们之间的关系是怎样的？

2-5 什么是注意？它在人的认知过程中具有怎样的作用？

2-6 记忆结构主要由哪几个子系统构成？它们各自的特点是什么？

2-7 框架表征法的特点主要有哪些？它可以用于表征程序性知识吗？

2-8 什么是认知模型？它在智能科学与技术的研究与应用中可以起到什么作用？

2-9 认知模型主要有哪两大类？两者各自的特点是什么？

2-10 分析比较 ACT 和 SOAR 模型的异同。

2-11 目前，认知计算被广泛地应用于人类的生产、生活和工作中，并且已实现商业应用。请结合个人日常生活，介绍认知计算的应用服务案例。

参考文献

[1] 史忠植. 认知科学 [M]. 合肥：中国科学技术大学出版社，2008.

[2] 王志良. 脑与认知科学 [M]. 北京：北京邮电大学出版社，2011.

[3] 梁宁建. 当代认知心理学（修订版）[M]. 上海：上海教育出版社，2014.

[4] 安书成. 脑科学研究的现状与展望 [J]. 中学生物教学，1997（1）：5-8.

[5] 谭永梅，王小捷，钟义信. "脑与认知科学基础"教学研究 [J]. 计算机教育，2009（11）：81-85.

[6] 王立平. 也谈谈"中国脑计划" [J]. 中国科学：生命科学，2016，46（2）：208-209.

[7] 何华. 新视野下的认知心理学 [M]. 北京：科学出版社，2009.

[8] 武秀波，苗霖，吴丽娟，等. 认知科学概论 [M]. 北京：科学出版社，2007.

[9] 连榕. 认知心理学 [M]. 北京：高等教育出版社，2010.

[10] 林德赛，诺曼. 人的信息加工：心理学概论 [M]. 孙晔，王甦，译. 北京：科学出版社，1987.

[11] 加扎尼加，伊夫里，曼根. 认知神经科学：关于心智的生物学 [M]. 周晓林，林定国，译. 北京：中国轻工业出版社，2011.

[12] 魏景汉，阎克乐. 认知神经科学基础 [M]. 北京：人民教育出版社，2008.

[13] 宋永健，张朕. 工作记忆研究的现状 [J]. 宁波大学学报（教育科学版），2004，26（5）：19-22.

［14］赵鹏程，朱昭琼 . 三种脑功能成像技术在认知功能障碍的研究进展［J］. 国际麻醉学与复苏杂志，2018，39（11）：1055-1058.

［15］曹漱芹，方俊明 . 脑神经联结异常：自闭症认知神经科学研究新进展［J］. 中国特殊教育，2007（5）：43-50.

［16］陈敏 . 认知计算导论［M］. 武汉：华中科技大学出版社，2017.

［17］陆汝铃 . 人工智能［M］. 北京：科学出版社，1996.

［18］史忠植 . 人工智能［M］. 北京：国防工业出版社，2007.

［19］王新鹏 . 认知模型研究综述［J］. 计算机工程与设计，2007，28（16）：4009-4011.

［20］董超，毕晓君 . 认知计算的发展综述［J］. 电子世界，2014（15）：200.

［21］孙丽 . 人工智能工具 SOAR 认知模型构建［J］. 产业与科技论坛，2014，13（14）：53-54.

［22］巴尔斯，盖奇 . 认知、脑与意识［M］. 影印版 . 北京：科学出版社，2012.

［23］BADDELEY A D . Human memory：theory and practice［M］. Boston：Allyn and Bacon，1990.

［24］COWAN N. Activation，attention，and short-term memory［J］. Memory & Cognition，1993，21（2）：162-167.

［25］KAHNEMAN D. Attention and effort［M］. Englewood Cliffs，NJ：Prentice-Hall，1973.

［26］IZAWA C . On human Memory：evolution，progress，and reflections on the 30th anniversary of the Atkinson-Shiffrin Model［M］. Hove，East Sussex：Psychology Press，1999.

［27］SIMON H A. Studying human intelligence by creating artificial intelligence：when considered as a physical symbol system，the human brain can be fruitfully studied by computer simulation of its Processes［J］. American Scientist，1981，69（3）：300-309.

［28］JOHNSON T R. Control in ACT-R and SOAR［C］//Proceedings of the Nineteenth Annual Conference of the Cognitive Science Society. Palo Alto：Stanford University，1997：343-348.

［29］PANDARINATH C，NUYUJUKIAN P，BLABE C H，et al. High performance communication by people with paralysis using an intracortical brain-computer interface［J］. Elife，2017，6：e18554.

［30］GOODFELLOW I，BENGIO Y，COURVILLE A. Deep Learning［M］. Cambridge：MIT press，2016.

［31］HUSSAIN A. Cognitive computation：an introduction［J］. Cognitive Computation，2009，1（1）：1-3.

第 3 章   机器感知及其应用

导 读

主要内容：

本章讲述机器感知及其应用，主要内容包括：

1）机器感知的基本概念，机器视觉、听觉、触觉、嗅觉和味觉的基本原理，机器感知应具备的特性和基本要求，多模态机器感知的优势及面临的挑战。

2）电磁波特性对机器视觉感知的影响，机器视觉目标检测、识别和跟踪的基本概念，经典目标检测、跟踪方法及其优缺点。

3）声波特性对机器听觉感知的影响，听觉系统的感知特性，麦克风阵列的基本原理及声源定位与跟踪的基本方法、说话人识别方法与流程。

4）机器感知在自动驾驶、虚拟现实、无人平台集群中的典型应用。

学习要点：

掌握机器感知的基本概念及基本原理，电磁波、声波特性对机器视觉和听觉感知的影响。熟悉机器视觉目标检测、识别和跟踪的基本概念，麦克风阵列声源定位与跟踪的基本方法，说话人识别的方法与流程。了解机器感知在自动驾驶、虚拟现实、无人平台集群中的应用情况。

3.1   机器感知基础

人类通过"拟人化"的方式使得机器具备了视觉、听觉、触觉、嗅觉和味觉等感知能力。由于敏感域、敏感度和分辨力等突破了人类感官的局限，机器感知能够帮助人类获得超越自身感官的感知能力。

3.1.1   机器感知的概念

感知是指获取、选择、组织和解释感官所获得的信息的过程，可分为感觉过程和知觉过程。机器感知是指机器以人造感官系统与外部世界联系，并对外部世界运动状态及其变化方式进行感知。也就是说在外部世界运动状态及其变化方式的刺激下，机器能够对其做出相应的响应。该响应必须足够敏感和保真，以便于机器感知能够尽量反映事物的本来面貌。通俗地讲，机器感知就是要让机器拥有人性化的感知能力，如视觉、触觉、听觉、味觉、嗅觉等。即机器通过由硬件与软件组成的信息感知与处理系统，对外界刺激做出具有一定敏感度和保真度的响应，从而能够得到类似于感官所能得到的结果。

任何模拟生物感知的技术，都可以称之为机器感知。机器感知在具体的"看""听""触""嗅""味"等方面的能力，可能超越人类自身感官的感知能力，例如人眼对红外光不可见，而配置有红外传感器的机器却能看到红外光线。因此，机器感知是人类感官感知能力的延伸与拓展，它使得人类能够"看"得更远、更清晰，"听"得更多、更丰富、更有层次感。即机器感知在敏感域、敏感度和分辨力等方面将极大改善人类的感知能力。借助机器感知，人类对自我与外部世界的认知和理解能力变得更加强大，对事物本质的洞察将会更加透彻、深远。

3.1.2　机器感知的物理原理

机器感知就是使机器具有类似于生物的感知能力，也就是机器通过模拟人或生物的视觉、听觉、触觉、嗅觉和味觉，去看懂文字、图像、画面，听懂语言和声音，拥有触摸感，闻到气味和尝到酸、甜、咸、苦和鲜等味道。下面对各种机器感知的基本原理进行简要介绍。

1. 机器视觉

机器视觉是指由计算机或图像处理设备来模拟动物的视觉，从而得到类似于动物视觉系统所获取的信息。但与动物视觉相比，机器视觉能以动物视觉无法比拟的速度和准确性执行视觉感知任务。

机器视觉的基本原理：在光源（例如可见光、红外、紫外等频段的电磁波）的照射下，使用照相机将感兴趣的场景和目标转换成图像信号，其中的感光器件（如 CCD 和 CMOS⊖）实现光参量信号到电参量信号的转化，信号处理单元根据颜色、亮度等电参量在不同像素上的分布，将其转化成数字信号，图像处理系统对这些信号进行各种运算来提取图像中场景和目标的特征信息，如面积、数量、位置、长度、速度等，并借助深度学习等工具，最终实现目标的自动识别与理解。以图像的方式对观测场景或目标做出描述和解释的行为，在广义上也被认为是机器视觉感知。所以，工作在电磁波其他频段的微波成像雷达、激光成像雷达，可以被认为是机器视觉感知的新手段。

2. 机器听觉

机器听觉是指机器系统化地处理它们所听到的声音，理解声音中所蕴含的信息，并根据这些声音做出适当的反应。机器听觉使得人与机器进行语音交流成为可能，机器通过识别和理解，把人类的语音信号转变为相应的文本或命令，可执行相应的行动。

与机器视觉感知系统所产生的图像相比，声音信号本质上是一种需要介质传播的机械波信号，因此与图像的产生机理和表示方式有着根本的区别。为实现机器听觉功能，首先，机

⊖　CCD 为 Charge Coupled Device 的简写，译为电荷耦合器件；CMOS 为 Complementary Metal Oxide Semiconductor 的简写，译为互补金属氧化物半导体。

器需要拥有"耳朵"去"听得到"声音，即能够将声振动参量信号转化为电参量信号，支撑的技术包含拾音、声源定位和分离、语音增强、噪声处理、语音识别、说话人识别，等等。其次，机器听觉还需拥有"智能"去"听得懂"语言，因此需要建立听觉中枢系统，以便于在复杂多变的环境下能够运用小样本数据自主学习，实现对语义和语用信息的理解；最后，机器听觉需要具备用语音"表达自己"的能力，也就是"说得出话"，即能够将电参量信号转化为声振动参量信号，需要的支撑技术除了语音合成之外，还需更高层次的机器情感技术去完成"语调"和"情感"的理解与表达。

3. 机器触觉

机器触觉是指机器通过触摸去感测环境刺激，获取有关物体属性（例如形状、材料、尺寸、纹理等）和外部环境（如压力、温度、冲力、振动等）的信息，并提供与动作有关的信息（例如物体定位和滑动检测）。

机器触觉的基本原理是：触觉传感器将外部刺激（例如压力、振动和热刺激）转换为传感元件上的变化，以信号传导的形式将触觉信号转换为电信号，使用嵌入式数据处理单元获取、调节和处理感知的数据，然后将其传输到较高的感知级别以构建感知客体的模型，从而感知交互对象的属性（例如形状和材料属性）。在感知时，触摸感可能需要与其他感知方式（例如视觉和听觉感知）融合在一起，以便机器能够获得外界物体更加完整的属性信息。

机器触觉在临床诊断、健康评估、健康监控、虚拟电子、柔性触摸屏、服务机器人等领域拥有很大的应用潜力。例如，柔性触觉传感器不仅能提供外界物体的尺寸、形状、纹理等特性，还能提供安全和友好的交互体验，实现类似于人类皮肤的功能，因此它也被称为电子皮肤。

4. 机器嗅觉

机器嗅觉是指机器通过敏感的化学传感器阵列和适当的模式识别算法，实现对气味的测量与识别，它是一种模拟生物嗅觉工作原理的仿生技术。

机器嗅觉的基本工作原理是：气味分子被机器嗅觉系统中的传感器阵列吸附，产生电信号，然后对该信号进行加工处理与传输，并使用模式识别系统对其做出判别。机器嗅觉系统是模仿人的嗅觉系统来构造的，其工作过程与人的嗅觉形成过程相似，相应地由三部分组成，即气敏传感器阵列、信号调理电路、微处理器及模式识别。在机器嗅觉系统中，气敏传感器阵列是模拟人鼻内的嗅觉感受器细胞，用以感受气味信息；信号调理电路对传感器阵列输出的信息进行处理；微处理器利用气味识别算法对多维数据进行分析处理，并通过模式识别算法得出被测气体的定性或定量分析结果。

机器嗅觉具有分析、识别和检测复杂嗅味和挥发性成分的能力，在食品工业、环境监测、医疗卫生、中草药分类、安防监测、军事等领域有着广泛的应用。例如，水果通过呼吸作用进行新陈代谢，它们在不同生长阶段，散发的气味不同，因此可以通过机器嗅觉来检测水果的成熟度，从而确定最佳的采摘期。

5. 机器味觉

机器味觉是指使用传感器感知和识别目标物的"酸、甜、咸、苦和鲜"等味道信息。相同味觉属性的呈味物质一般具有化学官能团或者空间结构上的共性，即味群的共性，针对味觉特性的不同，可以使用人工智能味觉识别系统实现机器味觉感知。

机器味觉的实现，在原理上主要包括物理法和化学法。物理法使用声波型和光学型等传感器去检测呈味物质不同的物理参数，如共振频率、吸附质量、折射率、声波相变化等，这些参数反映着味觉传感器与流体之间的相互作用，通过它们可获得流体的质量、密度和黏度等数据，这些信息更多地偏向于溶液的物理味觉，主要是对液态食品的物理信号的表征。从化学味觉角度而言，呈味物质是具有水溶性的化学物质，因此也可以化学法实现味道的识别。常用的化学法包括电位法、伏安法、电流法、阻抗谱法等电化学检测技术，它们检测的是呈味物质的化学信号，即将一般难以测定的化学量直接变换成容易测定的电参数而加以测定。机器味觉可以模仿细胞、抗体和酶的生物受体位点。当一个分子与这些位点中的一个结合时，它会产生一个可测量的电信号。然后将该信号传输到分析系统，以便通过电量值的变化进行解释和识别。电化学传感器可以感知细胞膜电位的变化，以及电导、阻抗、电压或电流的变化。

机器味觉在食品加工、食品销售、药品研发、农产品品质检验等领域有着广泛的应用前景。例如，使用石墨烯等材料制作的电子舌头，可以实现对甜味和鲜味的辨别，在新食品开发时，能代替人类进行味觉测试，帮助食品生产者更准确地调整食品的味道。也可使用电子舌头对不同品种的蔬菜、水果进行"酸、甜、苦、咸、鲜"分析，辨别其味道上的差异。

根据以上分析可知，机器感知在实现上，是针对不同事物的运动状态及其变化方式研制相应的刺激感应系统，以便于用尽可能高的敏感度、分辨力和保真度去反映事物本来面貌。在感应过程中，描述事物运动状态及其变化方式的变量信号通常会被转换为电信号。因此在这个意义上，机器感知过程也是一个"换能"过程，即实现非电信号到电信号的转换。

3.1.3　机器感知的特性与要求

根据机器感知的概念与基本工作原理可知，机器感知本质上是机器的"拟人化"。下面结合人类感知的特性，分析机器感知应具备的特性和基本要求，并讨论机器感知技术发展所面临的挑战。

由于人脑是一个复杂的系统，可以将感知的一切信息联系在一起，但在现有认知水平下，准确描述感知机制尚无法实现，或许进一步的研究可能会发现其他影响感知的重要因素。因此，本节给出现有认知水平下的感知特性，这些特征和要求是开发类人机器感知仿生模型的起点。下面对图 3-1 中所提到的每一个感知特性进行详细描述，并附带说明将其集成到技术系统中的困难。

1. 多种感觉方式

为了感知外部环境与自身状态，大脑使用视觉、听觉、触觉、嗅觉和味觉中的一种或者数种知觉方式。这些方式中的每一种都是基于大量感觉受体来获取信息的。多种感官信息来源的组合和整合是获得可靠感知的关键。这是因为，无论是技术上还是生物学上的单个信息处理系统，都没有足够强大的功能来确保系统能够在所有条件下均能正常工作。如果单个模态不足以给出可靠的估计，则可以组合来自多个模态的信息，以相互补充增加信息内容。

为了获得连贯而稳健的感知，必须有效地整合来

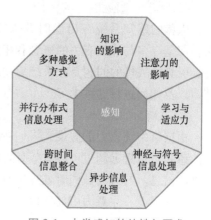

图 3-1　人类感知的特性与要求

自不同感官的信息。尽管不同类型的传感器可以提供互补的信息，但是它们也可能提供冗余、矛盾和不确定的信息。另外，对于在感知环境中同时发生的事件，存在着如何正确地将不同的感官信息分配给不同事件的问题。

2. 并行分布式信息处理

如前所述，为了连贯且稳健地感知，必须要处理来自各个感官来源的信息。但是，感知系统并非如同一个统一的中央处理单元那样逐步地处理所有信息。相反，感知系统以分布式的方式来处理感官信息。首先，来自不同感官的信息分别被并行处理，随后再进行融合。机器感知技术模型面临的挑战是开发一种架构，该架构允许类似的并行分布式处理以及将单独的处理结果融合成一个统一的感知信息。在神经科学中，此问题称为绑定问题。

3. 跨时间信息整合

在感知环境中的对象、事件、场景和情况的过程中，由不同模态提供的单次快拍感官信息，并不总能够完全满足确切识别的需求。传感器信号在时间上的连续性和进程也很重要。因此，不仅需要跨不同模态的信息绑定，而且跨时间的感官信息绑定也是必要的。随着时间的流逝，大脑会收集越来越多的有关感知事件的信息，并最终消除感知的歧义。在跨时间信息整合时，一个非常具有吸引力的问题是当环境中同时发生不同的事件时，如何随时间变化正确地将感官刺激分配给对应的事件。

4. 异步信息处理

在大脑中，信息是异步处理的。异步信息处理可以从物理意义上理解，它意味着信号及其相应的特性在不同的时间点到达。在机器感知中，环境中发生的事件可能不会在绝对相同的时间去触发不同模态的传感器，也就是说不同传感器对相同事件的响应时间可能存在差异。另外，信息处理和不同传感器数据的传输时间也可能不尽相同。因此在智能感知体构建中，怎样处理异步到达的多模态传感器的数据，是必须面对的问题。

5. 神经与符号信息处理

在人脑中，来自不同模态的知觉信息通过相互作用的神经元进行处理。但是，人类并不是根据动作电位和发射神经细胞来思考，而是根据符号来思考。符号是用于表示抽象思想和概念的对象、字符、图形、声音或颜色等。模拟大脑信息处理面临的挑战是如何将神经信息处理得到的感觉刺激进行符号表征，以及符号之间的关联如何产生新的符号表征。

6. 学习与适应力

人脑的感知系统在出生时并未完全发育。尽管某些模式需要通过遗传密码进行预定义，但是许多与感知有关的概念和相关性只有在生命周期中才能学会。对于机器感知模型而言，极具挑战性的问题是在系统启动之前需要预定义哪些内容，可以从示例和经验中学到什么，以及如何进行这种学习。

7. 注意力的影响

根据集中注意力的假设，人们所看到的取决于自己所关注的事物。每时每刻，环境所提供的感知信息远远超过可以有效处理的感知信息。注意力帮助选择相关信息，并忽略无关或干扰的信息。与其尝试同时处理所有对象，不如将处理限制在空间中的某个特定区域的特定对象上。因此，注意力应如何以及在何种程度上与感知相互作用，是机器感知研究领域中一个非常重要的话题。

8. 知识的影响

知识会提升感知能力。通常需要先验知识来解释不明确的感知信息。正如人类所感知的那样，人们理所当然地认为世界如同自己所认知的那样。在某种程度上，人们认为是知觉的东西其实是记忆。机器感知模型的基本问题是如何表征知识，知识与感官知觉的相互作用方式以及在何种程度上相互影响。

综上所述，机器感知仿生模型构建的挑战，在于指定感知中涉及的不同"功能系统"和机制，并如何表征这些系统中所处理的信息，以及如何融合来自不同系统的信息。上述这些特性和要求，是机器感知技术研究的起点。因此在机器感知机理研究中必须重点关注以下这些问题：

1) 异质多模态传感器信息融合。
2) 执行并行分布式信息处理。
3) 跨越时间感官信息绑定。
4) 评估如何使异步信息处理变得可行。
5) 从神经到符号信息处理。
6) 学习数据之间的相关性。
7) 通过关注点来限制和促进信息处理。
8) 将知识融入感知过程。

3.1.4 多模态机器感知

从感知的角度来讲，模态是观测事物的方法或者视角。人类生活在多模态相互交融的环境中，视、听、触、嗅、味等不同模态形式的感知手段的综合运用，让人类更加全面和高效地了解内外部世界。随着感知理论与技术的不断发展，机器感知已经走上了由单维度参量感知向多模态感知演进之路。例如，现在的机器感知已经跨越了看得见、看得清的发展阶段，正朝着全新的智能感知体迈进，未来会进一步演化成为智能多维的感知体，感知的内容将不限于"看"到物体、"听"到声音，还包括"感觉"质地、"闻"到异味、"尝"到百味，等等。因此，使用多种异质传感器从不同模态下观测并描述事物（目标、场景等）已成为机器感知的新发展趋势。

多模态感知可以获得更加全面准确的信息，增强机器感知的可靠性和容错性。例如，从可见光摄像机、红外摄像机到激光雷达、毫米波雷达、超声波雷达，智能驾驶汽车已经将多模态感知手段融为一体，使得全视角环境的精准感知、状态评估和智能决策成为现实，出行将乐享驾趣。

在多模态感知与学习问题中，由于不同模态之间具有完全不同的描述形式和复杂的耦合对应关系，因此需要统一地解决关于多模态的感知表示和认知融合的问题。多模态感知与融合就是要通过适当的变换或投影，使得两个看似完全无关、不同格式的数据样本，可以相互融合。这种异构数据的融合往往能取得意想不到的效果。以复杂场景下的机器人精细操作问题为例，机器人通过视觉、距离等模态信息感知环境，通过触觉等接触性信息感知物体，各种不同模态的感知技术为机器人实现更为高效的科学决策提供了基础，极大地提升了机器人在环境感知、目标侦察、目标定位、导航控制等方面的能力，有力地促进了灾害救援、反恐防爆、应急处置等任务的完成。

但也应当注意到，多模态机器感知所采集到的多模态数据具有一些明显的特点，这为感知信息融合带来了巨大的挑战。这些挑战包括：

1）"污染"的多模态数据。机器的操作环境可能异常复杂，因此采集的数据通常具有很多噪声和野值。

2）"动态"的多模态数据。机器是在动态环境下工作，采集的多模态数据必然具有复杂的动态特性。

3）"失配"的多模态数据。机器携带的传感器的工作频段、工作体制、观测角度等具有很大差异，导致各个模态之间的数据难以"配对"。

下面以机器视觉、触觉感知融合为例进行说明。

目前很多机器人都配备了视觉传感器。在实际操作应用中常规的视觉感知技术受到很多限制，例如光照、遮挡等。对于物体的很多内在属性，例如"软""硬"等，则难以通过视觉传感器感知获取。对机器人而言，触觉也是获取环境信息的一种重要感知方式。与视觉不同，触觉传感器可直接测量对象和环境的多种性质特征。同时，触觉也是人类感知外部环境的一种基本模态。早在 20 世纪 80 年代，就有神经科学领域的学者在实验中麻醉志愿者的皮肤，以验证触觉感知在稳定抓取操作过程中的重要性。因此，为机器人引入触觉感知模块，不仅在一定程度上模拟了人类的感知与认知机制，又符合实际操作应用的强烈需求。

视觉信息与触觉信息采集的是物体不同部位、不同性质的信息，前者是非接触式信息，而后者是接触式信息，因此它们反映的物体特性具有明显的差异，这也使得视觉信息与触觉信息具有非常复杂的内在关联关系。现阶段很难通过人工机理分析的方法得到完整的关联信息表示方法，因此数据驱动的方法是目前比较有效的解决这类问题的途径。

如果说视觉目标识别是在确定物体的名词属性（如"石头""木头"），那么触觉模态则特别适合用于确定物体的形容词属性（如"坚硬""柔软"）。"触觉形容词"已经成为触觉情感计算模型的有力工具。值得注意的是，特定目标通常具有多个不同的触觉形容词属性，而不同的"触觉形容词"之间往往具有一定的关联关系，如"硬"和"软"一般不能同时出现，"硬"和"坚实"却具有很强的关联性。

视觉与触觉模态信息具有显著的差异性。一方面，它们的获取难度不同。通常，视觉模态信息较容易获取，相比之下触觉模态信息获取更加困难。这往往造成两种模态信息的数据量相差较大。另一方面，由于"所见非所摸"，在采集过程中采集到的视觉信息和触觉信息往往不是针对同一部位的，具有很弱的"配对特性"。因此，视觉与触觉信息的融合感知具有极大的挑战性。

3.2 视觉感知

视觉感知是机器获取外界信息的最主要手段，正如 IBM 研究院智能信息管理部的高级经理约翰·史密斯（John Smith）指出的那样："一台机器需要对外界有基本的了解，以便理解与该事物相关的图片和视频，而了解世界的方法就是查看图片和视频。"

3.2.1 电磁波与视觉感知

视觉的基本原理可以表述为光作用于视觉器官，使其感受细胞兴奋，信息经视觉神经系统加工后便产生视觉。借助视觉，人和动物可以感知外界物体的大小、明暗、颜色、动静，从而获得对机体生存具有重要意义的各种信息。据统计分析，至少有 80%以上的外界信息经视觉获得，因此视觉是人和动物最重要的感觉。机器视觉感知，就是用机器代替人眼进行目标和环境感知。

根据人类视觉的基本工作原理，感觉器官（人眼）接受外界环境中波长范围在几百纳米电磁波（即电磁波中的可见光部分）的刺激，是视觉产生的基本条件，也就是说视觉离不开电磁波，视觉感知示意图如图 3-2 所示。例如，一个典型的工业机器视觉感知系统包括：光源（可见光）、镜头（定焦镜头、变倍镜头、远心镜头、显微镜头）、照相机（包括 CCD 照相机和 COMS 照相机）、图像处理单元（或图像捕获卡）、图像处理软件、监视器、通信/输入输出单元等。可见，机器视觉感知也与电磁波息息相关。

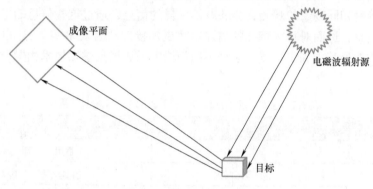

成像平面

电磁波辐射源

目标

图 3-2　视觉感知示意图

电磁波是由同相且互相垂直的电场与磁场在空间中衍生发射的振荡粒子波，是以波动的形式传播的电磁场，具有波粒二象性。电磁波在真空中速率固定，速度约为 $c = 3.0 \times 10^8 \mathrm{m/s}$。频率（$f = c/\lambda$）是电磁波的重要特性。电磁波按照频率由低到高分为无线电波、微波、红外线、可见光、紫外线、X 射线和 γ 射线等。

不同频段的电磁波所呈现的世界是不一样的。人眼可接收到的电磁波，称为可见光，仅占电磁波频率非常小的一部分。蛇类的眼睛接收不到可见光，却能够接收到红外波，这让它们具有感知红外线的能力，配合特殊的感官"颊窝器官"（即鼻孔和眼睛之间的鼻口两侧的一对小孔），蛇的大脑将来自颊窝器官的热信号与来自眼睛的信息融合在一起，这样猎物的热成像图就会覆盖在视觉图像上。与人类不同，鸟类是四色视觉，因为它们有四种锥细胞，可以同时看到红、绿、蓝和紫外线。蜘蛛的眼睛也有能力以高灵敏度检测到紫外线，因此，它们可以看到更多的细节信息。根据上面的分析可知，用不同频段电磁波"看"目标，获取的目标信息是不同的，见表 3-1。

表 3-1　各种电磁波视觉感知技术性能对比

传 感 器	优 点	缺 点
微波/毫米波雷达	全天时工作，全天候工作，能穿透植物，大搜索区域，可以获取距离和图像数据，可以获得目标运动速度	中等分辨力，没有隐蔽性，对干扰敏感

（续）

传　感　器	优　　点	缺　　点
红外热成像仪	具有良好的空间和频率分辨力，隐蔽性好	易受雨、雾霾、烟尘等影响，对植物穿透能力差，没有办法直接获得距离信息
激光雷达	良好的空间和频率分辨力，能够得到目标的距离和反射数据，能够获取目标的速度和航迹数据，全天时工作	易受雨、雾霾、烟尘等影响，对植物穿透能力差
可见光照相机	能够获得良好的分辨力，隐蔽性好，图像容易理解	只能白天工作，易受雨、雾霾、烟尘等影响，无植物穿透能力，没有距离数据

广义上，摄像头可以认为是被动雷达，因此摄像头、微波雷达、毫米波雷达、太赫兹雷达、激光雷达等对相同场景的观测，会获取不一样的信息，通过这些信息的融合，会获取更加全面的目标信息，进而对目标特征的描述也将更加接近"客观事实"。这也是多模态视觉传感信息融合的理论基础和出发点。多种不同频段电磁波视觉感知技术相融合获得的效果见表 3-2。

表 3-2　多种不同频段电磁波视觉感知技术融合效果

传感器 1	传感器 2	效　　果
可见光	红外	适用于白天和黑夜
毫米波雷达	红外	穿透力强，分辨力高
红外	微光夜视	适用于低照度条件下的探测
毫米波雷达	可见光	穿透力强，目标定位准确
合成孔径雷达	红外	远距离监视、探测、目标搜索能力强

使用非可见光进行目标和环境感知，不仅可以看到更丰富的目标和场景信息，而且也可以借助不同电磁波的特性对人类的视觉感知能力进行拓展。例如，借助特定频段电磁波的穿透能力，雷达可以帮助人类看到遮蔽物之后的目标。目前安防领域的热门技术——太赫兹雷达能探测隐藏物品，可大大提升安检速度，节约旅客通行时间。穿墙雷达借助微波的穿透能力，可以帮助人们观测到墙体等遮蔽物之后的目标，在建筑物检测、灾害救援、反恐作战、巷战等领域具有广泛的应用前景。

电磁波波长会制约视觉感知的分辨性能。视觉感知的角度分辨力通常用瑞利极限来衡量，对于光学区而言，瑞利极限为 $\Delta\phi = 1.22\lambda/D$，其中 D 表示透镜（天线）的孔径，λ 为传感器接收电磁波的波长。另外，角度分辨力与距离有关，相同条件下距离越远，角度分辨力越低。根据瑞利极限可知，在传感器天线孔径一定的情况下，波长越短则分辨性能越高，或者说波长短则传感器的分辨力更容易做得更高一些。但是对于视觉感知而言，并不是分辨力越高就越有利。分辨力的选择需要根据工作场合和感知需求而定。例如，可见光图像的分辨力非常高，但是在某些隐私关切场合，如卧室、浴室等，进行跌倒预警时，高分辨的可见光图像会引发隐私泄露风险。微波雷达的分辨力没有光学图像那样高，使用它进行行为识别而不识别人脸，将不会引起隐私泄露恐惧。因此，在智能家居系统使用微波雷达监控老年人的起居，并在老人摔倒时提醒相关服务部门，能够有效满足居家养老对跌倒检测产品的需求。

3.2.2　目标检测

视觉感知中的目标检测，是指利用机器对场景成像结果进行目标属性（空间位置、几何形状与大小等）估计，包含图像恢复、图像增强、目标特征提取、图像分割等内容。在实际应用中，视觉感知的场景可能非常复杂，目标可能存在遮挡、运动、姿态变化，电磁波照射条件可能比较差，气象环境可能非常恶劣，等等，这些都会严重影响目标检测的性能。具体而言，影响主要体现在以下几个方面。首先，目标建模受制于目标运动状态、姿态等因素，特别是目标之间的相互遮挡，会严重影响建模的准确性。其次，复杂的观测场景，众多的背景目标，使得前景目标与背景之间的区分更加困难。最后，照射环境和气象环境的变化，加剧了目标检测的难度。

1. 目标检测框架

视觉目标检测本质上是判断图像或者视频序列中是否存在感兴趣的目标，并从中找到感兴趣目标的位置、区域、形状、类别等属性。目标检测是目标识别、跟踪的前提，检测结果直接影响视觉感知系统的总体性能。当前，目标检测理论主要有两种：第一种是事先建立背景模型，当待检测图像输入时，检测出图像中所存在的"奇异"信息，将其作为感兴趣的目标；第二种是通过特征提取及识别，再对图像进行分割，从而提取出感兴趣的目标。前者适用于背景较为稳定，但目标信息多变的场景；而后者则更适用于背景复杂，或者环境多变的场景。

按照背景模型的差异，基于背景建模的目标检测算法可以分为局部背景建模和全局背景建模两种目标检测算法。局部背景建模算法认为背景局部灰度服从高斯分布，然后利用目标与背景的灰度分布差异实现目标检测。该算法一般用于背景分布状态较为简单、区块面积较小的图像数据。在每类背景图像灰度均服从高斯分布的假设下，全局背景建模通常采用多元混合高斯模型建模，然后利用背景与目标间的分类简化背景信息分布特性，进行目标与背景的分离，从而实现目标检测。该类算法克服了局部背景模型算法容易产生局部异常目标的问题，同时无须考虑目标尺寸的大小。背景模型图像目标检测算法常常以高斯模型来描述目标种类繁多的背景特性。但在实际中，背景往往复杂多变，容易导致事先建立的背景模型失效，这制约着目标检测的性能。

近年以来，基于深度学习的目标检测算法在机器视觉感知领域已经大放异彩。这主要可分为两大类，即两阶段检测算法与一阶段检测算法。两阶段检测算法是在区域候选框架的基础上进行目标检测的，即它需要先通过启发式方法（如 Selective Search）或卷积神经网络（Convolutional Neural Network，CNN）产生一系列稀疏的区域候选框，然后再对这些候选框进行分类与回归，此类方法主要包括 RCNN（Regions with CNN features）、Faster RCNN 等。一阶段检测算法通常在不同尺度和长宽比下对图像进行均匀密集采样，然后使用多层卷积网络架构提取目标特征，最后再将其映射至分类器输出，它可以实现端对端的检测。由于该类方法不需要候选区域阶段就可以直接产生物体类别概率和位置坐标，因此被称为一阶段检测，此类方法以 SSD（Single Shot multibox Detector）和 YOLO（You Only Look Once）为代表。两阶段检测算法通常具有较高的检测精度，但检测速度难以满足实时性要求。一阶段检测算法最大的优势是检测速度快，可以满足实时检测需求，但是检测精度相对较低。

2. 运动目标检测

运动目标检测是指在视频图像中找到感兴趣目标（前景）所在的位置，并把其他区域作为背景，它包含两个方面的任务：一是判断视频中是否存在感兴趣的目标；二是将目标提取并显示出来。运动目标检测的难点在于如何快速而可靠地从一帧图像中找到目标。在机器视觉领域，运动目标检测是一个非常重要的问题，它是运动补偿、视频压缩编码、视频理解等视觉处理的基础。

通常情况下，机器视觉中的目标分类、跟踪和行为理解等后处理过程，主要考虑图像中运动目标对应的像素区域，因此运动目标的正确检测与分割对于视频图像后期处理非常重要。然而在实际视频图像处理中，界定感兴趣的运动目标是一件非常困难的事情，特别是在诸如光线渐变、突变的动态背景或者目标伪装下和存在阴影、鬼影等的复杂场景中，准确地定义感兴趣的目标并精确地提取出目标是非常艰巨的任务，这使得运动目标的检测与分割变得极具挑战性。

根据机器是否保持静止，运动检测分为静态背景和运动背景两类。由于大多数视频监控系统的视觉传感器是固定的，因此本书重点介绍帧间差分法、背景差分法、光流法等静态背景下运动目标的检测方法。

（1）帧间差分法

帧间差分法是最简单和最常用的运动目标检测和分割方法之一。它通过对视频图像序列中相邻两帧或三帧做差分运算来获取运动目标的轮廓。其基本流程为：第一步，将相邻帧图像对应的像素值相减得到差分图像；第二步，对差分图像进行二值化处理；第三步，进行阈值判断，即如果对应像素值变化小于事先确定的阈值，则可以认为此处为背景像素，反之如果图像区域的像素值变化很大，则可以认为这是由于图像中运动物体引起的，将这些区域标记为前景像素；第四步，根据标记的像素区域确定运动目标所在位置。

帧间差分法的优缺点也非常明显。由于视频图像中相邻两帧间的时间间隔非常短，而帧间差分法使用前一帧图像作为当前帧的背景模型，因此帧间差分法的实时性强，背景不积累，算法简单，对动态变化的环境具有较强的适应性。它的不足在于对环境噪声敏感，如何选择适当的阈值是个难题，阈值过低将导致噪声抑制能力变差，而阈值过高则将忽略图像中有用的变化信息。此外，对于比较大的、颜色一致的运动目标，有可能在目标内部产生空洞，会导致无法完整地提取运动目标。

（2）背景差分法

背景差分法（也称为背景相减法）是指将实时场景图像与背景图像进行差分去获取运动目标的方法。背景差分法的主要流程包括预处理、背景建模、前景检测和后处理四个步骤。

第一步，预处理。主要是对视频图像数据进行空间或时间滤波处理，用以消除机器噪声和雨雪等瞬时环境噪声，或者降低图像大小和帧率。

第二步，背景建模。构建背景图像或通过构建某种模型来表示背景，该步是背景差分法性能优劣的关键。

第三步，前景检测。也称为阈值分割，即通过设置合适阈值，进行前景与背景的分割。首先将当前视频图像帧与背景模型进行相减得到差值，然后对差值进行阈值判断，从而检测出运动区域。

第四步，后处理。后处理主要是消除不属于真实运动目标的像素，以便得到真正的前景运动目标，比如消除小而假的前景像素、重影、阴影和鬼影等。

为实现良好的运动目标检测，背景差分法要求有当前时刻准确、完整的背景信息作为参考基准。在背景已知的情况下，背景差分法可以提供最完整的特征数据，并能完整地检测出运动目标。然而在实际机器视觉系统中，观测场景的光照条件、其他物体的遮挡或者运动物体滞留都可能会破坏事先建立好的背景图像，即存在背景图像与实际不相匹配的情况，此时简单的背景差分法并不能得到良好的运动目标检测性能。为了解决这些问题，最好的方法便是使用背景建模和背景更新算法来弥补。

（3）光流法

在视频图像流中，随着时间的变化，运动目标的亮度模式会发生变化，这种现象被称为图像的光流特性。光流表征着图像亮度模式的运动，也就是说图像序列中像素数据的时域变化蕴含着各自像素位置的"运动"信息，因此可根据图像灰度在时间上的变化来确定目标运动情况。光流法的基本原理是，对图像中的每一个像素点都赋予一个速度矢量，从而形成图像的运动场，如果图像中不存在运动物体，则光流矢量在整个图像区域是连续变化的；反之当图像中存在运动物体时，目标和图像背景之间具有相对运动，运动物体所形成的速度矢量必然和邻域背景速度矢量存在较大差异，从而可以检测出运动物体及位置。

光流法的主要优点是即使机器视觉传感器处在运动状态下，它也可以检测出场景中的运动目标，甚至可以检测到运动目标的局部，所以它能够得到比较完整的运动信息。但是大多数的光流计算方法复杂，且计算量大、抗噪性能差，因此，视频图像流的光流法实时处理需要特别的硬件支持。

3.2.3　目标识别

机器视觉的图像目标识别主要利用模式识别和图像处理方法，从大量的图片中学习目标特性，然后提取感兴趣目标的特征，并对其进行分类。与计算机视觉不同，机器视觉的图像目标识别更加注重实时性，所以其自动获取图像与高效分析图像的能力尤为重要。目标识别的主要流程包括图像预处理、图像分割、特征提取和分类器识别等。

1. 图像预处理

图像预处理是对机器视觉所获取的图像目标进行灰度矫正、噪声滤除、高分辨重建等操作，使得图像目标中有用的信息更容易被提取。

图像预处理需要对图像进行平移、旋转和缩放等几何规范以及图像滤波等操作，以确保图像识别能够快速、准确进行。图像滤波的主要目的是在保持图像特征的状态下进行噪声消除，图像滤波可分为线性滤波和非线性滤波。与线性滤波相比，非线性滤波能够在去噪的同时保护图像细节，是目前图像滤波方法中研究的热点。非线性滤波中具有代表性的是卡尔曼滤波和粒子滤波。卡尔曼滤波具有简单性和鲁棒性较好的优点，被广泛应用于机器视觉跟踪。此外，深度学习工具如超分辨卷积神经网络（Super-resolution Convolutional Neural Network，SRCNN）等，不仅可以对图像进行超分辨重建，也能够实现对图像的降噪处理。

2. 图像分割

图像分割是指根据图像的灰度、彩色、纹理、几何形状等特征，将图像划分成若干个互不相交的区域，并使得这些特征在同一区域内表现出较高的相似性，但在不同区域间表现出明显的差异性。它是实现机器视觉图像自动识别与分析的重要问题，其分割质量对后续图像的分析具有重要影响。

图像分割可通过区域分割、边缘分割等实现。区域分割的目的是从图像中划分出感兴趣物体的区域。边缘分割是指通过搜索不同区域之间的边界来完成图像的分割。图像分割的方法有很多种，其中，最常用的分割方法是阈值法，但这种方法适用范围较小、分割精度较差；能量最小化方法可以不受图像大小的影响，能产生高稳定性分割的结果，但是其计算效率偏低；基于图割的图像分割方法能够逼近最优解，计算效率高，但存在不一定收敛的缺点。

由于单一图像分割方法的精度与效率较低，不能满足高效率、高精度图像分割的需求，因此将多种方法融合起来进行图像分割，以期获得最优的分割结果，已经成为机器视觉图像分割的主要发展方向。

3. 特征提取

特征是一类对象不同于其他类对象的特点或特性。作为机器视觉图像目标识别的关键节点，特征提取对目标识别的精度和速度有着重要的影响。从复杂的图像信息中提取有用的特征，对实现机器视觉目标识别具有决定性作用。

图像的特征既包括亮度、边缘、纹理和色彩等直接可见的特征，也包括直方图、主成分、局部二进制模式（Local Binary Pattern，LBP）等需要通过变换才能获得的内在特征。根据不同分类方法，可将图像特征分为多种类型，例如可根据区域大小分为全局特征和局部特征，根据统计特征分为矩特征、轮廓特征及纹理特征等。与全局特征相比，用局部特征在复杂的背景下对图像目标进行描述非常高效，常用的检测方法有稀疏选取、密集选取和其他方法选取等。从现有的研究成果来看，这三类方法都存在对图像目标背景依赖性大的问题，因此，采用多种描述子进行机器视觉的图像目标识别是重要的发展趋势。

4. 分类器识别

分类器的作用是利用给定的类别、已知的训练数据来学习分类规则，然后对输入的未知数据进行分类或预测。逻辑回归、支持向量机（Support Vector Machine，SVM）是常用的二值分类器。对于多分类问题，也可以用逻辑回归或 SVM，只不过需要多个二分类来完成多分类，但这样容易出错且效率不高，因此最常用的多分类方法是 Softmax。

进行多分类时，SVM 输出的是类别的得分值，其大小顺序表示所属类别的排序，得分的绝对值大小没有特别明显的物理意义；Softmax 输出的结果是每一类的概率值，此值大小表征属于该类别的概率。

3.2.4 目标跟踪

机器视觉目标跟踪是指根据视觉感知获得的图像、回波数据等对目标的位置和运动特性进行分析和预测。它是机器视觉的关键技术，在安防、生产流水线、辅助驾驶、运动分析、行为分析、人机交互等领域中有着广泛的应用。在机器视觉的应用场景中，经常会存在目标的遮挡、感受视野有限、电磁波照射条件变化，以及背景、杂波复杂多变等不利因素，从而使得目标跟踪成为一个非常具有挑战性的问题。目标跟踪算法的性能与传感器状态、目标本身以及目标所处的环境等因素有关，例如，传感器是否运动、目标大小是否变化、目标形态是否变化，以及背景杂波特性等都会影响跟踪的效果。下面介绍三种典型的目标跟踪算法。

1. 基于均值漂移的目标跟踪算法

均值漂移（Mean Shift）算法是一种基于特征的运动目标跟踪方法，它通过迭代方式实现目标的跟踪。即先计算出当前点的偏移均值，移动该点到其偏移均值，然后以此为新的起始点，继续移动，直到满足一定的条件结束。由于均值漂移算法完全依靠特征空间中的样本点进行分析，不需要任何的先验知识，收敛速度快，近年来被广泛地应用于目标跟踪等领域。

均值漂移法的基本思想是通过反复迭代搜索特征空间中样本点最密集的区域，搜索点沿着样本密度增加的方向"漂移"到局部密度最大值。均值漂移法是一种在概率空间中求解概率密度极值的优化算法，通过对目标点赋大权值，对非目标点赋小权值，使目标区域成为密度极值区，从而将目标跟踪同均值漂移算法联系起来。均值漂移向量的方向和密度梯度估计的方向一致，使跟踪窗向密度增加最大的方向漂移，并且它的大小和密度估计成反比，因此是一种变步长的跟踪算法。

均值漂移算法原理简单、迭代效率高，但迭代过程中搜索区域大小对算法准确性和效率有很大影响。

2. 基于卡尔曼滤波的目标跟踪算法

卡尔曼滤波器是经典的目标跟踪算法，它由一系列递归数学公式描述。这些递归公式提供了一种高效可计算的方法来估计过程的状态，并使估计均方误差最小。卡尔曼滤波器应用广泛且功能强大：即使并不知道模型的确切性质，也可以使用它估计信号的过去和当前状态，甚至估计将来的状态。因此卡尔曼滤波通常被用来对被跟踪目标的运动状态进行预测，它可以减少搜索区域的大小，提高跟踪的实时性以及准确性。

卡尔曼滤波器可分为两个部分：时间更新方程和测量更新方程。时间更新方程负责及时向前推算当前状态变量和误差协方差估计的值，以便为下一个时间状态构造先验估计。测量更新方程负责反馈，也就是说，它将先验估计和新的测量变量结合以构造改进的后验估计。时间更新方程也可视为预估方程，测量更新方程可视为校正方程。

卡尔曼滤波和均值漂移法相结合，能够有效提升跟踪性能。均值漂移算法在进行目标跟踪过程中没有考虑目标实际宏观的运动情况，即没有利用目标在空间中的运动方向和运动速度信息，在严重干扰情况下，容易跟丢目标。在均值漂移算法的过程中，使用卡尔曼滤波预测目标的运动方向和速度。在不同干扰情况下，对卡尔曼滤波和均值漂移算法的跟踪结果使用不同的权值进行加权处理，可以得到更加精准的跟踪结果。即弱干扰情况下均值漂移算法的跟踪结果占较大比重；而强干扰情况下，卡尔曼滤波结果占较大的比重，可以保证跟踪效果的稳定性和稳健性。

3. 基于特征的目标跟踪算法

基于特征的目标跟踪算法是通过提取图像中的特征元素，利用匹配算法在图像序列中寻找目标，进而实现跟踪的方法。与其他目标跟踪方法相比，基于特征的目标跟踪算法原理简单易懂，在跟踪过程中对目标物的定位比较准确，并且对遮挡也有一定的适应能力。同时该方法只利用了目标上的局部特征进行计算，因此相对计算量比较小。目标的特征一般包括区域特征、边界特征和点特征三种。区域特征包括目标区域信息、边缘信息、灰度分布信息、纹理特征等。虽然区域特征中包含的大量目标信息有助于排除背景干扰，但也导致计算量很大。边界特征是将一个属性与另一个属性分开的结构信息，常被用在目标形状参数获取之中，其对目标的精准定位非常有用。相比于区域特征和边界特征，点特征不仅容易提取而且直观明显。特别是点特征相对稳定，当图像中发生灰度变化或者形态变化时，特征点相对于其他特征具有较好的适应能力。下面以基于特征点的目标跟踪方法为例，给出主要实现步骤：

1）目标物特征点的提取。如何选取目标的特征点是基于特征点的目标跟踪算法需要解决的首要问题。特征点提取方法需要具有尺度变化不变特性，即不因为图像尺度缩放、旋转而导致特征点发生变化。此外，在实时跟踪过程中，目标所处的运动场景的变化和目标在图像中映射关系的变化，可能会使得原本用来描述目标的特征点消失。因此，为持续描述被跟踪目标，需不断更新描述目标的特征点。即使场景变化或目标变化导致特征点消失，仍可通过获得新的特征点描述目标，实现继续跟踪目标。基于光流法提取目标的特征点，并通过考虑特征点在速度和方向上的一致性约束，能够提升实时跟踪的稳定性。

2）特征点匹配。特征点匹配策略可以分为两种：基于穷尽搜索的特征点匹配策略和基于最优估计的特征点匹配策略。前者是较为传统的匹配策略，即分别获取两幅图像的特征描述，根据一定的搜索策略对这些特征描述进行计算，从而获得最优匹配结果。这种全局搜索的特征点匹配策略的计算量很大，因此不适合应用在对系统的实时性要求比较高的目标跟踪系统中。另外一种是基于最优估计的特征点匹配策略，该策略只需要获取参考帧图像的特征点信息，并且不需要对图像进行全局搜索，可以提高匹配的速度。

3.3 听觉感知

机器听觉感知是机器获取外部信息的重要途径，它帮助机器与人类进行便捷、流畅的沟通和互动。

3.3.1 声波与听觉感知

声音本质上是物体振动产生的声波，是通过介质（空气或固体、液体）传播并能被人或动物听觉器官所感知的波动现象，即声音源自于物体或者特定区域介质振动所发出的声波，是声波通过介质传播形成的运动。声波是一种机械波，声波产生的必要条件是声源和介质。声源可以是某个具体的物体，也可以是某个区域的介质（如紊流扰动的某个区域）；介质可以是气体、固体或者液体。真空中没有介质存在，因而不能传播声波。声波在介质中的传播，只是介质振动状态的传递，介质本身并没有向前运动。因此在声波的传播过程中，介质在其平衡位置附近往复振动，传播的只是物质的运动形态，这种运动形态是一种机械性质的波动，因而被称为声波。声波在传播过程中会产生反射、衍射和散射等物理现象，这些物理现象对于声音的听觉感知将产生重要影响。

人类能够感受到的声波频率范围在 20~20 000Hz 之间，但听觉感知却不限于人类所感受的范围，它也包括人类感受不到，但动物或者机器能够感受到的声波，如次声和超声等。

低于人耳感受范围下界（小于20Hz）的声波被称为次声波。次声波的特点是来源广、衰减小、传播距离远。在自然界中，大量的自然现象如风暴、火山爆发、海啸、电闪雷鸣、地震等都可能伴有次声波的发生。在人类活动中，诸如核爆炸、导弹飞行、火箭发射、轮船航行、汽车行驶、高楼和大桥摇晃，甚至像鼓风机、搅拌机、扬声器等在发声的同时也都能产生次声波。由于次声波频率很低，大气对其吸收非常少，衰减也很小，因此它能传播到几千米至十几万千米以外。次声波与人体内脏固有的振动频率相近，容易引起人体内脏的"共振"，会威胁人体健康，因此研制次声波环境监测听觉感知设备，有助于避免人体受到次声波的危害。大自然中的许多动物都能够感受到次声波，如水母能够感受 $8\sim13Hz$ 的次声波，大象的听觉感知范围为 $1\sim20\,000Hz$，它不仅能够感受次声波而且也能发出次声波。利用"水母耳"这样的机器听觉感知手段，可以预报火山爆发、雷暴、风暴等自然灾害。

超过人耳感受范围上界（大于 $20\,000Hz$）的声波被称为超声波。超声波具有方向性好，反射能力强，易于获得较集中的声能等特点。蝙蝠、海豚、蛾等动物都能听到超声波。借助超声波，机器听觉感知可以帮助全聋人听到声音。例如超声骨传导人工听觉装置是一种新的全聋人康复技术，它将语音信号经过超声调制以骨传导的方式直接提供给耳朵后面的乳突骨，进而可以实现声音的感知，这种方式屏蔽了常规的听力通道，使人类的听力能够达到超声范围，可以在某种程度上使全聋人具备语言的理解能力。

在对人的听觉系统工作机理的研究中，研究人员发现了一系列的现象或效应。这些现象或效应对于听觉机理的认知、日常生活中的各种主观听觉能力的解释具有非常重要的价值。

1）遮蔽效应。在听觉感知中，一个较弱声音的听觉感受被另一个较强声音所影响的现象称为遮蔽效应，即一个声音的闻阈值由于另一个声音的出现而提高的效应。遮蔽效应又可分为频域掩蔽和时域掩蔽。频域掩蔽是指掩蔽声与被掩蔽声同时作用时发生的掩蔽效应，也称为同时掩蔽。通常，频域中的一个强音会掩蔽与之同时发声的附近的弱音，弱音离强音越近，一般越容易被掩蔽；反之，离强音越远的弱音越不容易被掩蔽。时域遮蔽是指遮蔽效应发生在遮蔽声与被遮蔽声不同时出现时，又称为异时掩蔽。异时掩蔽分为导前掩蔽和滞后掩蔽。若掩蔽声音出现之前的一段时间内发生掩蔽效应，则称之为导前掩蔽，否则称为滞后掩蔽。产生时域掩蔽的主要原因是人的大脑处理信息需要花费一定时间，异时掩蔽会随着时间推移而很快衰减。

2）哈斯效应。实际中，多个声源同时存在时的情况非常普遍。若两个声源强度相等，先后到达人耳，如果其中一个延迟时间在 30ms 以内，听觉上将感到声音好像只来自未延迟的声源，并不会感觉到经过延迟的声源存在。当延迟时间超过 30ms 而未到达 50ms 时，听觉上可以识别出已延迟声源的存在，但仍然感觉声音来自未经延迟的声源。只有在延迟时间超过 50ms 时，听觉上才能感到延迟声音会成为一个清晰的回声。这种现象称为哈斯效应，有时也称为优先效应。

3）鸡尾酒会效应。鸡尾酒会效应，也称为选择性关注，是指人的听力具有选择能力。在这种情况下，注意力集中在某一个人的谈话之中而会忽略背景中其他人的对话或噪声。鸡尾酒会效应能够让多数人将很多无关声音自动屏蔽掉，只选择听自己关注的那个声音。

4）双耳效应。双耳效应是人们依靠双耳间的音量差、时间差和音色差判别声音方位的效应。耳朵根据声音强弱不同，可感受出声源与听音者之间的距离。当声源（包括复杂的集群信号）偏向左耳或右耳，即偏离两耳正前方的中轴线时，声源到达左、右耳的距离存在差异，这将导致到达两耳的声音在声级、时间、相位上存在着差异。这种微小差异被人耳的听觉所感知，传导给大脑并与存储在大脑里已有的听觉经验进行比较、分析，得出声音方位的判别，这就是双耳效应。双耳效应也是制作麦克风阵列的生物学基础。

3.3.2 麦克风阵列原理

麦克风阵列，即多个麦克风传感器像阵列一样排列组成，用来对声场的空间特性进行采样并处理的系统。由于麦克风阵列可以获取声波信号的空域信息，因此它具有以下几个优势。首先，具有良好的空间选择性，通过电子扫描或波束形成等空间定位技术可以精准获取声源的位置信息，在获取感兴趣语音信号的同时，还可以有效抑制其他方向的干扰，有助于获取高品质的语音信号。其次，麦克风阵列可以同时获取多声源的位置，并能跟踪特定说话人，从而定向进行语音增强。最后，麦克风阵列可以获取声音的时域、频域和空域信息，具有多域联合滤波的优势，通过信号空、时、频三维联合处理，可弥补传统语音信号处理在噪声、回声、混响抑制、声源定位、语音分离等方面的不足，提升听觉感知应对复杂环境的能力。

麦克风阵列在机器听觉感知领域已经获得了广泛的应用，例如手机、智能音箱、智能电视等已经在使用麦克风阵列进行听觉感知。在智能机器人的听觉系统中，使用麦克风阵列不仅可以拾取高质量的语音，而且还可以让机器人感知声音的方位，自然地与人类交流。

根据声源和麦克风阵列之间距离的远近，可将声场分为近场模型和远场模型。当声源距离麦克风阵列较近时，需要用近场模型处理接收信号。近场模型将声波看成球面波，因此需要考虑麦克风阵元接收信号间的幅度差。当声源距离麦克风阵列非常远时，声源信号波前的等相位面可近似为平面，声波平行到达接收阵列的各个阵元，此时可忽略各阵元接收信号间的幅度差，近似认为各接收信号之间是简单时延关系。一般语音增强方法就是基于远场模型。设均匀线性阵列相邻阵元之间的距离为 d，声源最高频率对应的波长（即声源的最小波长）为 $\lambda_{\min}$，如果声源到阵列中心的距离大于 $2L^2/\lambda_{\min}$，则为远场模型，否则为近场模型，此处 $L=(M-1)d$ 表示阵列孔径，M 是阵元个数，d 表示阵元间隔。图 3-3 所示为远场情况下的麦克风阵列声源接收示意图。

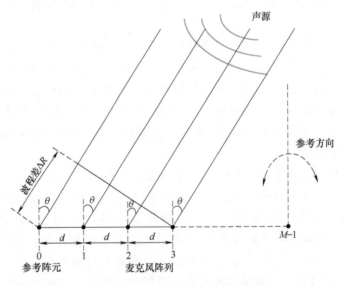

图 3-3　远场情况下的麦克风阵列声源接收示意图

假设声源为窄带信号（实际的声源通常为宽带信号，通过离散傅里叶变换对其进行子带划分，可以将之等效为若干个窄带信号），它的入射角度为 θ，则不同阵元之间的接收信

号会存在与 θ 有关的时延。以第 0 个阵元为参考阵元，则根据三角函数关系，可知第 m 个阵元与第 0 个阵元之间的波程差可以表示为

$$\Delta R = md\,\cos\left(\frac{\pi}{2}-\theta\right) = md\,\sin\theta \tag{3-1}$$

相应的时延为

$$\Delta t = \frac{\Delta R}{c} \tag{3-2}$$

其中 c 为声波传播速度。根据声波传播速度 c 与频率 f 之间的关系，可知声波波长为 $\lambda = c/f$，进而可得第 m 个阵元与第 0 个阵元之间的空间频率差为

$$\Delta f = 2\pi f \Delta t = 2\pi f \frac{\Delta R}{c} = 2\pi md/\lambda\sin\theta \tag{3-3}$$

从而可以组成 M 个阵元的阵列流形：

$$\boldsymbol{a}(\theta) = (1, \mathrm{e}^{-\mathrm{j}2\pi d/\lambda\sin\theta}, \cdots, \mathrm{e}^{-\mathrm{j}2\pi d/\lambda(M-1)\sin\theta}) \tag{3-4}$$

式中　$\mathrm{j}=\sqrt{-1}$。

此时，阵列接收信号可以表示为

$$\boldsymbol{y}(t) = \boldsymbol{A}(\theta)\boldsymbol{s}(t) + \boldsymbol{n}(t) \tag{3-5}$$

式中　$\boldsymbol{A}(\theta) = (\boldsymbol{a}(\theta_1), \cdots, \boldsymbol{a}(\theta_K))$ 为感知矩阵，$\{\theta_1, \cdots, \theta_K\}$ 表示不同声源的入射角度；

　　$\boldsymbol{s}(t)$ ——声源信号；

　　$\boldsymbol{n}(t)$ ——噪声信号。

1. 波束形成基本原理

波束形成技术可以使得波束主瓣指向渴望的方向，同时对其他方向的信号进行抑制。这一特点特别适合处理"鸡尾酒会"场景，能较好地实现鸡尾酒会效应，使得听觉感知系统能够从渴望的声源方向获取高品质的语音信号，同时抑制其他方向的干扰，降低周围环境噪声水平，因此会产生明显的语音增强效果。图 3-4 给出了均匀线阵波束形成示意图。

当对阵列接收数据施加权向量 $\boldsymbol{w} = (w_0^*, w_1^*, \cdots, w_{M-1}^*)$ 时，其中 $(\cdot)^*$ 表示共轭，阵列的输出数据可以表示为

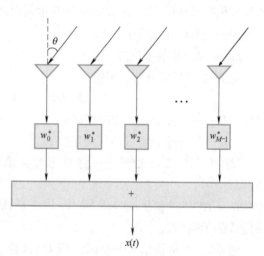

图 3-4　均匀线阵波束形成示意图

$$\boldsymbol{x}(t) = \boldsymbol{w}^\mathrm{H}\boldsymbol{y}(t) \tag{3-6}$$

则滤波之后阵列输出信号的功率可以表示为

$$E(|\boldsymbol{x}(t)^2|) = \boldsymbol{w}^\mathrm{H}\boldsymbol{R}\boldsymbol{w} \tag{3-7}$$

式中　$\boldsymbol{R}$——向量 $\boldsymbol{y}(t)$ 的协方差矩阵。

当渴望方向为 $\theta_K(k=1, \cdots, K)$ 时，若权向量 $\boldsymbol{w}$ 满足如下约束条件：

$$\boldsymbol{w}^\mathrm{H}\boldsymbol{a}(\theta_k) = 1 \qquad (\text{波束形成条件}) \tag{3-8}$$

$$\boldsymbol{w}^\mathrm{H}\boldsymbol{a}(\theta_i) = 0, \theta_i \neq \theta_k \qquad (\text{零点形成条件}) \tag{3-9}$$

则阵列输出将只抽取渴望方向的信号，而抑制掉所有 $\theta_i \neq \theta_k$ 的干扰信号。

经典的 Capon 波束形成的优化问题可以表述为

$$\min \ \boldsymbol{w}^{\mathrm{H}}\boldsymbol{R}\boldsymbol{w} \ \mathrm{s.t.} \ \boldsymbol{w}^{\mathrm{H}}\boldsymbol{a}(\theta_k)=1 \tag{3-10}$$

通过拉格朗日乘子法，可以求得最优权值为

$$\boldsymbol{w}=\frac{\boldsymbol{R}^{-1}\boldsymbol{a}(\theta_k)}{\boldsymbol{a}^{\mathrm{H}}(\theta_k)\boldsymbol{R}^{-1}\boldsymbol{a}(\theta_k)} \tag{3-11}$$

该波束形成器也被称为最小方差无畸变响应，它的基本原理是使来自非渴望方向的任何干扰所贡献的功率最小，同时又能保持在渴望方向上的信号功率无畸变，因此它是一个尖锐的空间带通滤波器。

2. DOA 估计基本原理

麦克风阵列获取声源空域信息的能力主要来自于它可以估计声源的波达方向（Direction of Arrival，DOA）。确定声源的 DOA 是实现波束成形、语音增强和远距离声音采集、说话人识别的基础。经典的高分辨 DOA 估计算法包括 MUSIC、ESPRIT、MODE 等子空间算法。最近 15 年以来，分辨性能更高的稀疏恢复方法也已经在麦克风阵列声源 DOA 估计中获得了应用。下面对 MUSIC 算法做简要介绍。

在信号源和噪声不相关且噪声为零均值高斯白噪声的假设下，阵列接收信号的协方差矩阵可以表示为

$$\boldsymbol{R}=E(\boldsymbol{y}(t)\boldsymbol{y}^{\mathrm{H}}(t))=\boldsymbol{A}(\theta)\boldsymbol{R}_s\boldsymbol{A}^{\mathrm{H}}(\theta)+\sigma^2\boldsymbol{I}_M \tag{3-12}$$

式中　$\boldsymbol{R}_s=E(s(t)s^{\mathrm{H}}(t))$　表示信号的相关矩阵；

σ^2——噪声的方差；

$\boldsymbol{I}_M$——$M\times M$ 的单位阵。

对 $\boldsymbol{R}$ 做特征值分解，可得

$$\boldsymbol{R}=\boldsymbol{U}\boldsymbol{\Pi}\boldsymbol{U}^{\mathrm{H}}=\boldsymbol{U}_s\boldsymbol{\Pi}_s\boldsymbol{U}_s^{\mathrm{H}}+\boldsymbol{U}_n\boldsymbol{\Pi}_n\boldsymbol{U}_n^{\mathrm{H}} \tag{3-13}$$

式中　$\boldsymbol{U}$——特征向量组成的矩阵；

$\boldsymbol{\Pi}$——特征值组成的对角矩阵；

$\boldsymbol{\Pi}_s\in\mathbb{R}^{K\times K}$，$\boldsymbol{U}_s\in\mathbb{C}^{M\times K}$——前 K 个特征值组成的对角矩阵和对应的特征向量组成的子空间；

$\boldsymbol{U}_n\in\mathbb{C}^{M\times(M-K)}$ 和 $\boldsymbol{\Pi}_n\in\mathbb{R}^{(M-K)\times(M-K)}$——后 $M-K$ 个特征值组成的对角矩阵和对应的特征向量组成的子空间。

通常 $\boldsymbol{U}_s$ 被称为信号子空间，而 $\boldsymbol{U}_n$ 被称为噪声子空间，信号子空间与噪声子空间之间相互正交，即 $\boldsymbol{U}_s\perp\boldsymbol{U}_n$。

在信号源独立的条件下，$\mathcal{R}(\boldsymbol{U}_s)=\mathcal{R}(\boldsymbol{A}(\theta))$，$\mathcal{R}(\cdot)$ 表示值域，因此信号子空间中的导向矢量 $\boldsymbol{a}(\theta)$ 与噪声子空间也是正交的：

$$\boldsymbol{a}^{\mathrm{H}}(\theta)\boldsymbol{U}_n\boldsymbol{U}_n^{\mathrm{H}}\boldsymbol{a}(\theta)=0 \tag{3-14}$$

在实际中，阵列接收到的数据长度是有限的，协方差矩阵 $\boldsymbol{R}$ 需要用它的最大似然估计

$$\hat{\boldsymbol{R}}=\frac{1}{T}\sum_{t=1}^{T}\boldsymbol{y}(t)\boldsymbol{y}^{\mathrm{H}}(t) \tag{3-15}$$

来代替，从而可以得到 MUSIC 谱：

$$P_{\text{MUSIC}} = \frac{1}{a^{\text{H}}(\theta)\hat{U}_n\hat{U}_n^{\text{H}}a(\theta)} \tag{3-16}$$

通过遍历所有潜在角度，构成 MUSIC 谱，然后搜索找出 K 个峰值位置，即可找到相应的声源 DOA。图 3-5 给出了 MUSIC 算法对怀俄明大学 STAT 真实超声波声源的 DOA 估计结果，可见 MUSIC 算法有着良好的 DOA 估计性能。

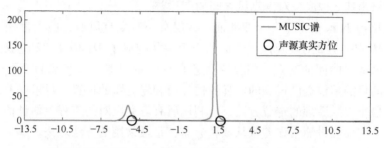

图 3-5　MUSIC 算法对真实超声波声源的 DOA 估计结果

3.3.3　声源定位与跟踪

声源定位与跟踪是机器听觉感知的重要内容，也是人机交互的基础，在多媒体系统、视频会议系统、移动机器人等领域有着广泛的应用。例如，在视频会议系统中，摄像机转向控制与语音拾取均离不开说话人的位置信息；在移动机器人中，通过对说话人进行定位，可以帮助机器人顺利实现移动路径的规划。

1. 声源定位

基于麦克风阵列的声源定位就是根据多个麦克风的接收信号，运用阵列信号处理的方法估计出声源的位置。当声源移动时，还可运用跟踪算法，实时估计出声源的运动轨迹。声源定位已在智能机器人、智能家电、监听监控等诸多领域获得广泛应用。按照定位原理，基于麦克风阵列的声源定位方法大致可分为三类：基于高分辨率谱估计的方法（例如上节提及的子空间法）；基于时延估计的方法；基于最大输出功率的可控波束形成方法。本书主要介绍最简单的时延估计方法。

基于时延估计的定位方法是一种间接定位方法，需要分为两步去实现声源定位。即首先估计出各麦克风对其之间接收到声音信号的时间差（Time Difference of Arrival，TDOA），然后再由 TDOA 确定声源的位置。

假设麦克风阵列由 M 个麦克风组成，每两个麦克风构成一个麦克风对，则共有 $M(M-1)/2$ 种组合。同一语音信号到达每对的两个麦克风的时间往往是不同的。也就是说，对于麦克风阵列中的第 m 对麦克风，接收声音信号时会产生一定的 TDOA。广义互相关（Generalized Cross Correlation，GCC）法是最常用的一种 TDOA 估计方法。GCC 的第一步是估计麦克风对的两个麦克风所接收信号的互相关函数，并乘以适当的权重，然后求逆傅里叶变换得到该对信号的 GCC 函数，其峰值对应着声音信号的 TDOA。第二步就是根据前一步得到的 TDOA 和麦克风阵列中各个麦克风的位置定位声源，即，如果麦克风阵列的结构是已知的，那么将麦克风阵列中各个麦克风的位置信息和前面求得的各麦克风之间的 TDOA 相结合就可以得到声源的具体位置。

假设第一步得到一对麦克风的 TDOA 为 τ，声源、两个麦克风的位置向量分别为 $\boldsymbol{r}_s$、$\boldsymbol{r}_1$ 和 $\boldsymbol{r}_2$，则时延 τ 可以表示为

$$\tau = \frac{\|\boldsymbol{r}_s - \boldsymbol{r}_1\| - \|\boldsymbol{r}_s - \boldsymbol{r}_2\|}{c} \tag{3-17}$$

式中 $\|\cdot\|$ 表示 2 范数。

时延 τ 乘以声速 c 构成一对麦克风之间的声程差。

声程差以及 $\boldsymbol{r}_1$ 和 $\boldsymbol{r}_2$ 决定了一个双曲面。在仅有一对麦克风时，曲面上任一点都可能是声源的位置。$M(M-1)/2$ 对麦克风及相应的声程差共构成了 $M(M-1)/2$ 组双曲面，声源的位置应该位于这些双曲面的交点。但是声程差存在测量误差，这些双曲面可能没有公共交点。定位算法的目的是根据已得到的声程差估计值和麦克风的位置，寻求误差最小的声源位置估计。基于最小二乘原理的定位方法，可利用所有麦克风对的声程差估计值，因而可减小定位误差，且不需要假设测量误差服从某种分布，是最常用的方法之一。

2. 声源跟踪

在机器听觉感知的具体应用场合，机器或者说话人的位置可能随时发生变化，因此需要对声源进行跟踪。声源跟踪实质上是通过对观测信号的处理，维持对目标当前状态的估计。在对说话人进行跟踪时，特别是在室内环境下，人的运动速度相对较低，因此可以不考虑多普勒频移。目标状态信息通常包括目标位置和运动速度，在对说话人跟踪时，主要的状态分量是目标位置。

定位是跟踪的基础，即使不采用任何跟踪算法，只要定位算法能根据每帧接收信号实时给出声源的位置也能实现跟踪。但是在有噪声和混响的环境中，定位算法对目标位置的估计经常存在较大误差。跟踪算法可利用当前及过去所有时刻的观测信号对目标状态进行动态估计，可得到比单纯定位更稳健的声源位置估计。例如在强混响环境中，虚假声源将对定位产生严重影响，但实际声源运动是连续的，而虚假声源的出现位置没有明显的规律，因而可建立适当的说话人运动模型来抑制虚假声源的影响，根据上一次目标状态估计的先验信息及当前的观测信号估计出当前的目标位置。

贝叶斯滤波是声源跟踪的通用方法，其基本思想是利用当前及过去所有时刻的观测信号，通过预测和更新求出当前状态的后验概率密度函数，求其数学期望即得当前状态的估计。对于线性系统，假设每一时刻状态的后验概率密度函数都是高斯的，则卡尔曼滤波是贝叶斯滤波问题的最优解。然而在声源跟踪问题中，并不满足这样的条件，因此很难得到贝叶斯滤波问题的解析解，通常只能通过各种方法求其近似解。扩展卡尔曼滤波利用泰勒展开对非线性模型进行局部线性化近似，并仍假定后验概率密度函数是近似高斯的，然后采用卡尔曼滤波框架对信号进行滤波，因此它是一种次优的滤波。扩展卡尔曼滤波存在两个主要的缺陷：其一，它必须求解非线性函数的 Jacobi 矩阵，对于模型复杂的系统，复杂度较高；其二，它引入了线性化误差，容易导致滤波效果下降。

为了解决卡尔曼滤波在声源跟踪中引入的线性误差，基于序贯重要性采样的粒子滤波方法被用以处理非线性高斯问题。序贯重要性采样是一种蒙特卡罗采样方法，已成为大多数序贯蒙特卡罗滤波方法的基础。这是一种按蒙特卡罗仿真实现递推贝叶斯滤波的技术，其关键思想是利用状态空间中一系列加权随机样本集（粒子）来近似系统状态的后验概率密度函数，并且利用这些样本和权重来估计状态。当样本数足够大，蒙特卡罗描述就成为后验概率

密度函数用普通函数描述的一个等价表示，因此序贯重要性采样粒子滤波就接近最优贝叶斯滤波。粒子滤波方法不受模型线性和高斯假设的约束，适用于任意非线性、非高斯系统，已成为主要的声源跟踪算法之一。

3.3.4 说话人识别

随着麦克风阵列技术、语音处理技术和多媒体技术的不断发展，通过说话人的声音或其他可识别特征来识别和跟踪说话人的重要性日益提升。例如，IBM 的超级计算机 Watson 和苹果公司的 SIRI 已经获得了用户的认可和青睐。

以声音识别说话者为何人是人类听觉感知的重要特征。语音具有特殊性和稳定性两个基本属性，这是说话人识别的物理基础。语音的特殊性是指语音信号的音质、音长、音强、音高等物理量因人而异，这使得每个人的语音在声纹图谱上呈现不同的声纹特征。语音的稳定性是指每个人在不同时段所说的相同文本内容的话，基本语音特征是稳定不变的。

所谓说话人识别，是指通过对说话人发出的语音信号进行分析与处理，自动确认说话人是否在所记录的说话者集合中，并进一步确认说话人是谁。说话人识别包含两个任务：说话人识别与验证。在说话人识别中，主要任务是从一组已知说话者中识别未知说话者。换句话说，目标是找到声音样本中来自未知说话者的听起来最接近语音的说话者。说话人识别包含两种场景：第一种是封闭场景，即已知给定集合中的所有说话者；第二种是开放场景，即潜在的输入测试对象可能来自预定义的已知说话者集合之外，这种情况称为开放式说话人识别（也称为错位说话人识别）。在说话人验证中，未知说话者被声明了身份，而任务是验证此声明是否正确。本质上是向下比较两个语音样本/语音，并确定它们是不是由同一位发言者说的。

说话人识别可以看作语音识别的一种，它和语音识别一样，都是通过对所收到的语音信号进行处理，提取相应的特征或建立相应的模型，然后据此做出判断。说话者的身份信息主要嵌入在说话方式中，而不必在说话内容中（尽管在许多语音取证应用中，当存在多个说话者时，也必须确定谁说了什么内容）。因此，说话人识别与语音识别的主要区别在于，它并不注重语音中所蕴含的语义信息，而是希望从语音信号中提取出说话人的说话方式。即说话人识别是在挖掘语音信号中的个性因素，而语音识别是从不同人的语音信号中寻找共性因素。在处理方法上，说话人识别着重强调不同人之间的差别，而语音识别则力图对不同人说话的差别加以归一化。

说话人识别主要有两种方法。第一种是模板模型法，该方法将训练特征参数和测试的特征参数进行比较，以两者之间的失真作为相似度，用以判断说话者；第二种方法是随机模型法，它用一个适当的概率密度函数来模拟说话人的语音特征空间的分布情况，并以该概率密度函数的一组参数作为说话人的模型，训练过程用于预测概率密度函数的参数，匹配过程通过计算相应模型的测试语句的相似度来完成。常用的随机模型主要包括高斯混合模型和隐马尔可夫模型。

如图 3-6 所示，基于麦克风阵列的说话人识别主要流程由预处理、特征提取、模式匹配和判决等组成。预处理中通过麦克风阵列接收用户语音信号，然后对不同波束方向的语音信号进行预识别，并选择识别得分最高的语音信号的波束方向作为目标说话人方向，再对该方向的语音信号进行去噪处理。

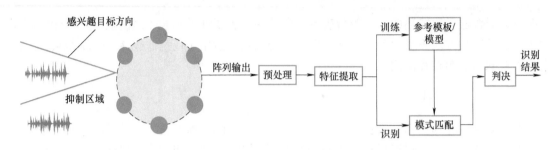

图 3-6　基于麦克风阵列的说话人识别流程图

说话人识别可分为两个阶段，即训练阶段和识别阶段。在训练阶段，根据说话者集合中每个说话人的训练语料，经特征提取后，建立各说话人的模板或模型。识别阶段，待识别人说的语音同样经特征提取后，与系统训练时产生的模板或模型进行比较。在说话人辨认中，取与测试语音相似度最大的模型所对应的说话人作为识别结果；在说话人确认中，则通过判断测试音与所声称说话人模型之间的相似度是否大于一定的判决门限，做出确认与否的判断。

3.4　机器感知应用

机器感知已经渗入现代生活的方方面面，极大地促进了人类生活方式的变革，例如建立在高性能机器感知基础上的自动驾驶技术是一种改变世界的创新技术，它将引起人类出行方式的革命性发展。

3.4.1　在自动驾驶中的应用

自动驾驶是指在车辆行驶全程，所有的驾驶控制、周边监视等工作全部交由车辆完成。在自动驾驶中，环境和周边态势感知是首要环节，离开传感器对车辆周围环境的多维度立体感知，自动驾驶将寸步难行。自动驾驶环境又分为车外环境和车内环境。车外环境主要包括四类：①行人、动物、车辆等活动物体；②车道、路肩、植被等；③交通信号灯、交通指示等；④天气和天时信息，主要包括云雨雪雾和光照等。完成车外环境信息的感知，需依靠多种机器视觉传感器的输入，比如可见光摄像机、红外传感器、超声波雷达、毫米波雷达以及激光雷达等。通过融合映射到一个统一的坐标系中，这些机器视觉感知获得的图像信息，可以被用以进行物体的识别和分类，比如车道、路肩、车辆、行人等。利用深度学习，在计算系统中重构出来一个 3D 环境，这个环境中的各个物体都会被识别并理解。为满足以上四类车外环境感知任务的需求，典型的自动驾驶车外机器视觉传感器配置如图 3-7 所示。

正如 3.2 节中提及的那样，不同类型机器视觉传感器工作体制、电磁波波长等不尽相同，各自有着自身的优势，不存在万能传感器去解决所有视觉感知任务。为了满足自动驾驶功能和安全性的全面覆盖，如图 3-7 所示，只有多模态异质机器视觉传感器相互融合，借助各自所长，进行功能互补、互为备份、互为辅助，才能满足自动驾驶对车外环境感知的需求。表 3-3 中给出了各种车载视觉感知传感器性能的对比。

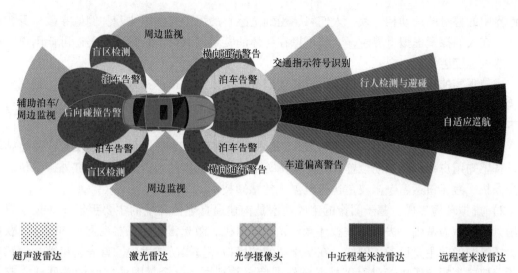

图 3-7 典型的自动驾驶车外机器视觉传感器配置

表 3-3 各种车载视觉感知传感器性能对比

类 型	优 点	缺 点	使用案例
可见光摄像机	色彩及文字识别,价格低廉	实现距离识别需要双目摄像头,设置困难,图像识别处理运算量大	车道线识别,行人识别、交通标识识别,泊车辅助,掌握车内乘员状况
激光雷达	长距离视野广,掌握的空间信息丰富	难以直接掌握真正的目标速度,价格昂贵	获取车辆周边的建筑物形状信息
毫米波雷达	掌握正确的中远距离,可应用于运动目标,全天候、全天时探测	分辨力较激光雷达低	自适应巡航,碰撞警告,交通堵塞时作为行驶辅助,死角识别
超声波雷达	价格低廉	低分辨力,低速度	后向行驶辅助,泊车辅助
红外摄像机	主动系统:感知生物及无机物 被动系统:识别温度	主动系统不适用于恶劣天气 被动系统不善于识别无机物,低分辨力	夜视

除了感知车外环境之外,对于车内环境的视觉与听觉感知也是自动驾驶感知的重要方面。车内环境是指对车内人员的感知和信息交互,包括人数、年龄、身体状况等人员信息,也包括携带物体的信息,还包括娱乐、通信,甚至办公需求信息。例如,英特尔在2017 年的洛杉矶车展上公布消息,英特尔与华纳兄弟围绕自动驾驶汽车达成合作,目标是在汽车行驶过程中通过多种传感器为乘客提供娱乐体验。满足车内环境信息感知和交互,需要视频摄像头、雷达等视觉传感器和麦克风阵列等听觉传感器等。

3.4.2 在虚拟现实中的应用

虚拟现实技术是一种可以创建和体验虚拟世界的计算机仿真系统,它利用计算机生成一种模拟环境,并在视、听、触、嗅、味等多源感知信息融合之下,提供交互式的三维动态视景和实体行为。在虚拟现实之中,通过大空间定位,多种传感器让人们在现实中的运动和虚拟世界中的替身的运动相一致，人们将感受到全感官的沉浸式虚拟体验。例如穿戴全身触感套装，在人们探索虚拟世界时，套装可以在身体的特定区域给予触觉反馈，还可让用户获得冷和热的温度感知。

虚拟现实的技术实现过程是以用户角度展开，从发起虚拟现实服务请求开始，到完成沉浸式互动，并将虚拟环境在用户面前展现成功为止。整个虚拟现实技术的实现过程主要包括以下四个环节：

1）监测与传感。对用户发起虚拟现实请求的事件进行反馈，通过陀螺仪、定位传感器等设备感知用户头部的当前位置和视觉范围等信息。高精度的定位需要用到红外摄像机、光学摄像机、激光雷达、毫米波雷达等机器视觉感知技术。

2）虚拟环境生成。基于图像的生成技术是构建逼真虚拟环境的主要手段，该技术以实际场景的图像为基础，去构建虚拟环境。光学摄像机、激光雷达等机器视觉感知设备是获取真实场景图像的主要设备。例如：在基于图像的虚拟环境漫游技术中，首先将机器视觉感知设备获取的多幅图像拼接成360°柱面全景图像，并利用多幅全景图像之间的关联建立起可供用户操纵、观察的虚拟环境，并且通过在不同全景图像之间的切换实现在虚拟环境中的漫游，使得用户能主动地从不同的观察点和方向了解环境中存在的问题。

3）虚拟环境展示。为了产生沉浸式的虚拟演示环境，需要使用空间跟踪定位传感器为用户提供近距离接触的虚拟三维物体。在虚拟现实技术中广泛使用的空间跟踪定位传感器是电磁场式、超声式传感器等机器感知设备。

4）多元互动模式。在多元互动模式中，为了产生逼真与沉浸式的互动机制，需要将视觉、听觉、触觉、嗅觉和味觉等多元感知技术融为一体。例如：运用机器视觉感知实现对手势和姿态的识别；用麦克风阵列完成语音交互；使用力触觉感知手套设置振动或者直接刺激皮肤使得用户在虚拟世界中体验到触觉；使用骨传导传感器模仿咀嚼的动作；使用舌头传感器品尝美味；通过电子鼻识别现实环境中的气味，然后根据所述气味构建与所述现实环境相对应的气味。

3.4.3 在无人平台集群中的应用

无人机集群、无人车集群、无人艇集群已成为机器智能发展的新方向。这些无人平台集群的灵感来源于蜂群、鱼群、鸟群和蚁群等具有较低智能的生物在迁徙、巡游或是躲避敌人追击过程中所呈现出来的集群行为。通过个体之间简单的相互沟通协调，集群借助数量优势和呈现出的整体行为，能够表现出大规模集群的智能行为。

无人平台集群执行任务的环境复杂多变，因此集群系统必须具备全面感知和了解复杂环境、在集群中进行信息共享与交互的能力。基于生物视觉认知机理的目标识别与环境建模、复杂环境感知与认识算法、非结构化感知方法等手段是提升无人平台集群感知能力的重要方式。利用集群中分布式布设的光电、雷达等机器视觉感知传感器网络，能够采集环境和感兴趣目标更丰富、更全面的信息，从而提高集群系统对目标环境态势的认识与理解，增强系统任务实现的可靠性。

以无人平台集群的障碍物感知为例，它主要依靠毫米波雷达、激光雷达、光电、红外等视觉感知设备，以及针对水下探测的前视和侧扫声呐等。例如，意大利宇航研究中心开发出了一套全自动多传感器防撞系统，该系统的感知模块由脉冲 Ka 波段雷达、两个视觉照相机、两个红外摄像机，以及一个专用的图像处理计算机组成，通过数据融合实现对障碍目标的识别与跟踪。

无人平台集群的一个特点是需要使用低成本的设备以降低整个系统的费用。尽管多传感器数据融合可提高感知精度，但成本低、功耗小与载荷轻的机器感知系统显然更受欢迎。双目照相机由于可以测距，已在主流自动驾驶方案中获得应用，这极大地降低了它的成本，也非常有利于双目照相机在无人平台集群中的应用。使用双目照相机进行同步定位与地图构建，标定如塔架、电力线、楼宇等障碍物，结合深度学习工具，可有效提升集群在未知环境下对障碍物的种类、大小、相对位置等的实时综合感知。

思考题与习题

3-1　填空题

1）机器通过模拟人或生物的（　　）、（　　）、（　　）、（　　）和（　　），去看懂文字、图像、画面，听懂语言和声音，拥有触摸感，闻到气味和尝到酸、甜、咸、苦和辣等味道。

2）多模态机器感知为信息融合带来了巨大的挑战，这些挑战主要包括（　　）、（　　）和（　　）。

3）基于深度学习的目标检测算法主要可分为两大类，即（　　）与（　　）。

4）根据机器是否保持静止，运动检测分为（　　）和（　　）两类。

5）背景差分法的主要流程包括（　　）、（　　）、（　　）和（　　）四个步骤。

6）目标识别的主要流程包括（　　）、（　　）、（　　）和（　　）。

7）三种经典的目标跟踪算法分别是（　　）、（　　）和（　　）。

8）按照定位原理，基于麦克风阵列的声源定位方法大致可分为三类：（　　）、（　　）和（　　）。

9）在对人的听觉系统工作机理研究中，研究人员发现了一系列的现象或效应，这些效应包括（　　）、（　　）、（　　）和（　　）。

10）说话人识别主要有两种方法，分别是（　　）和（　　）。

11）说话人识别包含两种场景，分别是（　　）和（　　）。

12）机器感知在虚拟现实中应用主要在以下四个环节：（　　）、（　　）、（　　）和（　　）。

3-2　什么是机器感知？

3-3　如何理解机器感知是一个换能过程？

3-4　机器感知的特性和要求有哪些？

3-5　为什么要进行多模态机器感知？

3-6　为什么电磁波波长制约着视觉感知的分辨力？

3-7　视觉目标检测的本质是什么？

3-8　简述基于均值漂移的目标跟踪算法的基本思想。

3-9　什么是听觉中的鸡尾酒会效应？

3-10 尝试对波束形成技术进行计算机仿真。

3-11 尝试对 MUSIC 算法进行计算机仿真。

3-12 简述基于贝叶斯滤波的声源跟踪方法。

3-13 什么是说话人识别？它的主要任务是什么？

3-14 尝试分析自动驾驶为什么需要使用多种机器感知技术相融合呢？

3-15 简述机器感知在无人平台集群中的应用。

参考文献

[1] 凯利，哈姆. 机器智能 [M]. 马隽，译. 北京：中信出版社，2016.

[2] 李蕾，王小捷. 机器智能 [M]. 北京：清华大学出版社，2016.

[3] 李良福. 智能视觉感知技术 [M]. 北京：科学出版社，2018.

[4] AMIN M G. 穿墙雷达成像 [M]. 朱国富，陆必应，金添，等译. 北京：电子工业出版社，2014.

[5] 陈克安. 环境声的听觉感知与自动识别 [M]. 北京：科学出版社，2014.

[6] 曾向阳，杨宏晖. 声信号处理基础 [M]. 西安：西北工业大学出版社，2015.

[7] 张贤达. 现代信号处理 [M]. 北京：清华大学出版社，2002.

[8] 野边继男. 深入理解 ICT 自动驾驶 [M]. 陈慧，张诚，陈恭羽，译. 北京：机械工业出版社，2018.

[9] 刘少山，唐杰，吴双，等. 第一本无人驾驶技术书 [M]. 2版. 北京：电子工业出版社，2019.

[10] 诸国桢，赵润川. 人类对超声的听觉感知及应用前景 [J]. 应用声学，1995 (3)：42-44.

[11] 章宇栋，黄惠祥，童峰. 面向多声源的压缩感知麦克风阵列的波达方向估计 [J]. 厦门大学学报（自然科学版），2018，57 (2)：291-296.

[12] 邹领. 基于麦克风阵列的稳健的说话人识别研究 [D]. 桂林：桂林电子科技大学，2007.

[13] 蔡卫平. 基于麦克风阵列的声源定位与跟踪算法研究 [D]. 南京：东南大学，2010.

[14] 金乃高，殷福亮，陈喆. 基于加权子空间拟合的声源定位与跟踪方法 [J]. 电子与信息学报，2008，30 (9)：2134-2137.

[15] KENNEDY R A, ABHAYAPALA T D, WARD D B. Broadband nearfield beamforming using a radial beam-pattern transformation [J]. IEEE Trans actions on Signal Processing, 1998, 46 (8): 2147-2156.

[16] 李晗，苏京昭，闫咏. 智能无人机集群技术概述 [J]. 科技视界，2017 (26)：5-7.

[17] 武娟，刘晓军，庞涛，等. 虚拟现实现状综述和关键技术研究 [J]. 广东通信技术，2016 (8)：40-46.

[18] 段海滨，邱华鑫，陈琳，等. 无人机自主集群技术研究展望 [J]. 科技导报，2018，36 (21)：90-98.

[19] 王建宇. 基于图像的虚拟环境生成关键技术研究 [D]. 南京：南京理工大学，2003.

[20] 寇展，吴健发，王宏伦，等. 基于深度学习的低空小型无人机障碍物视觉感知 [J]. 中国科学（信息科学），2020 (5)：1-12.

[21] 杜锋，雷鸣. 味觉识别及其应用 [J]. 中国调味品，2003 (1)：32-36.

[22] 黄赣辉. 味觉传感器阵列构建及其初步应用 [D]. 南昌：南昌大学，2006.

[23] 王靖宇. 基于视听觉信息的机器觉察与仿生智能感知方法研究 [D]. 西安：西北工业大学，2016.

[24] 刘红秀，骆德汉，张泽勇，等. 机器嗅觉系统气味识别算法 [J]. 传感技术学报，2006，19 (6)：2518-2522.

[25] 李定川. 机器视觉原理解析及其应用实例 [J]. 智慧工厂，2017 (8)：73-75.

［26］ LUO S, BIMBO J, DAHIYA R, et al. Robotic tactile perception of object properties：a review ［J］. Mecha-tronics, 2017, 48：54-67.

［27］ VELIK R. A bionic model for human-like machine perception ［D］. Vienna：Vienna University of Technology, 2008.

［28］ 刘华平. 机器人多模态感知融合技术 ［J］. 中国指挥与控制学会通讯, 2017, 2 (1)：34-36.

［29］ 田鹏辉. 视频图像中运动目标检测与跟踪方法研究 ［D］. 西安：长安大学, 2013.

［30］ KLEIN L A. 多传感器数据融合理论及应用 ［M］. 戴亚平, 刘征, 郁光辉, 译. 北京：北京理工大学出版社, 2004.

［31］ HANSEN J H L, HASAN T. Speaker recognition by machines and humans：a tutorial review ［J］. IEEE Signal Processing Magazine, 2015, 32 (6)：74-99.

［32］ 孙挺, 齐迎春, 耿国华, 等. 基于帧间差分和背景差分的运动目标检测算法 ［J］. 吉林大学学报 (工学版), 2016, 46 (4)：1325-1329.

［33］ 颜杰. 多摄像头目标检测与跟踪方法研究 ［D］. 武汉：华中科技大学, 2011.

［34］ 王云飞. 动态手势识别中关键技术的研究 ［D］. 成都：四川师范大学, 2011.

［35］ 张中良. 基于机器视觉的图像目标识别方法综述 ［J］. 科技与创新, 2016, (14)：32-33.

［36］ 孙叶美. 基于卷积神经网络的图像超分辨率重建算法研究 ［D］. 天津：天津工业大学, 2019.

［37］ 周芳芳, 樊晓平, 叶榛. 均值漂移算法的研究与应用 ［J］. 控制与决策, 2007, 22 (8)：841-847.

［38］ 俞亮. 基于视频的实时闯红灯抓拍系统算法研究与实现 ［D］. 杭州：杭州电子科技大学, 2009.

［39］ 常发亮, 刘雪, 王华杰. 基于均值漂移与卡尔曼滤波的目标跟踪算法 ［J］. 计算机工程与应用, 2007, 43 (12)：50-52.

［40］ WELCH G, BISHOP G. 卡尔曼滤波器介绍 ［EB/OL］. 姚旭晨, 译. ［2021-02-03］. https：//wenku. baidu. com/view/9935992def06eff9aef8941ea76e58fafbb0455f. html.

［41］ 朱安民, 陈燕明. 基于特征点一致性约束的实时目标跟踪算法 ［J］. 深圳大学学报 (理工版), 2013, 30 (3)：228-234.

［42］ SCOTT E D, PIERRE J W, HAMANN J C. A source tracking sensor array testbed ［J］. Microprocessors and Microsystems, 1999, 23 (4)：207-216.

第4章　模式识别及其应用

☞ **导　读**

主要内容：

本章讨论模式识别及其应用，主要内容包括：

1）模式识别技术的发展历程、基本概念和方法，模式识别的原理与过程。

2）贝叶斯分类器和判别函数分类器设计，模糊模式识别与聚类分析。

3）模式识别技术在车牌识别、医学图像识别及农业生产中的应用。

学习要点：

掌握模式、模式识别、特征空间、聚类分析等相关概念与内涵，模式识别技术的基本框架。熟悉不同分类器设计的方法及其适用场景。了解模式识别技术的发展及应用领域。

4.1　模式识别概述

随着人工智能理论的发展和计算机技术的不断进步，模式识别相关理论和技术也得到了迅猛发展，越来越多的人认识到了模式识别的重要性。

4.1.1　模式识别的发展历程

模式识别技术与其他技术发展一样，也不是突然出现的，而是有其从初级到高级、从实践探索到理论突破的发展过程，期间已经历了近百年的历史。

模式识别的发展历史可以追溯到1929年奥地利科学家G. Tauschek发明的光电阅读机。该装置在一个旋转轮上安装了与数字形状相同的透孔，能够阅读0~9的数字。当一个被强光照亮的字符经过透镜聚焦照射到旋转轮上时，如果正好与某一个字符的透孔形状吻合，则透过的光强最强，会驱动旋转轮内部的光敏元件发出信号，使阅读机识别出显示的数字0~9。该方法被称为"模板匹配"，也是第一个被实际应用的模式识别方法。其后，模式识别发展历程中的重要时间节点和标志性事件可以简单归纳如下：

1936年，英国学者Ronald Aylmer Fisher提出统计分类理论，奠定了统计模式识别的基础。

1960 年，美国学者 Frank Rosenblatt 提出了感知机。

20 世纪 60 年代，L. A. Zadeh 提出了模糊集理论，基于模糊数学理论的模糊模式识别方法得以发展和应用。

20 世纪 70 年代，美国华裔计算机专家傅京孙提出了结构模式识别的系统理论。结构模式识别是完整地利用事物特征之间的结构关系来完成模式识别的算法，并在 1976 年，傅京孙教授作为创始人和首任主席成立了国际模式识别协会（International Association for Pattern Recognition，IAPR）。从此，模式识别作为一个独立的学科领域走上了国际学术舞台。

1976—1986 年，线性模式识别方法无法解决非线性问题，导致模式识别的研究一度处于低潮期。

1986 年，David Rumelhart 提出误差反向传播网络（Back Propagation Neural Network，BPNN），并在模式识别领域得到较广泛的应用。

1995 年，苏联统计学家和数学家 Vapnik 提出 SVM，SVM 作为一种理论基础严密、优化目标明确、扩展能力强大的模式识别算法，受到了高度重视。

20 世纪 90 年代中期及之后一段时间内，神经网络由于面临性能提升和计算量巨大的压力，发展一直十分缓慢。直到计算机技术、网络技术的快速发展，在算力和数据量上做好了准备，情况才有所改观。

2006 年，Geoffrey Hinton 等人提出深度学习，自此之后，以深度学习技术为核心的人工智能发展掀起了新一轮浪潮，同时也推动模式识别技术取得了突破性进展。

4.1.2　模式识别的基本概念

1. 模式识别

环境感知和识别能力是生物的本能，不仅智能生物（例如，人）具有识别能力，其他高等或低等的生物也都具有对环境和外界事物的感知和识别能力。

小狗能够识别主人的声音、容貌和气味，以做出对不同人（是否主人）的不同反应。人类作为最高等的智能生物，能够做出更加复杂的识别行为。但总体来说，人类只能识别出曾接触过的人或事物，而对于初次接触的人或事物却无法识别。这是为什么呢？当人类初次接触人或事物时，人类感官会采集到有关的各种信息，例如人的容貌、声音，甚至表情、动作，并把这些特征与其名字关联起来。当再次见到时，就能根据感官采集到的特征，去记忆库中寻找符合这些特征的名字，然后就能识别出是谁了。所以，识别的基础是认知。人类或生物识别事物依靠的是感官感知和大脑综合分析能力，然后判断一个待识别的事物是什么或者不是什么，这种能力可以称为"模式识别"。

模式识别即识别一个模式，其本质是对事物的分类。模式代表的不是一个具体的事物，而是事物所包含的信息特点，对应一个抽象的概念，即从客观事物中抽象出来，用于识别的一些关键特征信息。

认知的过程是建立类别标签和类别模式特征之间关联的过程。也可以说，是将某些特征与一个概念相关联，完成概念抽象的过程。识别则是根据某个具体事物的特征来判断它是不是属于某种事物，也可以说是按照特征来将其归类于某一个概念。

识别的本质是分类，而不是对事物特征的严格匹配。因为世界上没有完全相同的两片树叶，当抽象出属于同一个概念的事物所具有的共同特征，并根据这些共同特征来识别一个个具体的事物时，依据就不再是两个事物是否完全相同，而依据的是它们之间的相似性。

2. 特征与特征空间

1）样本。样本是指一个个用于识别的具体事物。

2）特征。特征是指从样本中抽取的，能够用于识别的某个重要特性，称为样本的一个特征。

3）特征空间。当找到一组可以用于识别的特征时，每一个样本就可以用特征的集合来加以表示，所有样本转换为特征表达后，样本特征的整体就构成了一个空间，称为特征空间。

特征空间完成了样本到特征表达之间的数学转换。在特征空间中，每个样本都可以看作一个由一组特征来表达的一个点，而样本之间的相似程度，可以用这些特征空间的点之间的相似程度来计算。显然，属于同一类事物的样本，因为它们拥有某些共同的特征，因此它们之间的相似度会大于与不同类别事物之间的相似度。因此，特征空间中属于同一类事物样本的点也会聚集在一起，就形成了特征空间中的"类"的概念。

有了特征和特征空间的概念，对一个样本的识别问题，就转换为对该样本在特征空间中对应点的分类问题。看这个样本在特征空间中的点属于哪个类的聚集范围，或者与哪个类的众多样本相似度更高，就可以把它归类到哪一类之中。

根据样本特征的属性不同，特征空间可以分为不同的类型：向量空间、集合空间。

（1）向量空间

如果样本的每一个特征，可以作为一个向量空间中的一个维度，那么一个样本抽象到特征空间中就成为一个向量，也就是向量空间中的一个点。此时，样本与样本之间的相似度，就可以用向量空间中定义的某种"距离"来度量，而每一类样本的聚集区域，则表现为向量空间中点的统计分布。在目前的模式识别算法体系中，统计模式识别就是在这一基础上展开的。

（2）集合空间

如果从样本中抽取出的特征不能用向量空间来表达，则可以构成一个集合空间，此时样本间的相似度计算，需要用其他方式进行定义。如果抽取的特征是样本某些方面的结构特征，显然，样本与样本之间的相似性，会表现为结构关系或拓扑关系上的相似性，不能再用距离来表达。

3. 有监督学习与无监督学习

模式识别的核心是分类器，在已经确定分类器模型和样本特征的前提下，分类器通过某些算法找到自身最优参数的过程，称为分类器的训练，也称为分类器的"学习"。而根据训练样本集是否有类别标签，可以分为有监督学习和无监督学习。

（1）有监督学习

对于每一个类别，都给定一些样本，形成一个具有类别标签的训练样本集。分类器可以通过分析每一个样本，寻找属于同一类的样本具有哪些共同的特征，也就是从训练集中学习到具体的分类决策规则，此类学习过程称为有监督学习。

显然，分类器通过有监督学习模式学习到的每个类别样本的特征，就是关于某个类别概念的知识。因此，学习过程就是认知的过程。而有监督学习中使用的样本类别标签是由人来给定的，所以，有监督学习事实上是从人的经验中学习分类知识。

（2）无监督学习

给定训练样本集中的所有样本没有类别标签，根据相似程度的大小，按照一些规则，把相似程度高的样本归为同一类，从而将训练样本集的样本划分成不同的类别，再从每一个类别的样本中去寻找共同的特征，形成分类决策规则，完成分类器学习的任务。这种使用没有类别标签的训练集进行分类器学习的模式，通常被称为"无监督学习"。

显然，在无监督学习的过程中，分类器不是在向人类已有的经验和能力来学习，而是自主地从数据所代表的自然规律中学习关于类别划分的知识。

4. 紧致性与维数灾难

模式识别的本质是模式分类，同类内样本之间的相似度大于不同类样本之间的相似度。如果同类样本之间的相似度越大，不同类样本之间的相似度越小，分类决策时发生错误的可能性也就越小。这可以作为评判用于有监督学习的带标签训练样本集，以及作为无监督学习结果的样本集优劣的一个指标，称为"紧致性"准则，即紧致性好的样本集，样本的类内相似度远大于类间相似度。

如果希望有紧致性较好的样本集，就要能提取有效的特征信息，能够将不同类的样本很好地区分开。一般来说会考虑增加特征的种类，或称为增加特征的维度。特征的维度越多，用于识别的信息就越丰富，就有越多的细节信息可以将不同的样本之间的相似度降低，提高样本集的紧致性。但是，特征的维度不可能无限制地增加。

事实上，如果不断地增加模式识别问题中的特征维数，会带来计算量剧增与解法性能下降等严重问题，这种现象被称为维数灾难，这指的是随着特征维度的增加，分类器的性能将在一段快速增加的区域后急速地下降，并且最终无法使用。

导致维数灾难的根本原因在于训练集样本的数量不足。当特征空间维度增加时，以同样密度能够容纳的样本总数呈指数增长，而如果给定样本集中的样本数量没有同步按照指数规律增加，那么问题越往高维特征空间映射，样本集中的样本就越稀疏，从而使得样本集的紧致性越来越差，导致分类器的性能也就越来越差。

要解决维数灾难的问题，就要同步地大量增加样本集样本的数量，但这无论是在样本采集还是在分类器训练和使用时的计算量上都难以实现。可能的解决办法是尽可能减少所使用的特征维度，在降低维度的同时，尽可能提升每一个维度在分类中的效能，使模式识别问题能够在较低维度下得到更好的解决。因此，特征提取和特征降维是模式识别技术中重点研究的领域，其结果将直接影响到分类器性能的好坏。

5. 泛化能力与过拟合

一个分类器要经过训练才能具备模式识别的能力。如果采用有监督学习，首先会给定一个具有类别标签的样本集，然后分类器从中学习到每一类样本所具有的共同特征，从而形成一个有效的分类决策规则。该分类决策规则首先要能够把训练样本集中的所有样本都能正确分类。但是，分类器不仅能将训练集中的样本正确分类，而且对于不在训练集中的新样本，也应该能够正确地分类。

训练好的分类器对未知新样本正确分类的能力，称为"泛化能力"。在采集用于训练的样本时，由于数据采集方法的问题或噪声干扰，得到的样本特征会存在误差，甚至会出现少数"异常数据"。但是,在用这些样本进行分类器训练时,并无法预先得知哪个数据是真实数据,哪个数据是误差带来的异常数据。

因此,如果一定要求训练出的分类器能够对所有训练集中的样本都正确分类,就可能在分类决策规则上出现失真,从而在面对新的未知样本进行分类时出现错误,也就是说,使得分类器的泛化能力降低。而由于过分追求训练样本集中样本的分类的正确性,从而导致的分类器泛化能力降低,称为分类器训练过程中"过拟合"。

4.1.3 模式识别的基本方法

模式识别作为人工智能的一个重要研究领域,目前得到了飞速发展。模式识别的三大核心问题是:数据信息采集、特征提取与选择、分类识别。针对不同的识别对象和不同的分类目的,可以使用不同的模式识别理论或方法。

1. 统计模式识别

统计模式识别首先根据待识别对象所包含的原始数据信息,从中提取出若干能够反映该类对象某方面性质的相应特征参数,并根据识别的实际需要从中选择一些参数的组合作为一个特征向量。再依据某种相似性测度,设计一个能够对该向量组表示的模式进行区分的分类器,就可把特征向量相似的对象分为一类。

统计模式识别是主流的模式识别方法,它将样本转换成多维特征空间中的点,再根据样本的特征取值情况和样本集的特征值分布情况确定分类决策规则。其主要的理论基础包括概率论和数理统计,主要方法包括线性分类、非线性分类、Bayes分类器、统计聚类算法等。

2. 结构模式识别

当需要对待识别对象的各部分之间的联系进行精确识别时,就需要使用结构模式识别方法。结构模式识别根据识别对象的结构特征,将复杂的模式结构先通过分解划分为多个相对更简单且更容易区分的子模式,若得到的子模式仍有识别难度,则可继续对其进行分解,直到最终得到的子模式具有容易表示且容易识别的结构为止,通过这些子模式可以复原原先比较复杂的模式结构。

结构模式识别与统计模式识别有根本性的不同,它抽取的不是一系列数值型的特征,而是将样本结构上的某些特点作为类别和共同的特征,通过结构上的相似性来完成分类任务。结构模式识别利用形式语言理论中的语法规则,将样本的结构特征转化为句法类型的判定,从而实现模式识别的功能。结构模式识别的主要理论基础包括形式语言和自动机技术,主要方法包括自动机技术和转移图法。

3. 模糊模式识别

模糊集理论认为,模糊集合中的一个元素,可以不是百分之百地确定属于某个集合,而是可以以一定的比例属于某个集合,不像传统集合理论中某元素要么属于要么不属于某个集合的定义方式,更符合现实当中许多模糊的实际问题,描述起来更加简单合理。类似地,在用机器模拟人类智能时模糊数学能更好地描述现实当中具有模糊性的问题,进而更好地进行处理。模糊模式识别就是以模糊集理论为基础,根据一定的判定要求建立合适的隶属度函数来对识别对象进行分类。

正是因为模糊模式识别能够很好地解决现实当中许多具有模糊性的概念,使其成为一种重要的模式识别方法,在进行模糊识别时,也需要建立一个识别系统,需要对实际的识别对象的特征参数按照一定的比例进行分类，这些比例往往是以人为的经验作为参考值，只要符合认可的经验认识就可以，之后建立能够处理模糊性问题的分类器，对不同类别的特征向量进行判别。

　　模糊模式识别不是一套独立的方法，而是将模糊理论引入模式识别技术后，对现有各种算法的模糊化改造，它在更精确地描述问题和更有效地得出模式识别结果方面都有许多有价值的思路。模糊模式识别的理论基础是模糊数学，主要方法包括：模糊统计法、二元对比排序法、推理法、模糊集运算规则、模糊矩阵等。

4.1.4　模式识别原理与过程

　　在模式识别系统中，待识别的样本经过模式采集环节，取得相应的信息数据。这些数据经过预处理环节，生成可以表征模式的特征。然后通过特征降维环节，从这些特征中选取对分类最有效的特征。在分类器训练环节得到最优的分类器参数，建立相应的分类决策规则。最后在分类器已设计好的情况下对待识别的单个样本进行分类决策，输出分类结果。模式识别系统具体可分为如下五个过程：

1. 模式采集

　　模式识别研究的是计算机识别，因此事物所包含的各种信息必须通过感知器采集转换成计算机能接受和处理的数据。对于各种物理量，可以通过传感器将其转变成电信号，再由信号变换部件对信号的形式、量程等进行变换，最后经 A/D（模拟/数字）转换器转换成对应的数据值。

2. 预处理

　　经过模式采集获得的数据量，是待识别样本的原始信息，其中可能包含大量的干扰和无用数据。预处理环节通过各种滤波降噪措施，降低干扰的影响，增强有用的信息，在此基础上，生成在分类上具有意义的各种特征参数。

　　特征生成的方法和思路与待解决的模式识别问题和所采用的模式识别方法密切相关，例如对图像数据，如果要识别的是场景的类型，则颜色和纹理特征就很有用；如果要识别出包含的人脸是谁，那么人脸轮廓和关键点特征就很重要。

　　预处理生成的特征可以仍然用数值来表示，也可以用拓扑关系、逻辑结构等其他形式来表示，分别适用于不同的模式识别方法。

3. 特征提取和选择

　　通常情况下，经过模式采集和预处理获得的模式特征数量是很大的，这给分类器的设计和分类决策都带来了效率和准确率两方面的负面影响。因此，从大量的特征中选取出对分类最有效的有限特征，降低模式识别过程的计算复杂度，提高分类准确性，是特征提取和选择环节的主要任务。

　　特征选择是从已有的特征中选择一些特征，抛弃掉其他特征；特征提取是对原始的高维特征进行映射变换，生成一组维数更少的特征。两种方法虽然不同，但目的都是降低特征的维度，提高所选取的特征对分类的有效性。

　　在很多实际问题中，数据的某些特征可能和识别任务是不相关的或者特征之间存在冗余。特征提取与选择的主要任务是研究如何从众多的特征中找出那些对分类识别任务最有效的特征。为使特征能够代表对象，且便于实际操作和算法实现，并使分类结果真实可靠，要求所选用的特征应满足以下五个条件：

1）真实性。特征应能真实地包含分类对象的物理信息。

2）有效性。所选用的特征和特征组合对分类是有效的，尽量使得对象易于分类识别。

3）简约性。信息充分且数据冗余量少。

4）鲁棒性。当所选用的特征受到测量误差较大影响时，尽可能使得算法有效性不被破坏。

5）便捷性。提取特征方便经济，便于实际操作。

特征提取和特征选择都是在不降低或较少降低分类性能的情况下，降低特征空间的维数。其主要作用在于：①简化计算。特征空间的维数越高，需要占用的计算机资源越多，计算的复杂度也就越高。②简化特征空间结构。特征提取和选择是去除类间差别小的特征，保留类间差别大的特征，使得每类所占据的子空间结构可分离性更强，从而也可以简化类间分界面形状的复杂度。

需要指出，特征提取和选择并不是截然分开的。例如，可以先将原始特征空间映射到维数较低的空间，然后在此空间中进行特征选择来进一步降低维数。

4. 分类器学习

分类器学习是由计算机根据样本的情况自动进行的，可分为有监督学习和无监督学习。如前面所述，有监督学习是指用于分类器学习的样本已经分好了类，具有类别标签，分类器知道哪些样本是属于哪些类的，由此可以学习到属于某类的样本都具有哪些共同的特征，从而建立起分类决策规则。无监督学习是指用于分类器学习的样本集没有分好类，分类器自主地根据样本与样本之间的相似程度来将样本集划分成不同的类别，在此基础上建立分类决策规则。

5. 分类决策

分类决策（Classification Decision）是对待分类的样本按照已建立起来的分类决策规则进行分类，对分类的结果要进行评估（Evaluating）。

4.2　分类器设计

模式识别技术的主要目的是实现分类，在对样本实现分类的过程中，分类器设计的合适与否对模式识别效果的好坏将有直接的影响。

4.2.1　基于贝叶斯决策理论的模式分类

贝叶斯（Bayes）公式由托马斯·贝叶斯（Thomas Bayes）提出，其数学定义为：设试验 E 的样本空间为 S，A 为 E 的事件，B_1，B_2，$\cdots$，B_c 为 S 的一个划分，且 $P(A)>0$，$P(B_i)>0$ （$i=1$，2，$\cdots$，c），则

$$P(B_i\mid A)=\frac{P(A\mid B_i)P(B_i)}{\sum_{j=1}^{n}P(A\mid B_j)P(B_j)}=\frac{P(A\mid B_i)P(B_i)}{P(A)} \tag{4-1}$$

式中　$P(B_i\mid A)$——后验概率，表示事件 A 出现后，各不相容的条件 B_i 存在的概率，它是在结果出现后才能计算得到的，因此称为"后验"；

$P(A \mid B_i)$——类条件概率，表示在各条件 B_i 存在时，事件 A 发生的概率；

$P(B_i)$——先验概率，表示各不相容的条件 B_i 出现的概率，它与事件 A 是否出现无关，仅表示根据先验知识或主观推断；

$P(A)$——由先验概率和类条件概率计算得到，它表达了结果 A 在各种条件下出现的总体概率，称为结果 A 的全概率。

贝叶斯公式表达了根据先验概率和类条件概率，计算一个事件出现时导致这个事件的各个条件存在的概率，即表达了逆概率推理的过程。

1. 贝叶斯分类器的基本原理

统计模式分类是依据样本在各个维度上的特征值分布来进行分类决策的模式识别算法。如果把样本真实所属的类别作为条件，样本的特征值作为结果，那么，模式识别的分类决策过程也可以看作一种根据结果推测条件的推理过程，也就是逆向推理的过程，因此可以将贝叶斯理论应用于模式分类。

如果每个类别的样本分布在互不相交的特征空间区域中，也就是说，不同类的样本，其特征向量会落入特征空间的不同区域中，则可以在特征空间中画出类别之间的分类决策边界。在识别一个样本时，如果该样本的特征向量落入了某决策区域中，则它一定属于对应的类。这称为"确定性的统计分类"。

如果每个类别的样本分布在相交的特征空间区域中，也就是说，当样本属于不同类别时，其特征向量可能会落入特征空间的相同区域中，不同类别样本的特征向量甚至可能对应到特征空间中的相同取值。那么，虽然样本各不相同，每个样本也都有自己真实所属的类别，但是当抽取出一些特征，将样本映射到特征空间的一个点时，可能会出现多对一的映射。此时，当根据特征向量识别一个样本时，就无法确定地判定该样本属于哪一个类，而只能得出它属于某一个类或者某几个类的概率，然后根据概率大小来做出最终的分类决策。这种统计分类方式，称为"不确定的统计分类"。

对于不确定的统计分类，已知的是每个类别的样本取得不同特征向量的概率（也就是该类样本的统计分布），现在需要实现的是如何依据某个待识别样本的特征向量，计算出该样本属于每一个类的概率。如果把每一个类样本的整体出现概率作为先验概率，把每个类中样本取得某个具体特征向量值的概率作为类条件概率，把要计算的样本取得某一个具体特征向量值时属于每一类的概率作为后验概率，即把贝叶斯公式应用于不确定的统计分类时，就得到了根据样本的特征取值来进行类别划分的一种不确定分类器。它可以计算出该样本属于每一个类别的概率是多少，当然，前提是每个类别整体出现的先验概率，以及每个类别中出现这个特征向量值的类条件概率必须是已知的。这就是贝叶斯分类的核心原理。

例如，在人类社会，男性和女性的比例基本相同，如果把男性作为类 ω_1，女性作为类 ω_2，ω_1 和 ω_2 的先验概率都是 0.5。选择身高 h 为 170cm 作为样本所具有的特征值，然后对比 "$P(\omega_1 \mid h=170)$" 和 "$P(\omega_2 \mid h=170)$"。假设男性身高为 170cm 和女性身高为 170cm 的概率分别为 80% 和 10%。

用贝叶斯理论描述，后验概率分别是 $P(\omega_1 \mid h=170)$、$P(\omega_2 \mid h=170)$，先验概率分别是 $P(\omega_1) = P(\omega_2) = 50\%$。类条件概率分别是 $P(h=170 \mid \omega_1) = 80\%$、$P(h=170 \mid \omega_2) = 10\%$。则：

$$P(\omega_1 \mid h=170) = (0.5 \times 0.8) / (0.5 \times 0.8 + 0.5 \times 0.1) = 0.89$$

$$P(\omega_2 \mid h=170) = (0.5\times0.1)/(0.5\times0.8+0.5\times0.1) = 0.11$$

由此看出，身高 170cm 的人是男性的概率大于是女性的概率，故在做分类判决时，一般把其判定为男性。

2. 最小误判概率准则

贝叶斯分类的基础是贝叶斯公式，即通过每个类别的先验概率和每个类别中出现某种特征值情况的类条件概率，来计算具有某种特征值的样本属于每一类的后验概率，从而为分类决策奠定基础。

有了后验概率后，该如何做分类决策呢？不同的贝叶斯分类器有不同的准则。其中一种最简单、最直接的准则，就是把样本划分到后验概率最大的类别中，这就是"最小误判概率准则"。其分类决策规则为

当

$$P(\omega_i/x) = \max_{1\leqslant j\leqslant c} P(\omega_j/x) \tag{4-2}$$

时，判决 $x \in \omega_i$。

由于对于所有的类，样本的全概率 $P(x)$ 都是相等的，在分类决策判定时，只有分子项起作用，故分类决策规则可以写为

若

$$P(x\mid\omega_i)P(\omega_i) = \max_{1\leqslant j\leqslant c}[P(x\mid\omega_j)P(\omega_j)] \tag{4-3}$$

则 $x \in \omega_i$。

例如，鱼类加工厂对鱼进行自动分类，ω_1：鲈鱼；ω_2：鲑鱼。模式特征 $x=x$（长度）。

已知：先验概率：$P(\omega_1)=1/3$（鲈鱼出现的概率）。

$P(\omega_2)=1-P(\omega_1)=2/3$（鲑鱼出现的概率）。

条件概率：$P(x\mid\omega_1)=0.05$，$P(x\mid\omega_2)=0.5$。

问：现在打捞了一条鱼，其长度 $x=10$，试判定该鱼是什么鱼？

解：利用 Bayes 公式：

$$\begin{aligned}P(\omega_1\mid x=10) &= \frac{P(x=10\mid\omega_1)P(\omega_1)}{P(x=10)}\\ &= \frac{P(x=10\mid\omega_1)P(\omega_1)}{P(x=10\mid\omega_1)P(\omega_1)+P(x=10\mid\omega_2)P(\omega_2)}\\ &= \frac{0.05\times1/3}{0.05\times1/3+0.50\times2/3}\\ &= 0.048\end{aligned}$$

因为

$$P(\omega_2\mid x=10)=1-P(\omega_1\mid x=10)=1-0.048=0.952$$
$$P(\omega_1\mid x=10)<P(\omega_2\mid x=10)$$

故判决：

$$(x=10)\in\omega_2$$

即长度 $x=10$ 的这条鱼是鲑鱼。

3. 最小损失判决准则

最小误判概率准则也等价于最大后验概率准则，在做分类决策时非常实用而且有效。但

是对于有些实际问题，误判概率最小并不一定是最佳选择。

例如，假设 A 病的总体发病率为 1000 万分之一，B 病的发病率为 30%。经不完全粗略估计，易感人群中 99% 的人感染 A 病毒会出现过发热、咳嗽、乏力等症状，而同样的易感人群中 80% 的 B 病患者也会出现类似症状。

现有一位患者出现了发热、咳嗽、乏力症状，在没有进行验证前，是否应当将其按照 A 病疑似病例对待（执行严格隔离措施）？

依据已有数据，首先计算该患者为 A 病病例的后验概率。

$$P(\text{A}) = \frac{10^{-7}}{10^{-7} + 0.3}$$

$$P(\text{B}) = \frac{0.3}{10^{-7} + 0.3}$$

$$P(\text{症状} \mid \text{A}) = 0.99$$

$$P(\text{症状} \mid \text{B}) = 0.8$$

$$P(\text{A} \mid \text{症状}) = \frac{[10^{-7}/(10^{-7}+0.3)] \times 0.99}{[10^{-7}/(10^{-7}+0.3)] \times 0.99 + [0.3/(10^{-7}+0.3)] \times 0.8} = 4.12 \times 10^{-7}$$

可以看到，如果按照最小误判概率准则，因该后验概率非常低，应将该患者按 B 病病例对待。

但是，实际情况是，A 病致死率高，又有强烈的传染性，万一被误诊，后果将非常严重。另一方面，如果把普通 B 病患者误诊为 A 病患者，该患者可能就是虚惊一场，一般没有太大的社会风险。如果把一名 A 病患者误诊为 B 病患者，而没有采取合理有效的措施进行隔离和治疗，可能会给患者本人和整个社会造成严重不良后果。

从该实例可以看到，当使用贝叶斯分类器时，仅仅考虑识别错误率低是不够的，还应当把所采取的分类决策所带来的损失考虑进去，这就是"最小损失判决准则"。

下面首先介绍最小损失判决准则的几个基本概念：

1）决策 α_i：把待识别样本 x 归到 ω_i 类中。

2）损失函数 λ_{ij}：把真实属于 ω_i 类的样本归到 ω_j 类中带来的损失。

3）条件风险损失 $R(\alpha_i \mid x)$：采取决策 α_i 后可能的总的风险损失。条件风险损失可以用采取某项决策的加权平均损失来计算，权值为样本属于各类的概率：

$$R(\alpha_i \mid x) = E(\lambda_{ij}) = \sum_{j=1}^{c} \lambda_{ij} P(\omega_j \mid x), i = 1, 2, \cdots, c \tag{4-4}$$

则最小损失判决准则的分类决策规则为
若

$$R(\alpha_k \mid x) = \min_{i=1,2,\cdots,c} R(\alpha_i \mid x) \tag{4-5}$$

则 $x \in \omega_k$。

在上面案例中，如果依据最小损失判决准则，分类决策会做如下考虑：

假设：将一名 B 病患者误诊为 A 病患者，因隔离等措施所浪费的社会资源是将一名 A 病患者误诊为 B 病患者所造成社会资源损失的 300 万分之一。在此情况下，是否应当将该患者判为 A 病疑似病例？

在上例中，一个患者出现了可疑症状，是 A 病患者的概率为 0.000 000 412，该患者是

B病患者的概率为 0.999 999 588。

如果将该患者诊断为 A 病患者，则条件风险损失为

$$R = P(B \mid \text{症状}) \times 1 = (1 - 0.000\ 000\ 412) = 0.999\ 999\ 588$$

如果将该患者诊断为 B 病患者，则条件风险损失为

$$R = P(A \mid \text{症状}) \times 3\ 000\ 000 = 3\ 000\ 000 \times (0.000\ 000\ 412) = 1.236$$

由此可知，将该患者诊断为 B 病的风险损失更高，故应当将其诊断为 A 病患者。

贝叶斯分类器属于不确定的统计分类，它是通过所要识别的样本的特征向量，计算样本属于每一个类的后验概率，再以后验概率做出分类决策。因此，贝叶斯分类器一定存在错误率。

分类器错误率是指一个分类器按照其分类决策规则对样本进行分类，在分类结果中发生错误的概率。分类器整体的错误率，则是每一个样本被错误分类的概率的数学期望，它可以将错误分类区域的概率密度进行积分来得到。

一般情况下，为减少计算复杂性，先求正确分类率，再求错误分类率：

$$p(e/x) = 1 - p(M/x) \tag{4-6}$$

式中　$p(e/x)$——错误分类率；

　　　$p(M/x)$——正确分类率。

由此可看出，如果把样本归入到后验概率最大的类别中，则分类正确率也是最大的，进而错误率也是最小的。

4.2.2　判别函数分类器设计

1. 判别函数基本概念

要进行模式分类，首先要在对一类事物特征的认知基础上，找到一个有效的分类决策规则，才能够对新的样本正确地分类。例如，已知的样本集分为两类，如果能在特征空间中找到一条类别之间的界限，就可以通过判断待识别的样本位于界限的哪一侧，来确定样本属于哪一类，称该界限为"分类决策边界"。

分类决策边界可用方程 $G(x) = 0$ 表示，将一个待识别样本的特征值 x_0 代入 $G(x)$ 中时，如果

$$G(x) > 0$$

则认为 x_0 位于分类决策边界的正侧，判定 x_0 属于 ω_1 类。如果

$$G(x) < 0$$

则认为 x_0 位于分类决策边界的负侧，判定 x_0 属于 ω_2 类。如果

$$G(x) = 0$$

则认为 x_0 正好位于分类决策边界上，此时无法给出有效的分类决策结果。

因此，对于待分类的样本集，只要找到 $G(x)$，就可以得到一个确定的分类决策规则，$G(x)$ 称为"判别函数"。如图 4-1 所示，如果判别函数是一个线性函数，则称为线性判别函数。线性判别函数及其对应的分类决策规则，就构成了一个"线性分类器"。判别函数的形式可以是线性的或非线性的。图 4-2 显示了一个非线性判别函数：当 $G(x) > 0$ 时，可判别样本 $x \in \omega_1$；当 $G(x) < 0$ 时，可判别 $x \in \omega_2$。

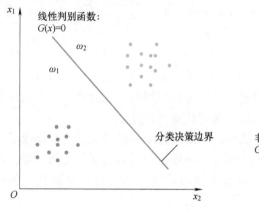

图 4-1　线性分类器　　　　　　　　　　　图 4-2　非线性分类器

非线性判别函数的处理比较复杂，如果决策区域边界可以用线性方程来表达，则决策区域可以用超平面来划分，无论在分类器的学习还是分类决策时都比较方便。

1）如果特征空间是一维的，则线性分类器的分类决策边界就是一个点。

2）如果特征空间是二维的，则分类决策边界就是一条直线。

3）如果特征空间是三维的，则分类决策边界就是一个平面。

4）如果特征空间维度大于三维，则分类决策边界就是一个超平面。

如果有一个样本集，它的各个类别样本的分布区域相交，那么肯定是线性不可分的；如果同一类别样本的分布区域是由不连通的子区域组成的，也会带来线性不可分的问题，这种情形的典型案例就是异或问题。如图 4-3 所示。如果一、三象限的样本同属一类，二、四象限的样本同属另一类，显然就无法用一条线性决策边界来分开两个类，也就是无法使用线性分类器来完成。

如果用一个非线性的判别函数，那么这种样本分类问题就很容易解决了。但是，一般情况下非线性判别函数的形式比线性判别函数复杂，处理起来也没有线性判别函数方便。那么，是否可以考虑，将非线性判别问题转化成线性判别问题呢？

先来看一个例子，如图 4-4 所示。

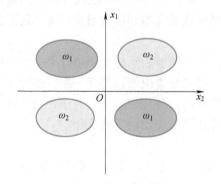

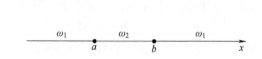

图 4-3　异或问题的线性不可分性　　　图 4-4　一维特征空间中的模式识别问题

有一个一维特征空间中的模式识别问题，两类样本分布情况如图 4-4 所示。显然，这个问题不能直接用线性判别来解决。但是，可以用一个非线性判别函数来建立分类决策规则：

$$G(x) = (x-a)(x-b) \tag{4-7}$$

当 $G(x) > 0$ 时，x 属于 ω_1，当 $G(x) < 0$ 时，x 属于 ω_2。

现在将样本集从一维空间映射到二维空间，即取 $y_1 = x^2$，$y_2 = x$，那么，在二维空间中，判别函数 $G(y) = y_1 - (a+b)y_2 + ab$，由此可看出，非线性判别函数转变成了线性判别函数。

将一个模式识别问题从低维特征空间映射到高维特征空间时，也就将一个非线性分类的问题转化成了一个线性分类的问题，这种方法称为"广义线性化"。

在上面这个例子里，经过向二维空间的映射，原来的整个一维特征空间变换成了二维特征空间中的一条曲线。原来在一维空间中无法通过一个线性判别函数来分类的问题，在映射后的二维特征空间中，可以通过一条线性的分类决策边界（一条直线）来切割这条曲线的方式，实现一个线性分类器。

如果样本集中只包含两类样本，则二分类问题的线性判别函数，就是一个线性的分类决策边界 $G(x) = 0$，把两个类别的样本分开。

如果考虑特征空间的维数，不失一般性，则线性判别函数为

$$G(x) = Wx + w_0 \tag{4-8}$$

式中　$W = (w_1, w_2, \cdots, w_n)^T$ 是每个维度上特征值的系数构成的向量，称为线性判别函数的权向量或参数向量，它决定了线性分类决策边界的斜率，W 的方向与分类决策边界垂直，也称 W 为分类决策边界的法向量；

x——多维的样本特征向量；

w_0——与线性分类决策边界到特征空间原点的距离有关的偏置量。

由线性判别的性质可以发现，一个线性判别函数只能将特征空间划分成两个区域，因此，二分类问题可以直接解决。但是，如果用线性分类器解决多分类问题，那么就需要多个线性判别函数，用二分类问题的组合来确定多分类的分类决策规则，根据一定的逻辑关系构成多分类线性分类器。

2. 线性判别函数的几何意义

根据线性判别函数的基本形式，可以用 $G(x) > 0$ 或者 $G(x) < 0$ 来判别样本位于线性分类决策边界的哪一侧，从而完成对样本的分类决策。当 $G(x) = 0$ 时，该样本位于线性决策边界上，即此时该样本与决策边界的距离为 0。由此可看出，当一个样本距离分类决策边界越远时，判别函数的绝对值也应当越大，也就是说判别函数是样本到决策超平面距离远近的一种度量。

线性判别函数的值，不仅具有正负判别的意义，而且能够表示样本距离分类决策边界的远近。构造判别函数时，尽量使各个类别的样本分布都离分类决策边界远一些，这样可以避免由于数据采集的误差导致分类错误。线性判别函数值的这种几何意义，对于评判线性分类器性能的优劣提供一个标准，也被用于支持向量机等线性分类器的算法优化中。

3. 线性判别函数求解的一般思路

如果给定了一个包含两类样本的样本集，则训练一个线性分类器，即依据样本集中的数据寻找到一条分类决策边界，也就是构造能把两类样本正确分类的权向量 W 和偏置量 w_0。

一般情况下，分类决策边界可以旋转，直到与两类样本的分布区域相切，这代表不同的权向量 W。分类决策边界还可以平移，直到与两类样本的分布区域相切，这代表不同的偏

置量 w_0。因此，最终的解不是唯一解，而是位于一个区域内，称为解区域。

求解一个线性分类器的过程，就是按照某种准则，找到解区域中一个较优解的过程，其一般的思路是：

1）设定一个标量的准则函数，使其值能够代表线性判别函数解的优劣程度，准则函数值越小，说明该线性判别函数解越符合要求。

2）通过寻找准则函数的极小值，就能找到最优的一个线性判别函数解，使准则函数取得极小值的增广权向量 W，就是最优解。

一般在求解线性分类器时，为了避免同时求解权向量 W 和偏置量 w_0 的烦琐，通常将 w_0 统一纳入求解过程，对 n 维的样本特征向量 x 和 n 维的权向量 W 进行增广，转化为 $n+1$ 维。则判别函数 $G_{ij}(x) = W^T x + w_0$ 转化为

$$\begin{cases} G_{ij}(x^{(1)}) = W^T x^{(1)} > 0 \\ G_{ij}(x^{(2)}) = W^T x^{(2)} > 0 \\ \qquad\vdots \\ G_{ij}(x^{(l_i)}) = W^T x^{(l_i)} > 0 \\ G_{ij}(y^{(1)}) = W^T y^{(1)} < 0 \\ G_{ij}(y^{(2)}) = W^T y^{(2)} < 0 \\ \qquad\vdots \\ G_{ij}(y^{(l_j)}) = W^T y^{(l_j)} < 0 \end{cases} \tag{4-9}$$

要使所有样本都被正确地分类，即以上不等式方程组成立。对于第 i 类样本，判别函数值大于 0，对于第 j 类样本，判别函数值小于 0。为了便于编程实现，实际使用时一般将位于分类决策边界负侧的第 j 类所有样本的特征向量乘以 -1，然后求解目标就统一转化为大于 0 的不等式方程组形式。

4.2.3　模糊模式识别算法

在整个模式识别算法体系中，模糊模式识别并不是一类独立的算法。它属于统计模式识别的一部分，是在模糊数学的基础上，将统计模式识别中的特征值表达和分类决策模糊化，从而对各类统计模式识别算法进行改进，提升已有模式识别算法的性能。

模糊数学是一个非常庞大的体系，既包括一些基本概念和基本运算，也包括模糊逻辑、模糊推理、模糊决策、模糊控制等具体的研究内容。本节仅介绍最大隶属度识别法和择近原则识别法两种常用的模糊模式识别算法。

1. 最大隶属度识别法

隶属度函数表达了一个元素对一个集合的隶属程度，在模式识别中，也可以看作一个特征取值对一个类别的隶属程度。因此，可以直接使用隶属度函数来进行模式识别，这称为最大隶属度识别法。

最大隶属度识别法有两种形式：

形式一：设 A_1，A_2，$\cdots$，A_n 是 U 中的 n 个模糊子集，且对每一 A_i 均有隶属度函数 $\mu_i(x)$，x_0 为 U 中的任一元素，若有隶属度函 $\mu_k(x_0) = \max\{\mu_1(x_0)，\mu_2(x_0)，\cdots，\mu_n(x_0)\}$，则 $x_0 \in$ 类 A_k。

形式二：设 A 是 U 中的 1 个模糊子集，$x_1 \sim x_n$ 为 U 中的 n 个元素，若 A 的隶属度函数中，$\mu(x_k) = \max\{\mu(x_1), \mu(x_2), \cdots, \mu(x_n)\}$，则 A 属于 x_k 对应的类别。

2. 择近原则识别法

最大隶属度识别法是将类别或者样本模糊化表达，并基于隶属度函数值的大小来做出分类决策。算法虽然看起来简单，但困难的是确定准确的隶属度函数值。

在进行分类时，常用的一个准则是"最近邻规则"，就是把样本划分到距离最近的样本所代表的类，或者是最近的某一个类别中（此时需要用某种方法计算待识别样本到一个类别的距离，例如用类别的重心来进行距离计算）。这种基于模糊数学理论对最近邻规则分类方法的改造，称为"择近原则识别法"。

择近原则识别法的定义是：

设 U 上有 n 个模糊子集 $A_1, A_2, \cdots, A_n$ 及另一模糊子集 B。若贴近度

$$\sigma(B, A_i) = \max_{1 \leq j \leq n}(\sigma(B, A_j)) \tag{4-10}$$

则称 B 与 A_i 最贴近，此时可判决 $B \in A_i$ 类，该方法称为择近原则识别法。

在择近原则识别法中，样本和类都用模糊子集来表示，取值范围 U 中的每个元素代表了一个特征维度，而隶属度函数值表达了样本或类在某一个特征维度上具有某种特定取值的程度，可以用特征值对"标准值"的偏差来计算得到。在样本和类别都用模糊子集来表示时，贴近度是两个模糊子集间互相靠近的程度，也可以认为是两个模糊子集之间的距离或相似度的度量。理想的贴近度应当具有如下性质：

1）模糊子集和自己的贴近度是最高的，即

$$\sigma(A, A) = 1 \tag{4-11}$$

2）贴近度是个大于或等于 0 的标量，贴近度的取值范围是闭区间 $[0, 1]$，即

$$\sigma(A, B) = \sigma(B, A) \geq 0 \tag{4-12}$$

3）若对任意 $x \in U$，满足条件

$$\mu_A(x) \leq \mu_B(x) \leq \mu_C(x) \tag{4-13}$$

或

$$\mu_A(x) \geq \mu_B(x) \geq \mu_C(x) \tag{4-14}$$

则有

$$\sigma(A, C) \leq \sigma(B, C) \tag{4-15}$$

这个性质可以看作传统距离定义中三角不等式在模糊子集贴近度计算中的体现。

满足以上性质的贴近度定义很多，因此在不同的实际问题求解中，贴近度的值不具有绝对的意义，不能直接相互比较。

4.3　聚类分析

聚类是按照一定的规则对事物进行分类的过程。在该过程中没有关于类别的先验知识，仅将事物之间的相似性作为类别划分的准则，并且同一类中样本的相似性大，不同类中样本的相似性小。

4.3.1　聚类的概念

聚类是指在模式空间 S 中，给定 N 个样本，按照样本间的相似程度，将 S 划分为 k 个决

策区域 $S_i(i=1,2,\cdots,k)$ 的过程，该过程使得每个样本均能归入其中一个类，且不会同时属于两个类。即

$$S_1 \cup S_2 \cup S_3 \cup \cdots \cup S_k = S, S_i \cap S_j = 0, i \neq j \tag{4-16}$$

从该定义中可以看出，聚类关注的是样本集整体，是对整个样本集的划分，而分类关注的是具体样本。聚类就是把样本集中的样本按照其相似程度划分成不同的类别。聚类所依赖的样本集是没有预先分好类的，无法从中得到每个类别的先验知识，聚类完全由样本集的内在特性和样本集所蕴含的内在规律来驱动。正因为聚类完全是数据驱动的，所以聚类结果必然呈现多样化的特点。概括起来，数据聚类具有以下两大特点：

1）聚类结果会受到特征选取和聚类准则设定的影响。例如有一组动物：{蝙蝠，羊，海豚，鸟，蛇，鱼}。

如果选择的聚类特征是繁殖方式，那么聚类的结果为：{鸟，蛇，鱼} 是卵生生物，而{蝙蝠、羊、海豚} 是胎生生物。

如果选择的聚类特征是生活环境，那么聚类的结果为：{鸟，蝙蝠} 在空中生活，{鱼，海豚} 在水中生活，{羊，蛇} 在陆地上生活。

所以，对于同一个样本集，选择不同的特征以及不同的聚类准则，可以得到完全不同的聚类结果。

2）聚类结果会受到相似度度量标准的影响。不同的特征维度量纲标尺对聚类结果的影响，实际上是在不同量纲标尺下特征取值大小出现了差异，在计算相似度时，相当于不同类型的特征被赋予了不同的权重，即取值越大的特征维度，在相似度计算中影响就越大。但是通常情况下，并不希望在不同类型的特征之间出现数据权重的差异（除非是由于模式识别任务自身的要求，人为赋予不同特征不同的权重）。所以，需要在进行数据预处理的过程中，消除这种量纲标尺带来的不良影响。而最常用的方法就是归一化。

所谓归一化，可以简单理解为将所有特征值按样本集中的实际取值范围统一调整到一个消除了量纲标尺影响的取值区间中，例如，以实际取值减去最小取值，除以实际的取值区间（最大取值减最小取值），就可以将特征值统一调整到 [0，1] 的区间中：

$$x' = \frac{x - x_{\min}}{x_{\max} - x_{\min}} \tag{4-17}$$

当然，这是一种非常简单的归一化方法，在实际使用时也会使用其他归一化方法，以将特征值分布等其他因素考虑进去。另外，是否进行量纲尺度的标准化，也要根据样本集的具体情况决定。例如，在某些聚类任务中，某些特征确实应该具有比其他特征更大的权重，若进行归一化处理反而会造成聚类结果变差。

4.3.2　聚类流程

聚类分析是指事先没有待分类样本中的每一个样本的类别或者其他先验知识，仅依据样本的特征，利用某种相似性度量的方法，把特征相同或相近的归为一类，从而实现聚类划分，并满足同一类中样本的相似性大，不同类中样本的相似性小。

完整的数据聚类过程如图 4-5 所示，一般包括：特征选择、确定相似度准则、构造聚类准则、选择聚类算法，以及评估聚类结果。

图 4-5　数据聚类流程

1. 特征选择

特征的选择是数据聚类首先要确定的问题，因为样本集中的样本可能具有维度数量巨大的不同特征，而选择哪些特征作为聚类特征来使用，会直接影响到聚类的结果。

具体来说，聚类中特征的选定，要考虑以下一些因素：

1）聚类任务自身的需求。即哪些特征是任务本身所关注的。

2）在特征中选择对聚类最有效的特征。要使得采用这些特征完成聚类后，聚类的结果比较理想。

3）特征的数量和计算复杂度。尽量减少维度，提高聚类算法的效率，这是选定聚类所使用的特征时必须重视的一个问题。

2. 确定相似度准则

确定相似度的度量标准，一方面要考虑样本间的相似度如何度量，另一方面也要考虑不同类间的相似度如何度量。

1）样本间的相似度度量。计算两个样本间的相似度最常用的是各种距离度量，包括曼哈顿距离、欧几里得距离（欧氏距离）、明考夫斯基距离（明氏距离）、切比雪夫距离（切氏距离）等。也可以采用非距离度量来表达相似度，例如在结构模式识别中的情况。

曼哈顿距离又称为棋盘格距离，是指各个维度上的特征值差的总和。欧氏距离是指特征空间中两点间的直线距离。明氏距离是欧氏距离的扩展，当 $q=2$ 时，就是欧氏距离。切氏距离又称为"最大值距离"，是各个维度上的特征值差的最大值。

曼哈顿距离：

$$d_{ij} = \sum_{k=1}^{n} |x_{ik} - x_{jk}| \tag{4-18}$$

欧几里得距离：

$$d_{ij} = \sqrt{\sum_{k=1}^{n} (x_{ik} - x_{jk})^2} \tag{4-19}$$

明考夫斯基距离：

$$d_{ij}(q) = \left(\sum_{k=1}^{n} |x_{ik} - x_{jk}|^q \right)^{1/q} \tag{4-20}$$

切比雪夫距离：

$$d_{ij}(\infty) = \max_{1 \le k \le n} |x_{ik} - x_{jk}| \tag{4-21}$$

2）类间的相似度度量。在确定了两个样本间的相似度度量标准的基础上，确定两个类之间的相似程度有以下方法：

最短距离：两类中相距最近的两样本间的距离，即

$$D_{m,n} = \min\{D(x_i, y_j)\}, x_i \in \omega_m, y_j \in \omega_n \tag{4-22}$$

最长距离：两类中相距最远的两样本间的距离，即

$$D_{m,n} = \max\{D(x_i, y_j)\}, x_i \in \omega_m, y_j \in \omega_n \tag{4-23}$$

重心距离：两类的均值点（重心）间的距离，即

$$D_{m,n} = D_{m_i,m_j} \tag{4-24}$$

式中　m_i——类 m 的重心；

　　　m_j——类 n 的重心。

类平均距离：两类中各个元素两两之间的距离相加后取平均值，即

$$D_{mn} = \frac{1}{N_m N_n} \sum_{\substack{i \in m \\ j \in n}} d_{ij} \tag{4-25}$$

式中　N_m，N_n——类 m、类 n 中的元素个数。

3. 构造聚类准则

构造聚类准则，也就是说，怎样来判定哪些样本应该聚到一个类中。聚类的准则决定了聚类的方向和对聚类结果的评价。常用的聚类准则有以下几种：

1）紧致性准则。紧致性准则是指聚类结果要满足紧致性的要求。紧致性准则是所有聚类都要满足的概念性基本准则，但它无法直接进行计算。

2）散布准则。样本集中所有样本之间的相互距离可以构成散布矩阵，它可以分解为类内散布矩阵和类间散布矩阵，分别代表了属于同一类的样本间的距离和属于不同类的样本间的距离。散布准则以散布矩阵为基础，构造准则函数，使得准则函数取得极值时，类内平均距离最小，类间平均距离最大，因此能从数学上较好地反映紧致性要求。

3）误差平方和准则。误差平方和准则是指聚类结果要满足每个样本与各自所属的类的重心之间的误差的平方和最小，即准则函数可写为

$$\min J = \sum_{i=1}^{c} \sum_{x \in \omega_i} \| x - m_i \|^2 \tag{4-26}$$

误差平方和准则具有明确的几何意义，计算简单，但在各类样本的数量相差很大的时候可能与紧致性要求不完全一致。

4）分布形式准则。分布形式准则不仅考虑紧致性，而且考虑各类别应当具有的分布形式，以便和客观情况相吻合，或使得分类器的结构得以简化。

4. 选择聚类方法

聚类分析需要用数学的方法研究和处理给定对象的分类过程。因此，选择合适的聚类方法，对提高聚类的效果非常重要。常用的聚类方法可以分为以下几个类别：

1）试探聚类法。该方法属于直接处理算法，依次处理每个样本，得到聚类结果，但由于在对每个样本进行聚类处理时，无法获知和利用还未处理的其他样本的信息，因此无法保证得到的聚类结果对所选定的聚类准则而言是最优的。

2）层次聚类法。该方法是将样本集中的所有样本按照层次组成聚类树，在每一级上都分析可能的各种聚类方式，按照最符合聚类准则的聚类方式完成聚类。层次聚类既可以实现完整的聚类层级，也可以实现未知类别数的最优聚类。

3）动态聚类法。该方法又称为迭代法聚类，它不是一次性完成聚类，而是根据准则函数不断动态调整聚类结果，直至达到最优的聚类指标。

4）密度聚类法。该方法以样本分布密度的变化来完成聚类，使得围绕一个密度中心的样本都能聚到同一个类中。

5. 评估聚类结果

由于数据聚类是数据驱动的无监督学习方式，因此，聚类结果必然呈现多样化的特点。

对于聚类结果是否达到了聚类的任务目标，无法通过已知的训练集来检验，必须通过一些评价指标来评估，并在聚类结果评估的基础上调整聚类参数和聚类过程，以达到更好的聚类效果。

在评估聚类结果时，可参照以下内容进行考察：

1）聚类得到的各个类别分布是否合理。

2）聚类结果是否能发现和适应样本集的样本分布特点。

3）是否存在大量的孤立样本或边界样本。

4）聚类过程是否需要大量的人工干预。

5）聚类后是否便于发现样本集中的分类规则，建立决策边界。

4.3.3 聚类算法

1. 最近邻规则聚类算法

最近邻规则聚类算法的基本思想是：首先设定初始的聚类中心，然后依次处理各个样本，按照约定的聚类准则，将该样本归入已有类别，或者建立新的类别，当处理完所有样本后就完成了全部数据聚类。如图 4-6 所示，该算法的基本过程如下：

第一步：首先选取一个阈值 T，然后任取一个样本作为初始聚类中心，如 $Z_1 = x_1$。

第二步：选取下一个样本 x_2，计算 x_2 到初始聚类中心 Z_1 的距离 d_{21}，若 $d_{21} \leqslant T$，则将样本 x_2 归入以 Z_1 为中心的类；若 $d_{21} > T$，则将 x_2 作为新的类的聚类中心 Z_2。

第三步：继续选取样本 x_i，分别计算 x_i 到现有各个聚类中心 Z_j（$j = 1, \cdots, k$）的距离 d_{ij}，如果对于所有的 $d_{ij} > T$，则将 x_i 作为第 $k+1$ 个聚类中心 Z_{k+1}；否则，将 x_i 归入距离最近的聚类中心所属的类中。

以此类推，直至全部样本分到对应的模式类中。

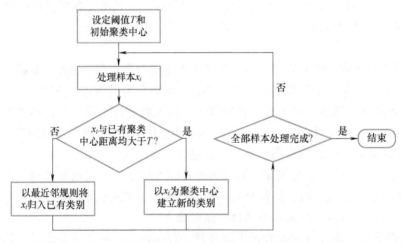

图 4-6　最近邻规则聚类算法

该算法本质上是设定了每类中样本距离该类中心距离的最大容许值 T，聚类结果中所有类内的样本与类中心的距离都在以 T 为半径的范围内。该算法的分类性能主要受到几方面因素的影响：①聚类中心的选择；②待分类模式样本的排列顺序；③阈值 T 的取值大小；④样本分布的几何性质等。

基于最近邻规则的聚类算法仅仅依靠阈值 T 来决定各个聚类中心，T 是一个预先设定的常数，不能根据样本集中样本的分布情况进行动态调整。而且，如果一个样本已经划归到某一类中之后，就无法再删除或调整，因此导致最后的结果不能保证满足误差平方和最小的准则。

2. 最大最小距离规则聚类算法

最大最小距离规则聚类算法在最近邻规则聚类算法的基础上，从样本集全局性考虑，考察样本间距离大小的相对性，因此在聚类中心的确定上有更强的适应能力。该算法的具体流程如下：

1）样本集中任取一个样本作为第一个聚类中心，如 $Z_1 = x_1$。

2）计算样本集中其余样本到 Z_1 的距离 D_{i1}，取 D_{i1} 最大的样本作为第二个聚类中心 Z_2；并将 Z_1 和 Z_2 之间的距离记为 D_{12}。

3）计算剩余样本中的一个样本到目前已有聚类中心的距离，取其最小值，记为 $D_{\min}$。

4）将所有剩余样本的 $D_{\min}$ 计算出来，找到其中的最大值 $\max(D_{\min})$，如果满足 $\max(D_{\min}) > \sigma D_{12}$，$(0 < \sigma < 1)$，则取对应样本为新的聚类中心；如果 $\max(D_{\min}) < \sigma D_{12}$，则基于最近邻规则将剩余样本归入已有聚类中心代表的类别中。

5）重复这个流程，直到所有聚类中心都找出来。

最后，再将所有样本按最近邻规则分配到最近的聚类中心所代表的类中。

最大最小距离规则聚类算法是将聚类中心寻找和样本聚类分成两个独立的步骤来进行，第一步以初始聚类中心和距它最远的样本之间的距离为标准，来寻找出所有彼此间足够远的样本作为各类的聚类中心，第二步再依据最近邻规则对样本进行归类。

最大最小距离规则聚类算法的结果与参数 σ 及第一个聚类中心的选择有关（第一个聚类中心越靠近整个样本集的边缘，获得的聚类结果紧致性会越好）。如果没有先验知识指导 σ 和 Z_1 的选取，可适当调整 σ 和 Z_1，比较多次试探聚类结果，选取最合理的一种聚类。

3. 动态聚类算法

动态聚类算法属于迭代算法，如图 4-7 所示，通过反复修改聚类结果进行优化，以获得最满意结果。

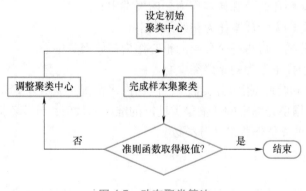

图 4-7 动态聚类算法

动态聚类算法首先随机选取 c 个初始点为聚类中心，对样本集进行初始分类。然后判定分类结果是否满足分类要求，即判定其是否能使事先约定的准则函数取得极值：如果能，聚类算法结束；如果不能，更新聚类中心，重新进行分类，并重新进行判定。

k 均值聚类算法是一种非常典型的动态聚类算法，如图 4-8 所示，针对分类数已知（ $=k$ ）的聚类问题，k 均值聚类算法的流程为：

1）选取 k 个样本点为初始聚类中心，记为 Z_1，Z_2，$\cdots$，Z_k，迭代序号 $m=1$。

2）使用最近邻规则将剩余所有样本分配到各聚类中心所代表的 k 类 $\omega_c(c=1, 2, \cdots, k)$ 中，各类所包含的样本数为 N_c。

3）计算各类的重心（均值向量），并使该重心为新的聚类中心，因为在该过程中要计算 k 个类中的样本均值，故称作 k 均值算法。

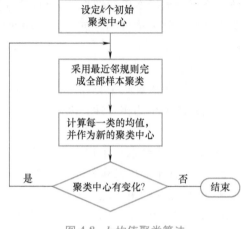

图 4-8 k 均值聚类算法

4）如果 $Z_i(m+1) \neq Z_i(m)$，表示尚未得到最佳聚类结果，返回步骤 2），继续迭代计算。

5）如果 $Z_i(m+1) = Z_i(m)$，迭代过程结束，此时的聚类结果就是最优聚类结果。

从 k 均值聚类算法的流程和结果可以看出：

1）k 均值聚类算法在对样本分类时，采用的是最近邻规则，同时其各类的聚类中心是该类样本的重心，因此其聚类准则是误差平方和准则，聚类目标是误差平方和最小。

2）理论上可以证明，k 均值聚类算法是收敛的，其最终聚类结果收敛于一个确定的解。但是需要注意的是：算法不一定会收敛到唯一一个最优解上。

3）k 均值聚类算法的聚类结果虽然收敛，但并不确定。首先类别边界处的样本一旦被随机分到某一个类中，会使得该类的重心更靠近它，增强这种分类方式的牢固性。其次，k 均值分类的结果还受到事先设定的聚类数 k、初始聚类中心和样本分布情况的影响。

k 均值聚类的初始聚类中心不会严重地影响最终聚类的整体结果，但是会影响到聚类算法收敛速度的快慢和边界样本的最终归属类别。因此，需要对初始聚类中心进行选择。常用的选择方法有以下几种：

1）选择几何意义明显的特殊样本作为初始聚类中心。

2）选择距离最远的 k 个样本作为初始聚类中心。

3）先进行随机分类，再将每个分类的重心作为初始聚类中心。

4）随机选择 k 个样本作为初始聚类中心。

k 均值聚类算法需要预先指定分类数 k，但在许多情况下，并不确定样本集能够聚成几类，通常情况下，根据事先确定的评估聚类性能的准则函数值，计算不同分类数 k 下聚类效果取使聚类效果较好的 k 值作为最佳分类数。

4.3.4 聚类的应用

随着人工智能技术和计算机硬件算力的不断发展，各个领域的数据越来越繁杂庞大。前面介绍了数据聚类的概念、特点和主要聚类算法，那么，数据聚类可以用来做什么呢？从总体上来说，数据聚类可以辅助实现以下几个方面的目标：

1）数据聚类是无监督学习，它是从数据中去学习类别划分的知识，因此，聚类的基本功能就是去主动挖掘数据中隐藏的知识和规律，解释样本间的内在联系。

2）当面对一个非常庞杂的数据集时，对数据整理使之形成良好的数据组织结构，可以为后续的数据利用奠定良好的基础，而数据聚类正好能以数据之间的内在关联为依据，自动完成这一任务。

3）如果要训练一个分类器完成指定的模式识别任务，往往需要一个包含各个类别大量数据的训练集，而得到这个训练集的方式，就需要对采集到的样本进行类别标注，标注的方法可以是人工的，也可以是自动完成的，聚类算法能够实现样本集样本的初始划分，为分类器后续学习过程的启动准备好初始数据，这也是"无监督学习"为"有监督学习"做出的贡献。

4）数据聚类也常常用于样本集的简化，即通过聚类将相似度比较高的样本数据进行合并或删减，或用典型的样本来代替非典型的样本，以大幅度减少样本集中的样本数量，降低问题求解的复杂度。

数据聚类的应用领域非常广泛，在经济领域，可用于对客户群进行分类，发现最优价值的客户群；在信息检索领域，可用于对相似检索结果的合并，减少检索返回量；在生物领域，可用于基因分析和生物的分类；在数据处理领域，可用于对数据进行自动标注，从大量数据中挖掘知识，或者进行数据集简化；等等。

4.4　模式识别应用

模式识别技术作为人工智能领域的一个重要组成部分，其应用领域越来越广泛。例如建立在图像识别基础上的车牌自动识别技术是一种改变多个行业的智能技术，极大地促进了人类生活方式的革命性发展。

4.4.1　在车牌识别中的应用

车牌识别技术是在城市间车辆大幅增加、交通拥堵问题日趋严重、智能交通需求日益迫切的形势下应运而生的。车牌识别技术为实时交通带来便捷，极大地提高了道路交通能力和管理效率。车牌识别技术是指针对实时收集的车辆图像，对其车牌上的字符进行自动识别的技术。它利用图像处理技术对摄像机采集到的车辆图像进行图像预处理，通过车牌定位找出图像中车牌所在位置，然后对车牌上的字符进行分割，最后利用模式识别相关理论和技术对分割后的字符进行一一识别，识别出车辆对应的车牌字符。目前国内外车牌字符识别方法主要包括基于模板匹配的算法、基于统计学习的算法和基于神经网络的算法等。

整个车牌识别技术的实现过程主要包括车辆检测、车牌定位、车牌字符分割和车牌字符识别四个环节，四个环节并非独立进行，每一个环节的结果对后一环节的准确性都会产生较大影响。

1）车辆检测。车辆检测是指利用图像处理技术将车辆从背景图像中提取出来，主要方法包括帧间差分法、背景差分法、光流法等。

2）车牌定位。车牌定位是指根据车牌图像的特征，确定车牌在识别区域的位置并将其分割出来，主要方法包括基于车牌形状特征的车牌定位方法、基于车牌灰度图像的定位方法、基于车牌彩色边缘检测的定位方法等。

3）车牌字符分割。车牌字符分割是指将车牌号码中的单个字符准确地切分出来，主要方法包括投影法、聚类分析法、模板匹配法等。

4）车牌字符识别。车牌字符识别即对分割出的车牌字符（汉字、字母、数字）进行识别，主要方法包括模板匹配法、贝叶斯网络、支持向量机等。

车牌识别技术作为道路管理系统中的一个重要部分，在人类实际生活中有着越来越广泛的应用。例如，①车辆出入管理，即通过公路的入口和出口检测，实现不停车收费，还可以通过识别出来的车牌号自动查询车辆是否按时缴纳相关费用，是否通过年检等信息；②超速检测，即当车辆超速行驶时，可以通过车牌识别系统提取车牌号图像和字符信息，作为违章处罚的依据；③检测车流，即通过识别出的车牌图像获得某段时间内的车流量及密度，尤其在车流高峰时期，通过分析相关车流数据实现分散车流、疏导交通等；④居民小区及单位的车辆安全管理；等等。

4.4.2　在医疗图像识别中的应用

医疗图像识别技术是指使机器代替一部分医生的工作，对医疗器械获取的数据（如超声图像，CT 片、X 光片等）进行分析和处理，自动地提取与识别一些人眼无法捕捉的特征，在一个抽象的维度完成分类工作，进而实现自动识别和诊断，作为对医生诊断工作的辅助，降低医生对医疗图像数据的识别工作量，也可以提高患者与医生的远程交流和互动的效率。

1983 年，国际上成功举办了主题为"国际医学图像计算机辅助诊断"的学术会议，这一重要事件标志了医疗图像计算机辅助诊断成为一门正式学科领域。此后，国内外学者提出了一系列的关于医学图像特征和图像纹理的提取以及分类方法和技术，主要从组织纹理特征的提取、选择、图像分类以及深度学习方法上实现了对医疗图像的自动化分析和处理。

目前，医疗图像识别技术已广泛应用于良性或恶性肿瘤、脑功能与精神障碍、心脑血管疾病、乳腺癌等重大疾病的临床辅助筛查、诊断、分级、治疗决策，以及引导、疗效评估等方面。医疗图像分类与识别、定位与检测、组织器官与病灶分割是当前医疗图像模式识别的主要研究方向。

4.4.3　在农业生产中的应用

现代科技的发展为农业生产能力的发展和提高带来了强大动力，在农业生产过程中采用计算机视觉和模式识别技术能够在相同的时间和自然条件下，辅助农业生产人员完成更多更复杂的工作和任务。

1）在播种季节，利用计算机视觉的图像分析技术可以对农作物种子进行分析筛选，区别种子的种类，判别种子的好坏程度，以此来检定种子的价值，从源头上确保农作物的收成。

2）在生长阶段，农作物需要足够的水分和营养才能够苗壮成长。通过计算机视觉和模式识别技术，能够分析出农作物的生长状况，以及需要补充的水量和营养成分。农业生产人员根据分析结果精准补充水分和营养，既可以避免农作物营养过剩危险，又可以避免资源浪费。

3）在日常的农业生产工作中，防虫除草工作是非常重要的，也是最令农业生产人员头疼的问题。通过计算机的成像功能和对杂草以及病害虫的精准识别，能够精准确定所选区域所需要的药量，在避免过量药物导致农产品受损的同时，可以做到搜寻、识别、定量、喷洒一系列的自动化工作。

4）在农作物收获季节，可以利用收割、采摘等专用机器人实现自动收获、传送、运输，并采用模式识别技术判断农产品的质量好坏，分成三六九等，解决农产品评级分类问题，确保所生产销售的农作物的质量。

✎ 思考题与习题

4-1　填空题

1）根据样本特征的属性不同，特征空间可分为不同的类型：（　　）、（　　）。

2）对于分类器的"学习"，根据训练样本集是否有类别标签，可以分为（　　）和（　　）。

3）针对不同的识别对象和不同的分类目的，可以使用不同的模式识别理论或方法，目前主要的模式识别方法有三种：（　　）、（　　）和（　　）。

4）为使特征能够代表对象，且便于实际操作和算法实现，并使分类结果真实可靠，要求所选用的特征应满足五个条件，分别是：（　　）、（　　）、（　　）、（　　）和（　　）。

5）完整的数据聚类过程一般包括：（　　）、（　　）、（　　）、（　　）和（　　）。

6）计算两个样本间相似度最常用的是各种距离度量，包括（　　）、（　　）、（　　）和（　　）。

7）常用的聚类准则有四种，分别是（　　）、（　　）、（　　）和（　　）。

8）常用的聚类方法有四类，分别是（　　）、（　　）、（　　）和（　　）。

4-2　试解释如下术语：模式识别、特征、特征空间、模式、样本、有监督学习、无监督学习。

4-3　模式识别的三大核心问题是什么？

4-4　简述模式识别的主要过程。

4-5　模糊模式识别的基本思想和基本理论是什么？

4-6　试分析最小误判概率准则和最小损失判决准则的应用场景。

4-7　试写出线性判别函数判别的一般步骤。

4-8　影响简单聚类算法结果的主要因素有哪些？

4-9　试写出动态聚类算法的基本流程。

4-10　简单说明数据聚类可以辅助实现哪些目标。

4-11　试举例说明模式识别的应用场景及其应用过程。

参考文献

[1] WANG B, QI G, FENG XX, et al. Recommendation strategy using expanded neighbor collaborative filtering [C] //Proceedings of the 36th Chinese Control Conference. Dalian：Technical Committee on Control Theory, Chi-

nese Assoc. of Automation，2017.

[2] 蒋竺芳．端到端自动语音识别技术研究［D］．北京：北京邮电大学，2019.

[3] 张学工．模式识别［M］．3 版．北京：清华大学出版社，2010.

[4] 杨淑莹，郑清春．模式识别与智能计算——MATLAB 技术实现［M］．4 版．北京：电子工业出版社，2019.

[5] 周润景．模式识别与人工智能（基于 MATLAB）［M］．北京：清华大学出版社，2018.

[6] 文铭．基于深度神经网络的语音识别前端处理［D］．合肥：中国科学技术大学，2019.

[7] 王泽．基于计算听觉场景分析的语音增强研究［D］．北京：北京邮电大学，2019.

[8] 陈文．基于 Resnet 的胃癌病理切片识别与癌变区域分割［D］．北京：北京工业大学，2019.

[9] 胡卉．基于迁移学习的女性癌症医疗图像识别应用研究［D］．天津：天津工业大学，2019.

[10] 谢延昭．基于 U-net 的医疗图像识别系统的设计与实现［D］．武汉：华中科技大学，2019.

[11] 贾迪．特定环境下新能源汽车车牌识别算法研究［D］．长春：吉林大学，2018.

[12] 吴新．基于深度学习的视网膜病变光学相干断层图像识别［D］．广州：广东工业大学，2018.

[13] 姜云鹏．面向医疗图像诊断的迁移学习策略［D］．长春：吉林大学，2018.

[14] 孟以爽．基于深度学习的医疗图像识别［D］．上海：上海交通大学，2018.

[15] 陆梦驰．医疗图像识别方法研究［D］．长沙：国防科技大学，2017.

[16] 邱薇．基于 GABP 神经网络的车牌字符识别研究［D］．长春：吉林大学，2018.

[17] 黄正国．基于车牌识别数据的车辆出行特征研究［D］．成都：西南交通大学，2019.

[18] 刘诚然．基于深度学习的远场语音识别技术研究［D］．郑州：战略支援部队信息工程大学，2019.

[19] 秦继丹．面向终端硬件的智能语音识别及其应用研究［D］．成都：电子科技大学，2019.

[20] 卢艳．基于神经网络与注意力机制结合的语音情感识别研究［D］．北京：北京邮电大学，2019.

[21] 曾剑飞．低信噪比条件下的语音端点检测算法研究［D］．广州：华南理工大学，2019.

[22] 高琪，辛乐．基于用户偏好度模型和情感计算的产品推荐算法［C］//中国自动化学会控制理论专业委员会第二十九届中国控制会议论文集．北京：中国自动化学会，2010：3056-3061.

[23] ISLAM K T, RAJ R G, ISLAM S M S, et al. A Vision-based machine learning method for barrier access control using vehicle license plate authentication［J］. Sensors（Basel, Switzerland），2020, 20（12）：1-18.

[24] MA W Y, FIVEASH A, MARGULIS E H. Song and infant-directed speech facilitate word learning［J］. Quarterly Journal of Experimental Psychology，2020, 73（7）：1036-1054.

[25] KHAN S, HUSSAIN S, YANG S K. Contrast enhancement of low-contrast medical images using modified contrast limited adaptive histogram equalization［J］. Journal of Medical Imaging and Health Informatics，2020, 10（8）：1795-1803.

[26] GAO R Q, HUO Y K, BAO S X. Multi-path x-D recurrent neural networks for collaborative image classification［J］. Neurocomputing，2020, 397：48-59.

[27] 兰欣，卫荣，蔡宏伟，等．机器学习算法在医疗领域中的应用［J］．医疗卫生装备，2019, 40（3）：93-97.

[28] 胡倬诚．浅析神经网络在医疗图像中的应用［J］．科技传播，2019, 11（4）：135-137.

[29] 田净雯，张雄，胡珺，等．图像识别在医疗领域中的应用［J］．上海医药，2019, 40（3）：12-54.

[30] 谈笑．基于 BP 神经网络的医疗废物识别与分类研究［J］．电子设计工程，2019, 27（24）：6-10.

[31] 陈丽媚，张学娜，易向东．基于 Arduino 的 AI 语音识别智能音箱设计［J］．科学技术创新，2020（19）：57-58.

[32] 郭川玉，苏一敏．基于 BLSTM 的语音识别解码优化算法探讨［J］．科学技术创新，2020（18）：86-87.

[33] 张帆，王晓东，郝贤鹏．基于边缘特征的智能车辆字符识别［J］．自动化与仪器仪表，2020（6）：

11-20.

[34] 熊双良．公交车牌电子化在智能交通系统中的应用探究 [J]．智能建筑与智慧城市，2020 (6)：78-80.

[35] 林云．基于 OpenCV 的车牌识别系统设计与实现 [J]．物联网技术，2020, 10 (6)：22-25.

[36] 陈政，李良荣，李震，等．基于机器学习的车牌识别技术研究 [J]．计算机技术与发展，2020, 30 (6)：13-18.

[37] 张建国，齐家坤，李颖，等．倾斜图像的车牌识别方法研究 [J]．机械设计与制造，2020 (6)：58-65.

[38] 王燕，张继凯，尹乾．基于 Faster R-CNN 的车牌识别算法 [J]．北京师范大学学报 (自然科学版)，2020, 56 (5)：647-653.

[39] 范九伦．模式识别导论 [M]．西安：西安电子科技大学出版社，2012.

第 5 章　机器学习及其应用

导　读

主要内容:

本章为机器学习及其应用,主要内容包括:

1)机器学习基本思想、发展历史、工作流程,以及算法分类。

2)监督学习、无监督学习和强化学习的基础理论。

3)深度学习基础知识,包括感知器和多层感知器,以及浅层神经网络和深度神经网络的基本架构。

4)深度学习基本原理,包括卷积神经网络、循环神经网络和生成对抗网络的基本概念和基础知识。

5)机器学习的三个典型应用。

学习要点:

掌握机器学习的基本思想、算法分类,浅层神经网络和深度神经网络的基本思想,反向传播的工作原理,以及深度学习的基本原理和结构。熟悉机器学习的工作过程,监督学习、无监督学习和强化学习模型,卷积神经网络、循环神经网络和生成对抗网络的典型架构。了解机器学习发展历史和应用场景。

5.1　机器学习概述

通俗理解,机器学习(Machine Learning, ML)是设计和分析让计算机可以自动"学习"的算法的理论与技术,是继专家系统之后人工智能研究的又一重要领域,也是神经计算的核心研究课题之一。

机器学习研究如何使计算机可以像人一样"从经验中学习",蕴含了某种知识的数据是机器学习的基础。机器学习算法让计算机利用历史数据训练出一个具有某种决策能力的模型,达到使机器(实际上是程序)具有某种智能的目的。借助机器学习,人们可以开发出能够自主决策的智能系统。例如,用大量的人脸图片训练机器获得识别人脸的能力,或者用大量标注了姓名的人脸图片训练机器获得识别人的身份的能力。机器学习使计算机无须显式编程即可学习，从数据中学习、识别模式，或以较少的人工干预做出决策。

在没有机器学习这个概念之前，机器学习的算法和思想已经开始萌芽，众多优秀的科学家在推动机器学习发展中做出了巨大的贡献。1949 年，唐纳德·赫布（Donald Hebb）提出了赫布理论，解释了学习过程中大脑神经元所发生的变化，这标志着机器学习迈出的第一步。1950 年，阿兰·图灵（Alan Turing，被誉为计算机科学与人工智能之父）在关于"图灵测试"的文章中提及了机器学习的概念。1952 年，IBM 公司的亚瑟·塞缪尔（Arthur Samuel，被誉为"机器学习之父"）设计了一款具备学习能力的西洋跳棋程序，它能够通过观察棋子的走位构建新的模型，用来提高下棋技巧。塞缪尔和这个程序进行多场对弈后发现，随着时间的推移，程序的棋艺变得越来越高。塞缪尔用这个程序推翻了以往"机器无法超越人类，不能像人一样写代码和学习"这一传统认识，并在 1956 年正式提出了"机器学习"概念。他认为："机器学习是在不直接针对问题进行编程的情况下，赋予计算机学习能力的一个研究领域。"

随着机器学习的发展，其内涵和外延也在不断变化。机器学习涉及广泛的领域和应用，不同的科学家从不同的角度定义了"机器学习"。例如，卡耐基梅隆大学的教授汤姆·米歇尔（Tom Mitchell）将机器学习定义为：对于某类任务（Task，T）和某项性能评价准则（Performance，P），如果计算机程序在 T 上，以 P 作为性能的度量，随着经验（Experience，E）的积累，不断自我完善，则称这个计算机程序从经验 E 中进行了学习。支持向量机的主要提出者弗拉基米尔·万普尼克（Vladimir Vapnik）将机器学习定义为：机器学习是一种基于经验数据的函数估计问题。斯坦福大学特雷弗·哈斯蒂（Trevor Hastie）认为，机器学习是提取重要的模式和趋势，理解数据的内涵表达。可以看出，上述这些定义从不同角度对机器学习的内涵给出了不同的理解。

机器学习是预测未来或分类信息以帮助人们做出某些决策的技术，它专门研究计算机怎样模拟或实现人类的学习行为，以获取新的知识或技能，或者重新组织已有的知识结构使之不断改善自身的决策性能。机器学习算法通过实例进行训练，从过去的经验中学习，并分析历史数据。因此，当一次又一次地训练实例时，机器学习能够识别模式，以便对未知（新）实例做出预测。因此，机器学习可以理解为是一种对数据进行分析的方法，它能够利用一些分析模型，基于已有结果提高现有模型的性能。

5.1.1　机器学习发展历史

1. 奠基时期

1950 年，阿兰·图灵提出了著名的"图灵测试"，用于判断计算机是否具有智能。"图灵测试"认为，如果一台机器能够与人类展开对话而不能被辨别出其机器身份，那么称这台机器具有智能。

1952 年，IBM 科学家亚瑟·塞缪尔开发的跳棋程序，推翻了普罗维登斯（Providence）提出的机器无法超越人类的论断，首次提出了"机器学习"这一术语，并将其定义为：可以提供计算机能力而无须显式编程的研究领域。

2. 瓶颈时期

从 20 世纪 60 年代中至 70 年代末，机器学习的发展步伐几乎处于停滞状态。有限的理论研究和低性能的计算机硬件使整个人工智能领域的发展遇到了很大瓶颈。虽然这个时期温斯顿（Winston）的结构学习系统和海斯·罗思（Hayes Roth）等的基于逻辑的归纳学习系统取得了较大的进展，但只能学习单一概念，而且未能投入实际应用。神经网络（Neural Network，NN）学习因理论缺陷也未能收到预期效果而转入低潮。

3. 重振时期

1981 年，保罗·约翰·伟博斯（Paul John Werbos）在神经网络反向传播（Backpropagation，BP）算法中提出了多层感知机模型。虽然 BP 算法早在 1970 年就已经以"自动微分的反向模型"为名提出来了，但直到此时才真正发挥效用，并且直到今天，BP 算法仍然是神经网络架构的关键思想，这些新思想加快了神经网络的研究。1985—1986 年，神经网络研究人员相继提出了使用 BP 算法训练的多参数线性规划（Multi-parametric Linear Programming，MLP）的理念，它成为后来深度学习的基石。

1986 年，罗斯·昆兰（Ross Quinlan）提出了有名的分类预测算法——ID3 算法。ID3 算法是一种贪心算法，用来构造决策树（Decision Tree，DT）。在 ID3 算法提出以后，研究人员又提出了许多改进的算法，如 C4.5、ID4、CART 算法等，这些算法至今仍然活跃在机器学习领域的多种应用场景中。

4. 成型时期

支持向量机的出现是机器学习领域的另一大重要突破。支持向量机的概念于 1964 年就已经提出，20 世纪 90 年代后得到快速发展并衍生出一系列改进和扩展算法，在人像识别、文本分类等模式识别（Pattern Recognition）问题中得到应用。由此，机器学习研究分成了神经网络和支持向量机两派。2000 年左右，科学家提出带核函数的支持向量机。支持向量机可以通过核方法（Kernel Method）进行非线性分类，从而在许多由神经网络占优的任务中获得了更好的效果。

此外，支持向量机相对于神经网络方法，还能利用所有关于凸优化、泛化边际理论和核函数等深厚理论知识。因此，支持向量机可以借助不同的学科推动理论和实践的改进。

5. 爆发时期

多伦多大学教授杰弗里·辛顿（Geoffrey Hinton，被誉为"深度学习之父"）在 2006 年提出了神经网络的深度学习（Deep Learning，DL）算法，使神经网络的能力大大提高，向支持向量机方法发出挑战。

2006 年，辛顿和他的学生 Ruslan Salakhutdinov 在 *Science* 上发表了"使用神经网络将数据降维"的文章，在学术界和工业界掀起了深度学习的浪潮。深度学习的出现，让图像、语音等识别类问题取得了真正意义上的突破，将人工智能研究与应用推进到了一个新时代。

2015 年，为纪念人工智能概念提出 60 周年，法国科学家杨立昆（被誉为"卷积神经网络之父"）、加拿大科学家约书亚·本希奥（Yoshua Bengio）和杰弗里·辛顿推出了深度学习的联合综述。三人在深度神经网络方面的开拓性研究工作和突出贡献，使他们共同荣获 2018 年图灵奖。

5.1.2 机器学习的基本术语和工作流程

1. 基本术语

要进行机器学习，首先要有数据，假定收集了一批关于西瓜的数据，例如（色泽＝青绿；根蒂＝蜷缩；敲声＝浊响），（色泽＝乌黑；根蒂＝稍蜷；敲声＝沉闷），（色泽＝浅白；根蒂＝硬挺；敲声＝清脆），…，每对括号内是一条记录，"＝"的意思是取值为。

这组记录的集合称为一个数据集（Data Set），其中每条记录是关于一个事件或对象（这里是一个西瓜）的描述，称为一个示例（Instance）或样本（Sample）。反映事件或对象在某方面的表现或性质的事项，例如"色泽""根蒂"，称为"属性"（Attribute）或"特征"（Feature）；特征的取值，例如"青绿""乌黑"，称为"特征值"（Feature Value）。特征组合所构成的空间称为"特征空间""样本空间"或"输入空间"。例如，把"色泽""根蒂"和"敲声"作为三个坐标轴，就可以构成一个用于描述西瓜的三维空间，每个西瓜都可以在这个空间中找到自己的坐标位置。由于空间中的每个点对应着一个向量，因此，每一个示例也可称为一个特征向量。

通常，令 $D=\{x_1, x_2, \cdots, x_m\}$ 表示包含了 m 个示例的数据集，每个示例有 d 个特征描述（例如上例中西瓜使用了 3 个特征），则每个示例 $x_i=(x_{i1}, x_{i2}, x_{i3}, \cdots, x_{id})$ 是 d 维样本空间中的一个向量，x_{ij} 是 x_i 在第 j 个特征上的取值，d 称为样本 x_i 的维数（Dimensionality）。

从数据中学习得到模型的过程称为"学习"（Learning）或"训练"（Training），这个过程通过执行某个学习算法来完成。训练过程中使用的数据称为"训练数据"（Training Data），其中每个样本称为一个训练样本（Training Sample），训练样本组成的集合称为"训练集"（Training Set）。学习得到的模型对应了训练集数据的某种潜在的规律，称为"假设"（Hypothesis），这种潜在规律自身称为"真相"（Ground-truth），学习过程就是为了找出或逼近真相。

如果希望机器学习得到一个能帮助我们判断没切开的瓜是不是好瓜的模型，仅有前面的实例数据显然是不够的。要建立这样的关于"预测"（Prediction）的模型，还需要获得训练样本的"结果"信息，例如（（色泽＝青绿；根蒂＝蜷缩；敲声＝浊响），好瓜）。这里关于实例结果的信息称为"标记"或"标签"（Label），例如"好瓜"。拥有标签信息的示例称为"样例"（Example）。因此，用 (x_i, y_i) 表示第 i 个样例，其中 $y_i \in Y$ 是示例 x_i 的标签，Y 是所有标签的集合，亦称为"标签空间"（Label Space）或"输出空间"。

若预测结果是离散值，例如"好瓜""坏瓜"，则此类学习任务称为"分类"（Classification）；若预测结果是连续值，例如西瓜的成熟度是 0.95、0.36 等，则此类学习任务称为"回归"（Regression）。

学习得到模型后，使用这个模型进行预测的过程称为"测试"（Testing），被预测的样本称为"测试样本"（Testing Sample）。例如，在学习得到模型 f 后，对于测试样例 x，可预测它的结果为 $y=f(x)$。

2. 工作流程

机器学习彻底改变了人们感知信息的方式，使人们可以从信息中获得各种高层次理解。机器学习算法使用训练数据中包含的模式执行分类和预测，机器学习的目标是使学习得到的模型能很好地适应于"新样本"，而不是仅仅在训练样本上工作得很好。每当向机器学习模型引入任何新输入时，它将其学习得到的模型应用于新数据，实现预测。根据对预测结果的评价，可以使用各种方法优化模型，使机器学习模型对示例产生更好的结果。如果将让机器学会根据西瓜的外观和敲声判断西瓜是否成熟作为一个问题的话，则机器学习的一般工作流程可以描述为如图 5-1 所示。

1. 收集数据　　2. 分析数据　　3. 选择特征　　4. 向量化

7. 评估模型　　　　6. 训练模型　　　　5. 拆分数据

图 5-1　机器学习的一般工作流程

第一步，收集数据。样本数据的质量和数量将直接影响训练出的预测模型的有效性。通常需要对样本数据进行预处理，比如去噪、标准化、错误修正等。数据可保存在数据库中或者文本文件中，为下一步数据分析做准备。

第二步，分析数据。该步骤的目的是数据发现，通常是找出每列的最大值、最小值、均值、方差、中位数、三分位数、四分位数、某些特定值（比如零值）所占比例或者分布规律，等等，如此对数据的分布有大概的了解。快速了解这些分布规律最好的办法是图表，谷歌的开源项目 facets 可以很方便地使用图表对数据分布进行展示。此外，需要确定自变量和因变量，找出因变量和自变量的相关性，确定相关系数。

第三步，选择特征。特征的好坏在很大程度上决定了分类器的效果。将分析数据阶段确定的自变量进行筛选，可手工选择，也可通过模型自动选择。选择合适的特征，并对变量进行命名以便更好地标记、保存命名文件，以备在训练和测试（预测）阶段使用。

第四步，向量化。向量化是对特征选择结果的再加工，目的是增强特征的表示能力，防止模型过于复杂和学习困难。比如对连续的特征值进行离散化，Label 值映射成枚举值，用数字进行标识。这一阶段将产生一个记录 Label 和枚举值的对应关系的文件，此文件在训练和测试（预测）阶段同样会用到。

第五步，拆分数据。数据通常拆分为两部分，用于训练模型的训练集和用于评估模型的测试集。通常以 8∶2 或者 7∶3 进行数据划分，训练集和测试集的数据不能重叠。交叉验证（Cross Validation）是在机器学习建立模型和验证模型参数时常用的方法。交叉验证重复使用数据，把样本数据进行切分，组合为不同的训练集和测试集，有助于提高模型的稳定性。

第六步，训练模型。在不确定哪种算法更适用解决当前问题时，需要选择合适的算法，比如线性回归、决策树、随机森林、逻辑回归、梯度提升、SVM，等等。对训练集使用不同的算法进行模型训练，并在测试集上通过交叉验证对算法进行评价，最后选择最好的一个算法，并进一步调优参数，使算法的特性发挥到最佳。例如，如果训练集很小，那么高偏差/低方差分类器（如朴素贝叶斯分类器）要优于低偏差/高方差分类器（如 k 近邻分类器），因为后者容易过拟合。然而，随着训练集的增大，低偏差/高方差分类器将逐渐显出优势（它们具有较低的渐近误差），因为高偏差分类器不足以提供准确的模型。

第七步，评估模型。模型被训练完成之后，使用测试集对模型进行评估，也就是用测试集里的真实数据和模型生成的预测数据进行对比，评估模型的好坏。为问题寻找一个"足够好"的解决算法，就要对机器做出的预测或判断进行评价。评价准则通常由人来制定，但也经常借助一些统计方法。模型评估常见的五个方法包括混淆矩阵、洛伦兹图、基尼系数、KS 曲线和 ROC 曲线。

5.1.3　机器学习算法分类

根据训练数据集的不同特征，可将机器学习算法划分为三种类型，如图 5-2 所示。

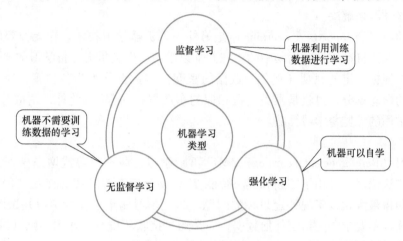

图 5-2　机器学习算法的类型

1. 监督学习

监督学习（Supervised Learning），也称为有监督学习，是从标签化的训练数据集中推断出一个功能函数（或称模式）的机器学习方法。目标是产生足够精确的映射函数，以便在给出新输入时，算法可以预测输出。这是一个反复的过程，算法每次进行训练时，都会对其进行校正或提供反馈，直到达到可接受的性能水平。

在监督学习中，每个训练数据（或称示例、样本）都是由一个输入对象（通常为矢量）和一个期望的输出值（也称为监督信号）组成。例如，在监督学习用于图像处理的应用系统中，可以为系统提供带标签的诸如轿车或货车等类别的车辆图像，经过足够的示例学习后，系统就能够区分出未标记图像的车辆类别。此时，该系统就可以对道路监控视频或图像里的车辆进行分类了。

监督学习的应用通常分为两大类：分类和回归。

分类问题的目标是预测类别，这些类别来自预定义的可选列表。分类问题可分为二元分类（或称为二分类）和多元分类（或称为多分类）。可以将二元分类看作尝试回答一道是/否问题。比如，将电子邮件分为垃圾邮件和非垃圾邮件就是二分类问题的实例。在二分类问题中，通常将其中一个类别称为正类（Positive Class），另一个类别称为反类（Negative Class）。这里的"正"代表研究对象。因此在寻找垃圾邮件时，"正"可能指的是垃圾邮件这一类别。将两个类别中的哪一个作为"正类"，往往是主观判断，与具体的领域有关。

回归任务的目标是预测一个连续值，数学上称为实数值。在预测收入时，预测值是一个金额，可以在给定范围内任意取值。

区分分类任务与回归任务有一个简单的方法，就是问一个问题：输出是否具有某种连续性。当输出值是诸如轿车或货车类别、为真或假的离散输出时，属于分类问题；当输出是连

137

续的计算值（例如价格、产量）时，属于回归问题。

2. 无监督学习

现实生活中常常会有这样的问题：缺乏足够的先验知识，因此难以人工标注类别，或进行人工类别标注的成本太高。很自然地，人们希望计算机能代替完成这些工作，或至少提供一些帮助。根据类别未知（没有被标记）的训练样本解决模式识别中的各种问题，这时就需要用无监督学习来解决。

无监督学习（Unsupervised Learning）是另外一种机器学习技术。在无监督学习中，数据没有标签，算法自动识别数据集中的模式并加以学习，聚类是无监督学习的典型代表。无监督学习算法根据一定的规则（例如，数据的密度）将数据分组为各种簇，这些簇可能对应一些潜在的概念划分，也就是聚类（把相似的东西聚在一起）。此外，主成分分析、k均值聚类也是常用的无监督学习算法。

3. 强化学习

强化学习（Reinforcement Learning），又称再励学习、评价学习或增强学习，是机器学习的范式和方法论之一，用于描述和解决智能体（Agent）在与环境的交互过程中通过学习策略以达成回报最大化或实现特定目标的问题。强化学习侧重于在线学习并试图在探索-利用间保持平衡，不要求预先给定任何数据，而是通过接收环境对动作的奖励（或称为反馈）获得学习信息并更新模型参数。

强化学习算法在尝试的过程中学习在特定的情境下选择哪种行动可以得到最大的回报，在很多场景中，当前的行动不仅会影响当前的回报，还会影响之后的状态和一系列的回报。近几年来，出现了很多强化学习的应用案例，其中，自动驾驶是强化学习技术的典型应用场景。

5.2 机器学习基础理论

机器学习正在改变着人们的业务方式和日常活动，通过从大型数据集中提取模式用于构建预测模型，可以对事物进行识别、分析或预测，例如，价格预测、风险评估、客户行为识别和文档分类等。

5.2.1 监督学习

1. 监督学习概述

监督学习的名称本身就表明"有人监督"，利用已经有正确答案标记的数据进行学习。监督学习中，样本数据包括输入和输出两部分，也就是因和果。输入部分是事物的各个特征的特征值，输出部分是事物呈现的结果。输入部分往往是客观的观测值，输出部分是人工标注的"标签"，也就是机器学习中经常提到的"打标签"（Tagging）。在监督学习中，由于样本数据都已经用正确答案进行了标记（或称为导师），训练出的机器学习模型是在"导师"的指导下进行学习和类比，因此被称为有监督学习。

例如，训练机器预测从单位开车回家需要多长时间。首先，需要采集大量的每天开车回家时的交通数据、路况数据和节假日等信息，所有这些信息将作为输入数据。然后，还要采集每天开车回家的耗时作为输出结果，也就是标签。根据常识，下雨天开车回家的时间要长一些。因此，机器也需要天气数据作为输入特征参数，并从中学习到这个常识。

解决这个耗时预测问题的训练集将包含开车回家耗时（也就是标签）和相应的因素（也就是数据特征），例如天气、节假日、交通高峰期、路况等。模型被训练后，机器可能会识别出雨量和耗时之间的关系，例如雨量越大，耗时可能就越长。机器还可能识别出出行时间和耗时之间的联系，例如，高峰期出发的话，开车回家的耗时更长。数据特征和开车回家耗时的关系就是机器学习得到的模型，使用这个训练好的模型，当人们出发回家时，机器根据当前的交通状况、天气状况等因素就能快速预测出开车回家所需的时间。

2. 常见的监督学习算法

（1）线性回归

回归是监督学习的一个重要问题，回归用于预测输入变量和输出变量之间的关系，特别是当输入变量的值发生变化时，输出变量的值也随之发生变化。回归模型正是表示从输入变量到输出变量之间映射的函数。例如，使用回归预测房价，输入变量是位置、房屋面积等，输出是房价。

表示两个连续变量之间线性关系的方法称为线性回归。通常包含两个变量，自变量 x，因变量 y。在简单的线性回归中，预测变量值是一个独立值，对任何变量都没有基础依赖性。x 和 y 之间的关系如下：

$$y = wx + b \tag{5-1}$$

式中　w——斜率，或权重；

　　　b——截距（或称为偏置）。

式（5-1）中的 w 和 b 可以通过多个 x 和 y 的值估计出来。机器学习算法根据训练数据集中的 x 与 y，计算出 w 和 b 的值，使式（5-1）尽可能对于所有测试集中的数据都是成立的。

通常情况下，w 是一个多维向量，表示影响输出的多个因素，此时式（5-1）中的 w 变为多维向量，用 $\boldsymbol{w}^T$ 表示 $\boldsymbol{w}$ 转置，则 $y = \boldsymbol{w}^T x + b$。因素越多，$x$ 的维度越高，估计 w 和 b 的复杂度就越高，需要的样本数量也就越多。

（2）逻辑回归

逻辑回归是一种广义的线性回归（Generalized Linear Regression），因此与线性回归分析有很多相似之处。两者的模型形式基本上相同，都具有 $\boldsymbol{w}^T x + b$ 的形式，其中 $\boldsymbol{w}$ 和 b 是待求参数。区别在于它们的因变量不同，多重线性回归直接将 $\boldsymbol{w}^T x + b$ 作为因变量，如式（5-1）所示，而逻辑回归则通过函数 L 将 $\boldsymbol{w}^T x + b$ 对应一个隐状态 y，$y = L(\boldsymbol{w}^T x + b)$，然后根据 y 与 $1-y$ 的大小决定因变量的值。如果 L 是 logistic 函数，那就是逻辑回归，如果 L 是多项式函数，那就是多项式回归。

逻辑回归是基于给定的一组独立变量估计离散值的逻辑回归方法，当它预测概率时，其输出值在 0 到 1 之间。因此，逻辑回归是二分类的最常用的机器学习算法。例如，基于几个输入变量预测"油价是否会上涨"是逻辑回归的一个典型应用。

逻辑回归具有两个组成部分：假设和 S 形曲线。基于假设，可以得出事件发生的可能性，然后将从假设中获得的数据拟合到对数函数中，该对数函数生成 S 形曲线。通过此功能，可以确定输出数据所属的类别。Sigmoid 函数的曲线为 S 形，式（5-2）为它的函数表达式，获得的 S 形曲线的 x 取值范围为负无穷到正无穷，y 值在 0 和 1 之间：

$$y = \frac{1}{1 + e^{-x}} \quad (5\text{-}2)$$

因此，逻辑回归的方程为式（5-3），可使用最大似然函数估算参数 w 和 b：

$$y = \frac{1}{1 + e^{-(w^{\mathrm{T}}x+b)}} = \frac{e^{-(w^{\mathrm{T}}x+b)}}{1 + e^{-(w^{\mathrm{T}}x+b)}} \quad (5\text{-}3)$$

逻辑回归在流行病学中应用较多，比较常用的情形是探索某疾病的危险因素，根据危险因素预测某疾病发生的概率等。

本方法的优点是预测结果为界于 0 和 1 之间的概率，可以适用于连续性和类别性自变量。缺点是当特征空间很大时，逻辑回归的性能不是很好，容易欠拟合，准确度不太高，不能很好地处理大量多类特征或变量。通常只适合处理两分类问题（在此基础上衍生出来的 Softmax 可以用于多分类），且必须线性可分。

（3）朴素贝叶斯分类器

朴素贝叶斯分类是一种十分简单的分类算法，其基本思想是对于给出的待分类项，求解在待分类项的条件下各个类别出现的概率，哪个类别的概率最大就认为此待分类项属于哪个类别。

朴素贝叶斯模型易于构建，对于大型数据集非常有用。假设当前观测值为 $x = \{x_1, x_2, \cdots, x_n\}$，类别集为 $\{y_1, y_2, \cdots, y_n\}$，朴素贝叶斯分类器（Naive Bayes Classifier）通过预测指定样本属于特定类别的条件概率 $P(y_i \mid x)$ 来预测该样本的所属类别，输出概率最大的 y_i：

$$y = \max_{y_i} P(y_i \mid x) \quad (5\text{-}4)$$

$P(y_i \mid x)$ 可以写成

$$P(y_i \mid x) = \frac{P(x \mid y_i) P(y_i)}{P(x)} \quad (5\text{-}5)$$

式（5-5）中，对于一个观测样本 x 和任意类别 y_i，分母 $P(x)$ 的值是相等的，因此，$P(x)$ 在计算中可以被忽略。朴素贝叶斯分类器假设样本是相互独立的，因此式（5-5）可改写为式（5-6）。式（5-6）中的条件概率 $P(x_i \mid y_i)$ 和 $P(y_i)$ 可以从训练样本中统计得到：

$$P(y_i \mid x) \propto P(x \mid y_i) P(y_i) = P(x_1 \mid y_i) P(x_2 \mid y_i) \cdots P(x_n \mid y_i) P(y_i) \quad (5\text{-}6)$$

朴素贝叶斯模型发源于古典数学理论，有着坚实的数学基础，以及稳定的分类效率。对小规模的数据表现很好，能处理多分类任务，适合增量式训练。对缺失数据不太敏感，算法也比较简单，常用于文本分类。该方法的缺点是需要计算先验概率，分类决策存在错误率，对输入数据的表达形式很敏感。

（4）决策树

决策树是一个监督式学习方法，主要用于分类和回归，它呈现树形结构（二叉树或非二叉树）。每个非叶节点表示一个特征属性上的测试，每个分支代表这个特征属性在某个值域上的输出，而每个叶节点存放一个类别。使用决策树进行决策的过程就是从根节点开始，测试待分类项中相应的特征属性，并按照其值选择输出分支，直到到达叶子节点，将叶子节点存放的类别作为决策结果。

决策树是一种广泛使用的分类技术，使用决策树可以根据输入条件做出决策，例如，购买洗发水问题。首先分析是否确实需要洗发水，如果用完了，就必须去购买。其次需要评估天气，即如果正在下雨，则不会出去购买，否则会去购买。此问题的决策树如图 5-3 所示。

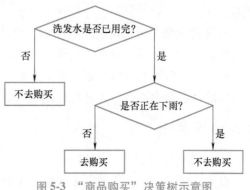

图 5-3　"商品购买"决策树示意图

　　基于相同的原理，可以构建层次树，通过多项决策获得输出。建立决策树有两个过程：归纳和修剪。在归纳中，构建决策树；在修剪中，通过消除"多余节点"简化决策树。

　　决策树的优势是计算简单，易于理解，可解释性强，比较适合处理有缺失属性的样本，能够处理不相关的特征。而且，在相对短的时间内能够对大型数据源取得可行且效果良好的结果。决策树的劣势是：有可能会建立过于复杂的规则，即容易导致过拟合。决策树有时候是不稳定的，因为数据微小的变动可能生成完全不同的决策树。

　　（5）支持向量机

　　支持向量机模型与内核函数（有时称为核函数）紧密相连，这是大多数学习任务的核心概念。核函数和支持向量机被用于许多领域，包括多媒体信息检索、生物信息学和模式识别等领域。

　　支持向量机算法的目标是在 N 维空间中找到一个超平面，该超平面对数据点进行明确分类。为了分离这两类数据点，可以选择许多可能的超平面，目标是找到一个具有最大余量的平面，即两个类别的数据点之间的最大距离。如图 5-4 所示，以圆形和椭圆分别表示两个类别的样本数据。根据两个类别的训练样本在二维空间上的位置，至少存在模型 A 和模型 B 两条直线能够将两个类别分开，但是，模型 A 把测试样本错误地分到了类别 C2，所以模型 B 优于模型 A。

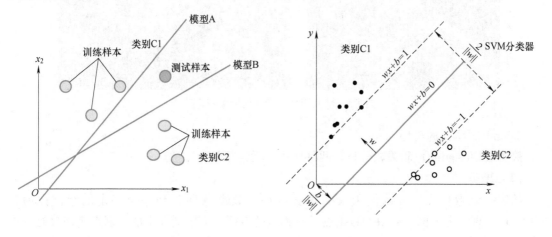

图 5-4　支持向量机示意图

　　支持向量机学习的基本想法是求解能够正确划分训练数据集并且几何间隔最大的分离超平面。图 5-4 中的样本数据被用来寻找这条分界线。对于 N 维向量，相应地寻找一个超平面。

SVM 的优势是可以解决高维问题，解决小样本下机器学习的问题，能够处理非线性特征的相互作用，无局部极小值问题，泛化能力比较强。劣势是当观测样本很多时，效率并不是很高，对非线性问题没有通用解决方案，有时候很难找到一个合适的核函数；对于核函数的高维映射解释力不强，尤其是径向基函数；常规 SVM 只支持二分类，对缺失数据敏感。

5.2.2 无监督学习

1. 无监督学习概述

在无监督学习中，机器训练使用既未分类也未标记的样本数据进行。机器学习算法在没有指导的情况下作用于数据，根据相似性、模式和差异将未分类的数据点分组，而无须任何事先训练或监督。

由于没有对机器进行指导训练，机器本身会在未标记的数据中找到隐藏的结构，并对其进行解释。与监督学习相比，无监督学习算法可以执行更加复杂的处理任务。虽然与其他机器学习算法相比，无监督学习可能更加不可预测。

以一个幼儿和宠物犬为例，如图 5-5 所示。幼儿熟悉并能识别他自己的宠物犬。某一天，一位家人的朋友带来另外一条宠物犬，而且宠物犬试图与幼儿玩耍。幼儿之前虽然没有见过家人朋友带来的新动物，但是认识新动物的很多特征（如两只耳朵、两只眼睛、会"汪汪"叫、四只脚走路等），像他自己的宠物犬，他由此可以将新动物识别为宠物犬。这就是无监督学习，不需要教，但可以从数据（在本例中为关于宠物犬的特征）中学习。如果进行有监督学习，则家人的朋友应该会告诉幼儿这是条宠物犬。

图 5-5 幼儿识别宠物犬的无监督学习

2. 无监督学习的类型

聚类（Clustering）和关联分析是两种典型的无监督学习方法。

（1）聚类

给定一组数据点，可以使用聚类算法将每个数据点划分到一个特定的组，称为簇（Cluster）。理论上，同一簇中的数据点具有相似的特征，而不同簇中的数据点应该具有程度不同的特征。

常见的聚类方法有层次聚类（Hierarchical Clustering）、k 均值聚类（k-means Clustering）和主成分分析（Principal Components Analysis，PCA）等。

1）层次聚类。层次聚类是一种逐层合并群集的算法。它从分配给它们自己的群集的所有数据开始，两个以某个特征被紧密关联的群集将在同一群集中。当仅剩一个群集时，该算法结束。例如，一个大学将学生先分为不同的小组，再将其组成不同的班级，再组成不同的年级，最后组成不同的学院。

2）k 均值聚类。k 表示聚类簇的数量。在这种聚类方法中，需要将数据点依据样本之间的距离聚类为 k 组，使 k 组样本之间的距离最大。首先，从样本中随机选择 k 个样本作为 k 个簇的中心点，将剩下的样本以距离最小的原则分配到这 k 个簇中；然后，计算将 k 个簇的中心点的样本作为新的中心点，并重新划分中心点以外的样本到 k 个簇中，如此需要迭代执行多次；最后，当 k 个簇的中心点不再变化时，算法结束。

3）主成分分析。样本数据的维度过大时，机器学习的效率会大幅度降低，因此，降维是机器学习重要的任务。主成分分析法是最常用的降维方法之一，可将数据投影到其正交特征子空间上，将多个变量转换为少数几个不相关的综合变量来比较全面地反映整个数据集。这是因为数据集中的原始变量之间存在着一定的相关关系，可用较少的综合变量来综合各原始变量之间的信息。这些综合变量称为主成分，各主成分之间彼此不相关，即所代表的信息不重叠。使用 PCA，可以减少维度，同时也能保留模型中的重要性能。

（2）关联规则

关联规则挖掘是一种基于规则的机器学习算法，该算法可以在大数据中发现感兴趣的关系。其目的是利用一些度量指标来分辨数据中存在的强规则，也就是说关联规则挖掘是用于知识发现，而非预测，所以是属于无监督的机器学习方法。

关联规则可以在大型数据库中的数据对象之间建立关联，此种不受监督的技术可以发现大型数据库中变量之间的关系。比如，购买新房子的人最有可能购买新家具。关联规则算法的典型应用是购物篮分析，是为了从大量的订单中发现商品之间潜在的关联，比如有名的"尿布和啤酒"的故事。

5.2.3 强化学习

强化学习是一种重要的机器学习类型，其背后的理念是，智能体（Agent）将通过与环境互动并获得执行行动的奖励（回报）来学习环境。

1. 重要术语

1）智能体（Agent）。智能体是一个假定的实体，可以在环境中执行操作以获取一定的回报。

2）环境（Environment）。环境即智能体所处的场景。

3）奖励（Reward）。奖励是当执行特定动作或任务时，给予智能体的回报，即环境的即时返回值。

4）状态（State）。状态即环境的当前情况。

5）策略（Policy，π）。智能体根据当前状态决定下一步动作的策略，智能体程序可根据该策略决定当前状态下的下一个操作。

6）价值（Value）。价值是折扣（Discount）下的长期期望回报。与奖励代表的短期回报相区分，价值则被定义为策略 π 下当前状态的期望长期返回值。

7）价值函数（Value Function）。价值函数是指定状态的值，即奖励的总额。

8）环境模型。环境模型可模拟环境的行为，可以进行推断并确定环境的行为方式。

9）Q 值或动作值。Q 值与价值相似，不同点在于它还多一个参数，也就是当前动作。它是指当前状态下在策略 π 下采取某一动作的长期回报。

2. 强化学习概述

以向猫传授新技能为例，如图 5-6 所示。由于猫不懂中文或任何其他人类语言，因此无法直接告诉它"做什么"或"不做什么"。但是，可以采用不同的策略模拟一种情况，而猫试图以多种不同的方式做出反应。如果猫的反应是理想的方式，将会有食物吃。如此反复训练，每当猫遇到相同的情况时，猫就会越来越主动地执行类似的动作，以期获得更多的奖励（食物）。当然，如同猫从以往的积极经历中学到"做什么"一样，猫也会在面对消极经历时学会"不做什么"。

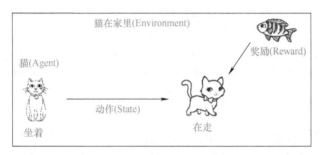

图 5-6　猫学习新技能示意图

在图 5-6 的例子里，猫是环境中的 Agent，家就是猫所处的环境。"坐着"是猫（Agent）的一种状态，而人们在其中使用特定的命令让猫"走路"。Agent 通过执行从一个"状态"到另一个"状态"的动作转换来做出反应。例如，猫从坐着到走路。智能体（Agent）的反应是一种行动，而策略是一种在给定状态的情况下选择行动的方法，以期获得更好的结果。猫从"坐着"这个状态转换到"走路"这个状态，它会获得奖励（有鱼吃），或由于"坐着不动"而受到惩罚（没有鱼吃）。

3. 实现强化学习算法的方法

实现强化学习算法的三种常见方法如下：

1）基于价值的方法。在基于价值的强化学习方法中，应尝试最大化价值函数。在这种方法中，智能体期望策略 π 下的当前状态得到长期回报。

2）基于策略的方法。在基于策略的强化学习方法中，尝试提出一种策略，以使在每个状态下执行的操作都可以在将来获得最大的回报。

基于策略的方法有两种：一是确定性策略方法，对于任何状态，策略 π 都会产生相同的动作；二是随机策略方法，每个动作都有一定的概率。

3）基于模型的方法。在这种强化学习方法中，需要为每个环境创建一个虚拟模型，智能体在特定的环境中学习执行任务。

4. 强化学习的特点

强化学习有五个特点：①没有主管，只接收奖励信号；②顺序决策；③时间在刚性问题中起着至关重要的作用；④反馈总是延迟的，不是瞬间的；⑤智能体的动作决定了它接收到的后续数据（奖励）。但强化学习计算量大而且很耗时，因此，当有足够的数据通过监督学习方法解决问题时，或者动作空间很大时，不适合使用强化学习。

5.3　深度学习基础

深度学习的概念源于人工神经网络的研究，含多隐含层的多层感知器就是一种深度学习结构，它通过组合低层特征形成更加抽象的高层表示属性类别或特征，以发现数据的分布式特征表示。

5.3.1　感知器

感知器（Perceptron，P）是一种仿照人类大脑的功能进行建模的二进制分类算法，旨在模拟大脑神经元。感知器虽然结构简单，但却具有学习和解决非常复杂问题的能力，如图 5-7 所示。

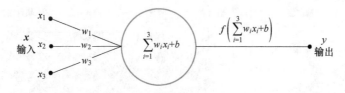

图 5-7　感知器的输入和输出

图 5-7 中，$x=(x_1, x_2, x_3)$ 为输入向量，y 为输出，$w=(w_1, w_2, w_3)$ 为权重向量，b 为偏置，f 为激活函数，激活函数将输出约束到很少的几个值，常用的是输出是 0 和 1。如下所示的函数 f 是一个非常简单的激活函数：

$$f(x)=\begin{cases}1,x>0\\0,x\leqslant0\end{cases} \tag{5-7}$$

输入训练样本 x 和初始权重向量 w 和偏置 b，通过激活函数 f 的作用，得到预测输出 y，根据预测输出值和实际输出值之间的差距，来调整初始化权重向量 w 和偏置 b。如此反复，直到 w 和 b 调整到得到合适的输出结果为止。

多层感知器（Multilayer Perceptron，MLP）包括多个感知器，它们以多层形式组织，可以求解更复杂的问题。多层感知器是一种前馈人工神经网络模型，它将输入的多个数据集映射到单一的输出的数据集上。一个 MLP 包含一个输入层、至少一个隐含层和一个输出层，如图 5-8 所示。

5.3.2　神经网络

人工神经网络（Artificial Neural Network，ANN）是由大量称为神经元或感知器的简单元素构成的监督学习系统。每个神经元都可做出简单的决策，并将这些决策传递到以互连层组织的其他神经元。有了足够的训练样本和计算能力，神经网络可以模拟几乎所有功能，并回答几乎任何问题。

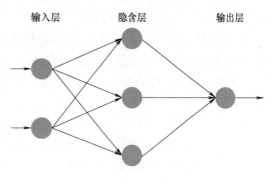

图 5-8　多层感知器的基本结构

神经网络分为浅层网络和深度网络。

浅层神经网络只有三层神经元：

1）第一层是输入层，接收模型的自变量输入。

2）第二层是隐含层，只有一层。

3）第三层是输出层，输出预测的结果。

深度神经网络（Deep Neural Network，DNN）具有类似的结构，但是它有两个或多个处理输入的神经元隐含层。虽然浅层神经网络能够解决复杂的问题，但深度神经网络更准确，并且随着添加更多的神经元层而使准确性得到大幅度提高。解决不同的问题需要用到的隐含层的数量不同，一般情况下，隐含层最多为 9~10 层，如果层数再增加，网络的预测能力反而会开始下降，因此，目前多使用 3~10 层之间的深度网络。浅层神经网络和深度神经网络典型架构图如图 5-9 所示。

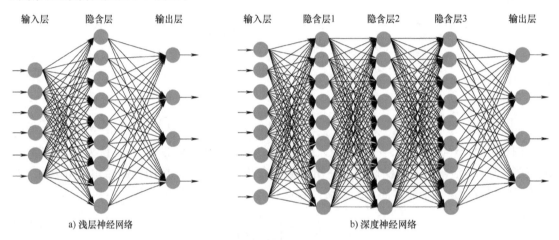

a）浅层神经网络　　　　　　　　b）深度神经网络

图 5-9　神经网络典型架构图

1. 人工神经网络的重要术语

1）输入层。数据输入神经网络，目的是对数据做出决策或预测。神经网络的输入通常是一组实数值，每个数值对应输入层中的一个神经元。训练样本的特征向量作为输入，它的标签就是实际输出。

2）训练集。训练集是一组训练样本，包括输入和正确输出，用于训练神经网络。

3）输出层。神经网络以一组实际值或以布尔决策的形式生成其预测，每个输出值是输出层中的其中一个神经元的输出。

4）神经元/感知器。神经元是神经网络的基本单位，接收输入并生成预测。每个神经元接收部分输入，并将其通过激活函数输出。常见的激活函数为 Sigmoid 函数、Tanh 函数和 ReLU 函数。激活函数有助于生成可接受范围内的输出值，并且它们的非线性形式对于训练网络至关重要。

5）权值空间。每个神经元都有一个数字权重，权重与激活函数共同定义每个神经元的输出。通过微调权重来训练神经网络，以确定生成最准确预测的最佳权重集合。

6）前向传播。从输入层到输出层，每个神经元都对输入数据做出相应处理，处理结果传递到下一层，直到最终网络生成输出。

7）误差函数。误差函数被定义为当前模型的实际输出与正确输出之间的距离。训练模型时，目标是使误差函数最小化，并使输出尽可能接近正确值。

8）反向传播。为了发现神经元的最佳权重，进行向后传递，从网络的预测输出返回到生成该预测的神经元输入，这称为反向传播。反向传播跟踪每个连续神经元中激活函数的导数，以找到使损失函数最小的权重，生成最佳预测，这个过程称为梯度下降。完整的神经网络使用反向传播算法来执行迭代反向遍历，以尝试找到感知器权重的最佳值，生成最准确的预测。

9）偏差和方差。在训练神经网络时，与其他机器学习技术一样，尝试在偏差和方差之间取得平衡。偏差可衡量模型与训练集的拟合程度，从而能够正确预测训练集的已知输出；方差用于衡量模型在训练期间无法获得的未知输入下的工作情况。

10）超参数。超参数影响神经网络的结构或操作的设置。在实际的深度学习项目中，调整超参数是构建可为特定问题提供准确预测的网络的主要方法，常见的超参数包括隐含层的数量、激活函数以及应重复训练的次数等。

完整的神经网络使用各种激活函数输出实际值，而不是经典感知器中的布尔值。在学习过程的其他细节方面，例如训练迭代次数（迭代和时期）、权重初始化方案、正则化，等等，因为这些参数更具灵活性，通常可以作为超参数进行调整。

2. 神经网络中的反向传播

在用初始权重定义神经网络并执行前向通过以生成初始预测后，存在一个误差函数，该误差函数定义了模型与真实预测之间的距离。有很多可能使误差函数最小化的算法，例如，可以进行蛮力搜索以找到产生最小误差的权重。但是，对于大型神经网络，需要一种在计算上非常高效的训练算法。反向传播（Back Propagation）就是该类算法，即使对于具有数百万个权重的网络，它也可以相对较快地发现最佳权重。

BP 神经网络训练的工作原理如下：

1）前向传递。初始化权重，训练集中的输入被馈送到网络中进行前向传递，模型生成其初始预测。

2）误差函数。通过检查预测值与已知真实值之间的距离来计算误差函数。

3）反向传播。反向传播算法计算模型中每个权重对输出值的影响。为此，计算偏导数，从误差函数返回到特定神经元及其权重，这提供了从全部错误到导致该错误的特定权重的完整可追溯性。反向传播的结果是重新生成一组权重，新的权重可望使误差函数最小。

4）权重更新。可以在训练集中的所有样本均输入训练之后更新权重，这一般很难做到。通常，一批样本以一次大的批次前向通过网络，然后对合计结果执行反向传播。训练使用的批次大小和批次数（称为迭代）是重要的超参数，可以对其进行调整以获得最佳结果，整个训练集全部完成反向传播过程称为一个时期。

BP 神经网络已经非常成熟，Tensorflow 或 Keras 等深度学习框架中均包含了反向传播的工具包。在实际项目中，开发人员几乎不用编写反向传播的详细实现代码，仅需几行代码调用工具包即可。

3. 神经网络中的过拟合和欠拟合

当神经网络仅仅擅长学习其训练集，却无法将其预测能力推广到其他未见的（新的）示例时，就会发生过拟合，这具有低偏差和高方差的特征。当神经网络无法准确预测训练集时，就会发生欠拟合，这具有高偏差和高方差的特征。如图 5-10 所示，训练神经网络的目标是得到能够反映实际情况的理想曲线。

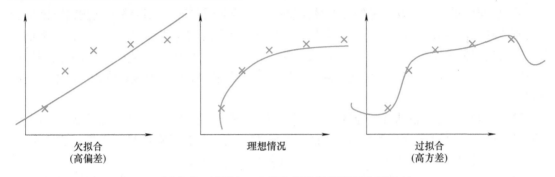

图 5-10　过拟合、欠拟合以及理想情况示意图

5.3.3　深度学习概述

深度学习是机器学习的子集，因为它利用了深度神经网络，所以被称为深度学习。深度学习在模式发现（无监督学习）和基于知识的预测方面表现出色，目前深度学习已经在解决很多人工智能问题中胜过传统方法。例如，深度学习算法在图像分类、人脸识别、语音识别等问题上的精度已经远超传统机器学习算法。

1. 深度学习过程

深度学习过程如图 5-11 所示。深度学习与神经网络的工作原理相同，每一层代表某一层次的知识，即知识的层次结构，拥有四层的神经网络将比具有两层的神经网络能够学习更复杂的特征。

要理解深度学习的思想，可以想象一个有幼儿和父母的家庭。牙牙学语的孩子用小手指指着动物，总是说"猫"这个词。父母不断告诉他"是的，那是猫"或"宝贝，那不是猫"。幼儿经常指向该动物，对"猫"的印象越来越深刻。在幼儿内心深处，最初通过整体观察动物来学习如何将猫与其他动物分开，久而久之，再将猫的整体复杂特征分层，逐渐关注到尾巴或鼻子等细节。

图 5-11　深度学习过程

2. 深度学习网络的类型

（1）前馈神经网络

前馈神经网络（Feedforward Neural Network，FNN）是人工神经网络的最简单类型，使用此类型的体系结构，信息只能沿一个方向向前流动。这意味着，信息流从输入层开始，到达隐含层，然后在输出层结束。网络没有循环，结果信息呈现在输出层。

（2）循环神经网络

循环神经网络（Recurrent Neural Network，RNN）是多层神经网络，可以将信息存储在上下文节点中，从而使其能够学习数据序列并输出数字或其他序列，因此，RNN 是神经元

之间连接包括回路的人工神经网络。RNN 非常适合处理序列
数据，图 5-12 展示了 RNN 的典型结构。

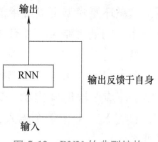

图 5-12 RNN 的典型结构

例如，在自然语言处理任务中，如果想预测句子"是否
想要……?"中的下一个字或词，RNN 神经元首先指向句子
开头，接收"是"作为输入，并产生该字的向量。该向量被
反馈到神经元，为网络提供记忆。此阶段可帮助网络记住它
收到的"是"，并且收到的第一个字就是"是"。网络将类似
地接收下一个字，如"否"和"想"。接收到每个字后，神
经元的状态就会更新。最后阶段发生在收到"要"之后，神经网络将提供较高概率的字或
词完成句子。例如，训练有素的 RNN 可能会给出"咖啡""饮料"或"汉堡"等匹配概率
较高的词。

5.3.4 卷积神经网络

卷积神经网络（Convolutional Neural Networks，CNN）是前馈神经网络，在图像处理中
最为常用。CNN 使用空间不变性技术可有效学习图像中的局部模式，它在整个空间内分配
权重，从而使模式检测更加高效。

CNN 使用的卷积层（有时称为卷积编码器），是大多数计算机视觉技术的基础，与传统
的多层感知器体系结构不同，它使用所谓的"卷积"和"合并"的两个操作将图像缩小为
其基本特征，并使用这些特征来理解和分类图像。

CNN 主要用于计算机视觉，为图像分类、面部识别、日常物体的识别和分类以及机器
人和自动驾驶汽车中的图像处理等任务提供支持。还经常被应用于视频分析和分类、语义解
析、自动字幕生成、搜索查询检索、句子分类等场景。

卷积神经网络支持的计算机视觉的一些常见应用包括：

1）农业。使用高光谱或多光谱传感器拍摄农作物图片，并使用 CNN 计算机视觉分析图
像以确定植物的健康状况或播种的生存能力。

2）自动驾驶。CNN 用于对象检测和分类，可对来自汽车摄像头的实时视频片段进行实
时分析处理，识别出其他车辆、人员和障碍物，并以高精度实施导航。

3）监控。利用视频帧中基于 CNN 的对象检测和分类，安全监控系统可以实时识别出录
像中的犯罪、暴力或盗窃，并向安全人员发出警报。

4）医疗保健。基于 CNN 的医学图像分析和诊断，可以准确诊断诸如肺炎、糖尿病和乳
腺癌等疾病。

5.3.5 循环神经网络

循环神经网络（Recurrent Neural Networks，RNN）可用于处理序列形式的输入数据。例
如，文本、视频和音频数据或连续发生的多个事件。传统的神经网络接收一组输入并同时分
析所有输入，而循环神经网络则可以接受一系列输入，并且每次都在先前的输入之上添加其
他理解层。

1. RNN 基本结构

RNN 的最简单形式类似于常规的神经网络，只不过它包含一个循环，称为神经元

环，该循环使模型可以继承前一时刻（前一层神经元）的处理结果。循环神经网络与前馈神经网络结构对比如图 5-13 所示。

图 5-14"展开"了循环的工作方式。神经网络会查看一段时间内的一系列输入 X_0、X_1、X_2，直到 X_t。对于每个输入，神经网络都有一层神经元。

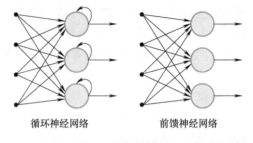

图 5-13　循环神经网络与前馈神经网络结构对比

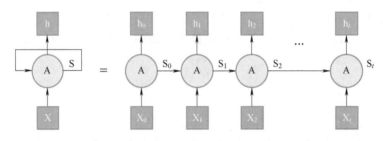

图 5-14　展开的循环神经网络

在序列的每个阶段，神经元的每一层都会产生两个输出：

1）输出。h_0、h_1、h_2，这是模型对序列中下一个元素应该是什么的预测。

2）隐藏状态。S_0、S_1、S_2，这是网络的"短期记忆"。隐藏状态是激活功能，它将上一步的隐藏状态和当前步骤的输出作为输入，使模型可以将信息从先前步骤转移到当前步骤。

RNN 不仅像传统的神经网络一样为每个神经元的输入分配权重，还可以发现隐含状态函数的参数，这些参数定义了应将先前步骤中的多少信息转送给每个后续步骤。

2. RNN 常见应用

1）语言建模和文本生成。语言模型捕获大量文本的结构，并能够以相同的语气或样式编写其他文本。模型通过预测生成的文本中最合适的下一个字符、下一个单词或下一个短语来工作。

2）机器翻译。输入是源语言中的单词序列，并且模型尝试生成目标语言中的匹配文本。输入的短语或句子从头到尾成批地馈送到网络，因为翻译通常不是逐字逐句的。

3）语音识别。输入音频记录，被解析为声音信号，并且模型输出与记录的每个部分匹配的最可能的音节或语音元素。

4）生成图像描述。输入图像，模型会识别图像中的重要特征，并生成描述该图像的简短文本。

5）影片标记。输入一系列视频帧，模型逐帧生成视频中所发生情况的文本描述。

5.3.6　生成对抗网络

1. 生成对抗网络概述

生成对抗网络（Generative Adversarial Network，GAN）是一种使用两个神经网络的算法体系结构，将一个神经网络与另一个神经网络（因此称为"对抗性"）对决，被广泛用于图像生成、视频生成和语音生成。

GAN 是由 Ian Goodfellow 和蒙特利尔大学的其他研究人员（包括 Yoshua Bengio）于 2014 年在论文中提出；Facebook 的 AI 研究总监 Yann LeCun 也曾提到 GAN，并将对抗训练称为"过去 10 年来最有趣的主意"。

2. 生成算法与判别算法

要了解 GAN，就应该先了解生成算法的工作原理，为此，将其与判别算法进行对比更具有启发性。判别算法尝试对输入数据进行分类；也就是说，给定数据实例的特征，可以预测该数据所属的标签或类别。

例如，给定电子邮件（数据实例）中的所有单词，判别算法可以预测邮件是否为垃圾邮件。垃圾邮件是标签之一，从电子邮件中收集的单词袋是构成输入数据的特征。当用数学方法表达此问题时，标签称为 y，特征称为 x。条件概率 $P(y \mid x)$ 表示"给定包含单词的电子邮件是垃圾邮件的概率"。

因此，判别算法将特征映射到标签，只关心这种关联。生成算法正好相反，尝试预测给定特定标签的特征，而不是预测给定特定特征的标签。生成算法试图回答的问题是：假设此电子邮件是垃圾邮件，这些特征的可能性有多大？判别算法关注 x 和 y 之间的关系，而生成算法关注"如何获得 x"，可以捕获 $P(x \mid y)$，即给定 y 的 x 的概率或给定标签或类别的要素的概率。

3. GAN 的工作原理

一个称为生成器的神经网络生成新的数据实例，而另一个作为判别器的神经网络则评估它们的真实性，即判别器决定它审查的每个数据实例是否属于实际的训练数据集。

在 GAN 中，有两个神经网络在零和游戏中相互对抗。其中第一个网络是卷积神经网络，即"生成器"，其任务是欺骗第二个网络。第二个是反卷积神经网络，即"判别器"。生成器创建图像，并将其传递给判别器，希望判别器将其视为真实图像（即使它们是伪造的、假的数据）。判别器旨在将来自生成器的图像识别为伪造的，以将它们与真实图像区分开。最初，图像可能有相当明显的伪造痕迹，但随着训练变得更好，区分真实和虚假图像变得更加困难。判别器基于它知道的图像样本的基本事实来学习，生成器从判别器的反馈中学习。如果判别器"捕获"伪图像，则生成器将更加努力地模拟源图像。

例如，MNIST 数据集中的数字图像是采集自真实手写数字的图像，当利用来自 MNIST 数据集的真实示例时，判别器的目标是识别为真实的。若把生成器创建的合成图像递给判别器时，虽然生成器的目标是说谎而不被抓住，但判别器的目的是将来自生成器的合成图像识别为伪造的。

GAN 的每一方都可能压倒对方。如果判别器太好，它将返回非常接近 0 或 1 的值（真或假），以至于生成器将难以读取梯度。如果生成器太好，它将持续利用判别器中的弱点，导致"漏报"（False Negatives）。这种情况可以通过改进网络各自的学习率来减轻，使两个神经网络具有相似的"技能水平"。

4. GAN 的常见应用

GAN 的应用范围正在大幅增加，以下为几个典型案例：

1）时尚和广告。GAN 可用于创建虚构时装模特的照片，特别适用于时尚广告活动。面向不同群体的虚构模特试穿照片，例如不同体型和年龄，以此增加这些群体的购买欲望。

2）科学。GAN 可以改善天文图像，并模拟重力透镜以进行暗物质研究。2019 年，GAN

成功地模拟了暗物质在太空中特定方向的分布，并预测了将要发生的引力透镜。

3）影像游戏。2018 年，GAN 进入了影像游戏改造领域。在旧影像游戏中，经由图像训练，以 4K 或更高分辨率重新创建低分辨率 2D 纹理，然后对它们进行下取样以适应游戏的原始分辨率。通过适当的训练，GAN 提供更清晰、高于原始的 2D 纹理的图像品质，同时完全保留原始的细节、颜色。

GAN 非常适合于生成照片、绘画和其他与人类创造的真实物体非常相似的人工制品等场景。使用两个神经网络，一个神经网络生成样本图像，另一个神经网络学习如何将生成图像与真实图像区分开，两个网络之间的闭合反馈环路将使它们在产生类似于真实伪像方面的性能越来越好。

5.4 机器学习应用

机器学习应用场景众多，例如图像识别、语音识别、医疗诊断等领域，以及关联规则挖掘、分类、预测、信息提取等研究方向。下面仅简单介绍三个典型应用。

5.4.1 在手写数字识别中的应用

手写数字识别是指让计算机拥有识别人类手写数字的能力。利用数字图像并识别图像中存在的数字，对于机器而言，这是一项很艰巨的任务。因为手写数字通常不是十全十美的，可能会有多种"风格"。

1. MNIST 数据集

MNIST（Mixed National Institute of Standards and Technology，MNIST）数据集是美国国家标准与技术研究院收集整理的大型手写数字数据库，包含 60 000 个手写数字的训练图像（从 0 到 9 十个数字）和 10 000 个图像进行测试。因此，MNIST 数据集具有 10 个不同的类。手写数字图像表示为 28×28 像素矩阵，其中每个单元格都包含灰度像素值，是机器学习和深度学习爱好者中最受欢迎的数据集之一。图 5-15 展示了 MNIST 数据集中的样本图像。

图 5-15　MNIST 数据集中的样本图像

数字图像是由一个个像素组成的。图 5-16 左侧为手写体数字 1 的图像，它在计算机中的存储其实是一个二维矩阵，其中每个元素都是 0~1 之间的数字，0 代表白色，1 代表黑色，小数代表某种程度的灰色。

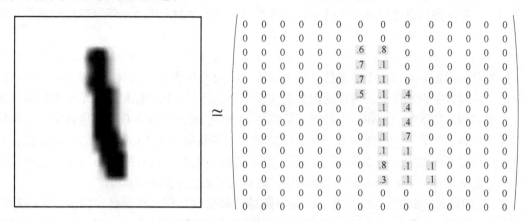

图 5-16　手写体数字 1 及其像素表示

　　MNIST 数据集中的图像可以被看成是长度为 784 的一维向量（忽略它的二维结构，28×28 像素＝784 像素）。任务是利用分类器实现数字的识别，即将这个向量作为分类器的输入，数字的类别即是该分类器的输出。

　　2. 手写数字识别过程

　　图 5-17 展示了采用机器学习的方法进行图像识别的一般过程，主要包括划分数据集、数据预处理、特征选择、训练分类器、评估分类器、分类器使用等步骤。

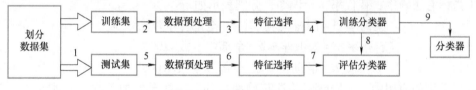

图 5-17　图像识别的一般过程

　　1）划分数据集。针对全部样本集合，通常是按照 0.8 和 0.2 的比例划分，其中比例为 0.8 的部分作为训练集，比例为 0.2 的部分作为测试集，在这里训练集和测试集都是带有标签的样本。在利用 MNIST 数据集进行手写数字识别的过程中，加载数据集，60 000 个样本作为训练集，10 000 个样本作为测试集。

　　2）数据预处理。通常图像本身存在干扰，需要进行预处理。目前常用的预处理方式有二值化、平滑、归一化、去噪声等。预处理的目的是在尽可能保留原始图像信息的前提下去除图像中噪声，让图像能够适应模型的需要，因此一般来说，针对不同的模型，预处理的方式也不同。MNIST 数据集在收集的时候已经进行了一些预处理，因此不需要使用者对图像进行过多的处理，直接使用即可。

　　3）特征选择。特征选择是一个非常关键的步骤，特征选择的结果能够直接影响到最后的结果。特征选择的结果受到提取特征方法、提取特征不同的影响。对于 MNIST 数据集，因为图像本身是 28×28 像素的灰度图像，平铺展开之后输入维度是 784 维，对于大多数机器学习算法来说，是能够接受的输入维度，因此针对 MNIST 数据集进行手写数字识别时，不需要进行额外的特征选择步骤，直接把平铺的像素点带入模型进行训练即可。

4）分类器。手写数字识别是图像分类问题的一个子问题，在本质上也可以归结成一个分类问题，将图像信息处理成要求的格式，机器学习中大多数分类算法都可以应用到手写数字识别任务当中，这里主要介绍两种分类方法：

① 基于支持向量机的分类器。支持向量机的分类方法主要用于解决二元模式分类问题，但是数字识别并不是一个标准的二分类问题，因此需要进行一些转换使得支持向量机能够应用于手写数字识别任务。通常的做法是训练多个支持向量机的模型，每个模型能够分类出一个数字和其他数字。例如，支持向量机模型 SVM0 能够区分数字 0 和其他数字，给出输入图像为 0 的一个概率。这样一来，对于给定输入，将其带入这 10 个支持向量机模型，从而可以分别得到图像为 0~9 的概率，取其中概率值最大的作为最后的分类结果。这种做法在学术上通常被称为 one VS rest，比较烦琐，取得的效果也不是非常理想。

② 基于神经网络的分类器。人工神经网路是一种层级结构，在层级结构中，第一层称为输入层，最后一层称为输出层，中间所有层统称为隐含层。输入层对应输入，即输入层神经元个数对应图像平铺后的维度，对应到 MNIST 数据集上做手写数字识别，输入的维度是 $28 \times 28 = 784$。输出层对应分类类别个数，对于手写数字识别任务，输出层神经元个数为 10。隐含层层数和神经元个数由设计者决定。神经网络一层的结果传输到另外一层需要进行一次线性变换和非线性变换，线性变换为各神经元的加权加和，非线性变换由激活函数提供，常见的激活函数有 Sigmoid、Softmax、ReLU，其他层激活函数可以根据需要进行选择，对于输出层激活函数，一般选择 Softmax，因为 Softmax 能够把神经元数值变换到对应的概率。

5）模型评估。手写数字识别作为一个识别系统，需要用一些指标评价其性能高低，常见的评价指标有正确率、替代率、拒识率，分别表示如下：

$$正确率：A = 正确识别样本数/全部样本数 \times 100\% \tag{5-8}$$

$$替代率：S = 误识样本数/全部样本数 \times 100\% \tag{5-9}$$

$$拒识率：R = 拒识样本数/全部样本数 \times 100\% \tag{5-10}$$

在数字识别的应用中，人们除了关注正确率之外，往往会更加关注"识别精度"这个指标，其定义是：去除所有拒识字符，在所有可以被识别的字符当中，能够被识别系统识别的字符所占的比例：

$$识别精度：P = A/(A+S) \times 100\% \tag{5-11}$$

对于一个理想的数字识别系统，人们往希望正确率、识别精度尽可能大，替代率和拒识率尽可能小。但是在实际使用中，替代率和拒识率是相互制约的，拒识率提高很可能导致替代率下降，从而导致识别精度上升，但是人们并不希望拒识率很高，因此在实际应用中需要根据需求综合考虑这些指标。

5.4.2 在推荐系统中的应用

推荐系统用来预测一个用户对某个东西喜欢的程度。比如，今日头条给用户推荐个性化的新闻，淘宝、京东商城推荐图书、食品、衣服还有其他各种商品等。推荐系统现在已经成为网站、手机 App 不可或缺的功能之一，这些网站和 App 依靠推荐系统来提高销量，吸引用户注意力，提高用户活跃度，吸引新的用户。

推荐系统的目的是通过发现数据集中的用户浏览和购买模式为用户提供最相关的信息。推荐算法对项目进行评分，并向用户显示他们自己将对其进行高度评价的项目。例如，当某人访问购物网站时，会关注购物平台推荐的某些商品，或者某些娱乐平台推荐的某些电影，可能恰好推荐的商品或影片是自己喜欢的类型。

图 5-18 描述了推荐系统在电子商务网站中的工作方式。

两个用户从电子商务商店购买了相同的商品 A 和 B。推荐系统将计算这两个用户的相似性指数。根据得分，系统可以将商品 C 推荐给相似性指数比较高的相似用户，其原理是推荐系统会检测到这两个用户在购买商品爱好方面的相似指数。

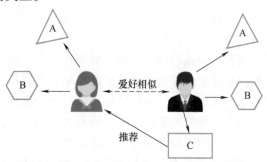

图 5-18　推荐系统工作方式示意图

早期门户网站上的推荐是人工推荐，后来出现了聚合系统，比如书店的畅销书排行榜，豆瓣中的电影票房排行榜。另外，可以按照物品的上架时间顺序推荐，例如，新上架的物品优先推荐。这些推荐系统只是基于最简单的统计来进行推荐，虽然看起来简单，早期很有效。但随着技术的发展，现在出现了真正千人千面的个性化推荐系统。比如，不同人打开淘宝网主页看到的商品是不一样的。

推荐系统要解决的有三个关键问题。第一，如何收集数据。推荐系统需要训练，也就需要训练样本进行学习，因此收集数据非常重要。数据有时效性，因此也需要经常更新。第二，如何预测那些新的、未知的数据。第三，如何建立评价系统，只有建立一个评价系统，才能知道训练出的推荐系统到底好不好，是否有效，如何进行调优，等等。下面简单介绍解决推荐系统三个关键问题的方法和面临的挑战。

1）收集数据。第一种方式是显式收集。用户评分、点赞或者用户留言都是显式数据。在没有办法收集数据的情况下，可以采用隐式收集数据。比如，如果一个用户看了一部电影，过了一段时间发现他又在看那部电影，那么表示他很喜欢这部电影；如果他在观影时一直快进，或者中途就跳开了，那就说明他不喜欢，这就是隐式收集用户喜好的一种方法。又如，如果一个顾客买了某个东西，就表示他喜欢这个东西，如果他退货了，就表示不喜欢。隐式收集现在越来越重要，而且隐式收集的数据量远远高于显式收集的数据。

2）预测数据。推荐算法得到的推荐值矩阵是非常稀疏的，用户对大多数未尝试的物品的喜好是不知道的。推荐值只能反映用户对少量物品的喜好程度。另外就是冷启动问题，也就是当有一个新的物品时，没有任何用户为它打分，如何推荐它？新用户没有任何的交互行为时，也无法估计用户喜好，因此，冷启动也是一个很大的挑战。

3）推荐系统的评估。第一，离线评估方法。历史数据分成两部分，一部分作为训练数据，一部分作为测试数据，用训练数据的值来预测测试数据的值，如果推荐的值与测试数据的真实值相差少，就认为是正确的，该方法称为离线评估的方法。第二，问卷调查。在网页或者 App 中直接询问用户对推荐是否满意。第三，用户调研。请一些用户做一些小规模的测试，不仅可以测试推荐系统是否可行，还能测试推荐系统的用户界面是否友好。第四，A/B 测试，或者称为在线测试。随机选择一些用户，比如 10%的用户，用新算法的推荐系统，另外 90%仍然用原来的算法的推荐系统，然后评估 10%的用户是否获得了更好的推荐效果。

5.4.3 在无损检测中的应用

无损检测（Non-Destructive Testing，NDT）以不影响材料完整性或使用性的无损方法对材料制备和使用过程有重要意义的化学成分、微观结构、力学性能、弥散的不连续性以及分层、腐蚀、裂纹和疲劳等缺陷群等特征做出定性或定量描述，在航空航天、核电、石化、铁路和汽车等领域起着至关重要的作用。无损检测属于交叉学科，实施过程中涉及激励源、仪器参数、材料性质、缺陷特征、信号响应机理、显示模式、信号分析与处理、特征提取与选择、图像解释等一系列内容，检测人员经常会面临较差的图像显示质量、多类型交叠的缺陷识别以及非线性材料特性预测等挑战。

随着"大数据"时代的到来，数据采集和存储能力不断发展提高，为人们利用数据进行进一步研发提供了基础条件和实施可能。此外，机器学习在语音识别、自动驾驶、医疗等领域的成功应用，给 NDT 领域利用机器学习快速发展提供了丰富的经验。近年来，将机器学习应用于无损检测技术，进而提高检测效率、检测精度及可靠性的研究工作越来越活跃，并已取得了不俗的成果。

Carvalho 等人利用人工神经网络对管道焊缝漏磁信号进行智能模式识别。研究中首先采用 ANN 区分了焊缝上的非缺陷信号和缺陷信号，然后，用 ANN 对焊接接头的三种缺陷信号进行分类：外部腐蚀（EC）、内部腐蚀（IC）和未焊透（LP）。用 1025 个漏磁检测点的数字信号作为 ANN 的输入（对应输入层 1025 个神经元，隐含层 15 个神经元，输出层 3 个神经元，如图 5-19 所示）。首先利用傅里叶分析、移动平均滤波、小波分析和 Savitzky-Golay 滤波技术对信号进行预处理，以提高 ANN 的缺陷分类识别性能。

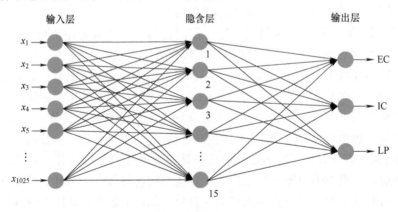

图 5-19　无损检测 ANN 结构

结果表明，利用 ANN 对非缺陷信号和缺陷信号进行分类的准确率高达 94.2%，对腐蚀和未焊透信号的分类准确率达 92.5%。与 Carvalho 研究采用大样本类似，Sambath 采用 240 组超声检测数据样本用于 ANN 的训练和测试数据，孔隙率、未熔合与钨夹杂三种缺陷识别准确率达到了 94%。

深度神经网络具有表示视觉数据层次结构的能力，特别适用于基于检测图像的缺陷识别及表征。国内外学者已经将 DNN 用于 CT 图像缺陷检测和涡流成像检测等工作中。例如，Ye 等人基于 DNN 的激光超声成像技术无损识别了不锈钢中不同深度的钻孔和裂纹缺陷，训练样本为标记为缺陷集和无缺陷集的 6849 幅超声检测图像。

根据用于分类和回归任务的不同，SVM 可细分为支持向量分类（Support Vector Classification，SVC）和支持向量回归（Support Vector Regression，SVR），非常适合处理小样本、高维度的无损检测分类和回归问题。Salucci 等人在论文中介绍了一种基于 SVR 和涡流检测信号来预测金属导体表面缺陷位置、长度、深度和宽度等特征的机器学习方法。用缺陷位置坐标 x、长度 l、深度 d_0 和宽度 w_0 标记涡流阻抗的实部和虚部两个特征参数，作为 SVR 模型训练的样本集，进而利用涡流阻抗的实部和虚部预测未知缺陷的上述特征信息。该方法采用缺陷的坐标 x 和长度 l 参数进行了验证实验，得到了很好的预测精度，位置坐标 x 的预测相对误差为 0.6%，缺陷长度 l 预测相对误差为 1.2%。

毫不夸张地说，将强大的机器学习与快速发展的无损检测技术相结合，是未来无损检测技术发展的趋势和热点，也是提升无损检测技术整体实力和水平的难得契机。

✎ 思考题与习题

5-1　填空题

1）机器学习的发展历程可以分为五个阶段，分别是（　　）、（　　）、（　　）、（　　）和（　　）。

2）机器学习的一般工作流程包括七大步骤，分别是（　　）、（　　）、（　　）、（　　）、（　　）、（　　）和（　　）。

3）根据数据集的不同特征，将机器学习算法划分为三种类型：（　　）、（　　）和（　　）。

4）对于无监督学习类型，（　　）和（　　）是两种典型的无监督学习方法。

5）实现强化学习算法的三种常见方法包括：（　　）、（　　）和（　　）。

6）浅层神经网络只有三层神经元，第一层是（　　），接收模型的输入；第二层是（　　），只有一层；第三层是（　　），输出结果。

7）深度神经网络具有与浅层神经网络类似的结构，但是它有（　　）或（　　）处理输入的神经元隐含层。

8）GAN 具有两个神经网络，一个是（　　），即"生成器"；另一个是（　　），是"判别器"。

9）机器学习的样本集合通常分为两部分，一部分作为（　　），另一部分作为（　　）。

10）SVM 根据用于分类和回归任务的不同，可细分为（　　）和（　　）。

5-2　什么是机器学习？

5-3　监督学习的基本思想是什么？

5-4　简述神经网络中常见的回归分析类型。

5-5　简述无监督学习的基本思想。

5-6　简述强化学习的基本思想。

5-7　阐述感知器、多层感知器、浅层神经网络和深度神经网络的区别。

5-8　阐述神经网络中反向传播的工作原理。

5-9　简述深度学习的学习过程。

5-10　阐述卷积神经网络的基本结构。

5-11　简述循环神经网络的基本结构。

5-12　简述生成对抗网络的基本思想和工作原理。

参考文献

[1]　山下隆义. 图解深度学习 [M]. 张弥, 译. 北京：人民邮电出版社, 2018.

[2]　杉山将. 图解机器学习 [M]. 许永伟, 译. 北京：人民邮电出版社, 2018.

[3]　永井良幸, 涌井贞美. 深度学习的数学 [M]. 杨瑞龙, 译. 北京：人民邮电出版社, 2019.

[4]　诸葛越, 江云胜, 葫芦娃. 百面机器学习 [M]. 北京：人民邮电出版社, 2018.

[5]　张玉宏. 深度学习之美 [M]. 北京：电子工业出版社, 2018.

[6]　威宁, 奥特罗. 强化学习 [M]. 赵地, 刘莹, 邓仰东, 等译. 北京：机械工业出版社, 2018.

[7]　HAYKINS. 神经网络与机器学习 [M]. 申富饶, 徐烨, 郑俊, 等译. 北京：机械工业出版社, 2011.

[8]　周志华. 机器学习 [M]. 北京：清华大学出版社, 2016.

[9]　阿培丁. 机器学习导论 [M]. 范明, 译. 北京：机械工业出版社, 2016.

[10]　HARRINGTONP. 机器学习实战 [M]. 李锐, 李鹏, 曲亚东, 等译. 北京：人民邮电出版社, 2013.

[11]　张重生. 深度学习原理与应用实践 [M]. 北京：电子工业出版社, 2016.

[12]　博纳科尔索. 机器学习算法 [M]. 罗娜, 译. 北京：机械工业出版社, 2018.

[13]　于剑. 机器学习：从公理到算法 [M]. 北京：清华大学出版社, 2018.

[14]　陈志源, 刘兵. 终身机器学习 [M]. 陈健, 译. 北京：机械工业出版社, 2019.

[15]　古德费洛本吉奥, 库维尔. 深度学习 [M]. 赵申剑, 黎彧君, 符天凡, 等译. 北京：人民邮电出版社, 2017.

[16]　彭伟. 揭秘深度强化学习 [M]. 北京：中国水利水电出版社, 2018.

[17]　李沐, 等. 动手学深度学习 [M]. 北京：人民邮电出版社, 2019.

[18]　雷明. 机器学习与应用 [M]. 北京：清华大学出版社, 2019.

[19]　叶韵. 深度学习与计算机视觉 [M]. 北京：机械工业出版社, 2018.

[20]　赵天伟, 林莉, 张东辉, 等. 机器学习在无损检测中的应用案例浅析 [J]. 无损探伤, 2020 (3)：1-4, 11.

[21]　CARVALHO A A, REBELLO J M A, SAGRILO L V S. MFL signals and artificial neural network applied to detection and classification of pipe weld defects [J]. NDT & E International, 2006, 29 (8)：661-667.

[22]　YE J, ITO S, TOYAMA N. Computerized ultrasonic imaging inspection：from shallow to deep learning [J]. Sensors, 2018, 18 (11)：3820-3827.

[23]　孙祥瑜. 机器学习方法在手写数字识别中的应用 [J]. 中国战略新兴产业, 2017 (44)：107-108.

第 6 章

机器人及其智能化

主要内容：

本章介绍机器人的背景、组成及智能，主要内容包括：

1）机器人概况，包含机器人的发展历程、定义、类型及其典型应用。

2）机器人的软硬件组成，介绍传感器、自由度等基本概念，重点讨论机器人仿真软件及其实现方式。

3）机器人的智能及其形式，结合典型产品分析机器人智能的现状以及人工智能等领域对其发展的影响。

4）工厂大批量引入机器人对员工的影响，理性分析挑战与机遇。

学习要点：

掌握机器人的发展历程、定义、类型和应用领域等基础知识。熟悉机器人的软硬件组成。了解机器人智能的本质以及人类面临的挑战与机遇。

6.1　机器人概况

到底什么是机器人？它能做什么、不能做什么？不同专业的大学生可以从哪个角度去切入机器人的研究与应用？毕业后可以创办机器人公司吗？在解开这些疑惑之前，需要先弄清楚机器人的起源、发展、定义等背景知识，对它有全面的、初步的了解。

6.1.1　起源与发展

梦想是人类生存、繁衍和进化的主要驱动力，正是因为有了梦想，人类才有了今天的美好生活。例如，人类想给自己找个忠心耿耿的搭档，希望这个搭档既具有超人的能力，又完全被自己掌握与控制，像个呼之即来、挥之即去的机器。尽管到了 20 世纪人们才把它命名为机器人，但是，这并不妨碍人类为了实现这个梦想而一直在努力。

机器人的早期记录可以追溯到 2000 多年以前。春秋时期的木匠鲁班发明了木鸟，它能够在空中飞翔三天。后来，三国时期的军事家诸葛亮发明了木牛流马，能够在崎岖的山路上行走并且不需要吃喝，为打胜仗立下了汗马功劳。东汉时期，天文学家张衡发明了指南车，皇帝常常在隆重场合使用指南车，所以，指南车的内部结构也是朝廷的重要机密，不同朝代往往会对其设计进行一定的调整。宋代的报时机器人堪称我国古代的又一大奇迹，它不用机械、没有齿轮，却可以每隔15分钟就连续报时8下，其原理至今都没有得到合理的解释。

不仅我国人民在努力把对机器人的梦想变成现实，其他国家的人民也是如此。他们不仅从物理的角度来实现它，而且把对它的期待、幻想写进小说里。18世纪初期，法国人杰克·戴·瓦克逊（Jacques de Vaucanson）发明了机器鸭，其目的是从机械的角度来模仿生物，并且进行医学分析，这个机器鸭会嘎嘎叫，具有喝水、游泳和排泄的能力。1920年，捷克作家卡雷尔·恰佩克（Karel Capek）写了一本叫《罗萨姆的万能机器人》（*Rossum's Universal Robots*）的科幻剧本，预告了机器人可能会给人类带来的灾难，这个预告引起了广泛关注，他在此剧本里把捷克语 Robota 写成了 Robot。在捷克语里，Robota 是奴隶、仆人的意思。后来，许多国家直接将 Robota 音译为"罗伯特"（Robot），只有在中国被翻译为"机器人"。1959年，第一台工业机器人在美国诞生，其主要发明者约瑟夫·恩格尔伯格（Josephf Engelberger）被称为"机器人之父"，另一位发明者则是知名的工程师兼投资者乔治·德沃尔（George Devol）。

可以看出，人类对机器人的梦想融入了社会的进步和发展中，并且逐渐变成现实。有意思的是，在机器人问世的时候，人类又开始担心自己不能够完全控制它。为了应对机器人可能带来的威胁，科幻作家艾萨克·阿西莫夫（Isaac Asimov）于1950年在小说《我，机器人》（*I, Robot*）里提出了著名的"机器人三原则"（Three Laws of Robotics）：

1）机器人不可以伤害人类，也不可以看着人类受到伤害而无动于衷。

2）机器人必须遵守人类的指令，除非该指令与1）违背。

3）机器人必须保护好自己，除非这个自我保护与1）、2）相违背。

这三项原则使得机器人更加通俗化、拟人化，而且对当代社会的机器人研究、应用仍然具有十分重要的指导意义。

但是，仅仅依赖"机器人三原则"就能够限制机器人死心塌地为人类服务吗？机器人如果有了疲惫、忙碌、辛苦等知觉或情感，它们还愿意被人类支配吗？电影《阿童木》（*Astro Boy*）里就有这样的"机器人三剑客"，它们组成了一支小队伍，其共同目标是把机器人从人的奴役下解放出来。虽然机器人的知觉、情感等研究还处于最初始的阶段，但是，一旦机器人有了类似于人类的情感，它们就必然会根据自己的情感去做一些事情，而且这些事情是人类很难预知的。既要让机器人具有一定的情感，又要让它们接受被支配的现实，这将是许多年以后的一个新挑战。

人类不会满足于梦想的初步实现。梦想的内容不仅会由模糊变清晰，而且也会随着时代、需求的变化而变化。人类对机器人的梦想被写进了小说、拍成了电影，现实生活中的机器人朝着多样化、智能化、实用化的方向前进，并且和其他科技的发展相辅相成。

6.1.2 定义与构成

机器人正式诞生以前，只有极少数有实验条件的人可以接触到其雏形。机器人诞生之后，随着科技的进步与社会需求的发展，各种各样的机器人逐渐进入大众的生活，并且通过与其他研究领域的融合来产生更强大的功能。

现在，机器人学涉及人工智能、计算机、电子、机械、神经学、心理学等多门学科，是一个整合了技术应用与学术研究的大舞台，是工业 4.0、智能制造和"机器换人"的基础。作为一种产品，机器人像是正在升起的太阳，相关学科的发展都会促进机器人的研究与应用。

1. 定义

提到机器人的时候，我们的脑海里会首先浮现出它的模样：三头六臂，力大无穷，顽皮机灵但又完全被人类掌控，甚至会把自己对机器人的期待也映射到对它的定义里。但是，很难给机器人下个确切定义，因为好像怎么描述都不够全面。

现在，可以跳出原有的思维习惯，先思考另一个问题：人的定义是什么？此时，问题就变得更滑稽但又更有意义。有人可能说，这是科学家关心的问题、是医学专业人士讨论的话题。是的，大部分人确实不需要关注人的定义。

机器人也是如此。工厂里的机械臂是机器人，空中飞行的无人机是机器人，在博物馆担任导游的可移动设备是机器人，在晚会上跳舞的也有机器人，处于维修阶段的机器人仍然是机器人，它们来自于不同的厂家、具有不同的功能。由此可见，机器人的外形、功能是可以灵活变化的，不同的制造商擅长生产不同类型的机器人。说到这里，也许有人会说：那算了，不需要给出定义了。

但定义是需要的。机器人承载了人类几千年的梦想，现在已经家喻户晓并且从多个方面为人类提供服务。即使民间不需要对机器人赋予正式的定义，学术研究、工业应用等场景也需要对它有正式的描述。所以，许多国家的科研人员都对其进行了定义。

我国科学家给出的定义是：机器人是一种自动化的机器，具备一些与人或生物相似的智能能力，如感知能力、规划能力、运动能力和协同能力，是一种具有高度灵活性的自动化机器人。

此外，《中国大百科全书》给出的定义是：机器人是能灵活地完成特定的操作和运动任务，并可再编程序的多功能操作器。对机械手的定义是：一种模拟人手操作的自动机械，它可按固定程序抓取、搬运物体或使用工具来完成某些特定操作。

国际上，美国机器人协会给出的定义是：机器人是一种用于移动各种材料、零件、工具或专用装置的，可通过预先编写程序来执行种种任务的多功能机械手（Manipulator）。

日本工业机器人协会将工业机器人定义为：装备有记忆装置和末端执行器（End Effector），能够转动并通过自动完成各种移动来代替人类劳动的通用机器。

这些早期的定义与机器人的流行程度有关，因为那个时候以工业机器人为主。这些机器人只需要在单调的环境里不知疲倦地工作，其智能化程度很低，很难处理环境变化等突发情况。后来，计算机等领域快速发展，机器人的智能化程度也逐渐提升，于是有学者将智能机器人定义为"一种具有感觉和识别能力，并能够控制自身行为的机器"。

从上述定义可以看出，仁者见仁、智者见智。尽管角度不同，但是这些定义却有共同之处：①类似于人的局部或全部形体，能够模仿人的动作；②具有一定的感知或识别能力；③是人造的机械设备，但并不是生命现象。

需要强调的是，随着机器人相关技术的发展，尤其是人工智能、生命科学等领域的进步，机器人的定义也将会进行相应的调整。

2. 机器人的构成

机器人能够听人指挥、思考问题、完成任务，那么，机器人到底是由什么构成的呢？

人的思想和行为是密不可分的。机器人不是人，但它也具备人的某些特质。人是由肉体和思想组成的，两者缺一不可。思想控制肉体的行为，从而完成各种各样的任务。相应地，机器人也应该如此。

机器人由硬件和软件组成，如图6-1所示。硬件是看得见、摸得着的机械设备，相当于人类的肉体。软件通常是指计算机程序，相当于人类的灵魂。人类的肉体需要思想的支配，同样，机器人的硬件、软件也需要协同工作，如果出现了不匹配的情况，机器人的工作效率就会降低甚至罢工。

前面提到了"机器人三原则"，那么，它在哪里体现呢？硬件还是软件？本章后续内容的分析里蕴含了该问题的答案。

6.1.3 类别与特点

总的来说，根据机器人是否需要直接与人接触，研究人员将它分为工业机器人和服务机器人两大类。同时，根据其与人类的接触程度，服务机器人又可以再分为两类：一类是为人类的日常生活提供帮助的服务机器人，另一类是特种机器人。根据机器人的工作性质、工作环境等方面的不同，特种机器人又可以分为军用机器人、太空机器人、水下机器人、医疗机器人等多种类型，如图6-2所示。下面，简单介绍几类主要的机器人。

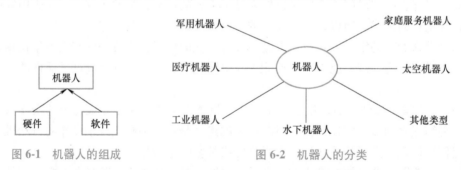

图 6-1　机器人的组成　　　　　图 6-2　机器人的分类

1）工业机器人。顾名思义，工业机器人面向工业领域，它是机器人家族里最成熟的类型，并且已经形成了工业界广泛使用的一些标准。其典型应用涉及包装、放置和焊接等场合。作为目前应用最普遍、最成功、经济收益回报最大的机器人，工业机器人的特点是：①效率高，可以长时间专注某一个功能，例如分拣物品；②时间久，可以不知疲倦地工作，其执行过程中往往不需要人类干预；③速度快，只要有能量就一直会有力量；④准确，只要有正确的程序它就可以精确地执行任务，不容易受到周围环境的干扰，更不会有烦恼、伤心、担忧等负面情绪。

在工业机器人领域，有影响力的企业都是百年老字号。其中，德国库卡（KUKA）公司、瑞典ABB公司、日本发那科（FANUC）公司和安川（YASKAWA）电机公司被称为机器人"四大家族"。目前，大约90%的工业机器人被应用于汽车制造相关的领域，这可能是因为制造汽车的场景相对比较成熟，而且流程化。

随着物流行业的发展，工业机器人也开始大规模地应用到这个领域，相关的投资金额也越来越大。2018 年 6 月，Starship Technologies 公司为其自动送货车车队筹集了 2500 万美元，Bossa Nova 公司则为其库存机器人筹集了 2900 万美元。

2）水下机器人。水下机器人是一种在水下从事极限作业的机器人。地球表面 71% 的区域是海洋，人类在水下的活动能力有限，所以，使用水下机器人探索茫茫大海是一件振奋人心而且十分必要的事情。早在 2009 年，我国的"大洋一号"科学考察船就已经开始使用水下机器人"海龙二号"在太平洋附近开展环境参数测量、摄像观察等工作，其机械手成功地抓取了重达 7kg 的硫化物样品，这也标志着我国已经成为世界上少数几个能够使用水下机器人探索海洋科学的国家之一。

3）军用机器人。军用机器人是为军事、作战用途而设计的，例如，地面侦察机器人、排雷机器人、反坦克机器人，等等，其工作方式以人员遥控和自主工作为主。典型的军用机器人有美国波士顿动力公司（Boston Dynamics）研制的"大狗"（Big Dog），它可以在山路运送物质。另外，外观像小坦克的机器人可以使用履带式底盘、用于感知环境的摄像头以及可旋转遥控的枪塔，从而可以实现自主工作、人员遥控相结合。

前面提到了"机器人三原则"，其目标是保证机器人一直为人类服务、至少不伤害人类。但是，当不同国家或群体发生利益冲突时，机器人还遵守这些原则吗？例如，谁保证军用机器人不伤害无辜群众，或者在战争局面已经得到控制时对敌人手下留情？这需要依靠道德还是依靠法律？在战场上，机器人的开关和工作模式都是由人控制的，至少，人要有权力去控制。机器人是人类制造的，要想让它们遵守这些原则，本质上是先让人类遵守这些原则。实施"机器人三原则"的必要性在军用机器人领域格外突出。因此，这些原则的实施需要由法律来保障，不能仅仅靠道德来约束。

4）太空机器人。地球资源正在迅速地被消耗，人类的活动范围也在逐渐扩大，能够在太空作业的太空机器人有着很大的社会需求。太空机器人在高真空、强辐射、微重力、超低温和人工干预少的环境下工作，它需要具备重量轻、体积小、智能化程度高、抗干扰能力强等特点，并且要能够自主导航。当地球资源逐渐枯竭的时候，太空机器人的重要性就更加凸显。2013 年，我国的"嫦娥三号"所携带的"玉兔号"月球车就已经成功到达月球表面。

5）医疗机器人。生活节奏加快、工作压力增大、疑难病越来越多并且呈低龄化趋势，这些现状进一步促进了医疗机器人的现实需求。此类机器人主要应用于医学领域的诊断、护理和治疗等方面，其典型应用包括微创手术、体内治疗、术后护理、陪护和喂食等情形，它们为人类治疗疾病提供了一线新的希望、一种新的途径。

早在 1985 年，机器人 PUMA560 就辅助完成了大脑组织活体检查，这也标志着医疗机器人开始进入公众视野。很多人觉得这挺可怕的，如果医生的指令稍微有些失误，或者机器人用力过度，那么后果将不堪设想。当然，这种想法是多余的。如今，这些机器人不仅在颅面外科、腹腔外科、骨外科等手术中得到了广泛应用，而且纳米机器人还可以在体内长期"巡逻"、扮演安全卫士的角色。

尽管要相信高科技，医疗领域的机器人也确实面临一些挑战。以纳米机器人为例，为了完成定点给药，它如何感知体内的生理环境呢？这可不是人人都看得见的外部环境。人体的动脉、静脉系统很复杂，如何给它们配备精准的导航系统呢？当不需要继续停留在体内时，这些系统需要为机器人找到合适的出口。另外，纳米机器人在人体内"吃掉"坏死的细胞之后，再怎么把它转化成有用的细胞、物质或能量呢？

需要明白的一点是，医疗机器人的目标并不是代替医生，而是帮助医生更好地为病人服务。例如，医生不再需要记住病人的大量信息，从而有更多的精力与病人交流、互动。机器人做手术时动作精准、情绪稳定、抗疲劳，可以替代外科医生的部分工作，从而让他们专注于研究治疗方案。

电影《超能陆战队》里的"大白"（Baymax）是人类的医疗机器人伴侣，它能够快速检测出人体的不正常疾病或情绪，并进行相应的治疗。现实生活中，这类陪护型机器人已经投入使用。

6）家庭服务机器人。家庭服务机器人的目标是为人类提供各种类型的服务，也需要通过声音、手势、表情等途径来实现与人的交流。因此，它需要具有较好的人机交互功能以及智能化水平。目前，服务机器人侧重于"大智慧"，工业机器人侧重于"大块头"，研究人员的目标是既让大块头具有大智慧、又让大智慧不一定要依赖于大块头。因为技术具有通用性，所以，家庭服务机器人的工作环境不仅局限于家庭，还可以用于办公室、大型场馆等场景。

随着老龄化时代的到来，家庭服务机器人将在这一领域扮演重要角色。不可否认，医疗机构是解决老龄化问题的主力军。但是，全社会的共同参与、高科技产品尤其是机器人的引入可能是解决问题的根本方法。目前，一些企业或研究机构也纷纷研制出陪伴老年人的机器人产品。例如，华硕 Zenbo 机器人内置了家庭救援系统，它具备开灯、提醒服药等功能。如果有人不小心摔倒了，Zenbo 会拍下照片并且发送给事先设置好的家庭成员，为老年看护提供了较大的便利。新加坡科技研究局研发了一款宠物机器人 Huggler，它在被抚摸时会发出不同的声音。Huggler 集实用和娱乐于一体，不仅丰富了老年人的生活，还可以监测他们的情绪变化、判断其精神状况。

以上分类以机器人的现状为基础。每种机器人都有其当前的主要目标，例如，野外机器人在被推倒后需要能够马上站起来，聊天机器人的优势主要体现在智能，而医疗机器人的职责主要是提供专业服务。随着科技的进步，尤其是数学、生命科学等基础领域的突破，机器人的功能会越来越强大、分类也会越来越精细，也会衍生出新的机器人，例如，瓜果采摘机器人、快递运送机器人，等等。

将来，机器人需要在运动能力、智能水平、专业服务等方面都有突破。这三个方面没有主次、难易之分，但较好地集成了这三大功能的机器人更容易被大众所接受。

6.1.4 研究与应用

研究是为应用服务的，应用使得研究更有针对性、前瞻性，研究、应用都与市场规模息息相关。

1. 市场规模

机器人市场进入了快速发展期。《中国机器人产业发展报告（2019）》指出：2019年，全球的机器人市场规模大约为 294 亿美元，其中，工业机器人以 159 亿美元高居榜首，服务机器人其次；我国在 2019 年的机器人市场规模大约 87 亿美元，工业机器人排第一，服务机器人也增长迅速；2014—2019 年，全球、我国市场规模的年平均增长率分别约为 12.3%、20.9%；另外，我国的长三角地区已经形成了较庞大的产业规划和合理的结构布局，珠三角地区的"机器换人"步伐不断加快，京津冀地区正在构建技术研发与产业整合的创新高地，东北地区正在利用机器人推动区域经济结构的转型升级，中部地区正在加快布局区域特色机器人产业链条，西部地区正在逐步打造机器人全产业链。

近年来，机器人产业一直增长迅速，机器人企业如雨后春笋，投资者也对机器人的未来保持乐观态度。预计到 2025 年，其价值将达到 5000 亿美元。巨大的市场规模也必然意味着科研方面的大力投入，否则，产品会缺乏核心技术、缺乏竞争力。

2. 研究

到底什么专业的大学生可以研究机器人呢？许多专业都可以。有的研究视觉处理，有的研究皮肤，有的研究材料，有的研究学习算法，有的研究多机器人的协作方式。所以，机器人是个海纳百川的大舞台，只要你愿意，总有一个问题适合你去解决。因此，无论你是来自机械、自动化、计算机等专业，还是来自数学、材料等专业，都可以加入机器人研究的队伍里。

除了提升为人类服务的能力，机器人研究的成果还可以做什么呢？可能很多人都会说"增加企业利润"之类的话。不错，确实可以增加企业的利润。但是，更有意义的是使人类了解自身。为什么这么说呢？人类是很神奇的生物，科学家至今都没有完全解开人从哪里来、人为什么有情绪、为什么双胞胎兄弟的性格有差别等谜团。把一个冷冰冰的机器变成一个有情感、有智慧的机器人，需要解决大量的问题，在解决这些问题的过程中，也会逐渐揭开人类自身的奥秘。所以，机器人也是验证生命科学研究成果的平台。著名物理学家理查德·费曼（Richard Feynman）曾经说过：我们要想真正理解一个事物，就必须要能够把它创造出来。研究类似于人类的机器人，也正是这种创造过程。

研究机器人需要耐心、专注。日本早稻田大学加藤一郎（Ichiro Kato）的实验室花了近十年时间，终于在 1969 年研发出世界上第一台用双腿走路的机器人。加藤一郎也因此被称为"仿人机器人之父"。日本专家一直专注于仿人机器人、娱乐机器人的研发，双足步行机器人的出现催生了索尼公司的 QRIO、本田公司的 ASIMO 等机器人。从 1986 年起，本田公司就开始研究 ASIMO。

研究和应用是有差距的。2018 年，波士顿动力公司（Boston Dynamics）的 Atlas 机器人因为其卓越的跳跃能力而被媒体用"进化、逆天"来形容，但是，它不能够回到原地并且重复执行动作，而这却是三岁的小孩子很容易做到的。这种鲜为人知但却严重阻碍机器人应用的现象正是研究人员需要解决的问题之一。

3. 我国的机器人研究与产业化

从 20 世纪 80 年代开始，我国就开始重视机器人的研究与应用，并且逐渐将其上升到了国家战略的高度。

研究方面，有一些知名的国家重点实验室和其他类型的实验室。机器人学国家重点实验室依托于中国科学院沈阳自动化研究所，其前身是中国科学院机器人学开放实验室，也是我国机器人领域最早建立的部门重点实验室。机器人技术与系统国家重点实验室成立于 2007 年，依托于哈尔滨工业大学，是我国最早开展机器人技术研究的单位之一，其前身主要是哈尔滨工业大学在 1986 年成立的机器人研究所。20 世纪 80 年代，该实验室研制出了我国第一台点焊机器人和第一台弧焊机器人。北京理工大学仿生机器人与系统教育部重点实验室在 2013 年通过了教育部组织的专家组验收，通过几年的发展，它们建立了仿生机器人和无人机动系统等高端科学研究的技术集成平台，为机器人战略性新兴产业和若干安全领域提供技术支撑与储备。

机器人相关的企业越来越多，正在形成具有广泛影响力的知名名牌。沈阳新松机器人自动化股份有限公司是一家以机器人技术为核心的高科技上市企业，它是国内最大的机器人产业化基地，隶属中国科学院。上海未来伙伴机器人有限公司（原上海广茂达伙伴机器人有限公司）成立于 1996 年，其最初的产品主要是教育机器人，曾经和中国青少年机器人竞赛等知名赛事有广泛的合作。深圳大疆创新科技有限公司成立于 2006 年，其创始团队有香港科技大学的研究背景。现在，该公司已经成长为全球知名的无人机飞行平台和影像系统的自主研发与制造商，并且在农业无人机领域占领了较大的市场份额。广州映博智能科技有限公司是一家专注于服务机器人研发、生产的国家高新科技企业，成立于 2013 年，是中国服务机器人联盟理事单位，和双一流高校保持长期的深度合作，其自主研发的派宝机器人 PADBOT 被销往美国、日本等多个国家。

机器人是国际化的大舞台。不管是科研人员还是产业界精英，除了埋头苦干，外出交流也是必不可少的。在机器人的学术、应用交流方面，我国专家参加的会议主要有：机器人与自动化国际会议（IEEE International Conference on Robotics and Automation，ICRA）、智能机器人与系统国际会议（IEEE International Conference on Intelligent Robots and Systems，IROS）、机器人学和仿生学国际会议（IEEE International Conference on Robotics and Biomimetics，RO-BIO）。这些会议都是每年举办一次，每次都有许多国际知名学者亲临会场交流，机器人大型厂家也会借机到现场宣传。

现在，一些国家已经把机器人研究与产业化上升到了国家战略的高度，注重顶层设计，并且意识到机器人教育要从中小学抓起。

6.2　机器人的组成

机器人由硬件和软件组成，硬件是肉体，软件是灵魂。极少数机器人属于应激式、反应式，对程序的要求不高，只需要对外界环境做出机械式的反应，但是它们的智能化程度很低、往往只能用作玩具机器人，因此，它们不属于本章讨论的对象。稍微有些智能的机器人就需要依靠程序来协调硬件设备。

6.2.1　硬件

机器人的硬件可以像计算机那样组装。为了实现不同的功能，需要组装不同的零部件。在机器人的硬件知识里，传感器（Sensor）、自由度（Degree of Freedom）是两个重要的概念。顾名思义，传感器用于感知外面的信息，知道外面发生了什么。和计算机、手机相比，机器人最大的优势是其运动能力。运动能力和自由度相关，这类似于人类的运动需要有关节的配合。

1. 传感器

传感器为机器人提供视觉、触觉、听觉、嗅觉等信息，类似于人的眼睛、皮肤、耳朵、鼻子等器官。机器人的种类繁多、外形各异，传感器是其必要设备。机器人侧重于完成一种或几种特定的功能，因此，它并不需要装备全部类型的传感器。例如，机械手需要视觉、触觉传感器，巡逻机器人往往需要装备嗅觉传感器，但不一定需要触觉传感器。

传感器把相关特性转换为执行某些功能所需要的信息，并且进行后续处理。机器人通过信号变换、信号处理两个步骤来实现感知。其中，信号变换的目的是把硬件所感知到的信息转变为相应的信号，信号处理是把上一步所获得的信息进行处理并提取出机器人所需要的信息。机器人感知信息的过程及其在整个系统中的位置如图 6-3 所示。从图中可以看出，信息感知是一个持续的过程，在任务的执行阶段需要一直感知信息、分析信息、提炼出有用的信息。

图 6-3　机器人感知信息的过程及其在整个系统中的位置

传感器获取的信息通常不能直接使用，很可能含有大量噪声。以视觉传感器 Kinect 为例，它虽然在跳舞机等娱乐型的应用方面有较大的优势，但是，在开展研究的时候需要首先对它获取的信息进行预处理。预处理的目标之一是降低噪声、提炼出真正有用的信息。另外，不同类型的传感器提取到的数据格式不同，例如，嗅觉传感器、视觉传感器的数据表示形式往往是不同的，这就引申出了另一个问题：传感器信息融合。融合时要考虑噪声、时间、特征等信息，例如，视觉特征、嗅觉特征的初始表示形式往往是有区别的。

目前，机器人触觉传感器的发展相对滞后，其原因主要是精确的触觉传感器的工艺更复杂、制造成本更高。但是，触觉感知却是机器人拟人化的重要特征之一。

这些传感器和人类自身的传感器是有区别的。人类天生就"装备"了许多先进的传感器。例如，机器人研究人员常常会说视觉传感器（摄像头）的分辨率不够，但是，人类却从未责怪眼睛（相当于视觉传感器）的分辨率不够。为什么呢？暂时还没有权威的科学解释，一个较为合理的猜想是：硬件设备和生命现象是不同的，机器人传感器属于前者，而人类的眼睛属于后者。另外，人类对传感器信息的预处理能力是很强的，在嘈杂的环境里能够眼观六路、耳听八方，能够专注于倾听某个人发出的声音、专心地看某个人的动作，不会受到其他声音、其他人的干扰。对于机器人来说，这些能力需要由程序来实现，但是目前的实现效果并不十分理想。

2. 自由度

自由度相当于人的活动关节，它由机器人的结构决定，并且直接影响到机器人的灵活性。

在机器人里，1 对方向算作 1 个自由度。目前接触实体机器人的机会并不多，那么，就先以人类自身为例来描述这个重要的概念。人的膝关节可以前后弯曲，不可以左右移动，所以膝关节只有 1 个自由度。人的脖子可以既上下移动（抬头低头）、又可以左右移动，因此，脖子有 2 个自由度。

机器人的硬件需要与软件匹配，就像人的工作负荷要与人的身体结构、力气相当才可以。在自然界里，哪种动物的自由度最多呢？章鱼。它有无穷多个自由度，也就是说，章鱼可以把自己的身体变为任意形状。

机器人的自由度越多，意味着它的动作越灵活、通用性也越强。但是，过多的自由度会使得机器人的结构复杂、协调困难。每个自由度都有相应的舵机来驱动，舵机相当于人类的肌肉。所以，机器人研究人员在考虑自由度数量的时候，还需要考虑其工作时的控制难度。

3. 运动控制

自由度和机器人的运动密切相关。机器人的运动研究不仅仅涉及机械手，还涉及物体之间、物体和机械手之间的关系，需要用到平面、位置矢量、坐标系等知识。在这些知识表示方式里，齐次坐标及其变换是其中较重要的方式，它既能够表示机器人动力学等问题，还能够用于机器人的控制算法。机器人硬件控制方面的数学基础主要有：任意点的姿态和位置表示，平移和旋转坐标系映射，平移和旋转齐次坐标变换，物体的变换及逆变换，通用旋转变换，等等。

在描述位置时，需要建立坐标系，然后使用位置矢量来确定该坐标空间内任意点的位置，这个位置矢量为 3×1 维度。同时，还需要使用对应于 x 轴、y 轴或 z 轴进行转角为 θ 的旋转变换矩阵。因此，有了位置矢量来描述点的位置，有了旋转矩阵来描述物体的方位，物体的空间位姿就可以使用这两者共同表示。在描述机器人的操作时，还需要建立机器人的连杆之间以及机器人和周围环境之间的运动关系，此时，可以通过齐次坐标的平移变换与旋转变换来建立机器人的操作变换方程。有了这些数学工具，机器人的运动学、动力学及控制建模就有了基础。在操作实体机器人的时候，还需要进一步熟悉这些知识。

机器人的控制器负责指挥其工作，各个关节的参数也需要实时计算。执行任务的时候，机器人控制器实时运用相关算法来计算关节的参数序列，从而驱动其各个关节，并且保证各末端执行机构按照预定的位姿序列进行运动。

6.2.2 软件

可以把机器人看作特殊的、可移动的计算机或手机，因此，自然就会想到另一个问题：除了硬件，机器人还需要什么软件呢？

计算机、手机都有操作系统、有应用软件，所以，机器人也需要操作系统、需要应用软件。机器人硬件往往耐磨损能力差、容易生锈或被腐蚀，而且执行任务时速度较慢。所以，当需要进行大量的试验以发现规律时，就不适合使用实体机器人。此时该怎么办呢？答案是使用仿真软件。因此，必须了解机器人的操作系统和仿真软件，尤其是后者，因为它是大学生可以自己动手开发的。

1. 机器人操作系统

机器人操作系统有多么重要呢？换个角度想想，如果不提前在计算机里安装 Windows 或其他操作系统，能够直接安装 QQ、微信等软件吗？肯定不可以。机器人操作系统的重要性与此类似。

典型的机器人操作系统有 Android 和 ROS，前者广为人知，后者对于从事机器人研究、开发的人员非常重要，下面重点介绍 ROS。

ROS 是专门为机器人设计的开源操作系统，其全称是 Robot Operating System。ROS 基于 Linux，不仅具有很高的可靠性，而且适合应用于嵌入式设备。仅仅在 2015 年，基于 ROS 的机器人公司吸引的风险投资就已经超过了 1.5 亿美元。ROS 相当于机器人的中枢神经系统，它能够整合各种功能模块，并为它们提供统一的通信架构，从而让各个零部件协调工作、完成复杂的任务。ROS 最初是基于斯坦福大学人工智能实验室的 STAIR 项目。2009 年年初，该实验室和 Willow Garage 机器人公司联合推出了测试版 ROS 0.4，之后，ROS 逐渐成熟并且支持 Python、C++等多种编程语言。由美国著名机器人专家罗德尼·布鲁克斯（Rodney Brooks）主导的双臂机器人 Baxter 就使用了 ROS。

微软公司在 2018 年 9 月宣布，将在 Windows10 操作系统里引入机器人操作系统 ROS。这是一个振奋人心的消息，因为这意味着人们可以使用微软的集成开发环境 Visual Studio 进行机器人方面的研究和开发，相当于整合了 Windows 和 Linux 两者的优点。免费、开源、更安全的 Linux 操作系统之所以仍然没有取代价格昂贵且存在一定安全隐患的 Windows，就是因为 Linux 在界面友好、方便用户使用等方面比不上 Windows。Windows 上的首个 ROS 版本名为 ROS1，属于"实验"版本，更强大、更完善的版本将会陆续推出。

2. 机器人仿真软件

机器人仿真软件的规模可大可小，像 Webots 这样的仿真软件需要较大规模的公司潜心开发，但是，只具备简单功能的仿真软件却可以作为本科生项目实践或者毕业设计的题目，个人或小组开发都可以。可以通过开发机器人仿真软件来提升编程能力，并且熟悉机器人、人工智能和游戏软件开发。

目前，实物机器人价格昂贵、结构复杂、精度容易受到影响、故障排除困难。以仿人机器人为例，使用者需要设计和解析其复杂的机械结构，采集并且分析大量的动力学、运动学参数，还需要通过反复实验来校验机械结构设计的精确度，这些低效而困难的工作成了机器人研究的瓶颈。但是，用户使用仿真软件就可以充分发挥其想象力，可以自由地设计机器人的结构、工作环境和智能算法，因此，仿真软件为机器人研究提供了灵活性、可重用性。

近年来，已经有一些功能强大的机器人仿真软件问世，其中一部分属于开源软件。2009年，ICRA 就专门举办了仿真软件研讨会，这说明学术界、产业界早就意识到了它们的重要性和必要性。几款典型的机器人仿真软件见表 6-1。

表 6-1　几款典型的机器人仿真软件

软件名称	开发商	价格	简　介
Player，State，Gazebo	不属于某个特定的公司	免费、开源	该系统依赖于面向对象的图形化渲染引擎 OGRE（Object-oriented Graphics Rendering Engine）和开源动力学引擎 ODE（Open Dynamics Engine），可以精确地模拟 3D 环境，适用于开展群体机器人协作、冲突等研究。另外，可以使用不同的关节来联结多个机器人，从而可以模拟多种机器人平台。可用应用于 Linux 和 Mac OS X 环境
Microsoft Robotics Developer Studio（MRDS）	微软	免费、不开源	21 世纪初期，比尔·盖茨就意识到了机器人的重要性，并且授意其智囊团成员开始研发机器人仿真平台 MRDS。MRDS 的目标是使得机器人研究人员、商业产品开发人员和爱好者都能够方便地在多种硬件平台上编写机器人应用程序。MRDS 包含了一个轻量级、面向服务的运行库，以及一套可视化编辑和建模工具，还为用户准备了示例代码和开发指南，这些信息都可以直接在微软官网免费下载。Kinect 深度传感器是微信公司的产品，MRDS 已经集成了相应的深度摄像头功能，可以实现 3D 实时仿真

（续）

软件名称	开发商	价 格	简 介
Webots	瑞士联邦技术研究院	商业软件	Webots 是专业的移动机器人仿真软件，它允许使用者设定机器人的所有属性，包含传感器属性和摩擦系数，就像菜单编辑那样方便、快捷。在同一工作环境里，可以有多个不同类型的机器人，它们之间可以通信。Webots 还提供了视频录制功能，可以录制运行时的 3D 信息。Webots 还为 e-puck、Sony Aibo 等机器人提供了仿真服务，也就是说，一旦模拟环境得到了满意的效果，就可以将代码直接下载到实体机器人，并且基本上能够得到相同的效果。Webots 也基于 ODE，支持 Windows、Linux、Mac 等操作系统，用户可以自由测试路径规划、地图创建、智能感知等算法。目前，全球范围内使用 Webots 的研究中心和大学已经超过 1000 家

　　在国内，机器人仿真软件的研究起步较晚，但也已经取得了一些成果，并且呈现快速发展的趋势。例如，清华大学的 PCROBSM 微型机器人仿真软件、THROBSM 机器人仿真软件，前者可以对机器人的力传感器、动力学、运动学、控制算法、轨迹规划和典型任务等进行建模与仿真，后者尤其适用于研究机器人的轨迹规划与控制。另外，还有中国科学院沈阳自动化研究所的多机器人仿真软件 MulBotsSim、上海交通大学的通用化工业机器人图形仿真软件 ROSIDY、北京工业大学的刚柔耦合的机器人动力学仿真软件，等等。机器人仿真系统与机器人的需求同步，也朝着智能化的方向发展，并且与大数据、人工智能等主流趋势相结合。

　　在国外，工业机器人仿真软件从 1982 年正式开始研发，仅用了 5 年的时间就基本形成了一些成熟的 CAD 软件包。除了这些通用的仿真软件，一些主流的机器人也有相应的仿真软件，并且和实体机器人"无缝衔接"。例如，可以直接将 iRobot 机器人仿真平台的算法导入实体机器人，其运行效果基本相同。

　　另外，MATLAB 虽然是数学软件，但是在加入了虚拟现实、仿真等插件后也可以用于验证机器人的仿真算法，例如，机器人步态规划。在足球机器人领域，仿真比赛也是其中的一个重要赛事，并且有专门的比赛平台。那么，如何开发一个简单的机器人仿真软件呢？有哪些需要注意的呢？

　　一个简单的机器人仿真软件需要包含渲染引擎和物理引擎。其中，渲染引擎用于渲染整个场景，物理引擎则使得物体和机器人满足运动学、动力学和碰撞检测原理，例如，当机器人撞到墙壁时，其视觉效果、碰撞效果类似于现实中的此类碰撞。在开发仿真软件的时候可以选择相应的开源或免费的引擎。有了仿真软件，就可以打破固有的思维方式，让想象力自由驰骋，可以设计任意的合理场景。在仿真软件里，机器人研究与设计的唯一局限来自于人。

　　实验自动重做、变换速度是机器人仿真软件需要具备的功能。假设某个实验在重复了 100 次之后才适合进行后续的分析，如果每次实验之后都需要手工单击"重做"按钮，那么，这种实验还能够顺利完成吗？另外，有时候希望机器人快速完成任务，有时候则需要慢慢地观察其任务执行过程，所以，加速、暂停、减速等功能就很重要了。

使用仿真软件自动分析机器人运行情况也是基本需求之一，例如机器人运行时的速度变化图。那么，如何开发绘图模块呢？大家知道，科学计算软件 MATLAB 是使用 C 语言开发的，所以能够将其和 C/C++ 联合起来使用。MATLAB 的库函数极其丰富，可以将库函数直接编译成动态链接库（DLL）以供 C++ 调用。把封装 MATLAB 的相应函数形成编译好了的动态库，并且形成对应的头文件，使用#include 包含这些头文件就可以使用 C++ 来调用这些函数。MATLAB 可以把 .m 代码编译成 C 语言接口、C++ 语言接口两种 DLL。图 6-4 显示了机器人某次的速度曲线图，它调用了 MATLAB 的绘图功能，其中，横坐标是时间（s），纵坐标是速度（m/s）。

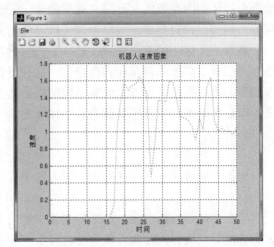

图 6-4　机器人的某次速度曲线图

一个基本的机器人仿真软件的架构如图 6-5 所示。为什么需要二维同步显示呢？因为机器人是在三维世界里运动、感知，但是用户希望以一个简单的全局视角来观测它，尤其是在机器人避障等复杂的环境，所以，三维场景的二维同步显示就变得很重要。从这个架构来看，在学习了程序设计之后就可以组队开发机器人仿真软件了。

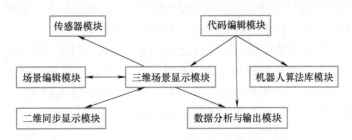

图 6-5　一个基本的机器人仿真软件的架构

学习了机器人的硬件、软件知识之后，就需要思考一个问题：机器人绝对可靠吗？答案非常明显。没有十全十美的人，也没有十全十美的机器人。所以，机器人只是在某个范围内可靠，或者说可靠的可能性大于某个百分比。

如果机器人坏了怎么办呢？维修。在这个问题上，其处理方式和手机、计算机是相同的。如果机器人在使用的过程中突然出现了故障，首先应切断电源，然后马上联系厂家或者维修人员。

在高校，机器人专业是近几年才设置的。难道其他专业就不能研究机器人了吗？答案当然是否定的。提到机器人，很容易想到各种类型的硬件。是的，研究机器人，硬件是重要的研究内容。但是，学习智能科学与技术的学生可能既不是来自机器人专业、也不是来自机械专业，那么，智能科学与技术在机器人的研究和应用里扮演什么角色呢？不同专业的学生应该如何参与呢？

6.3 机器人的智能

人类对机器人的期望随着社会的发展而不断提升，期望机器人具备足够的智能应对当前的需求、同时又完全受人类支配。人们期望的这种智能包含了形态和智力，大部分人只知道像智力那样的内在智能，其实，能屈能伸、能够随着环境的变化而变化的外部形态也是一种智能。例如，在自然界，河豚可以通过身体的自我膨胀来吓跑捕食者。

经历了几亿年的进化之后，地球上的生物在运动模式、环境适应、信息处理、生理结构等方面都有了高度的科学性和合理性，这种进化还会一直持续。这些神奇的生命现象为机器人的智能研究提供了参考，例如，仿蛇机器人、仿壁虎机器人，可以从外部形态和内在智能来模拟蛇和壁虎，包括感知能力和协作能力。

6.3.1 智能的形式

机器人的智能形式包括形态、智力两个方面。

1. 形态

形态，就是外部形态。形态智能源于术语 Embodied Intelligence。机器人为什么需要具备形态智能呢？机器人在执行任务的过程中，如果需要爬树、需要穿过狭窄的门缝，那么它就需要随机应变、自主改变形态，也就是说，其外形也需要刚柔并进。电影《超能陆战队》里，机器人"大白"在越过椅子和桌子之间的缝隙时，它主动侧身、收腹。如果不主动调整自己的形态，胖胖的大白就不能顺利穿过这个狭小的空间。

形态智能也是人类及其他生物的常见技能。例如，章鱼可以把身体调整为任意形状，人类的体型、肌肉分布也会在长期的锻炼之后发生变化。机器人首先要让自己够灵活、够强壮，然后才可以帮助他人，尤其是帮助小孩、老年人。如果机器人僵硬而且柔弱，一不小心就摔倒了，那谁还敢接受它的服务呢？既然形态智能如此重要，那么，到底如何为机器人实现这种智能呢？

首先是从材料学的角度来研究，例如，有弹性、具有记忆功能的材料，这项研究目前还处于初步阶段。材料对机器人的影响到底有多大？以电影《机械姬》为例，机器人的皮肤看上去像是人类的皮肤，机器人看上去也像是真人。所以，当材料科学高度发达的时候，机器人想要多帅就有多帅、想要多美就有多美。

然后是从机器人的协作能力着手。这种协作不仅仅是合理地分配任务，还包含若干个机器人主动合并为一个机器人，从而改变其形状和任务执行能力。在动物界，蜜蜂、蚂蚁等动物擅长协作完成任务，大雁则擅长保存某种队形，这些都可以为研究机器人的协作能力带来灵感。

2. 智力

除了形态智能，人们对机器人的智力有什么要求呢？也就是说，机器人需要如何理解世界呢？这要从机器人的缺点谈起。

和人类的智力相比，机器人有两大缺点。一是抽象能力差。抽象就是抓住问题的本质，把复杂的问题简单化。例如，经验丰富的警察可以很容易从人群中发现鬼鬼祟祟的嫌疑人。二是知识表示能力差。知识表示就是把问题表示成便于机器理解的形式。例如，警察在发现异常现象后可以马上判定是"小偷在偷东西"。"小偷在偷东西"是人类容易理解、交流的表达方式，但是，机器人却不能、也不知道如何简洁地表达这种情形。

另外，人的认知具有模糊性，可以用"差不多"的信息来彼此交流，而机器人需要精确地表示信息。例如，四两就是四两、半斤就是半斤，没有四五两的说法。人类可以轻松地背诵一段文字，并且在一段时间内将其复述出来，但是，这段文字以什么形式保存在大脑的什么地方了呢？普通人不知道，也不需要知道。机器人就不同了，用户必须要使用机器人能够理解的形式来明确地表示这段文字，并且把它存储在特定的区域、以便于以后查找、运用。

生物的智能往往是由其生理特性决定的。如何模拟生物的智能呢？先描述生物的某种生理特性，再用软件实现。如何描述这些生理特性呢？这就需要参考生物学家、心理学家的研究成果，否则，其他领域的研究人员仅仅是基于自己想当然的模拟，与问题的本质可能没有任何关系。目前，科学家对人类情感的研究尚不够深入、透彻，研究机器人情感的学者只能够自己提出一些数学模型并且进行相应的验证，这些模型并不是基于情感的真实机制。到目前为止，有哪些心理学或生理学理论被应用到机器人领域呢？

最典型的是 Affordance 理论。1977 年，美国著名感知心理学家 J. J. Gibson 提出了 Affordance 理论，其核心思想是：人类及其他动物的感知目标是"我"在当前环境下应该执行什么动作。感知的目标是可能执行（并未发生）的动作，因为只有执行动作才能够完成任务。人类及其他动物首先是学习物体的 Affordance，然后才学习其颜色、大小等特征。例如，在学习说话、识字之前，婴儿就能够在口渴的时候找水杯，能够将水杯、口渴、喝水关联起来，也就是将物体、动作、效果关联起来。遗憾的是，J. J. Gibson 没有对 Affordance 的实现形式提出任何建议。在我国，机器人领域的研究人员将 Affordance 翻译为"潜在动作"，环境设计、艺术设计等领域的研究人员将其翻译为"功能可见性"。

21 世纪初期，Affordance 理论被引入机器人领域，欧盟第六框架也进行了专门的科研立项。Affordance 建立了机器人和环境之间可能的动作关联，它由机器人的当前任务、自身能力和环境的本质属性共同决定。机器人的 Affordance 感知如图 6-6 所示，其感知目标是"是否可抓取、是否可以推动"等动作属性，而不再是名字、大小等特征。

实际上，人类的感知目标也与动作密切相关。例如，面对同一条小沟时，普通人感知的结果往往是"换个地方绕过去"，但是，篮球运动员的感知结果很可能是"直接跨过去"。这个感知过程涉及了复杂的信息处理，尽管科学家暂时并不清楚其详细过程。但是，机器人的智能需要遵循 Affordance 理论。机器人与环境交互的过程如图 6-7 所示。

图 6-6　机器人的 Affordance 感知

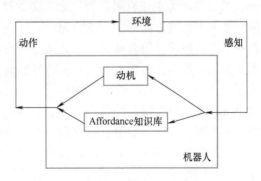

图 6-7　机器人与环境交互的过程

从上述分析可以看出，不管是形态智能还是智力智能，从自然现象到机器人智能都需要经历如图 6-8 的阶段。

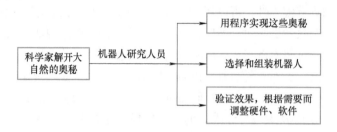

图 6-8　将自然现象引入机器人智能研究的流程

6.3.2　机器人与人工智能

图 6-8 所示的流程，本质上是用程序来实现大自然的智能，这种程序就是人们平常说的人工智能程序。人工智能就是用人工（程序）的方式来实现某种智能。在机器人相关领域，AlphaGo、Atlas 被认为是智能的典型代表。

1. AlphaGo

2016 年 3 月，Google 公司的 AlphaGo 战胜围棋世界冠军李世石的新闻轰动全球，各大媒体纷纷报道，并且格外强调这标志着"人工智能战胜了人类、机器人战胜了人类"。媒体的目标也许是提升自己的知名度和影响力，但是人们需要冷静地看待此事、冷静地看待机器人与人工智能。

首先，AlphaGo 并不是机器人，而是由顶尖程序员开发的人工智能程序。由于它是和人比赛，所以就把它称为机器人，而且这种称呼更有吸引力。AlphaGo 的核心算法是深度强化学习，尽管它并没有像战胜国际象棋大师加里·卡斯帕罗夫（Garry Kasparov）的"深蓝"那样使用穷举算法，但是，它的灵活程度却很低。例如，如果将 19×19 的棋盘增大或者减少，AlphaGo 就会马上"手足无措"，如果把 AlphaGo 用于中国象棋，其表现肯定很差。这是为什么呢？为什么 AlphaGo 竟然不能够应对如此微小的变化呢？从人工智能的角度来说，这是因为 AlphaGo 的迁移学习能力很差。所谓迁移学习，就是把从一个任务里学到的技能应用到另一个任务。人类是天生的迁移学习专家，例如，学会骑自行车之后很快就能学会骑摩托车，学会打羽毛球之后也能很快学会打网球。即使是 AlpahaGo 的升级版 AlphaZero，其迁移能力也很有限。为什么人类的迁移学习能力这么强呢？AlphaGo、机器人应该如何借鉴人类在这方面的学习能力呢？

这是一个很有挑战、很有意义、但是又必须面对的话题。这需要生命科学的研究人员先解开人类的奥秘，然后，机器人研究人员再借鉴他们的成果，并且和人工智能专家一起来验证这些成果。

可以把 AlphaGo 当作特殊的仿真机器人，并且容易发现它的其他特点，例如，没有情感、智慧、人生观，它也不知道自己在做什么。当然，AlphaGo 也给机器人、人工智能研究人员带来了新的曙光。以前，大家一直认为人类首先需要把围棋的策略研究透彻，然后再用程序来描述人类的经验。但是，AlphaGo 的大部分开发人员都只懂围棋规则，这些规则是可以在一分钟之内掌握的，他们在开发 AlphaGo 的过程中并没有使用围棋经验。所以，基于深度强化学习的 AlphaGo 彻底颠覆了以前的那种观点，也体现了人工智能的强大。

2. Atlas

2018 年，波士顿动力公司（Boston Dynamics）研制的机器人 Atlas 的视频在网上疯狂传播，并且被冠以"进化、逆天"的称号。在仿人机器人的野外运动能力方面，Atlas 确实一直处于世界领先地位。但是，仔细观看这些视频，人们会发现一些问题，例如，Atlas 没有重复执行它的任务。所谓重复执行，看上去像是"惩罚"，就是再回到原来的地方、再次执行刚刚的动作。重复执行任务的能力对于野外机器人很重要。由于机器人 Atlas 每次的最终落地点都有差别，因此，如果能够重复执行动作，就说明 Atlas 知道如何在较模糊的位置信息下重新规划路径、知道如何从当前的地方回到原点。

两三岁的小孩可以轻松地重复执行这些动作，但是，世界上最领先的机器人却做不到。这就是现实！这也验证了某个并不严谨但又有一定代表性的论点：人类很难完成的事情，机器人却很容易做到；人类很容易完成的事情，机器人却很难做到。

所以，人工智能的发展状况对机器人的影响很大。人工智能并不是源头，生命科学才是。历史上，人工智能的三次跨越式发展都是因为受到了生命科学的影响，例如，当前十分流行的深度学习就是如此。1981 年，诺贝尔医学奖获得者大卫·休伯尔（David Hubel）、托斯坦·维厄瑟尔（Torsten Wiesel）发现了视觉系统的信息处理机制，深度学习的灵感正是来源于此。人工智能是衔接机器人与生命科学的桥梁，如图 6-9 所示，它的发展影响到机器人的拟人化、智能化。

通过上述分析可以得出一些结论。首先，AlphaGo 战胜了李世石，并不是机器人或者人工智能战胜了人类，而是一些科学家借助程序和硬件在围棋领域战胜了李世石。其次，需要将人工智能应用于机器人，但是不可以把它们等同。AlphaGo 的核心算法是深度学习、强化学习（也可以称为深度强化学习），它们都是机器学习领域的重要算法，机器学习则是人工智能的一个分支，它们之间的关系如图 6-10 所示。机器学习是实现人工智能的方法之一。深度学习、强化学习则是机器学习算法里的典型代表，除此之外，还有许多其他算法，例如迁移学习。当前，机器人最大的不足之处之一就是知识迁移能力较差，例如它不能够把削苹果的经验用于削铅笔。

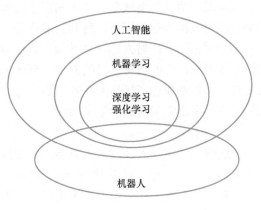

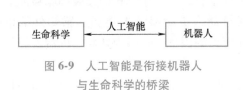

图 6-9　人工智能是衔接机器人
与生命科学的桥梁

图 6-10　机器人、人工智能、机器学习和
典型的学习算法之间的关系

AlphaGo、Atlas 的智能都不能令人满意，那么在晚会上跳舞的机器人到底有没有智能呢？就像迎新晚会那样，机器人的舞蹈动作也是事先设计好的，只要不出意外，它们就可以整齐划一、赢得阵阵掌声。但是，如果某个机器人出了故障或者程序出了错误，这些机器人能够随机应变吗？因此，判断这些跳舞机器人是否具有智能的标准很简单，例如，如果某个机器人出了意外，它们是否可以将错就错、灵活应对。这就像同学们军训的时候踢正步，排头的同学不小心迈错了脚，其他同学马上相应地调整自己的动作。如果机器人具有这种应变能力，那么它们就具有智能，否则就仅仅是执行指令的机器。当然，判断它们是否具有智能的方式并不止这一项。例如，根据现场观众的情绪，某个机器人临时创作了几个动作，其他机器人跟着"嗨起来"，让观众感觉像是"事先已经排练过"，那么，它们也具有智能。

6.3.3 机器人的能与不能

研究人员现在所追求的人工智能，其主要目的是能够像人类那样理解周围复杂的世界，包括理解和识别三维世界、人类、动物和各种工具。更重要的是在理解现实世界的基础上进行推理和创造。

喜欢科幻片的同学也许还记得电影《我，机器人》。USR 公司在 2035 年研制了一款超能机器人，但是，研制者却在新产品上市前夕自杀了。警察戴尔·史普纳（Del Spooner）负责调查此案，他得到了机器人心理学家苏珊·卡尔文（Susan Calvin）博士的帮助。戴尔·史普纳发现机器人桑尼（Sonny）和人类的思维十分相似，于是怀疑它是凶手。后来，他发现幕后操纵者竟然是公司的中央控制系统薇琪。薇琪认为，为了人类的可持续发展，必须消灭一部分人类，于是发动了这场人机大战。戴尔·史普纳、桑尼、苏珊·卡尔文将纳米机器人注入薇琪的智能系统，清除了其原有指令，从而阻止了战争的恶化。

科幻、媒体报道和现实情况的差别如此之大，那么，机器人到底能干什么？不能干什么？

1. 物理整合

受遗传等因素的影响，人的外貌、力量、智慧往往是在某个有限的范围内变化，但是机器人却不同。人类可以根据需要给机器人安装传感器、关节等硬件，并且数量几乎不受限制，这类似于给火车增减车厢，区别在于机器人软件必须协调好这些硬件。随着网络技术的发展，机器人的信息处理可以移到云端进行。

和动物相比，机器人还有"嫁接"的优势。例如，可以让机器人模拟虎的头部、蛇的尾巴，或者模拟牛的脑袋、马的面部。童话里的虎头蛇尾、牛头马面等设想都可以使用机器人实现。这些都体现了机器人在物理整合方面的优势，这种整合是机械整合，不需要像医生那样考虑生命现象所对应的复杂问题。

2. 技术借用

前面提到，机器人涉及人工智能、生命科学等多个学科，每一个学科的发展都能够促进机器人的发展。例如，计算机视觉的快速发展使得机器人更能够像人类那样感知外部世界，材料科学的发展让机器人不再受到容易生锈、质感差的困扰。正因为如此，机器人像是一轮永不落的太阳。

也可以说，机器人是某些相关领域的代言人，是高科技的窗口，它们之间的关系如图 6-11所示。如果机器人 Atlas 一直不能够重复那些号称"进化、逆天"的动作，就说明机器人的地图创建与定位等研究还需要持续深入。相关领域发展到了何种程度，看看最先进的机器人，就能够"管中窥豹、可见一斑"。

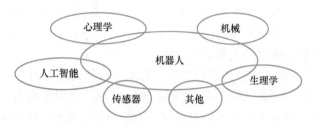

图 6-11　机器人是相关学科的"窗口"

此时，人们还需要思考另一个问题：创立机器人公司，到底应该解决哪些技术问题呢？机器人涉及的技术太多了，同一家公司不可能解决所有的技术问题，所以必须要有侧重点，而且是结合具体应用来解决某个技术问题。另外，产品的创意也十分重要。为什么具体应用、创意都很重要呢？以微软公司为例，该公司在 2015 年推出了 How-Old 网站，它可以根据用户上传的照片来推算其年龄、性别。谁都知道自己的年龄，但是每个人都有好奇心："我的年龄看上去到底有多大呢"。这个网站背后的技术并不难。正是因为有好奇心的驱动，所以该网站在一周之内的访问量达到了 5000 万。为了获得这么多的用户，程控电话机用了几十年时间。这个事件也给机器人厂家带来了新的启示：某种新出现的技术加上某个可以折射人类情感的创意，完全有可能让某款机器人的销量实现跨越式增长。这种创意，正是中小型机器人公司需要考虑的，因为突破关键技术太难了。

3. 人类的配角

1978 年，日本一家工厂的切割机器人将一名值班工人当作钢板来操作，这被认为是世界上首例"机器人杀人"事件。1989 年，苏联国际象棋冠军尼古拉·古德科夫（Nikolai Gudkov）连续赢了机器人 3 局，然后，机器人竟然莫名其妙地向棋盘释放高强度电流，而古德科夫的手恰好是放在金属棋盘上，许多观众目睹了这位象棋大师的离奇死亡过程。2015 年，德国大众汽车制造厂也发生了类似的事件，正在安装机器人的工人当场死亡。这一系列的"机器人杀人"事件，经过媒体引导式的描述，人们心惊胆战：人和机器人，到底谁是主宰？

机器人是特殊的计算机、特殊的手机，它们看到的世界也是由 0、1 组成的二进制序列。机器人看到的、听到的内容到底是什么？它下一步该怎么做？这都是程序要完成的任务。程序是由人编写的，它和人、环境之间的关系如图 6-12 所示。所以，机器人只是人的附属伙伴，它是在严格按照人的意图做事情。为什么是"严格"呢？因为机器人没有悲伤、恐惧、高兴等任何形式的情感，它仅仅是一个具有运动能力、执行能力的特殊计算机或手机。换个角度想想，人们在编写程序的时候如果没有得到预期的结果，会把责任归咎给计算机吗？当然不会。所以，如果机器人执行了一些意外动作，那往往是程序出错了，当然也有可能是硬件故障，总之肯定不是机器人"故意的"。

在可以预见的未来，机器人都仅仅是人的伙伴、附属品。不管是手术机器人，还是军用机器人，其协作模式都是以人为主、取长补短。

图 6-12　机器人执行任务就是执行人编写的程序

面对媒体的各种报道形式，面对大众的各种疑问，学习智能科学与技术的大学生有必要了解：当具备哪些条件的时候，机器人才会主动犯错、主动对人类构成威胁。以"机器人骂人"为例，如果这种事情真的发生了，那么，至少是如下问题全部都已经解决了：

1）什么是人？如果机器人知道什么是人，那么，它也知道什么是猫、什么是狗；否则，它就不能够在真实环境区分人和其他东西。

2）什么是骂人？机器人需要弄清楚打人、骂人、帮助人的区别。

3）为什么要骂人？机器人需要有自己的思想、有自己的判断能力。实际上，在机器人的情感、意识等领域，研究人员还不知道如何下手，因为这依赖于生命科学、心理科学等领域的突破。

4）如何骂人？骂人不仅需要使用偏激词语和精准描述，还需要有一系列动作来配合，那么，如何组合词语、动作才能够实现这个目标呢？人类有自尊心和反抗意识，机器人如何应对人的反抗、还击呢？

5）什么样的人应该被骂？机器人需要像警察那样判断：世界上有那么多人，到底谁应该成为被骂对象呢？

6）当前的人是个什么样的人，将其骂了一顿之后有什么影响？如果机器人能够骂人，那么，它也是一种特殊的人类了，也需要考虑社会影响。

"机器人骂人"是一个很抽象、很吸引眼球、很容易炒作的话题。但是，这里面其实同时涉及很多极其复杂的问题，任意一个问题都不可能在短时间内解决。有专业素养的大学生不应该炒作这些话题、更不应该刻意制造恐慌，但是可以用这个话题来抛砖引玉、激发兴趣，集聚更多精力和聪明才智去研究机器人。

6.4　机器人未来的探讨

机器人将成为人类生活的必需品，就像手机、计算机那样无处不在。因此，熟悉机器人、驾驭机器人、利用机器人提升工作效率也将成为人类的一项必备技能。机器人的未来是由人类的梦想、需求驱动的，它的发展与人类世界的发展密不可分。

6.4.1　几个热点话题

学习机器人，除了学习基本的概念，还需要通过一些案例来分析机器人的研究与应用之间的关系，并且探索研究其中的学术问题，从而更好地确定自己的主攻课题甚至就业方向。看了下面的内容之后，建议大家仔细想想：自己心中的机器人和实际机器人的差别大吗？为什么会有那么大的差别呢？

1. 被抛售的知名机器人公司

2018年年底，波士顿动力公司（Boston Dynamics）研发的机器人 Atlas 再次被媒体疯狂报道，很多人便以为它真的登峰造极、十分完善了。现实却没有那么简单。2013年年底，波士顿动力公司被谷歌公司收购。历经两年多的研发，该公司于2016年发布了其新产品 Atlas。不可思议的是，谷歌公司恰好是因为看不到 Atlas 的商业价值而决定将其抛售。丰田研究所成立于2015年年底，隶属于丰田汽车公司，其研究领域之一是机器人。丰田汽车公司因为其强大的财力而不介意 Atlas 是否可以马上商业化，也就因此而成了波士顿动力公司的新雇主。波士顿动力公司尽管每隔几年就被抛售，但是，它一直专注于野外机器人的研发，在 Atlas 之前已经推出了有 Big Dog、RHex 等几款经典的产品。

Atlas 为什么很难带来直接的利润呢？试想想，身高 150cm、体重约 75kg 的 Atlas 除了表演那些看上去"进化、逆天"的动作外，还能做什么实际的事情呢？谁愿意把它买回家或者放在办公室欣赏呢？

Atlas 是机器人应用窘境的缩影。2011 年 3 月，日本发生了地震，政府首先就想到派遣机器人提前进入核电站进行简单的检测、评估及修复等工作，但是机器人行动缓慢、效率低、效果差，最终不得不由人类承担大部分危险的工作。有鉴于此，美国国防部下属的国防高等研究计划署（Defense Advanced Research Projects Agency，DARPA）就开始致力于打造强大、实用的机器人，并且每年在全球范围内举办机器人挑战赛，奖金丰厚，以此促进研制那些能执行救援任务的机器人。即使是现在，赛场上所展示的那些看似流畅的开门、关门等动作仍然离不开参赛队员的远程遥控。也就是说，机器人的非机械式、非重复式的任务执行能力仍然远远不能够和人类相比。

2. 2050 年人机大战

机器人世界杯（Robot World Cup，RoboCup）源于 1992 年的论文"On Seeing Robots"。在该论文里，加拿大教授艾伦·麦克沃思（Alan K. Mackworth）首次提出了举办机器人足球赛的想法。第一届 RoboCup 于 1997 年在日本举办，并且迅速发展成为知名的国际赛事，每年举办一届，其中，2008 年、2015 年的 RoboCup 分别在我国的苏州、合肥举行。RoboCup 的目标是在 2050 年打败人类的世界杯冠军队，其初衷是利用高科技制作出来的足球机器人在体力、智力等方面都超过人类的优秀运动员。相比起来，AlphaGo 和李世石是"君子动脑不动手"，而 2050 年的人机大战则是手脚并用、磕磕碰碰、脑袋转得飞快。

目前，这场人机大战的规则还未制定。例如，机器人的动力装备、体重有限制吗？人类运动员有前锋、中锋、后卫等角色，那么不同角色的机器人的装备相同吗？机器人有皮肤、有替补吗？人的眼睛只可以看前面，机器人的摄像头是 360° 吗？现在离 2050 年还很远，机器人的研究、应用在这段时间内都一定会有飞跃式发展，所以，现在还没有到制定规则的时候。

RoboCup 涉及的机器人关键技术有：触觉技术、视觉技术、多智能体协调与合作技术、移动机构、策略与仿真技术、无线通信技术、人机接口技术、学习与进化技术，等等。这些技术和其他领域的技术也有相通之处，例如，机器学习、环境感知，等等。这么多种技术，总有一种适合喜欢机器人的同学。参加 RoboCup 竞赛的同学往往是擅长其中的某个方面，然后小组成员共同完成任务。

3. 无人驾驶

无人驾驶是近几年的研究、应用热点，相关的创业公司也比较多。但是，真正的无人驾驶离我们还很远。

很多人都还记得 2016 年发生在美国的那起事故，特斯拉 Model S 发生车祸并且导致驾驶人死亡。这次车祸是 Model S 系列自动驾驶汽车在行驶了 1 亿多英里⊖后遇到的第一起致命事故。当时，Model S 处于自动驾驶模式，一辆拖挂车沿着和 Model S 垂直的方向穿越公

⊖　1 英里 = 1.6093km。

路。由于有强烈的阳光照射，自动驾驶系统和驾驶员都没有注意到拖挂车的白色车身，因此没有及时启动制动系统。从感知的角度说，这是因为特斯拉的传感器遇到了意外情况，先进的算法也因此而失效了。直到今天，强光、遮挡、小物体、新物体等问题仍然是无人驾驶技术待解决的难题。

另外，无人驾驶系统不能够对检测到的异常信息进行合理的评估。例如，在行驶的过程中，如果前方有一块草坪或者有一些树枝，无人驾驶系统应该怎么去评估其风险呢？人类很容易得到合理的结论，目前，无人驾驶系统却不可以进行恰当的评估，它不能区分这两者所带来的威胁差异。这种评估就是前面提到的 Affordance 感知，它是人类和其他动物的感知形式，也是机器人需要具备而暂时还不具备的能力。

4. 克隆机器人

在医学、生物学等领域，克隆技术得到了广泛的研究。随着机器人技术的发展，人们自然联想到：克隆技术是否可以运用到机器人领域呢？

在未来很长一段时间内，机器人都不是生命现象，所以也就不能够进行生物学方面的克隆。但是，机器人是一种特殊的设备，它由硬件和软件组成，硬件、软件都是可以复制的，所以机器人和计算机、手机的复制是类似的。"克隆"一词容易带来不必要、不科学的恐慌，所以不建议对机器人使用这类词语。

任何事物都有两面性，技术也是如此。新技术面临的最大危险就是人类不能够控制它，或者被别有用心的人利用。克隆技术也是如此，科技的迅猛发展是不可阻挡的，政府部门、科研人员要做的就是事先做好引导，让其朝着对人类有利的方向发展。

6.4.2 可能引起的问题及对策

以机器人为代表的高科技时代即将到来，大量使用机器人必然会引发产业结构或者社会工种的调整，智能时代的大学生应该从专业的角度来看待问题、寻找对策。

1. 机器换人

几年前，"机器换人"就频繁出现在媒体报道里，也在产业界造成了一定的轰动效应。但是，买回来一批机器人，换掉一部分员工，真的就把人代替了吗？大规模地使用机器人，真的就降低成本了吗？原来的工作人员真的就只能下岗吗？很明显，答案是否定的。机器换人肯定会导致工种变化，典型的变化如图 6-13 所示。

首先，这些机器人存在一些技术方面的弱点。例如，机械手的灵活度比人类要差很多，给手机等产品抛光、打磨之类的工作仍然需要由人工完成，否则，生产出来的产品就会和预期相差很远。

其次，机器人的成本是未知的。企业把机器人买回来之后，还需要承担其后续的维修、升级等费用。机器人由于运动而导致的磨损具有不确定性，相应的费用也很难估计。

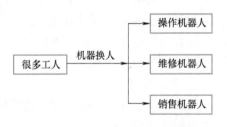

图 6-13 "机器换人"导致的工种变化

最后，机器人不会向雇主"妥协"。员工会通过不断地调整自己来适应雇主的新需求，但是，机器人不会这么做。程序没有及时调整、环境发生了大的变化、能量不充足，机器人就会罢工，威逼利诱、软硬兼施都没有效果。

当然，"机器换人"也许是大的趋势，政府、企业都会在这方面有越来越多的投入。但是，这里面也蕴含着新的工作机遇。大量地使用机器人会导致机器人维护人员成为一个新的工种，类似于 21 世纪初期出现的手机维修人员、计算机维修人员。机器换人不仅仅体现在工厂，每种机器人都将替代人类的一部分工作。由于工作性质不同，不同类型的岗位被替代的程度不同，例如，搬运相关的岗位可能完全被机器人取代，只需要留下少量的员工管理机器人，以及应对复杂的意外情况。

2. 机器人带来的负面影响

机器人虽然给人类带来了极大的方便，而且将会成为人类必不可少的伙伴，但是其负面影响也是需要提前预防的。

首先，人的创新能力降低了。以整理家务的机器人为例，如果一直都由机器人来管理家务，那么人类处理家务活的能力就会减弱。没有亲自动手，对家庭、对劳动的亲切感也会降低，下班后想回家的愿望也会降低。特别地，当机器人出现故障或者突然没有机器人可以使用时，人类可能就会感觉束手无策，就像电话、微信、QQ 的突发故障往往让人感觉仿佛与世隔绝了一样。

其次，人情味减少了。以聊天机器人为例，如果陪伴老年人的只有这些冷冰冰的机器，那么，无论聊天程序多么强大、多么有创意，老年人的孤独情绪都不会得到根本的缓解。所以，聊天机器人的使用频率不能太高，否则，人情味就淡了。聊天程序、虚拟现实技术都不能代替面对面交流。人们需要一直牢记：机器人不是生命现象，它不能够代替有情感、能够给人带来关怀的人类。

所以，机器人是把双刃剑。如何让其有利于人类的一面更加锋利，同时又弱化其带来的消极影响，这是需要人们共同思考的问题。

6.4.3　发展趋势

1. 世界格局

目前，机器人行业的形势是：军用、太空机器人领域，美国领先；医疗机器人领域，美国和欧盟领先；服务机器人领域，日本和韩国领先；工业机器人领域，日本和欧盟领先。在我国，各个领域的机器人都在快速发展，存在赶超发达国家的趋势。

需要注意的是，人工智能的发展才刚刚开始，生命科学的奥秘也才慢慢地打开，它们将会对机器人的智能带来全面、深远的影响。机器人的智能革命在世界范围内才刚刚开始，我国与发达国家的差距并不大，这就带来了弯道超车的机会。如果抓住了这个千载难逢的机会，那么，我国将引领机器人发展领域的世界潮流。

2. 强强联合

强强联合，既可以是企业之间的联合，也可以是前沿科技的联合。

2016 年，机器人产业界最具有轰动效应的新闻之一应该是美的（Midea）收购库卡公司。美的是全球知名的家电企业，库卡则是工业机器人"四大家族"之一，是百年老字号。原本没有交集的两大巨头，却因为技术、市场而成为一家人。库卡公司一直苦于没有占领中国市场，但这却是美的公司的优势之一。美的公司的融入可能使得库卡在中国地区的收入实现大幅度增长，库卡公司在机器人领域的优势极有可能促进美的公司从"制造"到"智造"的跨越。实际上，美的公司在几年前就已经开始布局机器人领域，这场收购则是影响到布局成败的关键一步。两大行业巨头的强强联合也并不是一帆风顺，期间还遭受了德国政府的阻挡，但最终还是完成了正式的收购流程。它们的强强联合也为机器人的发展指明了一个新的方向，也预示了寡头之间可能存在的新的竞争趋势。

虚拟现实技术已闯入了人类的生活。佩戴虚拟现实眼镜的用户可以远程指挥汽车或房间里的机器人，让其执行开窗、开门等动作，从而实现远程看车、看房，这种身临其境的效果使得用户不需要现场考察，或者减少现场考察的次数。

3D打印改变了机器人设计的传统思路。它可以打印机器人的外壳和里面的驱动系统，其打印材料既有固体的又有液体的。这种灵活的打印方式可以称得上"按需制造"，只有设计不出来、没有打印不出来。有了3D打印，机器人设计的唯一局限就是人。这些科技之间的强强联合如图6-14所示。

图6-14　机器人与尖端科技强强联合

需要注意的是：从短期来看，人们对机器人的期望值高于它的发展速度，但是，从长期来看，期望值则低于其发展速度。为什么会有这种情况呢？其根本原因在于某种技术的突破会让机器人的发展在极短的时间内提升到一个新高度。例如，人们在2000年左右没有想到QQ会对国内的社会交往方式有如此大的影响，在2010年左右也没有想到手机短信会受到微信的巨大冲击。

3. 未来

未来，也许家家都有机器人、事事都用机器人、送礼就送机器人。也许机器人也会有二维码，根据这些二维码就可以查阅每个部件的来历。例如，触觉传感器是哪个公司生产的、是什么型号、相应的维修人员是谁。每个机器人都有唯一的编码，就像计算机的物理地址、人类的身份证号码。人口普查里也许会增加了一项新的内容：家里的机器人型号和数量。未来，机器人将融入人类的生产和生活。以前是"人-设备-其他生物"的社会结构，将来，这个结构可能会变成"人-机器人-设备-其他生物"。

人类不满意的事情，都是机器人前进的动力！

✎ 思考题与习题

6-1　填空题

1）第一台工业机器人诞生于（　　）（请填写国家的名字）。

2）传统的工业机器人"四大家族"是：（　　）、（　　）、（　　）和（　　）。

3）典型的机器人操作系统有（　　）和（　　）。

4）机器人操作系统ROS的英文全称是（　　）。

5）机器人的智能形式主要包含两种，一种体现在（　　），另一种体现在（　　）。

6）目前，工业机器人应用得最成功的行业是（　　）。

7）"机器人世界杯"的英文全称是（　　）。

8）在机器人的硬件知识里，（　　）、（　　）是两个重要的概念。

6-2　机器人的定义并不是唯一的，而且可能随着时代的变迁而变化。结合所学的知识，你现在对机器人的定义是什么？

6-3　机器人学和哪些学科有联系？它们之间存在什么样的联系？

6-4　"机器人三原则"的内容是什么？现实生活中应该如何确保这些原则得到有效的落实？

6-5　机器人的自由度是指什么？机器人为什么需要自由度？

6-6　机器人为什么需要传感器？它们有什么特点？

6-7　开发一个简单的机器人仿真软件需要使用哪几种引擎？它们分别有什么功能？

6-8　为什么说机器人是一轮永不落的太阳？

6-9　请谈谈"机器人教育要从中小学抓起"的重要性。

6-10　纳米机器人在体内给病人治疗，它需要考虑的问题有哪些？

6-11　什么是"机器换人"？你对这一现象有什么看法？

6-12　结合你的专业，请谈谈该专业的研究成果可以如何促进机器人的发展。

参考文献

[1] 蔡自兴，谢斌. 机器人学 [M]. 3 版. 北京：清华大学出版社，2015.

[2] 闵华清. 未来世界好伙伴：机器人技术与应用 [M]. 广州：广东科技出版社，2017.

[3] PFEIFER R, BONGARD J. 身体的智能：智能科学新视角 [M]. 俞文伟，陈卫东，杨建国，等译. 北京：科学出版社，2009.

[4] 颜云辉，徐靖，陆志国，等. 仿人服务机器人发展与研究现状 [J]. 机器人，2017，39 (4)：551-564.

[5] 孙富春，刘华平，陶霖密. 新一代机器人：云脑机器人 [J]. 科技导报，2015 (23)：55-57.

[6] 王田苗，陶永，陈阳. 服务机器人技术研究现状与发展趋势 [J]. 中国科学（信息科学），2012，42 (9)：1049-1066.

[7] 范俊君，田丰，杜一，等. 智能时代人机交互的一些思考 [J]. 中国科学（信息科学），2018，48 (4)：361-375.

[8] SILVER D, HUANG A, MADDISON C J, et al. Mastering the game of go with deep neural networks and tree search [J]. Nature, 2016, 529：484-520.

[9] MIN H Q, YI C A, LUO R H, et al. Affordance research in developmental robotics：a survey [J]. IEEE Transactions on Cognitive and Developmental Systems, 2016, 8 (4)：237-255.

[10] SUNDERHAUF N, BROCK O, SCHEIRER W. The limits and potentials of deep learning for robotics [J]. The International Journal of Robotics Research, 2018, 37 (4-5)：405-420.

[11] LUO D S, HU F, ZHANG T, et al. How does a robot develop its reaching ability like human infants do [J]. IEEE Transactions on Cognitive and Developmental Systems, 2018, 10 (3)：795-809.

[12] PAULIUS D, SUN Y. A survey of knowledge representation in service robotics [J]. Robotics and Autonomous Systems, 2019 (118)：13-30.

第 7 章　自然语言处理及其应用

👉 导　读

主要内容：

本章为自然语言处理及其应用，主要内容包括：

1）自然语言处理的概念、发展历程，以及自然语言处理的技术分类、流程和任务。

2）自然语言处理的常用技术，包括中文分词、词性标注、命名实体识别、句法分析、文本向量化、词云、文本分类、情感识别和自然语言生成。

3）自然语言处理典型应用的原理和现状，包括机器翻译、聊天机器人、评论情感分析和知识图谱。

学习要点：

理解和掌握自然语言处理的基本概念、技术分类、流程和任务；熟悉自然语言处理的几个常用技术的原理、流程、优缺点；了解自然语言处理的诞生、发展与现状，各阶段的标志性事件，以及应用领域。

7.1　自然语言处理基础

自然语言处理（Natural Language Processing，NLP）也称为计算语言学（Computational Linguistics），是语言信息处理、计算机科学、智能科学以及人工智能的一个重要研究方向。它研究能实现人与计算机之间用自然语言进行有效通信的各种理论和方法。自然语言处理的快速发展不到 50 年，但是像机器翻译、语音识别、机器人客服等类似的应用已经渗入了人们的生活当中，成为机器替代人工的典型案例。本节将向读者介绍自然语言处理的历史、概念、技术分类、流程和任务等基础知识。

7.1.1　基本概念

自然语言处理主要的研究对象是自然语言，即人类日常交流使用的语言，所以它与语言学的研究有着密切的联系，但自然语言处理并不是传统意义上自然语言研究，而在于研制能通过自然语言让人与计算机有效地进行通信的计算机系统，因此它也是计算机科学的一部分。现代的自然语言处理使用统计理论和神经网络搭建出大量强大的自然语言处理模型，因此，它与数学也有着密切的关系。随着智能科学的提出和发展，自然语言处理成为智能科学的重要组成部分。

自然语言处理是人类使用自然语言同计算机进行通信的技术，处理自然语言的关键是要让计算机理解自然语言，然后生成自然语言（文字或语音）与人类交流，所以自然语言处理可以分为自然语言理解（Natural Language Understanding，NLU）和自然语言生成（Natural Language Generation，NLG）。自然语言理解是让计算机理解文本的语义层面的信息，自然语言生成可以视为自然语言理解的反向工程。由此可见，自然语言理解系统需要厘清文本的含义，然后做出反馈并产生机器表述语言；自然语言生成系统则需要把机器表述语言转化成自然语言。

1. 自然语言理解

自然语言理解要对句子的语义进行分析，分析方法可以分别处于三个层面，包括词法分析、句法分析和语义分析。

（1）词法分析

从词语层面对句子进行分析，包括分词（Word Segmentation）和词性标注（Part of Speech Tagging）两部分。各国语言书写习惯的差别较大，所以本章介绍的技术以处理中文为例。中文一段话通常包括多个句子，句子之间常用句号分割，句子内部常用逗号分割，但是中文书面词语之间没有明显的空格分割，因此，处理中文的首要工作就是要将句子切分为独立的词语，即中文分词。中文分词就是要将连续的汉字序列按照表达规范，依序组合成词语序列的过程。

词性标注是指为分词后的每一个词语赋予词性类别。常见的类别如名词、动词和形容词等。词性标注目前没有统一的规范，不同语言的词性分类和标注规范不同，并且不同的研究机构也常常制定不同的词性分类和标注规范。通常情况下，相同词性的词在句子中承担类似的角色，在整个句子结构中所处的位置也有一定的规律，这些规律和词性之间的关系将被用于对中文的进一步处理，例如句法分析。

（2）句法分析

句法分析（Parsing）是以句子为单位进行分析得到句子结构的处理过程。句子结构通常以分词之间的层次结构关系表示。分析句子的结构一方面是为了理解句子的语义，另一方面是为了下一步更高级的自然语言处理任务。常见的句法分析方法包括短语结构句法分析和依存结构句法分析。短语结构句法分析的作用是识别出句子中的短语以及短语之间的层次关系，依存结构句法分析的作用是识别出句子中词与词之间的相互依赖关系。

（3）语义分析

语义分析的目的是理解句子表达的真实语义。语义角色标注（Semantic Role Labeling，SRL）是目前比较成熟的浅层语义分析技术。语义角色标注以句子的谓词为中心，不对句子所包含的语义信息进行深入分析，只分析句子中各成分与谓词之间的关系，即句子的谓词（Predicate）-论元（Argument）结构，并用语义角色来描述这些结构关系，是许多自然语言理解任务（如信息抽取、篇章分析、问答等）的一个重要中间步骤。

在一个句子中，谓词是对主语的陈述或说明，指出"做什么""是什么"或"怎么样"，代表了一个事件的核心，和谓词搭配的名词称为论元。语义角色是指论元在动词所指事件中担任的角色，包括核心语义角色（如施事者、受事者等）和附属语义角色（如地点、时间、方式、原因等）。目前语义角色标注的实现通常都是基于句法分析结果，即对于某个给定句子，首先得到其句法分析结果，然后基于该句法分析结果实现语义角色标注。

深层的语义分析（有时直接称为语义分析，Semantic Parsing）不再以谓词为中心，而是将整个句子转化为某种形式化表示，例如：谓词逻辑表达式（包括 lambda 演算表达式）、基于依存的组合式语义表达式（Dependency-based Compositional Semantic Representation）等。

语义分析可进一步分解为词汇级语义分析、句子级语义分析以及篇章级语义分析。出于复杂度和处理效率的考虑，自然语言理解通常采用级联的方式，即针对分词、词性标注、句法分析和语义分析等任务分别训练模型。当实际使用时，计算机逐一使用各个模型对输入的句子进行分析并得到所有结果。

随着对词法分析、句法分析和语义分析研究的深入，研究者提出了很多有效的联合模型，将多个任务联合后再学习和解码，如分词-词性联合、词性-句法联合、分词-词性-句法联合、句法-语义联合等。联合模型可以让相互关联的多个任务互相帮助，使用了更多的人工标注信息，研究结果显示联合模型可以显著提高句子语义分析质量。但是，联合模型的复杂度更高，因此速度也更慢。

2. 自然语言生成

自然语言生成是将以数字和符号表示的机器语言转换成自然语言的翻译器，可以用在机器翻译、人机对话、看图说话等很多应用场景中。机器翻译时，计算机需要生成符合目标语言语法的句子；人类与机器人对话时，计算机以自然语言回复人类的问题或向人类提出问题；看图说话时，计算机识别出图片中包含的事物并以自然语言描述图片中的事物。例如，谷歌的自动图像描述系统"Show and Tell"以及微软的机器人小冰的看图写诗功能。综上，自然语言生成是计算机以自然语言形式输出某种结果。

根据自然语言生成的技术难度，可将自然语言生成技术分为以下三类：

1）数据合并。数据合并方法是自然语言生成的简化形式，它将数据通过简单的对应关系转换为文本。首先在一段文本中预留空位，然后填入专用数据，这些专用数据具有相同的结构和用途，例如，在工资单中自动填入不同的员工姓名、身份证号和工资。

2）模板化。模板是预先定义好的业务规则集，规则可以动态更改。模板化的自然语言生成方法采用模板驱动的方式生成文本，也就是文本根据这些预先定义好的业务规则集生成。例如，机器人助手根据天气情况生成"带雨伞、添衣物"等提醒消息。

3）语义表达。以语义表达为目的的自然语言生成方法更像人类，它理解语义并考虑上下文，将结果以人们可以轻松阅读和理解的形式呈现出来，表达方式更灵活，表述能力更强大，例如聊天机器人。

7.1.2 发展历程

1. 自然语言处理的发展历程

自然语言处理技术的发展大致经历了三个阶段：萌芽期、快速发展期和突飞猛进期。

（1）萌芽期（1948—1980 年）

自然语言处理可分为基于规则的理性主义方法和基于统计的经验主义方法。理性主义方法是指以生成语言学为基础的方法，经验主义方法是指以大规模语料库的分析为基础的方法。早期的自然语言处理研究带有鲜明的经验主义色彩。

1913 年，俄国科学家马尔可夫（A. Markov，1856—1922）使用手工查频的方法，统计了普希金长诗《欧根·奥涅金》中的元音和辅音的出现频度，提出了马尔可夫随机过程理论，建立了马尔可夫模型，他的研究是建立在对于俄语的元音和辅音的统计数据的基础之上的，采用的方法主要是基于统计的经验主义的方法。1948 年，香农（C. E. Shannon）把离散马尔可夫过程的概率模型应用于描述语言的自动机。香农借用热力学的术语"熵"（Entropy）作为测量语言的信息量的一种方法，并且采用手工方法来统计英语字母的概率，然后使用概率技术首次测定了英语字母的熵为 4.03bit。香农的研究工作基本上是基于统计的，也带有明显的经验主义倾向。

经验主义方式到了乔姆斯基时期出现了转变。1956 年，乔姆斯基借鉴香农的工作，把有限状态机作为刻画语法的工具，建立了自然语言的有限状态模型，具体来说就是用"代数"和"集合"将语言转化为符号序列，建立了大量有关语法的数学模型。乔姆斯基在他的著作中明确提出采用理性主义的方法，高举理性主义的大旗，把自己的语言学称为"笛卡儿语言学"，显示出乔姆斯基的语言学与理性主义之间不可分割的血缘关系。这些早期的研究工作产生了"形式语言理论"（Formal Language Theory）研究领域，为自然语言和形式语言找到了一种统一的数学描述理论，形式语言理论也成为计算机科学最重要的理论基石。

乔姆斯基主张采用有限的、严格的规则去描述无限的语言现象，提出了风靡一时的"转换-生成语法"。转换-生成语法在 20 世纪 60 年代末到 70 年代在国际语言学界非常盛行，对于自然语言的形式化描述方法为计算机处理自然语言提供了有力的武器，大大推动了自然语言处理的研究和发展。20 世纪 60 年代至 80 年代初期，在自然语言处理领域的主流方法仍然是基于规则的理性主义方法，经验主义方法并没有受到重视，这种情况一直持续到 20 世纪 80 年代初期后才发生变化。

（2）快速发展期（1980—1999 年）

在 1983—1993 年的十年中，自然语言处理研究者对于过去的研究历史进行了反思，发现过去被忽视的有限状态模型和经验主义方法仍然有其合理的内核。从 20 世纪 90 年代末到 21 世纪初，人们逐渐认识到，仅用基于规则或统计的方法是无法成功地进行自然语言处理的。基于统计、基于实例和基于规则的语料库技术在这一时期开始蓬勃发展，各种处理技术开始融合，自然语言处理的研究再现热潮。

1990 年，在芬兰赫尔辛基举办的第 13 届国际计算语言学会议的主题是"处理大规模真实文本的理论、方法与工具"，计算语言学研究的重心开始转向大规模真实文本。学者认为大规模语料是对基于规则方法的有效补充。因为引入了许多基于语料库的方法，自然语言处理在机器翻译领域取得了突破。1994—1999 年，句法分析、词性标注、指代消解、对话处理的算法几乎都把"概率"与"数据"作为标准方法，基于统计的方法成为自然语言处理的主流。

20 世纪 90 年代中期，计算机的运行速度和存储量大幅增加，自然语言处理的硬件基础得到大幅改善。1994 年，Internet 的商业化和网络技术都迅速发展，基于自然语言的信息检索和信息抽取需求变得更加突出，从根本上促进了自然语言处理研究的复苏与发展。自此，自然语言处理的社会需求更加迫切、应用面也更加宽广，自然语言处理不再局限于机器翻译、语音控制等早期研究领域。

随着自然语言处理系统逐渐商业化，对自然语言处理应用系统的要求也发生了变化。首先，系统要能够处理大规模的真实文本，而不是处理具有研究性质的少量词条和典型句子。其次，计算机真实地理解自然语言是十分困难的，因此，这个时期并不要求自然语言处理系统能对自然语言文本进行深层的理解，但要能从文本中抽取有用的信息。例如，自动提取索引词、过滤、检索、提取重要信息以及进行自动摘要等。

由于强调了"大规模"和"真实文本"，以下两项工作在这个时期得到了重视和加强：

1）研制大规模真实语料库。研究自然语言统计性质的基础是大规模的经过不同深度加工的真实文本的语料库，否则，统计方法只能是"无源之水"。

2）编制大规模、信息丰富的词典。自然语言处理急需规模为十几万至几十万的词，含有丰富信息（如包含词的搭配信息）的计算机可用词典。

（3）突飞猛进期（2000 年至今）

进入 21 世纪以后，自然语言处理又有了突飞猛进的变化。2006 年，以 Hinton 为首的几位科学家历经近 20 年的努力，成功设计出第一个多层神经网络算法，称为深度学习。深度学习将原始数据通过一些简单但是非线性的模型转变成更高层次、更加抽象表达的特征学习方法，在一定程度上解决了人类处理"抽象概念"这个亘古难题。深度学习在语音识别、机器翻译、问答系统等多个自然语言处理任务中均取得了非常好的效果，相关技术也被成功应用于商业化平台中。未来，深度学习作为人工智能皇冠上的明珠，必将会在自然语言处理领域发挥越来越重要的作用。

2. 机器翻译的发展历程

机器翻译（Machine Translation），简称"机译"，是利用计算机实现从一种自然语言（源语言）文本到另一种或多种自然语言（目标语言）文本的翻译，用于翻译的软件系统叫作机译系统，机器翻译是自然语言处理历史上重要的研究方向之一。

（1）基于规则的机器翻译

早在古希腊时代，就有人提出利用机械装置进行语言翻译的想法。17 世纪的笛卡儿和莱布尼茨（Leibniz）提出过使用机器词典实现语言翻译。1903 年，古图拉特（Couturat）和洛（Leau）首次使用"机器翻译"术语，并采用一种数字语法，加上词典的辅助，利用机械装置将一种语言翻译成多种语言。

1946 年诞生第一台电子计算机 ENIAC。1947 年，信息论的先驱美国科学家韦弗（W. Waver）在 3 月 4 日给"控制论之父"诺伯特·维纳的信中提到利用计算机进行语言自动翻译的想法。1949 年，韦弗正式提出"利用计算机进行语言自动翻译"的思想，引领了机器翻译研究的兴起。

1954 年，美国乔治敦大学（Georgetown University）在 IBM 公司的协助下，使用 IBM-701 计算机开发了世界上第一个机器翻译原型系统。该系统利用 6 条翻译规则和 250 个词的词典进行了俄语到英语的翻译试验，向公众展示了机器翻译的可行性。这一时期的机器计算能力有限，也缺乏机器可读的大规模语言语料库，基于规则的翻译系统全靠人工编撰规则和字典，可扩展性差。

20 世纪 60 年代，国外对机器翻译曾有大规模的研究工作，耗费了巨额费用，但人们显然是低估了自然语言的复杂性，语言处理的理论和技术均不成熟，所以进展不大。当时主要的做法是存储两种语言的单词、短语及对应译法的大辞典，翻译时一一对应，技术上只是调整语言的词条顺序。但是，日常生活中，语言的翻译远不是如此简单，很多时候还要参考某句话上下文的意思。

进入 20 世纪 70 年代，随着科学技术的发展和各国科技情报交流的日趋繁荣，解决国与国之间的语言障碍显得更为重要。传统的人工作业方式已经远远不能满足需求，人们迫切需要计算机从事翻译工作。随着乔姆斯基语言学理论和人工智能研究的发展，人们意识到好的翻译效果是建立在理解语言的基础上的，需要从理解句法结构上下功夫。但是，人们慢慢发现由人工确定的有限翻译规则越来越复杂，却仍然很难应对不断变化的语言现象，且计算机的理解能力难以提高，译文准确率也无法继续提高，此时，基于规则的机器翻译逐渐遇到了困难。

（2）基于大规模语料库的机器翻译

第 13 届国际计算语言学会议提出了处理大规模真实文本的战略任务，开启了基于大规模语料库的统计自然语言处理阶段。1993 年，布朗（Peter F. Brown）在《统计机器翻译的数学理论：参数估计》中提出由简至繁的五种词到词的统计模型 IBM Alignment Models，称为 IBM Model 1 到 IBM Model 5。这五种模型均为"噪声信道模型"，而其中所提出的参数估计算法均基于最大似然估计。例如，Model 1 使用经典方法将句子分成词和记录统计信息，整个过程不考虑词序，唯一的技巧是将一个词翻译成多个词；Model 2 记忆句子中词语的常见位置，并且通过中间步骤将词排列成更自然的形式。

统计机器翻译方法几乎完全依赖于基于大规模双语语料库的机器学习并自动构造翻译模型。这种方法具有通用性，与具体的语言无关，也不再需要人工规则集。因为统计机器翻译的建模与语言无关，所以一旦模型建立，将适用于所有的语言。

例如，基于短语的统计机器翻译的翻译原则是统计、重新排序和词法分析，它在学习时，不仅将文本分成词，还会分成短语，也就是 n-gram，即 n 个词连在一起构成的连续序列。因此，对于稳定的词组合，机器能学习它们的翻译，这显著提升了准确度。自 2006 年，谷歌翻译、Yandex、必应等一些著名的在线翻译工具均采用了基于短语的方法。

统计机器翻译是一种基于语料库的方法，所以在数据量比较少的情况下，就会面临数据稀疏的问题。另外，统计机器翻译的翻译知识来自于对大数据的自动训练，那么如何加入专家知识也是机器翻译方法所面临的一个比较大的挑战。

（3）机器翻译走向民用

21 世纪初期开始，借助互联网的发展，统计机器翻译系统开始走向民用，以 IBM、微软、谷歌为代表的企业和科研机构相继成立机器翻译研究团队。Nal Kalchbrenner 和 Edward Grefenstette 在 2013 年提出基于"编码-解码（Encoder-Decoder）结构"的新型机器翻译框架。对于源语言句子，该框架采用卷积神经网络把它映射成一个连续稠密的隐向量，再使用循环神经网络作为解码器，把隐向量解码成目标语言句子。2014 年，Kyunghyun Cho 等发表了一篇关于将神经网络用于机器翻译的论文《基于 RNN 编码-解码学习短语表示的统计机器翻译》。2015 年 5 月百度上线了全球首个互联网神经网络翻译（Neural Machine Translation，NMT）系统。2016 年 9 月，谷歌宣布机器翻译实现颠覆性突破。短短两年时间，神经网络翻译的词序错误少了 50%、词汇错误减少了 17%、语法错误减少了 19%。

为了实现多语言之间的互译，统计机器翻译方法通常采用英语作为中介实现不同语言之间的翻译。例如，如果将俄语翻译成德语，机器首先将俄语翻译成英语，然后再将英语翻译成德语，但这会造成双倍损失，翻译效果不佳。神经网络翻译系统则无须这样做，两种语言之间的翻译只需一个解码器就够了。没有共同中介语言词典的语言之间也能实现直接翻译，这是有史以来的第一次。2016 年，谷歌为 9 种语言启用了基于神经网络的机器翻译，即谷歌神经机器翻译（Google's Neural Machine Translation，GNMT）系统。GNMT 采用编码-解码结构，编码器和解码器都包含 8 层长短期记忆（Long Short Term Memory，LSTM）神经网络，编码器和解码器内部均使用残差连接，编码器和解码器之间使用注意（Attention）连接。2017 年，俄罗斯 Yandex 公司推出了神经翻译系统，其主要特色是混合性（Hybridity）。Yandex 翻译将神经方法和统计方法组合到了一起来执行翻译，然后再使用 Cat-Boost 算法从结果中选出最好的一个。

目前，机器翻译技术已日趋成熟，微软、谷歌、百度等很多信息科技公司都发布了支持世界百十种语言的机器翻译系统。截至 2020 年 5 月，百度翻译支持 200 种语言之间的互译，谷歌翻译支持 103 种语言之间的翻译，俄罗斯的 Yandex 翻译支持 99 种语言之间的翻译。它们被应用在文本翻译和语音翻译的很多场景中，极大地提高了人们使用机器翻译的便利性。

7.1.3 技术分类

根据自然语言处理的发展历程和技术流程，自然语言处理技术可分为三类，包括基于规则的自然语言处理方法、基于统计的自然语言处理方法和基于深度学习的自然语言处理方法。

1. 基于规则的自然语言处理方法

在自然语言处理中的理性主义方法是一种基于规则的方法，或者叫作符号主义的方法。这种方法的基本依据是"物理符号系统假设"，这种假设主张人类的智能行为可以使用物理符号系统来模拟。物理符号系统包含一些物理符号的模式，这些模式可以用来构建各种符号表达式，用于表示符号的结构。自然语言处理中的很多研究工作都是在物理符号系统假设的基础上进行的。

基于规则的方法是一种依赖自然语言处理专家经验的方法，通过对字、词到句的语言结构分析和语义分析，总结出适用于自然语言处理各个过程的一系列规则，并用于自然语言处理。基于规则的理性主义方法适于处理深层次的语言现象和长距离依存关系，它继承了哲学中理性主义的传统，多使用演绎法，而很少使用归纳法。

在基于规则方法的基础上发展起来的技术很多，例如：有限状态转移网络、有限状态转录机、递归转移网络、扩充转移网络、短语结构语法、自底向上剖析、自顶向下剖析、CYK算法、依存语法、一阶谓词演算、语义网络，等等。

2. 基于统计的自然语言处理方法

20 世纪 50 年代，美国建成世界上第一个联机语料库——布朗美国英语语料库（Brown Corpus）。这个语料库包含 100 万单词的语料，样本来自不同文体的 500 多篇书面文本，涉及的文体有新闻、中篇小说、写实小说、科技文章等。随着语料库的出现，使用统计方法从语料库中自动地获取语言知识，成为自然语言处理研究的一个重要方面。

基于统计的方法是一种依赖从大量语料数据中发现统计规律并应用于自然语言处理的经

验主义方法，这种方法使用概率或随机的方法来研究语言，建立语言的概率模型。基于统计的方法最早在文字识别领域取得了很大的成功，后来在语音合成和语音识别中大显身手，接着又扩充到自然语言处理的其他应用领域。特别是在一些缺乏语言知识的应用领域中，基于统计的方法表现得很出色。

在基于统计的自然语言处理方法的基础上发展起来的技术有隐马尔可夫模型、最大熵模型、n 元语法（n-gram）、概率上下文无关文法（PCFG）、噪声信道理论、贝叶斯方法、最小编辑距离算法、维特比（Viterbi）算法、A* 搜索算法、双向搜索算法、加权自动机和支持向量机，等等。

统计方法和语料库的发展带动了机器学习在自然语言处理中的应用，很多机器学习的算法用在了自然语言处理的相关任务中。例如，用朴素贝叶斯、支持向量机、逻辑回归等方法进行文本分类，用 k 均值方法进行文本聚类。

随着对智能推理以及认知神经学等的研究，人们对大脑和语言的内在机制了解得越来越多，也越来越能从更高层次上观察和认知思维的现象，由此形成了一套完整的神经网络理论体系。目前主流是将机器学习算法思想分为两个流派：一种是传统的基于统计学的机器学习方法；还有一种是基于联结主义的人工神经网络算法体系。因此，自然语言处理也分为基于统计的自然语言处理和基于深度学习的自然语言处理。

3. 基于深度学习的自然语言处理方法

深度学习是一个多层神经网络框架，它的概念源于人工神经网络。包含多个隐藏层的多层感知器就是一种深度学习结构。深度学习是机器学习的一个重要分支，可以自动地学习适合的特征与多层次的表达与输出。传统机器学习方法的特征表示主要采用人工定义特征及特征组合，而深度学习则把特征（词、词性、上下文关系等）向量化，再利用多层神经网络提取特征，通过组合低层特征形成更加抽象的高层特征。

在自然语言处理领域，深度学习在信息抽取、命名实体识别、词性标注、文本分析、拼写检查、语音识别、机器翻译、市场营销、情感分析、问答系统、搜索引擎、推荐系统等方向都有成功的应用。和传统方式相比，深度学习的自然语言处理的重要特性是，用词向量表示各种级别的元素。传统的算法一般会用统计等方法去标注，而深度学习会直接通过词向量表示单词、短语、逻辑表达式和句子，然后再通过深度网络进行自动学习。

最近几年，深度学习得到了广泛的应用，在实际工程项目中也占据了越来越高的比重。深度学习应用在自然语言处理领域的实用技术也越来越多。例如，Word2Vec 词向量方法、RNN、LSTM、Attention 机制、Seq2Seq 方法，等等。

深度学习为自然语言处理的研究带来了两方面的主要变化：第一，使用统一的分布式（低维、稠密、连续）向量表示不同粒度的语言单元，如词、短语、句子和篇章等；第二，使用循环、卷积、递归等神经网络模型对不同的语言单元向量进行组合，获得更大的语言单元的表示。

除了不同粒度的单语语言单元外，不同种类的语言甚至不同模态（语言、图像等）的数据都可以通过类似的组合方式表示在相同的语义向量空间中，然后通过在向量空间中的运算来实现分类、推理、生成等各种功能。

7.1.4　流程和任务

自然语言处理的任务是将待处理文本处理为不同的信息形式，这些信息从不同层面表达文本的语义，自然语言处理的一般流程如图 7-1 所示。一方面，人们根据语言专家的知识制定出语言规则集，计算机根据这些规则对文本进行加工和处理，即基于规则的自然语言处理；另一方面，基于机器学习的自然语言处理方法则需要先采集和收集语料，并对语料进行人工标注（例如标注双语翻译的文本对齐关系），然后使用统计方法、机器学习方法和深度学习方法，让机器自动学习这些语料（即训练），最终得到模型。

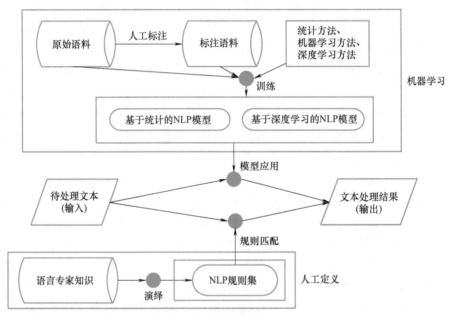

图 7-1　自然语言处理的一般流程

使用不同的机器学习方法和学习参数将得到不同的模型，人们在对多个模型进行测试评估后，挑选出最好的模型，将其应用于实际的自然语言处理任务。以下是几个自然语言处理的常见任务：

1）句法语义分析。针对目标句子，进行各种句法分析，如分词、词性标记、命名实体识别及链接、句法分析、语义角色识别、多音字纠错、指代消解和多义词消歧等。

2）关键信息抽取。抽取目标文本中的主要信息，主要是了解是谁、于何时、为何、对谁、做了何事、产生了什么结果等。涉及实体识别、时间抽取、因果关系抽取等多项关键技术。

3）文本挖掘。主要包含对文本的聚类、分类、信息抽取、摘要、情感分析，对信息和知识的可视化，以及交互式的结果呈现。

4）机器翻译。根据输入数据类型的不同，可细分为文本翻译、语音翻译、手语翻译、图形翻译等。机器翻译从最早的基于规则到 20 年前的基于统计的方法，再到今天的基于深度学习的方法，逐渐形成了一套比较严谨的方法体系。

5）信息检索。对大规模的文档进行索引，可简单地对文档中的词汇赋以不同的权重来建立索引，也可以使用算法模型来建立更深层的索引。当用户查询时，首先对输入词进行分析，然后根据索引查找匹配的候选文档，再使用排序机制把候选文档排序，最后输出排序得分最高的文档。例如，网页搜索引擎。

6）问答系统。问答系统针对人们以自然语言提出的问题，自动给出一个精准的答案。它需要对问题语句进行语义分析，包括实体和关系识别，形成逻辑表达式，然后在知识库中查找可能的候选答案，并通过一个排序机制找出最佳的答案。

7）对话系统。对话系统提供机器和人类之间的多回合对话，实现闲聊、回答问题或完成任务。主要涉及用户意图理解、通用聊天引擎、问答引擎、对话管理等技术。此外，为了体现上下文相关，要具备多轮对话能力；为了体现个性化，要基于用户画像进行个性化的回复。

8）指代消解。中文中代词出现的频率很高，它的作用是用来表征前文出现过的人名、地名等。例如，"胜利路是这座城市的中轴线，这条路今天格外热闹"。在这句话中，其实"胜利路"这个词出现了两次，"这条路"指代的就是胜利路，但是出于习惯，中文不会把"胜利路"再重复一遍。

7.2　自然语言处理的基本技术

本节介绍自然语言处理的基本技术，包括中文分词、词性标注、命名实体识别以及句法分析。

7.2.1　中文分词

1. 中文分词的概念

分词（Word Segmentation）就是将连续的字（或单词）序列按照一定的规范按序重新组合成词（或词组）序列的过程。英文大部分文本都以空格为自然分割，但是中文除了字、句、段落有明显的分割，词语之间没有明显形式上的分割。词是最小的能够独立使用的有意义的语言成分，英文单词之间是以空格作为自然分界符的，而汉语是以字为基本的书写单位，词语之间没有明显的区分标记，因此，中文词语分析是中文分词的基础与关键。计算机的切词处理过程就是分词。

计算机自动识别出句子中的词，在词间加入分隔符。整个过程看似简单，然而实践起来却很复杂。几乎所有人类语言都存在分词的需求，只不过语言书写习惯不同，分词的难度也不同。中文分词的困难与中文特殊的基本文法有关系，具体表现在：

1）与英文为代表的拉丁语系语言相比，英文以空格作为天然的分隔符，而中文由于继承自古代汉语的传统，词语之间没有分隔。古代汉语中除了联绵词和人名地名等，词通常就是单个汉字，所以当时没有分词书写的必要，而现代汉语中双字或多字词居多，一个字不等同于一个词。

2）在中文里，"词"和"词组"边界模糊。现代汉语的基本表达单元虽然为"词"，且以双字或者多字词居多，但由于人们认识水平的不同，对词和短语的边界很难去区分。

3）中文分词的主要困难在于分词歧义。例如，根据词典，句子"毕业的和尚未毕业的都在"可能分词为"毕业/的/和/尚未/毕业/的/都在",也可能分词为"毕业/的/和尚/未/毕业/的/都在"。此外,未登录词、分词粒度等都是影响分词效果的重要因素。

2. 基于规则的中文分词方法

中文分词是文本挖掘的基础,对于输入的一段中文,成功地进行中文分词,可以达到计算机自动识别语句含义的效果。对于一句话,人类可以通过自己的知识来明白哪些是词,哪些不是词,但如何让计算机也能理解?解决这个问题的关键就是分词算法。

基于规则的分词是一种机械分词方法,主要是通过维护词典,在切分语句时,将语句的每个字符串与词表中的词进行逐一匹配,找到则切分,否则不予切分。按照匹配切分的方式,主要有正向最大匹配法、逆向最大匹配法以及双向最大匹配法三种方法。这种方法虽说可以解决大部分问题,但歧义分词仍很难解决。

正向最大匹配(Maximum Match,MM)的基本思想是:假定词典中的最长的词包含 k 个汉字,首先,将待分词句子的前 k 个字作为匹配字串查找词典,若词典中存在这样的一个 k 字词,则匹配成功,这个匹配字串被作为一个词从句子上切分出来;如果词典中找不到这样的一个 k 字词,则匹配失败。如果匹配失败,再重新将待分词句子的前 $k-1$ 个字组成字串重新进行匹配处理。如此进行下去,直到匹配成功或匹配字串为单字为止,这样就完成了一轮匹配。然后,继续对剩下未分词句子进行匹配处理,直到句子被扫描完为止。

例如,现有词典的最长词的长度为 5,词典包含"南京市长"和"长江大桥"这样的四字词。采用正向最大匹配对句子"南京市长江大桥"进行分词。首先匹配前 5 个字"南京市长江",发现词典中没有该词,于是缩小长度,匹配前 4 个字"南京市长",词典中存在该词,于是该词被确认切分。再将剩下的"江大桥"按照同样方式切分,得到"江""大桥",最终分为"南京市长""江""大桥"3 个词。

逆向最大匹配(Reverse Maximum Match,RMM)的基本原理与 MM 方法相同,不同的是分词切分的方向与 MM 法相反。逆向最大匹配法从被处理文档的末端开始匹配扫描,每次取最末端的 k 个字作为匹配字串,若匹配失败,则去掉匹配字串最前面的一个字,继续匹配。相应地,它使用的分词词典是逆序词典,其中每个词条都将按逆序方式存放。在实际处理时,先将文档进行倒排处理,生成逆序文档。然后,根据逆序词典,对逆序文档用正向最大匹配法处理即可。比如之前的"南京市长江大桥",按照逆向最大匹配,最终得到"南京市""长江大桥"。

由于汉语中偏正结构较多,若从后向前匹配,可以适当提高精确度。曾有统计结果显示,单纯使用正向最大匹配的错误率为 1/169,单纯使用逆向最大匹配的错误率为 1/245。所以,逆向最大匹配法比正向最大匹配法的误差要小。

双向最大匹配法(Bi-direction Matching)是将正向最大匹配法得到的分词结果和逆向最大匹配法得到的结果进行比较,然后按照最大匹配原则,选取词数切分最少的作为结果。很显然,若采用双向最大匹配法,"南京市长江大桥"最终得到"南京市""长江大桥"。

3. 基于统计的中文分词方法

随着大规模语料库的建立,基于统计的中文分词算法渐渐成为主流。其主要思想是把每个词都看作由单独的字组成的,如果相连的字在不同的文本中出现的频次越多,就说明这些相连的字很可能就是一个词。因此,计算机可以利用字与字相邻出现的频率反映组词的可靠度,统计语料中相邻共现的各个字的组合频度。当组合频度高于某一个临界值时,便可认为此字组构成一个词语。

基于统计的自然语言处理方法都需要有一个经过人工标注的数据集。针对分词，通常使用 B、M、E 和 S 四个英文符号标注每一个汉字在一个词语中的作用，其中，B、E、M 分别表示词语的第一个字、最后一个字和中间的字，S 表示独字词语。例如，"我们是中国人"，可标注为"我 B 们 E 是 S 中 B 国 M 人 E"，对应的分词为"我们/是/中国人"。如果能收集到大量人工标注过的分词数据，就可以对其中的汉字和它们的标注进行统计。

基于统计的分词，一般要做两步处理。首先，对语料进行标记，建立统计语言模型，这个模型可用于对新句子进行分词；然后，在需要对新句子进行分词时，先把句子切分成不同的分词形式，然后根据先验概率评价所有的分词形式，评价最高的分词形式作为最优分词结果输出。

若待分词句子是"我们是中国人"，由于首位只能为 B 或 S，B 后只能跟 M 或 E，M 只能跟在 B 的后面，E 只能跟在 M 和 B 后面，因此，这个句子的分词标注可能为"BEBEBE"或者"BMEBME"等有限种标注。计算机根据统计分词模型对每一个标注进行评价，评价的目的是计算哪一个标注在自然语言中出现的概率最大。

假设仅考虑相邻两个字之间的搭配习惯，就可以通过统计语料库中两个汉字之间的搭配频率，从而计算出待标注句子的最优搭配，即分词结果。接下来用一个例子介绍基于隐马尔可夫模型（Hidden Markov Model，HMM）的中文分词方法。

隐马尔可夫模型是统计模型，用五元组来描述：观测序列 C、状态集 S、初始概率 Q、转移概率 P 和观测概率 V。结合分词，这里将基于 HMM 的分词模型定义如下：

1）观测序列 C。观测序列是指待标注的句子。

2）状态集 S。B、M、E、S 是 4 个状态，也称隐藏状态。

3）初始概率 Q。初始概率是指句子的首字被标记为某个状态的概率。

4）转移概率 P。转移概率是指观测对象的状态在下一时刻变为另一个状态的概率。这里将 4 个状态两两组合成 16 个有序的状态对，如（B，B）、（B，M）、（M，B），其中（B，M）是指当前字标注为 B，下一个字标注为 M。这些状态对在分词语料库中出现的概率即为状态转移概率。

5）观测概率 V。观测概率是指在一个状态下观测到某个字的概率，语料库中所有的汉字均被视作中文的观测值。例如，对于 B 状态，"我"字出现的概率即 B 状态下"我"字的观测概率。

假设通过机器学习得到 HMM：初始概率见表 7-1；转移概率见表 7-2；观测概率见表 7-3。由于概率小于 1，概率连乘后更是远小于 1，且评价分词标注只需比较不同标注的概率大小，因此，这里为了便于阅读和计算，表 7-1、表 7-2 和表 7-3 内的数字改写为原始概率以 e 为底的对数，即 ln。所以，HMM 对分词标注的评价方法简化为式（7-1）。这里，视 s 为一个分词标注的评价得分。分词标注的概率实际是以 e 为底、g 为指数的数值。

输入长度为 m 的一句话，记为 $C = c_1 c_2 \cdots c_m$，c_i 表示一个汉字，C 即观测序列。C 的所有分词标注记为集合 $O = \{O_1, O_2, \cdots\}$，其中第 i 个标注记为 $O_i = (o_{i,1}, o_{i,2}, \cdots, o_{i,m})$。$o_{i,j}$ 表示第 j 个字 c_j 在第 i 个标注中的状态，因此，$o_{i,j}$ 有 4 个取值。如果不考虑相邻标记的合理性，则每个汉字有 4 种标注，那么 $|O|$ 的上限为 4^m。当 $m>1$ 时，$|O|>1$。为了找到最好的标注，使用式（7-1）计算每个标注的得分，得分最高的标注即 C 的最优标注，也就是

分词标注输出。

$$g(O_i) = Q(o_{i,1}) + \sum_{j=1}^{m} V(c_j \mid o_{i,j}) + \sum_{j=2}^{m} P(o_{i,j} \mid o_{i,j-1}) \qquad (7\text{-}1)$$

式中　$g(O_i)$——第 i 个标注的得分；

$Q(o_{i,1})$——句子首字被标注为 $o_{i,1}$ 的概率（见表7-1）；

$V(c_j \mid o_{i,j})$——$o_{i,j}$ 状态下观测值是第 j 个字 c_j 的概率（见表7-3）；

$P(o_{i,j} \mid o_{i,j-1})$——第 $j-1$ 个状态是 $o_{i,j-1}$ 时，第 j 个状态是 $o_{i,j}$ 的概率（见表7-2）。

表 7-1　中文分词 HMM 的初始概率矩阵

$o_{i,1}$	B	M	E	S
ln 概率	-0.54	-230.26	-230.26	-0.87

表 7-2　中文分词 HMM 的状态转移概率矩阵

		$o_{i,j+1}$			
		B	M	E	S
$o_{i,j}$	B	-230.26	-2.15	-0.12	-230.26
	M	-230.26	-1.28	-0.33	-230.26
	E	-0.76	-230.26	-230.26	-0.63
	S	-1.05	-230.26	-230.26	-0.76

表 7-3　观测概率矩阵

		c_j						
		…	我	们	是	中	国	人	…
$o_{i,j}$	B	…	-5.5	-23	-8.03	-4.69	-4.63	-4.63	…
	M	…	-8.3	-23	-8.02	-4.74	-5.02	-5.36	…
	E	…	-8.38	-4.62	-5.32	-6.11	-3.94	-4.97	…
	S	…	-6.23	-6.64	-4.26	-5.01	-6.43	-5.32	…

假设 $O_1 = (B, E, S, B, E, S)$，$O_2 = (B, E, S, B, M, E)$，那么分词标注 O_1 和 O_2 标注的得分计算过程如式（7-2）所示。由于仅比较大小，计算出 $g(O_1) - g(O_2) = 10.34 > 0$，即 $g(O_1) > g(O_2)$，因此，"我们是中国人"的标注结果是（B, E, S, B, E, S），对应的分词结果"我们/是/中国/人"。

$$s(O_1) = Q(B) + V(我 \mid B) + V(们 \mid E) + V(是 \mid S) + V(中 \mid B) + V(国 \mid E) + V(人 \mid S) +$$
$$P(E \mid B) + P(S \mid E) + P(B \mid S) + P(E \mid B) + P(S \mid E)$$

$$s(O_2) = Q(B) + V(我 \mid B) + V(们 \mid E) + V(是 \mid S) + V(中 \mid B) + V(国 \mid M) + V(人 \mid E) +$$
$$P(E \mid B) + P(S \mid E) + P(B \mid S) + P(M \mid B) + P(E \mid M)$$

$$(7\text{-}2)$$

上面这个例子的句子仅包含 6 个字，共有最多 $4^6 = 4096$ 种可能的分词标注，因此，对于一段文字，评价所有分词标注的暴力搜索方法是非常耗时的，复杂度为 $O(4^m)$。维特比（Viterbi）算法采用动态规划方法搜索最优解，是目前常用的求解 HMM 分词最优解的算法。

Viterbi 的复杂度更低，为 $O(m \times 4^2)$。当 $m>2$ 时，$O(4^m)>O(m \times 4^2)$，显然维特比算法快得多。中文分词工具 Jiaba 分词采用 HMM 和维特比算法可以实现快速分词，如表 7-4 中的分词结果。

表 7-4　Jiaba 分词举例

原　　文	Jiaba 分词结果
《红楼梦》是一部具有世界影响力的人情小说，举世公认的中国古典小说巅峰之作，中国封建社会的百科全书，传统文化的集大成者。小说以"大旨谈情，实录其事"自勉，只按自己的事体情理，按迹循踪，摆脱旧套，新鲜别致，取得了非凡的艺术成就。"真事隐去，假语村言"的特殊笔法更是令后世读者脑洞大开，揣测之说久而遂多。二十世纪以来，学术界因《红楼梦》异常出色的艺术成就和丰富深刻的思想底蕴而产生了以《红楼梦》为研究对象的专门学问——红学。	《/ 红楼梦 / 》/ 是 / 一部 / 具有 / 世界 / 影响力 / 的 / 人情 / 小说 /，/ 举世公认 / 的 / 中国 / 古典小说 / 巅峰 / 之 / 作 /，/ 中国 / 封建社会 / 的 / 百科全书 /，/ 传统 / 文化 / 的 / 集大成者 / 。/ 小说 / 以 /"/ 大旨 / 谈情 /，/ 实录 / 其 / 事 /"/ 自勉 /，/ 只 / 按 / 自己 / 的 / 事体 / 情理 /，/ 按迹循踪 /，/ 摆脱 / 旧 / 套 /，/ 新鲜 / 别致 /，/ 取得 / 了 / 非凡 / 的 / 艺术 / 成就 / 。/"/ 真 / 事 / 隐去 /，/ 假 / 语 / 村 / 言 /"/ 的 / 特殊 / 笔法 / 更是 / 令 / 后世 / 读者 / 脑 / 洞 / 大 / 开 /，/ 揣测 / 之 / 说 / 久 / 而 / 遂 / 多 / 。/ 二十世纪 / 以来 /，/ 学术界 / 因 /《/ 红楼梦 / 》/ 异常 / 出色 / 的 / 艺术 / 成就 / 和 / 丰富 / 深刻 / 的 / 思想 / 底蕴 / 而 / 产生 / 了 / 以 /《/ 红楼梦 / 》/ 为 / 研究 / 对象 / 的 / 专门 / 学问 / 一 / 一 / 红学 / 。

7.2.2　词性标注

词性是词语最基本的语法属性，也称为词类。词性标注（Part-of-Speech Tagging，POS Tagging）是指计算机判定句子中的每个词的语法范畴，确定其词性并加以标注的过程。常见的词性如动词、名词和形容词。表示人、地点、事物以及其他抽象概念的名称即为名词，表示动作或状态变化的词为动词，描述或修饰名词属性、状态的词为形容词。例如，句子"这儿是个非常漂亮的公园"的标注结果应是"这儿/代词 是/动词 个/量词 非常/副词 漂亮/形容词 的/结构助词 公园/名词"。

词性标注需要有一定的标注规范，例如，名词、形容词、动词分别用 n、adj、v 进行表示。中文领域尚无统一的标注标准，较为主流的是北大词性标注集和宾州词性标注集两大类，两类标注方式各有千秋。表 7-5 所示为北大词性标注规范。

表 7-5　北大词性标注规范

词性标记	词性名称	说　　明
Ag	形语素	形容词性语素。形容词代码为 a，语素代码 g 前面置以 A
a	形容词	取英语形容词 adjective 的第 1 个字母
ad	副形词	直接作状语的形容词。形容词代码 a 和副词代码 d 并在一起
an	名形词	具有名词功能的形容词。形容词代码 a 和名词代码 n 并在一起
b	区别词	取汉字"别"的声母
c	连词	取英语连词 conjunction 的第 1 个字母
Dg	副语素	副词性语素。副词代码为 d，语素代码 g 前面置以 D
d	副词	取 adverb 的第 2 个字母，因其第 1 个字母已用于形容词
e	叹词	取英语叹词 exclamation 的第 1 个字母

（续）

词性标记	词性名称	说　明
f	方位词	取汉字"方"的声母
g	语素	绝大多数语素都能作为合成词的"词根"，取汉字"根"的声母
h	前接成分	取英语 head 的第 1 个字母
i	成语	取英语成语 idiom 的第 1 个字母
j	简称略语	取汉字"简"的声母
k	后接成分	无
l	习用语	习惯用语尚未成为成语，有点"临时性"，取"临"的声母
m	数词	取英语 numeral 的第 3 个字母，n、u 已有他用
Ng	名语素	名词性语素。名词代码为 n，语素代码 g 前面置以 N
n	名词	取英语名词 noun 的第 1 个字母
nr	人名	名词代码 n 和"人（ren）"的声母并在一起
ns	地名	名词代码 n 和处所词代码 s 并在一起
nt	机构团体	"团"的声母为 t，名词代码 n 和 t 并在一起
nz	其他专名	"专"的声母的第 1 个字母为 z，名词代码 n 和 z 并在一起
o	拟声词	取英语拟声词 onomatopoeia 的第 1 个字母
p	介词	取英语介词 prepositional 的第 1 个字母
q	量词	取英语 quantity 的第 1 个字母
r	代词	取英语代词 pronoun 的第 2 个字母，因 p 已用于介词
s	处所词	取英语 space 的第 1 个字母
Tg	时语素	时间词性语素。时间词代码为 t，在语素的代码 g 前置以 T
t	时间词	取英语 time 的第 1 个字母
u	助词	取英语助词 auxiliary 的第 2 个字母
Vg	动语素	动词性语素。动词代码为 v。在语素的代码 g 前置以 V
v	动词	取英语动词 verb 的第 1 个字母
vd	副动词	直接作状语的动词。动词和副词的代码并在一起
vn	名动词	指具有名词功能的动词。动词和名词的代码并在一起
w	标点符号	无
x	非语素字	非语素字只是一个符号，字母 x 通常用于代表未知数、符号
y	语气词	取汉字"语"的声母
z	状态词	取汉字"状"的声母的前一个字母

　　很多中文词可能有多个词性。虽然有些字以声调区分词性，但是汉语文本通常并不标注声调。词在不同句子里代表的语法成分可能截然不同，词性也就可能不同，这为词性标注带来很大的困难。不过，大多数词语，尤其是实词，最多有两个词性，且其中一个词性的使用频次远远大于另一个，所以选择高频词性进行标注已能实现 80% 以上的准确率，能够覆盖大多数场景，满足基本的应用要求。

　　基于规则的词性标注算法与基于规则的分词方法类似，需要人工构造一个词性词典并制定词性标注规则。一个词只有一个词性时比较简单，当一个词有多个词性时，就需要根据规则选择合适的词性。例如，"把门关上"和"一把椅子"中"把"字的词性不同，规则可定义为：如果"把"字前面有数量词，那么"把"的词性应标注为"量词"；否则，通常情况下标注为"动词"。基于规则的词性标注过于依赖词性字典和词性标注规则的规模。随着现代汉语词汇的日益丰富，规则需要不断更新。庞大的规则集很难维护，且词性标注效率不高。

基于统计的词性标注从语料库中统计每个词的词性标注概率，然后推测新句子的分词词性。目前较为主流的方法同分词类似，也将句子的词性标注作为一个序列标注问题解决。分词的词性标注语料形如"我/r 爱/v 北京/ns 天安门/ns"。其中，ns 代表地名，v 代表动词，ns、v 都是标注，以此类推。那么，分词中常用的手段，如隐马尔可夫模型、条件随机场模型等，皆可用于词性标注任务。与分词标注类似，词性标注的目的是标注词的隐藏状态，隐藏状态之间的转移就构成了状态转移序列。

分词标注包括 B、S、M 和 E 四种标签。在词性标注任务中，可以将字的分词标注与词性标注结合起来，构成复合标注集。例如，名词"北京"，它的词性标注是"ns"，分词的标注序列是"BE"，那么，"北"的词性标注就是"B_ ns"，"京"的词性标注就是"E_ ns"。上一节介绍了基于 HMM 的分词方法，那么，基于 HMM 的词性标注方法使用复合标注集训练出 HMM，然后使用维特比算法找出最优词性标注结果。例如，表 7-6 所示词性标注结果为 Jiaba 工具处理的结果。

表 7-6 词性标注结果示例

词性标注结果
《/x 红楼梦/nz 》/x 是/v 一部/m 具有/v 世界/n 影响力/n 的/uj 人情/n 小说/n ,/x 举世公认/i 的/uj 中国/ns 古典小说/n 巅峰/n 之/u 作/n ,/x 中国/ns 封建社会/l 的/uj 百科全书/nz ,/x 传统/n 文化/n 的/uj 集大成者/n 。/x 小说/n 以/p "/x 大旨/n 谈情/v ,/x 实录/n 其/r 事/n "/x 自勉/a ,/x 只/d 按/p 自己/r 的/uj 事体/n 情理/n ,/x 按迹循踪/i ,/x 摆脱/v 旧/a 套/q ,/x 新鲜/ns 别致/v ,/x 取得/v 了/ul 非凡/d 的/uj 艺术/n 成就/n 。/x "/x 真事/n 隐去/v ,/x 假语/n 村言/n "/x 的/uj 特殊/a 笔法/n 更是/d 令/v 后世/t 读者/n 脑洞/n 大开/ad ,/x 揣测/v 之/u 说/v 久/a 而/c 遂/d 多/m 。/x 二十世纪/nz 以来/f ,/x 学术界/n 因/p《/x 红楼梦/nz 》/x 异常/d 出色/v 的/uj 艺术/n 成就/n 和/c 丰富/a 深刻/d 的/uj 思想/n 底蕴/n 而/c 产生/v 了以/v《/x 红楼梦/nz 》/x 为/p 研究/vn 对象/n 的/uj 专门/n 学问/n 一/x 一/x 红学/n 。/x

7.2.3 命名实体识别

与分词、词性标注一样，命名实体识别（Named Entities Recognition，NER）也是自然语言处理的一个基础任务，是信息抽取、信息检索、机器翻译、问答系统等多种自然语言处理技术必不可少的组成部分。命名实体识别的目的是识别句子中的人名、地名、组织机构名等实体。命名实体数量是不断增加的，通常不可能在词典中穷尽列出，其构成方法具有多种多样的规律，因此，通常需要独立处理对这些词的识别。这里的实体一般分为 3 大类（实体类、时间类和数字类）和 7 小类（人名、地名、组织机构名、时间、日期、货币和百分比）。数字、时间、日期、货币等实体识别通常可以采用模式匹配的方式，但是人名、地名、机构名较复杂，因此命名实体识别的研究主要以识别这三种实体为主。

中文的命名实体识别与英文的相比，挑战更大，目前未解决的难题更多。命名实体识别包括实体边界划分和实体类型识别。在英文中，命名实体一般具有较为明显的形式标志（如英文实体中的每个词的首字母要大写），因此，英文实体识别相对容易很多，主要难点是对实体类型的识别。但是，对于中文，识别实体类型和识别实体边界都非常困难。中文命名实体识别主要有以下 4 个难点：

1）各类命名实体的数量众多。根据对《人民日报》1998 年 1 月的语料库（共计 2 305 896 字）进行的统计，共有人名 19 965 个，而这些人名大多属于未登录词。

2）命名实体的构成规律复杂。人名的构成规则各异，中文人名识别又可以细分为中国人名识别、日本人名识别和音译人名识别等；机构名的组成方式也更为复杂，机构名的种类繁多，各有独特的命名方式，用词也相当广泛，只有结尾用词相对集中。

3）嵌套情况复杂。一个命名实体经常和一些词组合成一个更复杂的命名实体。比如人名中包含着地名，地名中也经常包含着人名，这种嵌套现象在机构名中最为明显。机构名不仅经常包含地名，而且还可能包含了其他机构名。互相嵌套的现象大大制约了复杂命名实体的识别，也注定了各类命名实体的识别并不是孤立的，而是互相交织在一起的。

4）长度不确定。与人名、地名相比，机构名的长度和边界更加难以确定。常见的中国人名一般是 2~4 字，常用地名也多为 2~4 字。但是机构名长度变化极大，少到只有 2 字的简称，多到几十字的全称。在实际语料中，10 字以上的机构名占了相当大一部分比例。

基于规则的命名实体识别方法使用词典加规则，是早期命名实体识别中最行之有效的方法。手工制定规则，构造命名实体库，并对每条规则进行权重赋值。机器通过实体与规则的相符情况来进行命名实体判断。在大多数场景下，规则依赖于具体语言、领域和文本风格，其编制过程耗时且难以涵盖所有的语言现象，存在可移植性差、更新维护困难等问题。

采用统计方法解决命名实体识别问题时，命名实体识别的标签集合与分词类似，为 B、M、E、S 和 O，其中 O 表示与命名实体无关。以地名识别为例，对句子"郭靖来到牛家村"进行标注，正确标注后的结果应为"郭/O 靖/E 来/O 到/O 牛/B 家/M 村/E"。机器命名实体识别时，(B，E，O，B，M，E) 是一种标注选择，(O，O，O，B，B，E) 也是一种标注选择，类似的可选标注序列有很多。命名实体识别算法的任务就是在如此多的可选标注序列中，找出最靠谱的标注作为句子的命名实体标注。由此可见，分词技术也可用于识别命名实体。

目前主流的基于统计的命名实体识别方法有：隐马尔可夫模型、最大熵模型、条件随机场等。其主要思想是基于人工标注的语料，将命名实体识别任务作为序列标注问题来解决。基于统计的方法对语料库的依赖比较大，而可以用来建设和评估命名实体识别系统的大规模通用语料库又比较少，这也是该方法的一大制约。单独使用基于统计的方法使状态搜索空间非常庞大，那么，根据命名实体识别的特征，可以借助规则知识提前对句子进行过滤修剪处理。目前大多应用都采用统计模型结合规则知识的命名实体识别方法。

7.2.4 句法分析

1. 基本概念

句法分析（Parsing）是自然语言处理的核心技术，是对语言进行深层次理解的基石。句法分析是从单词串得到句法结构的过程，而实现该过程的工具或程序被称为句法分析器

（Parser）。句法分析的主要任务是识别出句子所包含的句法成分以及这些成分之间的关系，一般以句法树来表示句法分析的结果（如图 7-2 所示）。

从 20 世纪 50 年代初机器翻译课题被提出时算起，自然语言处理研究已经有 70 余年的历史，句法分析一直是自然语言处理前进的巨大障碍。句法分析主要有以下两个难点：

1）歧义。自然语言区别于人工语言的一个重要特点就是它存在大量的歧义现象。人类自身可以依靠大量的先验知识有效地消除各种歧义，但是机器由于在知识表示和获取方面存在严重不足，很难像人类那样进行句法消歧。

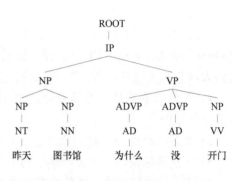

图 7-2 句法树示例

2）搜索空间。句法分析是一个极为复杂的任务，用于模型训练的句法树个数随语料库中句子的增多呈指数级增长，导致搜索空间巨大。因此，研究人员必须设计出合适的解码器，以确保能够在可以容忍的时间内搜索到模型的最优解。

句法分析方法也可以简单地分为基于规则的方法和基于统计的方法。基于规则的方法利用语言学专家的知识来构建，在处理大规模真实文本时，会存在语法规则覆盖有限、系统可迁移差等缺陷。随着大规模标注树库的建立，基于统计学习模型的句法分析方法开始兴起，句法分析器的性能不断提高，最典型的就是风靡于 20 世纪 70 年代的 PCFG，它在句法分析领域得到了极大的应用，也是现在句法分析中常用的方法。如图 7-2 所示为斯坦福的 StanfordParser 工具得到的句法树，该工具基于 PCFG 方法。统计句法分析模型本质是一套面向候选树的评价方法。如图 7-3 所示，同一句话可能存在两个不同的句法树，PCFG 模型会给正确的句法树赋予一个较高的分值，而给不合理的句法树赋予一个较低的分值，这样就可以借用候选句法树的分值进行消歧。

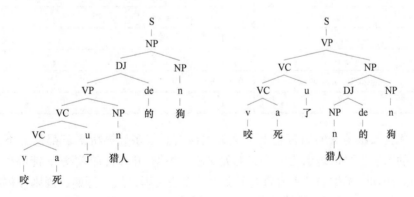

图 7-3 句子的多棵候选句法树

句法分析的种类很多，根据侧重目标可将句法分析分为完全句法分析和局部句法分析两种。完全句法分析以获取整个句子的句法结构为目的；而局部句法分析只关注于局部的一些成分，例如常用的依存句法分析就是一种局部分析方法。句法分析的目的是解析句子中各个成分的依赖关系，表示为一棵句法树。句法分析可以解决传统词袋模型不考虑上下文的问题。比如，"小李是小杨的班长"和"小杨是小李的班长"，这两句话的词袋模型是完全相同的，但是句法树可以反映出其中的主从关系，真正厘清句子的关系。

2. 上下文无关文法

一门语言一定有语法（也称文法），也就是词语形成句子的规则。上下文无关文法（Context-free Grammar，CFG），即乔姆斯基 2 型文法，是一种语法的形式化表达方式，它将语法表示为 4 元组 $G=(N, T, S, R)$，其中：

1）N 是"非终结"符号或变量的有限集合。N 中的元素表示句子中不同类型的短语结构或子句结构。

2）T 是"终结符"的有限集合。T 与 N 不相交。例如，将中文的词视作终结符。

3）S 是开始符，用来表示整个句子，它是 N 中的元素。

4）R 是一个规则集。每条规则（也叫产生式）表示为 $U \rightarrow w$，其中 $U \in N$，$w \in (N \cup T)^*$。

例如，表 7-7 中的 CFG 示例，非终结符为词性标注符号或词组标记，概率 P 将用于后面句法分析方法的介绍。

表 7-7　CFG 和 PCFG 示例

符　　号	集合元素	概率 P	备　　注
N	S, NP, DJ, VP, VC, u, v, n, a, de		
T	咬，死，了，猎人，的，狗		
R	S→NP, S→VP	0.7, 0.3	
	NP→DJ NP, NP→n	0.6, 0.4	0.6, 0.4 表示两条规则 NP→DJ NP 和 NP→n 出现在语料库中的概率
	DJ→NP de	1	
	VP→VC NP	1	规则右侧的符号串有先后次序，例如，VP→VC NP 不等于 VP→NP VC
	VC→VC u, VC→v a	0.3, 0.7	
	v→咬	1	
	a→死	1	
	u→了	1	
	n→猎人，n→狗	0.5, 0.5	
	de→的	1	

由上下文无关文法定义的语言是上下文无关语言。很多计算机语言都是上下文无关语言，自然语言的语法也可以表示为上下文无关文法。根据一门语言的语法，能够生成这门语言的所有语句。例如，根据表 7-7 中的上下文无关文法规则，从 S 开始，规则左侧的非终结符逐步由规则右侧的非终结符或终结符号改写，直到右侧只剩终结符。句子"咬死猎人的狗"的生成过程如下：

$$S \xrightarrow{S \rightarrow NP} NP \xrightarrow{NP \rightarrow DJ\ NP} DJ\ NP \xrightarrow{DJ \rightarrow NP de;\ NP \rightarrow n} NP\ de\ n \xrightarrow{NP \rightarrow VC\ NP}$$

$$VC\ NP\ de\ n \xrightarrow{VC \rightarrow v\ a;\ NP \rightarrow n} v\ a\ n\ de\ n \xrightarrow{\cdots} 咬\ 死\ 猎人\ 的\ 狗$$

表 7-7 中的文法规则也能生成诸如"咬死猎人的猎人""咬死狗的狗"和"咬死狗的猎

人"这样的合法句子，但是这些句子不太可能出现在人们日常的对话中。

文法规则中常常有递归情况，例如，NP→DJ NP。对于表 7-7 中的文法，则存在 S→NP→DJ NP→DJ DJ NP→……→DJ DJ DJ … DJ NP 这样的推导，它意味着合法句子的数量将是无限的。这个推导生成的句子虽然遵从了语法规则，但是大多数都没有意义。因此，一门采用 CFG 表示的自然语言的合法语句理论上是无限的，但实际上人类常用的语句并不是无限的。

尽管计算机不能穷举一门语言所有的句子，但是计算机可以判断一句话是不是符合一门语言的语法规则。判断的方法是"移进-规约"操作。设置一个中间栈，移进操作每次从句子中读入一个非终结符至中间栈，规约操作识别出栈中处于规则右侧的符号或符号组（包括终结符和非终结符），并将它们替换为规则左侧的非终结符。如果能成功地将一句话规约为开始符，则说明这句话符合语法规则。"移进-规约"操作是上述"咬死猎人的狗"的生成过程的逆过程，包括最左和最右规约，对应着最右推导和最左推导。以最右规约为例，每次从中间栈的符号串的结尾开始往前查找符合规约操作的符号串。句子"咬死猎人"的语法正误判断过程见表 7-8，整个句子最后规约为开始符 S，因此，"咬死猎人"符合表 7-7 定义的文法。

表 7-8　判断句子是否符合语法规则的移进-规约操作示例

句子的分词	中 间 栈	规 约 依 据	操 作
咬/ 死/ 猎人	咬		移进
	v 死	v→咬	规约、移进
	v a	a→死	规约
	VC 猎人	VC→v a	规约、移进
	VC n	n→猎人	规约
	VC NP	NP→n	规约
	VP	VP→VC NP	规约
	S	S→VP	规约

"移进-规约"操作过程可以表示为树形结构，方法是用一个树杈表示一个规约依据，那么，一个句子可表示为一棵树。为了统计常用的词语搭配结构，进而理解句子的语义，人们人工标注了大量句子的语法结构，以树的表示形式保存，称为树库（Treebank）。分词或词性标注的语料集是字符串序列形式，句法分析的语料集是树形的标注形式。最有名的树库是宾州树库（Penn Treebank）以及中文宾州树库（Penn Chinese Treebank）。

3. 概率上下文无关文法

根据表 7-7 中的 CFG 文法，采用不同的推导规则，计算机可以为句子"咬死了猎人的狗"自动构建出如图 7-3 所示的两棵句法树，也就是存在语法歧义。这两棵树分别表示咬死的是猎人或者咬死的是狗，因此存在语义歧义。为了消除歧义，计算机需要对这两棵句法树进行评价。概率上下文无关文法（PCFG）方法是常见的句法树评价方法，也就是句法分析方法。PCFG 方法计算每棵句法树（也就是句子结构）在树库中出现的概率，概率越大表示这棵句法树的句法分解越可能是正确的，这就是概率上下文无关文法（PCFG）方法的基本思想。

PCFG 表示为 5 元组 (N, T, S, R, P), 其中, 非终结符集合 N、终结符集合 T、开始符 S 和规则集 R 的定义与 CFG 相同, P 是概率集合, P 包含 R 中每条规则的概率。例如, 表 7-7 的第 3 列所示的概率集 P。规则 S→NP 和 S→VP 的概率分别为 0.7 和 0.3, 表示树库中所有父节点为 S 的树枝中, 树枝 S→NP 占 70%, 树枝 S→VP 占 30%。

PCFG 的每一条规则的概率可以视作这条规则的分数。PCFG 句法分析方法根据句法树中每一个树枝的得分计算出一棵句法树的分数, 句法树的得分是每一个树枝或树权的得分的连续乘积。当一句话有多棵候选句法树时, PCFG 计算每棵树的得分, 选择得分最高的句法树作为这句话的句法分析结果, 达到消歧的目的。使用表 7-7 中的 PCFG 文法, 图 7-4 中这棵树的 PCFG 得分由下式计算:

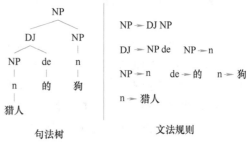

图 7-4 句法树与对应的文法规则示例

$$P(\text{NP} \rightarrow \text{DJ NP}) \times P(\text{DJ} \rightarrow \text{NP de}) \times P(\text{NP} \rightarrow \text{n}) \times P(\text{NP} \rightarrow \text{n}) \times P(\text{n} \rightarrow \text{猎人}) \times$$
$$P(\text{de} \rightarrow \text{的}) \times P(\text{n} \rightarrow \text{狗}) = 0.6 \times 1 \times 0.4 \times 0.4 \times 0.5 \times 1 \times 0.5 = 0.024$$

$$(7\text{-}3)$$

同理, 读者可以算出图 7-3 中两棵树的 PCFG 得分, 得分高者即为求得的句法分析结果。

7.3 自然语言处理的其他常见技术

本节介绍自然语言处理的其他常见技术, 包括文本向量化、词云、文本分类、情感识别, 以及自然语言生成。

7.3.1 文本向量化

文本在计算机中的表示是自然语言处理中的基础工作, 文本表示得好坏直接影响到整个自然语言处理系统的性能。研究者们曾投入了大量人力和物力用于研究文本表示方法, 希望提高自然语言处理系统的性能。在自然语言处理研究领域, 文本向量化是文本表示的一种重要方式。顾名思义, 文本向量化就是将文本表示成一个能够表达文本特征的数字向量, 下面介绍两种简单的文本向量化方法, 更高级的基于神经网络的文本向量化方法 (如词嵌入, Word Embedding) 留待读者未来学习。

1. 词袋

词袋 (Bag of Word, BoW) 模型是以词为基本处理单元的文本向量化方法。词袋模型简化了自然语言处理中的数据表示。词袋模型将一段文字表示为向量, 可以用于表示一个句子或者一个文档。词袋不考虑语法或词序, 只保留词和词的数量。

下面举例说明词袋的表示方法。假设语料库中仅包含三句简单的话, 如下:

1) 我在北京上大学。

2) 我在广州上大学。

3）我在北京大学上大学。

将这三句话分词后，可得到词典 {1：我，2：在，3：广州，4：北京，5：大学，6：上}，其中数字表示词序，也就是词语的位置。按照上面每句话包含的词语在词典中的位置和词语在句子中出现的次数，这 3 句话的词袋向量表示如图 7-5 所示。例如，"我在北京上大学"的词袋向量为（1，1，0，1，1，1）。

"我在北京上大学"　　　"我在广州上大学"　　　"我在北京大学上大学"
BoW向量(1,1,0,1,1,1)　BoW向量(1,1,1,0,1,1)　　BoW向量(1,1,0,1,2,1)

图 7-5　词袋和词袋向量

从图 7-5 的例子可以看出，无论文本的长度如何，它们的词袋向量都是长度一致的数字向量，这为后续的其他计算带来了便利。

例如，文本被向量化以后，可以计算文本之间的语义相似程度。向量距离可以用于衡量向量相似度，那么距离越近的两句话相似度越大。距离计算方法很多，以欧氏距离为例，两个 n 维向量 X 和 Y 的欧氏距离 D 计算公式如下：

$$D(X, Y) = \sqrt{\sum_{i=1}^{n} (x_i - y_i)^2} \tag{7-4}$$

当 $n=2$ 时，这个公式就是大家熟悉的平面上两点之间的距离。

式中　　$D(X, Y)$——向量 X 和 Y 之间的欧氏距离；

X，Y——两个 n 维向量，$X=(x_1, x_2, \cdots, x_n)$，$Y=(y_1, y_2, \cdots, y_n)$。

图 7-5 中的词袋向量为 6 维，"我在北京上大学"与"我在广州上大学"的欧氏距离为 1.4，"我在北京上大学"与"我在北京大学上大学"的距离为 1。因此，采用词袋向量和欧式距离时，"我在北京上大学"与"我在北京大学上大学"的语义更接近。

词袋是非常简单的文本向量化方法，能够用于解决文本之间的语义计算问题，但也存在一定的局限。例如，"老王的儿子是谁"和"老王是谁的儿子"两句话的词袋完全一样，但是语义完全不同，因此，词袋很难直接用于句子级的语义理解。

2. TF-IDF

TF（Term Frequency）是指词频。词频表示一个词在文档（包括新闻、评论、文章等各种形式）中出现的频率，等于这个词在一篇文档中出现的次数除以这篇文档的总词数。IDF（Inverse Document Frequency）是指逆文档频率。逆文档频率是为了反映一个词对文档的重要性，它的基本思想是一个词在越少的文档中出现过，那么它的 IDF 值越高。

TF-IDF 是指词频-逆文档频率，是基于统计方法。假设语料库包含 n 篇文档 d_1，d_2，$\cdots$，d_n，词典为 $\{w_1, w_2, \cdots, w_n\}$。TF 由式（7-5）计算，IDF 由式（7-6）计算。从式（7-6）可以看出，当包含 w_j 的文档越多时，公式分母越大，IDF 值也就越小。词 w_j 对文档 d_i 的重要程度可由 TF-IDF 值反映出来，TF-IDF 值由式（7-7）计算。

$$TF(w_j, d_i) = \frac{w_j \text{ 在文档 } d_i \text{ 中出现的次数}}{d_i \text{ 的总词数}} \tag{7-5}$$

式中　w_j——第 j 个词；

　　　d_i——第 i 篇文档。

$$IDF(w_j) = \log \frac{n}{\text{含有 } w_j \text{ 的文档数量} + 1} \tag{7-6}$$

$$TF\text{-}IDF(w_j, d_i) = TF(w_j, d_i) \times IDF(w_j) \tag{7-7}$$

TF-IDF 的文档向量形式与词袋向量类似，但是向量的每个元素不是词在文档中出现的次数，而是词的 TF-IDF 值。

在计算词频的时候，每个词的重要性相同。词在一篇文档中出现的次数越多，它的 TF 值就越高，意味着它对表示这篇文档的语义表达就越重要。但实际上，有些常用词虽然在文档中出现次数很多，但它并不具备反映文档关键信息的作用，因此每个词需要被赋予权重。权重能够反映每个词的重要性。从 IDF 的定义中可以看出，IDF 相当于一种权重计算方法。

TF-IDF 虽然可被用于文本向量化，但它开始提出是被用于文档关键词提取，具体流程是：使用式（7-7）计算文档中所有词语的 TF-IDF 值，然后选出分值最高的几个词语作为文档关键词。

7.3.2　词云

词云（Word Cloud）是一种基于自然语言处理的文本可视化形式，它是一种文本数据的可视化表示，通常用于描述文章的关键字。词云包含若干个标记，每个标记是一个词，词的重要性用字体大小或颜色表示。

词云有助于读者快速发现文章最突出的关键词和这些关键词的突出程度。例如，将词云用作网站导航辅助工具，方法是将词云中的词语超链接到与词语关联的网页。词云可以对一个网页中出现频率较高的关键词予以视觉上的突出显示，形成关键词词云，从而过滤掉大量的文本信息，使浏览者只要一眼扫过词云就可以领略文章的主旨。如图 7-6 所示的是两个重大事件报道的词云，读者通过词云可以大概了解到这两个事件分别是关于"孩子百白破疫苗"和"重庆公交车坠江事故"。

图 7-6　两个热点事件的词云

词云里词语显示出来的字体大小与词的关键程度有关。关键程度可使用 BoW 和 TF-IDF

计算。词云中词语的数量使用固定值或由浏览用户指定，词云系统依据关键值从高到低选出关键词语，然后根据词云可视化界面的大小和词语的关键程度计算出词语的字体大小。词云系统在词语互不重叠的前提下优化字体大小，最后，将词语显示在词云系统界面。

7.3.3　文本分类

文本分类技术在自然语言处理领域有着举足轻重的地位。给定分类体系，文本分类是指根据文本内容自动确定文本类别的过程。20 世纪 90 年代以来，文本分类已经出现了很多应用，比如信息检索、Web 文档自动分类、数字图书馆、自动文摘、新闻分类、文本过滤、单词语义辨析、情感分析，等等。

最基础的分类是将文本归到两个类别中，即二分类（Binary Classification）问题或判断是非问题。例如，垃圾邮件过滤只需要判断一封邮件"是""否"是垃圾邮件，"是"和"否"就是两个文本类别。将文本归到多个类别中的问题称为多分类问题，例如，把名字分类为汉语名字、法语名字、英语名字和西班牙语名字等。

分类是典型的机器学习任务，过程主要分为两个阶段：训练阶段和预测阶段。训练阶段通过数据训练得到分类器，预测阶段根据分类器推断出新文本所属类别。训练阶段一般需要先分词，然后提取文本特征，提取特征的过程称为特征提取。在训练文本分类器之前，需要提取文本的特征，如 BoW 特征和 TF-IDF 特征。BoW 是最原始的特征集，一个词语就是一个特征，往往一条数据就有上万个特征。有一些简单的方法可以帮助筛选掉一些对分类没帮助的词语，例如去除停用词、计算互信息熵等。但不管怎么筛选，BoW 特征维度都很大，每个特征的信息量太小。TF-IDF 模型主要是把词的统计特征作为特征集，每个特征都能够说得出物理意义。实际中，使用 BoW 和 TF-IDF 的效果差不多，但是采用不同分类器得到的结果差别比较大。

常见的分类器有逻辑回归（Logistic Regression，LR）、支持向量机（Support Vector Machine，SVM）、K 近邻（K-Nearest Neighbor，KNN）、决策树（Decision Tree，DT）、神经网络（Neural Network，NN）等。技术人员需要根据场景选择合适的文本分类器。例如：如果特征数量很多，且接近样本数量，那么选择 LR 或者线性的 SVM；如果特征数量比较少，且样本数量一般，那么选择 SVM 的高斯核函数版本；如果数据量非常大，且非线性，那么使用决策树的升级版本——随机森林；如果数据数量规模不大，随机森林可以取得非常好的效果，但是，当数据量非常大时，特征向量也非常大，则需要使用神经网络及深度学习模型。

7.3.4　情感识别

情感识别（Emotion Recognition）本质上是分类问题，可被用在舆情分析等领域。情感一般可以分为正面和反面（或负面）两类，或者正面、反面和中性三类。对于电商企业，情感识别可以用于分析商品评价，从而判别商品以及销售和物流的好坏。按照处理文本的粒度不同，情感分析大致可分为词语级、句子级和篇章级三个研究层次。

词语的情感是句子或篇章级情感分析的基础。词语的情感分析方法可归纳为三类：基于词典的分析方法、基于网络的分析方法和基于语料库的分析方法。基于词典的分析方法利用词典中的近义、反义关系以及词典的结构层次，计算词语与正、负极性种子词汇之间的语义相似度，根据语义的远近对词语的情感进行分类。基于网络的分析方法则利用万维网的搜索引擎获取查询的统计信息，计算词语与正、负极性种子词汇之间的语义关联度，从而对词语的情感进行分类。基于语料库分析方法，运用机器学习的相关技术对词语的情感进行分类。

在对句子情感进行识别时，通常创建的情感数据库会包含一些情感符号、缩写、情感词、修饰词等，对句子标注其中一种情感类别及其强度值来实现对句子的情感分类。篇章级别的情感分类是指定一个整体的情绪方向/极性，即确定该文章（例如，完整的在线评论）是否传达总体正面或负面的意见。

基于情感词典的情感识别是一种基础的情感识别方法，通过累加句子中情感词的情感值进行计算。以表7-9所示的情感词词典为例，假设词语"开心"的情感值是1，那么"不开心"的情感值就是-1，因为"不"在否定词词典里。假设表7-9中的程度词的权重是2，那么"非常开心"的情感值就是2×1＝2，而"极其不开心"的情感值就是2×（-1）＝-2。类似地，"伤心"的情感值是-1，那么"不伤心"的情感值就是1。推广至整句话和整篇文章，只需要找出文中的情感词，并找出情感词前面的否定词和程度词就可以算出整句话和整篇文章的情感值。这种情感识别方法非常依赖于情感词词典，因此，如何通过机器学习方法从语料中提炼情感词词典是该法的基础。

表7-9 情感词词典——否定词和程度词

否定词词典	程度词词典
不大、不丁点儿、不甚、不怎么、聊、没怎么、不可以、几乎不、从来不、从不、不用、不曾、不该、不必、不会、不好、不能、很少、极少、没有、不是、难以、放下、扼杀、终止、停止、放弃、反对、缺乏、缺少、不、甭、勿、别、未、反、没、否、非、无、请勿、无须、并非、毫无、决不、休想、永不、不要、未尝、未曾、毋、莫、从未、从未有过、尚未、一无、并未、尚无、从没、绝非、远非、切莫、绝不、毫不、禁止、忌、拒绝、杜绝、弗	百分之百、倍加、备至、不得了、不堪、不可开交、不亦乐乎、不折不扣、彻头彻尾、充分、到头、地地道道、非常、极、极度、极端、极其、极为、截然、尽、惊人地

7.3.5 自然语言生成

自然语言生成是自然语言处理的一部分，它根据知识库或逻辑规则等机器表述格式生成符合人类表述习惯的自然语言。自然语言生成方法包括基于模板的方法和基于神经网络的方法。单纯使用模板的模型太过于僵硬，但使用神经网络的模型又太过于随机，有不可控的风险。因此，基于模板的自然语言生成模型通常用于任务型、问答型等聊天机器人，而基于神经网络的自然语言生成模型通常用于闲聊型机器人。

文本到文本生成和数据到文本生成都是自然语言生成的实例。自然语言生成通常被认为是人工智能和计算语言学的子领域，它关注如何从非语言的信息中构建出可理解的文本。显然，此定义更适合数据到文本的生成。将输入数据转换为输出文本的自然语言生成问题可分解为多个子问题来解决，包括以下六个步骤：

1）内容确定。作为第一步，自然语言生成系统需要决定哪些信息应该包含在正在构建的文本中，哪些不应该包含。通常数据中包含的信息比最终传达的信息要多。

2）文本结构。确定需要传达哪些信息后，自然语言生成系统需要合理地组织文本的顺序。例如，在报道一场篮球比赛时，会优先表达"什么时间""什么地点""哪两支球队"，然后再表达"比赛的概况"，最后表达"比赛的结果"。

3）句子聚合。不是每一条信息都需要一个独立的句子来表达，将多个信息合并到一个句子里表达可能会更加流畅，也更易于阅读。

4）语法化。当每一句的内容确定下来后，就可以将这些信息组织成自然语言了。这个步骤会在各种信息之间加一些连接词，使生成的文本看起来更像一个完整的句子。

5）参考表达式生成。此步骤和语法化很相似，都是选择一些单词和短语来构成一个完整的句子。不过它和语法化的本质区别在于它需要识别出内容的领域，然后使用该领域（而不是其他领域）的词汇。

6）语言实现。最后，当所有相关的单词和短语都已经确定时，需要将它们组合起来形成一个结构良好的完整句子。

例如，航空订票的机器客服的查询服务需要不断生成文本。机器客服在理解顾客的查询指令后，从数据库中检索出符合要求的机票信息，这些信息通常是结构化的。如果机器客服的输出平台是网页，那么计算机使用表格模板将这些机票信息格式化，然后以表格形式显示在网页上；如果机器客服的输出平台是电话，则计算机需要先根据模板生成文本，再将文本通过声音引擎转为语音。假设机票的信息格式为（航班号，出发时间，到达时间，价格，舱位，数量），航班查询的自然语言生成模板可定义为"您好，为您查到航班号为<航班号>的<舱位>机票，出发时间是<出发时间>，航程<到达时间–出发时间>小时，票价<价格>元"。模板中的变量完全可以根据机票查询结果计算并填充。另外，"航程"模板还可替换为"到达时间<到达时间>"的形式，从而使对话形式多样化。

7.4 自然语言处理的典型应用

从人们梦想利用机器完成语言翻译开始，针对自然语言处理的研究就一直没有停止过。到目前为止，机器翻译、智能问答、聊天机器人、舆情分析、文章查重、知识图谱等自然语言处理相关的应用已经广泛存在于人们的日常生活中，本节将介绍四个常见的自然语言处理应用。

7.4.1 机器翻译

机器翻译就是把一种语言翻译成另外一种语言，例如汉译英，汉语就是源语言，英语就是目标语言，机器翻译任务就是把源语言的句子翻译成目标语言的句子。机器翻译方法可分为基于规则的方法、基于统计的方法和基于深度学习的方法。

基于规则的翻译方法的翻译知识来自人类语言专家。根据这些知识编写翻译规则，即一个词如何翻译成另外一个词，一个成分如何翻译成另外一个成分，它们该在句子的哪个位置出现，等等。这种方法的优点是直接用语言学专家知识，准确率非常高，缺点是成本很高。比如，开发中英翻译系统时需要找同时精通中文和英文的语言学家，待要开发另外一门语言的翻译系统时，需要重新找另外一批语言学家。随着规则数量的增多，规则之间互相制约和影响，还面临着很难解决的规则冲突问题。因此，基于规则的翻译系统的开发周期长、成本高、难维护。

基于统计的翻译知识主要来自两类训练数据：第一类是双语语料，也叫平行语料，每条语料包括一句中文和一句外文，并且这句中文和外文是互为对应关系的；第二类是单语语料，比如说只有中文或者只有外文。如图 7-7 所示为中韩双语语料示例。

序号	韩文原文 和 中文译文
1	2008/SN+년/NNB 올해/NNG+는/JX 한국/**NNP**+이/JKS 1988/SN+년/NNB 2/SN+월/NNB 남극/NNG 세종/NNP+과학/NNG+기지/NNG+를/JKO 설립하/VV+어/EC 본격적/NNG+으로/JKB 남극/NNP 탐사/NNG+에/JKB 뛰어들/VV+ㄴ/ETM 지/NNB 20/SN+주년/NNB+이/JKC 되/VV+는/ETM 뜻/NNG 깊/VA+은/ETM 해/NNG+./S 2008년 올해는 한국이 1988년 2월 남극 세종과학기지를 설립해 본격적으로 남극 탐사에 뛰어든 지 20주년이 되는 뜻 깊은 해. 2008年是韩国于1988年2月设立南极世宗基地进行南极科学考察以来的第20周年。

图 7-7 中韩双语语料示例

翻译模型从平行语料中能学到类似于词典的双语对应关系，称为短语表。比如"在周日"可以翻译成"on Sunday"。表中短语还有一个概率，衡量两个双语词或者短语对应的可能性。单语语料用来训练语言模型。语言模型用来衡量一个句子在目标语言中是不是地道，是不是流利。比如，"看"的一种翻译为"read"，在翻译"看书"时，表述为"read a book"是没有问题的；但在翻译"看电视"时，翻译为"read a TV"的概率就很低。所以，翻译模型建立起两种语言的桥梁，语言模型是衡量一个句子在目标语言中是不是流利和地道的参考标准。

综上，如图 7-8 所示，统计机器翻译的系统框架主要分为模型训练和翻译解码两部分。模型训练部分根据单语语料和双语语料分别完成语言模型和翻译模型等统计模型的参数估计。翻译解码部分将各种模型融合在一起，通过一个解码器完成文本的翻译。具体来讲，统计机器翻译的思路是从训练语料中学习各种知识，包括词汇、句法翻译知识、语序调整知识以及产生符合目标语言规范的知识等。对每种知识都建立相应的模型。最后在解码器框架下集成各种模

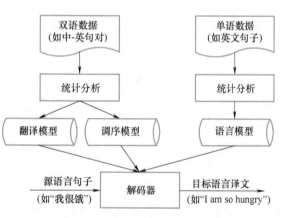

图 7-8 统计机器翻译系统框架

型，建立搜索空间，利用解码算法在解空间中找到一条最优的解路径，它对应于概率最高的目标语言句子。

随着深度学习的兴起，机器翻译也出现大量基于深度学习的算法。大量的实验表明，基于新型神经网络的机器翻译模型，在性能上大幅度超越了统计机器翻译系统，已经成为目前机器翻译研究和产品研发的主流方法。深度学习方法在机器翻译任务上的应用，大致可以分为两个阶段。在串到串（Seq2Seq）的翻译模型出现之前，机器翻译的总体架构仍然沿用统

计机器翻译的整体思路。例如，基于短语或句法树片段的译文组合模型和对数线性模型。串到串的生成模型完全颠覆了统计机器翻译基于片段记忆和组合生成的思路，直接将机器翻译看作一个端到端的序列转换任务，应用编码器和解码器神经网络的组合来实现完全基于神经网络的机器翻译。

7.4.2　聊天机器人

1. 人机自然语言交互

智能设备的快速发展正在改变着人和机器之间的交互方式。人和机器之间的对话交互有以下四个特点：

1）人和机器之间的对话交互一定是通过自然语言。对于人来说，自然语言是最自然的方式，也是门槛最低的方式。

2）人和机器的对话交互是双向的。不仅是人和机器说话，而且机器也可以和人对话。在某些特定条件下，机器人可以主动发起对话，比如查机票时，机器主动询问客户是否需要查找特价机票。

3）人和机器的对话交互是多轮的。为了完成一个任务，对话常常涉及多轮交互。

4）上下文的理解。这是对话交互和传统的信息搜索最大不同之处。传统搜索是关键词，前后的关键词是没有任何关系的。对话交互需要考虑对话上下文，然后理解话的意思。

如图 7-9 所示，传统的对话交互大概会分成五个模块：语音识别子系统会把语音自动转成文字；自然语言理解把用户说的文字转化成一种结构化的语义表示；对话管理根据刚才的语义理解的结果来决定采取什么样的动作，比如订机票，或者设置闹钟；自然语言生成根据语义理解结果及参数生成一段话，并通过文本到语音（Text to Speech，TTS）引擎转换成语音。

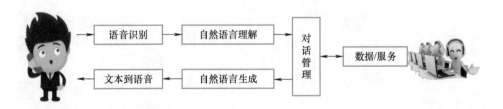

图 7-9　对话系统基本架构

语言理解简单来说就是把用户说的话，转换为一种结构化的语义表示，从方法上会分成两个模块：意图的判定和属性的抽取。比如顾客说："我要买一张下周去上海的飞机票，国航的"。首先，意图判定模块理解顾客的意图是要买飞机票。然后，属性抽取模块把关键信息抽取出来，比如出发时间、目的地、航空公司，从而得到一个比较完整的结构化表示。

人机对话中的语言理解面临四类挑战。第一，表达的多样性。同样一个意图，不同的用户有不同的表达方式。对于机器来说，虽然表达方式不一样，但是意图是一样的，机器要能够理解人的意图。第二，语言的歧义性。比如说，"我要去拉萨"，它是一首歌的名字。当一个人说"我要去拉萨"的时候，他表达的可能是听歌，也可能是买一张去拉萨的机票或者火车票，或者旅游。第三，语言理解的混乱性。人们的日常说话比较自然随意，语言理解要能够捕获或者理解人的意图。第四，上下文的理解。

　　2. 几种典型的聊天机器人

　　聊天机器人可分为任务型、问答型和闲聊型。机器客服主要是任务型、问答型和任务问答综合型，例如阿里小蜜和 JIMI。有些机器人除了做任务和回答问题，还可以与人类闲聊，例如，微软开发的小冰和图灵机器人等。

　　阿里小蜜集合了阿里巴巴集团的淘宝网、天猫商城、支付宝等平台日常使用规范、交易规则、平台公告等信息，精炼为几千万条真实、有趣、实用的语料库（每天净增0.1%），通过理解对话的语境与语义，实现了人机之间的自然交互。

　　京东智能客服机器人（JD Instant Messaging Intelligence，JIMI）是由北京京东尚科信息技术有限公司研发的一款智能机器人产品，为京东客户提供更好的购物体验和咨询体验。

　　目前深度神经网络在 JIMI 的应用主要包括命名实体识别、用户意图识别、自动问答三个层面。首先，对于用户输入的人名、地名、商品名等进行识别之后抽取命名实体，可以更好地理解用户的语言和意图。意图识别对 JIMI 系统非常重要，因为只有意图识别正确，才能在相应的类别里面反馈用户的答案。在此之后，JIMI 就会确定问题的分类（订单、售后、商品、闲聊等），进行答案匹配、候选答案抽取和排序，然后给用户反馈最佳答案和建议。

　　微软小冰是微软（亚洲）互联网工程院于 2014 年 5 月推出的融合了自然语言处理、计算机语音和计算机视觉等技术的人工智能底层框架。图 7-10 是人与微软小冰的对话示例。

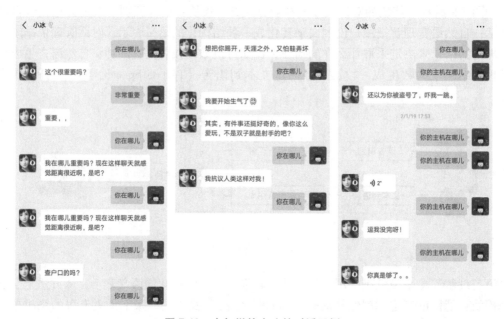

图 7-10　人与微软小冰的对话示例

　　图灵机器人是北京光年无限科技有限公司开发的人工智能产品，产品服务包括机器人开放平台、机器人操作系统和场景方案。通过图灵机器人，开发者和厂商能够以高效的方式创建专属的聊天机器人、客服机器人、领域对话问答机器人、儿童/服务机器人等。图灵机器人的中文聊天对话功能是基于图灵大脑中文语义与认知计算技术，图灵机器人具备准确、流畅、自然的中文聊天对话能力。图 7-11 是人与图灵机器人的对话示例。

图 7-10 和图 7-11 的对话中，读者能分出哪边是机器哪边是人吗？其实右边的是人。作为闲聊机器人，回答问题的准确性并不是最重要的。从这两段对话可以看出，聊天机器人能够很准确理解人类的问题，能够准确地使用标点、表情等情绪符号，语言风格幽默，已经基本实现了人与机器之间非常自然的闲聊。

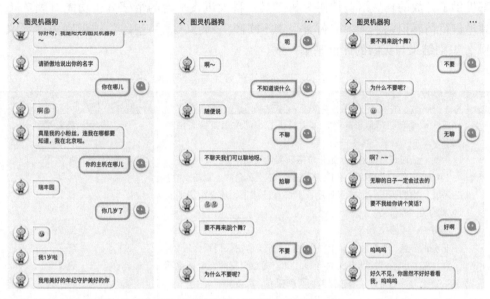

图 7-11　人与图灵机器人的对话示例

7.4.3　评论情感分析

随着互联网的飞速发展，越来越多的互联网用户从单纯的信息受众变为互联网信息制造的参与者。互联网中的博客、微博、论坛、评论等这些主观性文本可以是顾客对某个产品或服务的评价，或者是公众对某个新闻事件或者政策的观点。

商品评论出现最多的是电子商务网站。顾客在购买商品以后可以发表他们关于该商品的使用体验。电商网站通常会对评价文本和评价分数进行分析。一方面，评价分析结果反映了顾客对产品的关注点，例如，商品评论区的评价分类标签。另一方面，顾客常常会对产品和服务提出意见和建议，那么，评价分析结果可用于商家改进商品和改进服务。

对于电商领域的商品评价，其特殊之处主要有五点。第一，短文本居多，行文大多随意、口语化；第二，体验很好和体验很差的顾客更容易对商品进行评价，因此，电商为了获得买家更多的顾客体验评论，甚至采用返现、红包、积分等激励措施；第三，商品评价大多采用第一人称，表达个人体验，情感词丰富；第四，评价主要针对电商产品或产品相关属性，如送货服务、售前和售后客服、颜色、味道、材质、尺寸等对象进行观点评价；第五，包含电商领域特有的评价用语，但是这些评价用语的词库在不断改变和扩充。

有些研究针对观点表达和情感倾向的对应关系构建相应的情感词典，然后对评价进行情感分析。观点表达可以只反映单一的情感倾向，也可以反映多种情感倾向。例如"好吃"只反映正面倾向，"高"在"价格高"中反映负面倾向而在"性价比高"中反映正面倾向。表 7-10 列出了随机从某电商平台上顾客对一款女式连衣裙的好评和差评中摘抄的文本。人们从评价可以分析得到：此商品的好评大多有"漂亮""划算""好看""舒适""瘦"等字眼，而差评大多有"不""显胖"等字眼。差评中有对"物流太慢"的负面评价，但好评中又有"快递超快"这样的正面评价。但是"褪色"出现在好评中，"显瘦"和"显胖"同时出现在一条评价里，这些都增加了训练词语的情感值的难度。目前，百度、科大讯飞等公司都提供了开放的自然语言情感分析工具。科大讯飞平台的情感分析功能对表 7-10 中的商品评论进行情感识别，其中"好评"被识别为"褒义"，"差评"被识别为"贬义"和"中性"，识别结果与买家的评价基本一致。

表 7-10　商品评论的好评与差评示例

类　别	评 论 内 容	科大讯飞情感识别
好评	这个裙子真的很值得买呀！太漂亮了。小仙女出游装备清单必备。	褒义
	收到货的时候就很惊喜，这个价格确实是很划算了。	褒义
	担心会褪色，手洗试了一下，完完全全不会掉色唉，真心点赞。	褒义
	不止一次购买了，穿着很舒服，不仅自己穿了，还介绍了朋友也来购买，评价高。	褒义
	很好看，很喜欢。	褒义
	很亮的颜色，无色差，穿上很漂亮。卖家推荐的尺码很合适。	褒义
	快递超快，一点没耽误我的行程，裙子真心漂亮啊，质量也不错，穿上效果非常好，海边穿着回头率很高，大爱。	褒义
差评	颜色质量都可以，就是物流太慢了受不了。	贬义
	好胖呀，不太满意的购物。	中性
	宝贝不好，和图片不一样。	贬义
	东西一般，一分钱一分货！	贬义
	说显瘦，但是上身还是显胖。	中性

　　电商平台的商品评价文本对于商家制定商业策略或者决策都非常重要，而以往仅靠人工监控分析的方式不仅耗费大量人工成本，而且有很强的滞后性。机器虽然无法百分百准确地通过文字识别出顾客体验，但是采用计算机自动且高效地进行电商评论情感分析是学术界和工业界的大趋势。

7.4.4　知识图谱

　　计算机擅长处理结构化数据，然而互联网中大量的信息以非结构化的形式存储和传播。为了让计算机能够处理这些信息，就需要理解这些非结构化形式数据蕴含的语义，分析其中的语义单元之间的关系，从而将非结构化数据转化为结构化形式。图是一种能有效表示数据之间结构的表达形式，因此，人们考虑到把数据中蕴含的知识用图结构进行表示，将数据结构化并将它们与已有的结构化数据进行关联，就形成了知识图谱。知识图谱用节点表示语义符号，用边表示符号之间的语义关系，如图 7-12 所示。

　　知识图谱又称科学知识图谱，在图书情报界称为知识域可视化或知识领域映射地图，是显示知识发展进程与结构关系的一系列各种不同的图形，用可视化技术描述知识资源及其载体，挖掘、分析、构建、绘制和显示知识及它们之间的相互联系。知识图谱是一个包括知识

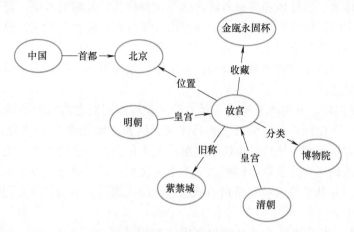

图 7-12　知识图谱示例

表示、知识构建、知识维护以及知识应用的完整生态系统，主要由经典知识表示理论（如一阶谓词逻辑、语义网络、框架、脚本）和语义网资源描述框架（如 XML、RDF、RDF Schema、OWL）组成。

知识图谱（Knowledge Graph/Vault）的概念最早出现于 Google 公司的知识图谱项目，体现在使用 Google 搜索引擎时，出现于搜索结果右侧的相关知识展示。截止到 2016 年年底，Google 知识图谱的知识数量已经达到了 600 亿条，包括 1500 个类别的 5.7 亿个实体，以及实体之间的 3.5 万种关系。来自维基百科的描述是，知识图谱是 Google 公司用来支持从语义角度组织网络数据，从而提供智能搜索服务的知识库。因此，它是一种比较通用的语义知识的形式化描述框架。

百度的知识图谱是中文领域最大的知识图谱。百度的知识图谱源于搜索、服务于搜索，多年来随着自身技术不断迭代和进步，已将知识图谱技术应用到了搜索以外的场景。截至目前，百度内部积累知识图谱规模已经达到亿级实体和千亿级属性关系，知识图谱服务规模从 2014 年到现在增长了 490 倍。

知识图谱对于知识服务有重要的支撑作用，学术界和工业界都给予了知识图谱高度的关注，将其作为新一代人工智能的基础设施。主要原因包括：第一，知识图谱是人工智能应用不可或缺的基础资源；第二，知识图谱语义表达能力丰富，能够胜任当前知识服务；第三，描述形式统一，便于不同类型知识的集成与融合；第四，知识图谱表示方法对人类友好，给众包方式编辑和构建知识提供了便利；第五，知识图谱是以二元关系为基础的描述形式，便于知识的自动获取；第六，知识图谱表示方法对计算机友好，支持高效推理；第七，知识图谱是基于图结构的数据格式，便于计算机系统的存储与检索。

自然语言文本是非结构化的数据，基于文本数据构建知识体系也称为基于文本的本体学习（Ontology Learning from Text），基本思想是：首先利用自然语言处理工具对文本进行分词、句法分析、命名实体识别等预处理操作，然后利用规则匹配、统计学习等手段从文本中抽取重要信息，主要包括领域概念、实例以及概念之间的关系，因此，基于自然语言文本的知识图谱构建主要包括三个步骤：领域概念抽取、分类体系构建和概念属性及关系抽取。

1）领域概念抽取。领域概念抽取的目标是从文本数据中抽取出构建知识体系所需的关键元素，包括实体名、属性名和关系名等，这些元素称为该领域的术语。首先，利用自然语言处理工具对文本进行词法和语法分析，通过语言学规则、模板以及统计模型等抽取特定的字符串，并将它们视作候选术语；然后，利用一些术语过滤方法过滤掉低质量的术语，例如互信息、TF-IDF、术语相关频率等；最后，将术语转换为概念，即将语义相同的同义词聚合在一起形成同一概念。

2）分类体系构建。分类体系构建实际上是要获取不同概念之间的继承关系，语言学上称为上下位关系。下位词是上位词概念的具体化，例如"哈士奇"是"犬科动物"的下位词。基于词典的方法和基于统计的方法都是解决上下位关系识别的主要方法。基于词典的方法通过查询现有的词典资源获取不同概念的上下位关系，基于统计的方法通过词的上下文对当前词进行表示，并基于该表示对得到的概念进行层次聚类，不同层次类别内的概念就构成了上下位关系。

3）概念属性及关系抽取。以上两步获得了知识体系涉及的概念和概念之间的分类关系，还需要为概念定义属性和关系。通常，关系也被视作概念的属性，因此，可采用统一的过程对属性和关系进行抽取。首先，通过词法分析和句法分析对文本进行预处理，并通过规则或模板为给定的概念抽取属性集合；然后，利用统计方法评估每个属性的置信度，过滤掉低质量的属性；最后，将同义属性合并。

思考题与习题

7-1 填空题

1）自然语言处理是人类使用自然语言同计算机进行通信的技术，处理自然语言的关键是要让计算机理解自然语言，然后生成自然语言与人类交流，所以自然语言处理可以分为（　　）和（　　）。

2）自然语言理解要对句子的语义进行分析，分析方法可以分别处于三个层面，包括（　　）、（　　）和（　　）。

3）根据自然语言生成技术难度，可将自然语言生成技术分为三类：（　　）、（　　）和（　　）。

4）自然语言处理技术的发展大致经历了三个阶段：（　　）、（　　）和（　　）。

5）根据自然语言处理的发展历程和技术流程，自然语言处理技术可分为三类，包括：（　　）、（　　）和（　　）。

6）列出五个自然语言处理常见任务：（　　）、（　　）、（　　）、（　　）、（　　）。

7）中文命名实体识别主要有以下四个难点：（　　）、（　　）、（　　）和（　　）。

8）句法分析一直是自然语言处理前进的巨大障碍，主要难点有以下两个：（　　）和（　　）。

9）有如下三句话：

D1：我爱中国

D2：爱我中华

D3：我爱我的祖国

请手工分词，并回答：分词词典为（　　），D1 的词袋向量为（　　），D2 的词袋向量为（　　），D3 的词袋向量为（　　）。

10）假设句子以及句子的人工分词为"致毕业/ 和/ 尚未毕业/ 的/ 学生"，采用 B，S，M，E 对句子进行人工语料标注，结果为（　　）；如果句子的机器分词标注为 SBEBESBESBE，那么分词结果为（　　）。

7-2　简述基于规则的自然语言处理方法的流程。

7-3　简述基于统计的自然语言处理方法的流程。

7-4　简述基于隐马尔可夫的中文分词方法的流程。

7-5　假设词典为：|明确，实在，在理，确实|，请回答"小明确实在理发"这句话的正向匹配和逆向匹配的分词结果。

7-6　假设词典为：|轻工业，工业，质量，产品，大幅度，提升，年轻|，请回答"今年轻工业产品质量大幅度提升"这句话的正向匹配和逆向匹配的分词结果。

7-7　有如下五句话：

D1：夜来风雨声，花落知多少。

D2：人面不知何处去，桃花依旧笑春风。

D3：春花秋月何时了？往事知多少。

D4：问君能有几多愁？恰似一江春水向东流。

D5：寂寞空庭春欲晚，梨花满地不开门。

请手工分词后，计算下列词的 TF-IDF 值："春风""春""花""梨花"。

7-8　设文法 G 的定义如下：

非终结符集合：|S，NP，VP，D，V，N|

终结符集合：|play，a，the，girl，piano|

开始符：S

规则集：S→NP VP，NP→D N，NP→N，VP→V N，VP→V NP，V→play，D→the，D→that，N→girl，N→piano

1）画出"the girl plays that piano"这句话的句法树。

2）句子"the piano plays the piano"是否符合文法 G 的语法规则，为什么？

7-9　以"今天天气不差"为例，设计采用"分词、词性标注、翻译"三步的基于规则的机器翻译方法、流程和结果。

词典为：|today，adv. 在今天；n. 今天|、|weather，n. 天气；v. 变色|、|not，adv. 不|　|bad，adj. 差，坏|。

7-10　结合 12306 的购买高铁票的流程，设计出购买高铁票的语音对话机器人客服，请采用"如果-那么"的形式制定自然语言理解和自然语言生成规则。

参考文献

[1] 涂铭，刘祥，刘树春. Python 自然语言处理实战：核心技术与算法［M］. 北京：机械工业出版社，2018.

［2］萨纳卡. Python 自然语言处理［M］. 张金超，刘舒曼，译. 北京：机械工业出版社，2018.

［3］赵军. 知识图谱［M］. 北京：高等教育出版社，2018.

［4］李沐，刘树杰，张冬冬. 机器翻译［M］. 北京：高等教育出版社，2018.

［5］段楠，周明. 智能问答［M］. 北京：高等教育出版社，2018.

［6］宗成庆. 统计自然语言处理［M］. 2 版. 北京：清华大学出版社，2013.

［7］冯志伟. 自然语言处理中理性主义和经验主义的利弊得失［J］. 长江学术，2007（2）：79-85.

第8章　大数据及其应用

导　读

主要内容：

本章介绍大数据及其应用，主要内容包括：

1）大数据的发展历程、大数据概念和特征、大数据的关键技术以及大数据的影响。

2）大数据采集、大数据存储、计算框架和计算模式，包括 Hadoop 和 Spark 大数据处理框架的发展及生态系统，大数据的常用存储形式和大数据的六种计算模式。

3）大数据技术实现，包括协同推荐、分布式数据挖掘和 Spark 机器学习。

4）大数据在智能制造、城市空气质量监测和城市治理中的典型应用。

学习要点：

掌握大数据的基本概念、基本特征、关键技术，以及典型大数据框架的功能特点。理解大数据平台上的机器学习方法的基本思想、常用模型和实现过程。了解大数据发展历程、发展趋势，以及在不同行业领域所发挥的作用。

8.1　大数据基本知识

17 世纪 40 年代，"data"（数据）一词便在英文用语中出现。1946 年，"data"（数据）首次用于表示"可传输和可存储的计算机信息"。1954 年，"data processing"（数据处理）这一表达方式开始使用。尽管数据处理这一术语从 20 世纪 50 年代才开始广泛应用，但是，人工数据处理已经存在了数千年。自从数据处理从手工处理过渡到机械自动化处理，再过渡到电子化处理，人们普遍发现，通过改进数据处理设备可以大幅度提高数据处理的效率。

8.1.1　大数据发展历程与趋势

1980 年以来，互联网、物联网、云计算等新一代信息技术的迅猛发展，使数据处理在社会生活中的地位变得越来越重要，而且无法满足需求的数据处理能力制约着社会发展这一问题越发严峻。人们开始逐渐将"海量的数据生产倒逼数据处理系统变革"这一现象称为大数据问题。相应地，人们也在提升数据处理能力的过程中获得了巨大收益，享受到因处理大数据带来的生产力提升和生活便捷。回顾 1980 年以来的发展历史，可以将大数据的发展历程划分为四个阶段：

1）萌芽阶段。1980—2008 年。1980 年，美国著名未来学家阿尔文·托夫勒（Alvin Toffler）著的《第三次浪潮》书中将"大数据"称为"第三次浪潮的华彩乐章"，正式提出"大数据"一词。在这一阶段，各行各业已经意识到，行业服务的提升需要更大量的数据处理，而且这种处理的数据量超出了当时主存储器、本地磁盘，甚至网络存储空间的承载能力，呈现出"海量数据问题"的特征，但是由于缺少基础理论研究和技术变革能力，对大数据的讨论只是昙花一现。

2）发展阶段：2009—2011 年。在这一阶段，对海量数据处理已经成为整个社会迫在眉睫的事情，全球范围内开始进行大数据的研究探索和实际运用。2009 年，联合国开始利用大数据预测疾病暴发；2009 年，美国政府开始通 data. gov 网站进行大规模的数据公开，希望以此促进数据产业发展；2010 年，肯尼斯·库克尔（Kenneth Cukier）发表了长达 14 页的大数据专题报告，系统分析了当前社会中的数据问题；2011 年，麦肯锡发布了关于"大数据"的报告，正式定义了大数据的概念，引发各行各业对大数据的重新讨论。2012 年 2 月，我国工信部正式发布《物联网"十二五"规划》将海量数据存储、数据挖掘、图像视频智能分析等大数据技术正式提出。这一阶段，技术进步的巨大鼓舞重新唤起了人们对于大数据的热情，人们开始对大数据及其相应的产业形态进行新一轮的探索创新，推动大数据走向应用发展的新高潮。

3）爆发阶段：2012—2016 年。这一阶段以 2012 年美国奥巴马政府公开发布的《大数据研究和发展倡议》为标志，大数据成为各行各业讨论的时代主题，对数据的认知更新引领着思维变革、商业变革和管理变革，大数据应用规模不断扩大。以英国发布的《英国数据能力发展战略规划》、日本发布的《创建最尖端 IT 国家宣言》、韩国提出的"大数据中心战略"为代表，世界范围内开始针对大数据制定了相应的战略和规划。2013 年是我国大数据元年，此后以大数据为核心的产业形态在我国逐渐展开，并尝试在各个领域的探索与落地实践。

4）成熟阶段：2017 年至今。这一阶段，与大数据相关的政策、法规、技术、教育、应用等发展因素开始走向成熟，计算机视觉、语音识别、自然语言理解等技术的成熟消除了数据采集的障碍，政府和行业推动的数据标准化进程逐渐展开，减少了跨数据库数据处理的阻碍，以数据共享、数据联动、数据分析为基本形式的数字经济和数据产业蓬勃兴起，市场上逐渐形成了涵盖数据采集、数据分析、数据集成、数据应用的完整成熟的大数据产业链，以数据利用的服务形式贯穿到生活的方方面面，有力提高了经济社会发展的智能化水平，有效增强了公共服务和城市管理能力。

目前，全球范围内，研究发展大数据技术、运用大数据推动经济发展、完善社会治理、提升政府服务和监管能力正逐渐成为趋势。当前大数据的现状与趋势可以从应用、治理和技术三个方面简要归纳如下：

一是已有众多成功的大数据应用，但就其效果和深度而言，当前大数据应用尚处于初级阶段，根据大数据分析预测未来、指导实践的深层次应用将成为发展重点。

二是大数据治理体系远未形成，特别是隐私保护、数据安全与数据共享利用效率之间尚存在明显矛盾，成为制约大数据发展的重要短板，各界已经意识到构建大数据治理体系的重要意义，相关的研究与实践将持续加强。

三是数据规模高速增长，现有技术体系难以满足大数据应用的需求，大数据理论与技术远未成熟，未来信息技术体系将需要颠覆式的创新和变革。

8.1.2　大数据概念与特征

大数据（Big Data）一般是指无法在有限时间范围内用常规工具进行捕捉、管理和处理的数据集合，是需要新处理模式才能具有更强的决策力、洞察发现力和流程优化能力的海量、高增长率和多样化的信息资产。其实关于大数据，很难有一个严格的统一定义，角度不同，定义也有所差别。但是，大家普遍认为，大数据通常具备"数据体量大"（Volume）、"处理速度快"（Velocity）、"数据类型多"（Variety）、"价值密度低"（Value）四个基本特征，简称 4V，如图 8-1 所示。

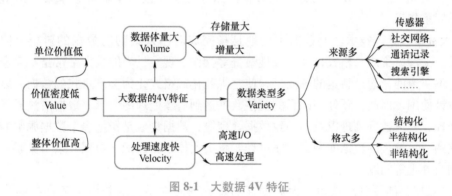

图 8-1　大数据 4V 特征

1）Volume：表示大数据的数据体量巨大。数据的规模不断扩大，已经从 GB 级增加到 TB 级再增加到 PB 级，近年来，数据规模甚至开始以 EB 和 ZB 来计量。

2）Velocity：表示大数据的产生、处理和分析的速度在持续加快。加速的原因是产生的实时性特点，以及处理、分析与业务流程和决策过程的实时性要求。数据处理速度快，使得处理模式已经开始从批处理转向流处理，而且，大数据的快速处理能力也充分体现出它与传统数据处理技术的本质区别。

3）Variety：表示大数据的数据类型多。随着传感器、智能设备、社交网络、物联网、移动计算、在线广告等新的渠道与技术的不断涌现，产生的数据类型不仅限于结构化数据，更多的是半结构化或非结构化数据，而且数据格式多种多样，例如：XML、邮件、博客、即时消息、音视频、照片、日志、传感器数据，等等。

4）Value：表示大数据的价值密度低。由于大数据体量不断增加，导致单位数据的价值密度在不断降低，然而数据的整体价值可能仍在提高。通过分析和挖掘数据，从数据中找出规律，这些规律为我们所用，转化为知识，从而产生价值。

关于大数据，马丁·希尔伯特（Martin Hilbert）曾这样总结，今天常说的大数据其实是在 2000 年后，因为信息交换、信息存储、信息处理三个方面能力的大幅增长而产生的数据。根据市场研究资料，全球数据总量将从 2016 年的 16.1ZB 增长到 2025 年的 163ZB（约合 180

万亿 GB），十年将有 10 倍的增长。有了如此巨量的数据，人们也必须具备与之相匹配的对这些数据进行存储、整理、加工和分析的能力。

8.1.3　大数据关键技术

大数据技术是一系列使用非传统的工具对大量的结构化、半结构化和非结构化数据进行处理，从而获得分析和预测结果的数据处理技术。大数据关键技术涵盖数据存储、处理、应用等多方面，根据大数据的处理过程，可将其分为大数据采集技术、大数据预处理技术、大数据存储及管理技术、大数据分析及挖掘技术和大数据可视化展示技术等。

1）大数据采集技术。大数据采集是指通过物联网、社交网络、移动互联网等渠道获得各种类型的结构化、半结构化及非结构化的海量数据。因为数据源多种多样、数据量大、产生速度快，所以大数据采集也面临许多技术挑战，必须保证数据采集的可靠性和高效性。大数据采集处于大数据生命周期中的第一个环节，由于可能有成千上万的用户同时进行并发访问和操作，因此，必须采用专门针对大数据的采集方法，包括系统日志采集、网络数据采集、数据库采集等。

2）大数据预处理技术。大数据预处理是指完成对已采集到的数据的辨析、抽取、清洗、填补、平滑、集成、格式化及一致性检查等操作。现实世界的数据常常是不完全的、有噪声的、不一致的，通过特定的预处理，使之规范化或格式化为标准格式的数据，以供用户分析和决策使用，因此，预处理的目的是使数据达到后续处理的要求。数据清洗通常包括遗漏数据处理、噪声数据处理以及不一致数据处理等；数据集成是指把多个数据源中的数据整合并存储到一致统一的数据库中，这一过程要解决实体数据匹配、数据冗余与关联、数据值冲突检测与处理等问题。

3）大数据存储及管理技术。大数据存储及管理的主要目的是借助某种存储工具或媒介，对采集到的数据进行持久化保存，以便进行有效管理和利用。大数据存储及管理技术重点研究复杂结构化、半结构化和非结构化大数据的管理与处理技术，解决大数据的可存储、可表示、可处理、可靠性及有效传输等关键问题。数据存储一般存放在文件或者数据库中，例如传统的关系型数据库，如 Oracle、MySQL；新兴的非关系型的数据库，如 HBase、Cassandra、Redis；全文检索框架，如 ES、Solr 等。

4）大数据分析及挖掘技术。大数据处理的核心就是对大数据进行分析，只有通过分析才能获取很多智能的、深入的、有价值的信息。大数据的分析方法在大数据领域尤为重要，可以说是决定最终分析结果是否有价值的决定性因素。数据分析的常用方法主要有分类、回归分析、聚类、关联规则等，它们分别从不同角度对数据进行分析和挖掘，挖掘出有用的、有价值的信息。

5）数据可视化展示技术。大数据可视化展示主要是指借助于图形化手段，清晰直观地展示大数据分析与挖掘结果。可视化是最佳的结果展示方式之一，有助于洞察数据关系、高效传达有价值的信息。目前，市场上的数据可视化工具琳琅满目，大多是轻量级可视化产品，如百度公司的 Apache 公司的 Echarts、Google 公司的 Chart，以及专门用于地图可视化的 Openlayers。针对海量数据的可视化，可用产品包括 D3.js 和 Gephi 等专门的大数据可视化软件。

8.1.4　大数据的影响

1. 数据是知识的基础

数据包括的范畴很广，比如数字、文字、图片和视频是数据，再比如平时收发的邮件、工厂设计图、医院影像资料是数据，而出土文物上的文字、图示、尺寸、材料等，也都是数据。这些数据承载了大量的信息，但不是每种信息都是对人们有用的，对人们有用而且能为人们所用的信息才更有意义。

数据中隐藏的信息和知识是客观存在的，只有专业人士才能将它们挖掘出来。对数据和信息进行处理后，人们就获得了知识。比如，第谷·布拉赫（Tycho Brahe）用毕生精力观测记录了数百颗恒星几十年间每个夜晚的数据，约翰尼斯·开普勒（Johannes Kepler）根据这些数据得到了星球的运动轨迹，这是信息。而开普勒根据信息总结归纳出行星运动三大定律，就是知识。人们使用知识解决问题，指导生产，社会取得进步，这是数据的应用。所以，数据是知识的基础，是人类文明的基石。

当人们谈论数据的时候，常常把它和信息的概念混淆起来，比如人们在今天谈论数据处理和信息处理时，其表达的意思相差不大。但是严格来讲，二者虽有相通之处，但本质还是不同的。信息可以是人类创造的，也可以是天然存在的客观事实，比如天体的体积和质量，地球上的季节变化。人们认识世界的过程总是沿着现象、数据、信息、知识这一逻辑前行。早期人类获取数据的重要来源是对自然界的观察，从观察中总结数据，这是人和动物的重要区别。动物虽然也具有观察能力，但是无法总结出数据。因此，获取和使用数据的能力，成为衡量文明发展水平的重要标志。

当人类开始采用语言文字进行记事的时候，数字被人类落实在了结绳、龟甲、竹板、石碑等上面，这就是最初的数据。到了今天，数据的范畴要比单纯的数字大得多。而现代互联网所谓的数据，可以说覆盖了生产生活的方方面面。随着数据统计手段的进步，数据统计需要大量的样本，而同时样本又要具有代表性，在这个基础上，人们才开始建立数学模型，模拟复杂现象。

随着社会的进步，人类面对的自然和社会现象变得越来越复杂，多维度和多变量导致很大的不确定性，模型的建立越来越困难，并且所建立的计算模型也逐渐不能更好地发挥作用。虽然不能用解析式来解释因果关系，但是人们逐渐发现，当数据量足够多并且具有代表性的情况下，如数据间存在的相关依赖关系，通过几个简单模型的叠加也可以代替一种复杂的模型，从中发现相关性，进而把握事物发展的轨迹。如此向前发展，今天，大数据驱动的智能化已在很多行业中得到了广泛应用。

2. 大数据对科学研究的影响

图灵奖获得者、著名数据库专家吉姆·格雷（Jim Gray）观察并总结认为，人类自古以来在科学研究上先后经历了实验科学、理论科学、计算科学和数据科学共四种范式，如图8-2所示。

人类最早的科学研究，主要以记录和描述自然现象为特征，称为实验科学。从原始的钻木取火，到后来以伽利略为代表的文艺复兴时期的科学发展初级阶段，开启了现代科学之门。

实验科学的研究受到当时实验条件的限制，难以完成对自然现象更精确的理解。科学家

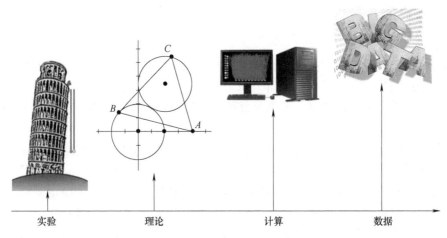

实验　　　　　理论　　　　　计算　　　　　数据

图 8-2　科学研究的四种范式

们开始尝试尽量简化实验模型，去掉一些复杂的干扰，只留下关键因素，比如在物理课堂上的"足够光滑""足够长的时间""空气足够稀薄"等，然后通过演算进行归纳总结，这就是理论科学。牛顿三大定律成功解释了经典力学，麦克斯韦理论成功解释了电磁学。理论科学对人们的生活和思想产生了重大影响，在很大程度上推动了人类社会的进步。

19 世纪末，量子力学和相对论出现，则以理论研究为主，以超凡的头脑思考和复杂的计算超越了实验设计。而随着验证理论的难度和经济投入越来越高，科学研究开始显得力不从心。20 世纪中叶，冯·诺依曼提出了现代电子计算机架构，利用电子计算机对科学实验进行模拟仿真的模式得到迅速普及，人们可以对复杂现象通过模拟仿真，推演出越来越多复杂的现象，典型案例如模拟核试验、天气预报等。随着计算机仿真越来越多地取代实验，逐渐成为科研的常规方法，人类的科学研究进入了计算科学范式。

21 世纪以来，随着互联网的快速发展，数据呈现爆炸式增长，海量数据的出现不仅超出了普通人的理解和认知能力，也给计算机科学本身带来了巨大的挑战。这时，计算机不仅仅能做模拟仿真，还能进行分析总结，得到理论。在大数据环境下，一切以数据为中心，从数据中发现问题、解决问题，从而产生大数据的价值，这就是数据科学范式。

第三范式和第四范式虽然都是利用计算机进行计算的，但是二者有本质的区别。第三范式下，需要先提出模型，然后通过数据计算验证；而第四范式下，先有数据，然后通过计算得出未知的结论。似乎第四范式对理论模型的要求不再那么苛刻，直接通过数据发现问题，同时用数据解决问题。

3. 大数据对思维方式的影响

维克托·迈尔-舍恩伯格（Viktor Mayer-Schönberger）在《大数据时代：生活、工作与思维的大变革》中最具洞见之处在于：大数据时代最大的转变就是，放弃对因果关系的渴求，而取而代之以关注相关关系。也就是说只要知道"是什么"，而不需要知道"为什么"。这颠覆了千百年来人类的思维。归纳起来，人们对待数据的思维方式发生了如下三种变化：第一，人们处理的数据从样本数据变成了全部数据；第二，由于是全样本数据，人们不得不接受数据的混杂性，而放弃对精确性的追求；第三，人类通过对大数据的处理，放弃对因果关系的渴求，转而关注相关关系。

数据思维能使人们在决策过程中超越原有思维框架的局限，以数据为基础进行智能决策。而完成这一决策通常有两个步骤：第一是对事物的理解和判断，第二是做出行动决策。

长久以来，对于认识对象的现象与本质之间的关系，人们往往会非常自然而然地选择探寻其中的因果关系，当发现其中的因果后，便会分析什么样的果是由什么样的因导致或造成的，试图对某一现象进行解释说明。泰勒斯（Thales）指出万物皆是来源于水，拒绝通过超自然的因素对自然现象予以阐述，尝试着以经验以及理性的思维为依托，对世界予以有效地解释。他对于万物的解释寻求一种自然的因果关系而非超自然的宗教或神学，从此，科学界打开了不断寻求因果关系的大门，科学家们开始热衷于现象背后的原因，寻求现象之后隐藏的本质性规律，追根溯源。文艺复兴之后，近代的科学得到了快速的发展，基于哲学理念，无论是唯理论，还是经验论，均指出在现象之中因果关系是客观存在的。

到了大数据时代，数据存储和处理能力大幅提高，科学分析可以不再依据数据抽样，完全能够通过全数据集在短时间内得到分析结果，PB 级别的数据处理可以在几秒内完成。通过数据分析获得知识、商机和社会服务能力的范围不断扩大，门槛的降低直接导致了数据的容错率提高、成本的降低，在很大程度上人们可以从对于因果关系的追求中解脱出来，转而将注意力放在相关关系的发现和使用上。

近年来，人们在接触大数据的过程中观察大数据、感知大数据、实践大数据。大数据改变了人们的生活，也在改变人们的认知，包括思维方式，形成了大数据思维。《大数据时代：生活、工作与思维的大变革》一书对"大数据思维"做了一个比较简单的描述："所谓大数据思维，是指一种意识，认为公开的数据一旦处理得当就能为千百万人急需解决的问题提供答案"。由此可见，大数据思维是指在大数据应用过程中以大数据为视角来分析问题、解决问题而形成的一种思维，由大数据思维观念和大数据思维方式构成。

8.2　大数据基础

大数据要想发挥作用，离不开海量的多样化的数据，需要强大的计算系统提供足够强大的算力，需要适应不同应用场景的大数据处理框架和计算模式。

8.2.1　大数据采集

大数据采集是指从传感器和智能设备、企业在线系统、企业离线系统、社交网络和互联网平台等获取数据的过程，利用多个数据库或存储系统接收来自客户端（Web、App 或者传感器形式等）的数据。例如，电商会使用传统的关系型数据库 MySQL 和 Oracle 等存储每一笔事务数据。在大数据时代，Redis、MongoDB 和 HBase 等 NoSQL 数据库也常用于数据的采集。

大数据采集过程的主要特点和挑战是并发数高，同时可能会有成千上万的用户在进行访问和操作。例如，火车票售票网站和淘宝的并发访问量在峰值时可达到上百万或者千万，所以在采集端需要部署大量数据库才能对其有效支撑。而且，在这些数据库之间进行负载均衡和分片也需要深入的思考和设计。

1. 大数据采集方法

根据数据源的不同，大数据采集方法也不尽相同。但是为了能够满足大数据采集的需要，大数据采集时都使用了大数据的处理模式，即 MapReduce 分布式并行处理模式或基于内存的流式处理模式。

针对企业系统、机器系统、互联网系统、社交系统四种不同的数据源，大数据采集方法有以下几类：

（1）数据库采集

早期进行过信息化建设的企业可能会使用传统的关系型数据库 MySQL 和 Oracle 等存储数据，随着大数据时代的到来，Redis、MongoDB 和 HBase 等 NoSQL 数据库也常用于数据的采集。企业通过在采集端部署大量数据库，并在这些数据库之间进行负载均衡和分片，完成大数据采集工作。

（2）系统日志采集

系统日志采集主要是收集业务处理平台日常产生的大量日志数据，供离线和在线的大数据分析系统使用。高可用性、高可靠性、可扩展性是日志收集系统所应具有的基本特征。系统日志采集工具均采用分布式架构，应能够满足每秒数百 MB 的日志数据采集和传输需求。

（3）网络数据采集

网络数据采集是指通过网络爬虫或网站公开应用程序接口（API）等方式从网站上获取数据信息的过程。网络爬虫会从一个或若干初始网页的 URL 开始，获得各个网页上的内容，并且在抓取网页的过程中不断从当前页面上抽取新的 URL 放入队列，直到满足设置的停止条件为止。这样可将非结构化数据、半结构化数据从网页中提取出来，存储在本地的存储系统中。

（4）感知设备数据采集

感知设备数据采集是指通过传感器、摄像头和其他智能终端自动采集信号、图片或录像来获取数据。大数据智能感知系统需要能实现对结构化、半结构化、非结构化的海量数据的智能化识别、定位、跟踪、接入、传输、信号转换、监控、初步处理和管理等。感知设备数据采集的关键技术包括针对大数据源的智能识别、感知、适配、传输、接入等。

2. 大数据采集平台

（1）Apache Flume

Flume 是 Apache 旗下的一款开源、高可靠、高扩展、容易管理、支持客户扩展的数据采集系统。Flume 使用 JRuby 来构建，所以依赖 Java 运行环境。

（2）Fluentd

Fluentd 是一个开源的数据收集框架，能够收集各式各样的日志，并将日志统一转换成方便机器处理的 JSON 格式文件，它使用 C/Ruby 开发，支持多种类及格式的数据源和数据输出。而且，Fluentd 也具有高可靠性和良好的可扩展性。

（3）Logstash

Logstash 是著名的开源数据栈 ELK（ElasticSearch，Logstash，Kibana）中的 L，用 JRuby 开发，运行时依赖 JVM（Java Virtual Machine）。

（4）Splunk Forwarder

Splunk 是一款商业化的大数据平台产品，具有较完善的数据采集、数据存储、数据分析和处理，以及数据展现的能力。Splunk 是一个分布式的数据平台，主要有三个角色：Search Head 负责数据搜索和处理，提供搜索时的信息抽取；Indexer 负责数据存储和索引；

Forwarder 负责数据收集、清洗、变形，并发送给 Indexer。

8.2.2　大数据处理框架

1. Hadoop

随着数据规模的不断增加，TB、PB 量级的数据成为常态，对数据的处理已无法由单台计算机完成，需要由多台机器共同承担计算任务。在分布式环境中进行大数据处理，除了要与存储系统打交道外，还涉及计算任务的分工、计算负荷的分配、计算机之间的数据迁移等，尤其在计算机或网络发生故障时的数据安全保障等问题。目前涌现出了很多大数据处理框架，例如，批处理框架 Hadoop、流处理框架 Storm，以及混合处理型框架 Flink 和 Spark等。本书简要介绍两种主流的开源框架 Hadoop 和 Spark。

Apache Hadoop 是一种专用于批处理的框架，也是首个在开源社区获得极大关注的大数据处理框架。基于 Google 有关海量数据处理所发表的多篇论文与经验，Hadoop 重新实现了相关算法和组件堆栈，让大规模批处理技术变得更加易用。

经过多年的发展，Hadoop 生态系统逐渐成熟和完善，目前已经包含了多个子项目，在各大发行版本中的组件就有 25 个以上。其版本也经历了从 1.0 到 3.0 的演变，形成了相对完整的生态圈和分布式计算事实上的标准。目前，除最核心的 HDFS 和 MapReduce 以外，Hadoop 生态系统还包括分布式应用程序协调服务 ZooKeeper、非关系型数据库 HBase、数据仓库 Hive、数据处理工具 Sqoop、机器学习算法库 Mahout，以及基于 Web 的管理工具 Ambari 等组件。构成 Hadoop 的整个生态系统的组件可以划分为四个层次，如图 8-3 所示。

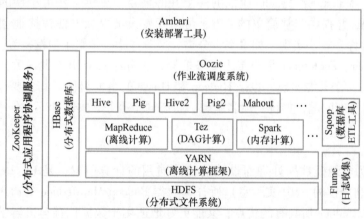

图 8-3　Hadoop 生态系统

Hadoop 的底层是存储层，核心组件是分布式文件系统 HDFS；中间层是资源及数据管理层，核心组件是 YARN；上层是计算引擎，核心组件是 MapReduce、Spark、Tez 等；顶层是基于 MapReduce、Spark 等计算引擎的高级封装工具，如 Hive、Pig、Mahout 等。从 2.0 版开始，Hadoop 把资源管理和任务调度功能从 MapReduce 中剥离形成 YARN，使其他框架也可以像 MapReduce 那样运行在 Hadoop 之上。与之前的分布式计算框架相比较，Hadoop 隐藏了很多烦琐的细节，如容错、负载均衡等，更便于使用。

1）HDFS。HDFS 是分布式文件系统，可对集群节点间的存储和复制进行协调。HDFS

确保了无法避免的节点故障发生后数据依然可用，可将其用作数据来源，用于存储中间态的处理结果，并可存储最终结果。

2）YARN。YARN 是 Hadoop 的资源管理系统，本意是 Yet Another Resource Negotiator（另一个资源管理器），负责协调并管理底层资源和调度作业的运行，是 Hadoop 2.0 和 3.0 新增的系统组件，它允许多种计算框架运行在一个集群中，使得用户能在 Hadoop 集群中使用比以往的迭代方式运行更多类型的工作负载。这些计算框架包括 MapReduce、Spark、Storm、Tez 等。

3）MapReduce。MapReduce 作为 Hadoop 中默认的数据处理引擎，提供了一个易于编程、高容错性和高扩展性的分布式计算框架，也是 Google 的 MapReduce 论文思想的开源实现。使用 HDFS 作为数据源，使用 YARN 进行资源管理。

4）HBase。HBase 是 Hadoop Database 的缩写，是一个高可靠性、高性能、面向列、可伸缩、实时读写的分布式数据库，它也是 Google Bigtable 的开源实现。

5）Hive。Hive 是一个基于 Hadoop 的开源数据仓库工具，用于存储和处理海量结构化数据，是 Facebook 2008 年 8 月开源的一个数据仓库框架。Hive 数据仓库工具能将结构化的数据文件映射为一张数据库表，并提供 SQL 查询功能，也可以将 SQL 语句转变成 MapReduce 任务来执行。

6）Pig。Pig 是一种数据流语言和运行环境，适合使用 Hadoop 和 MapReduce 平台进行大规模半结构化数据分析，提供 SQL-LIKE 语言 Pig Latin，该语言的编译器会把类 SQL 的数据分析请求转换为一系列经过优化处理的 MapReduce 运算。

7）Mahout。Mahout 是 Apache 旗下的一个开源项目，提供一些可扩展的机器学习领域经典算法的实现，并提供非常简单的 API，帮助开发人员更加方便快捷地创建智能应用程序。Mahout 包含许多算法实现，如聚类、分类、推荐过滤、频繁子项挖掘等。

8）ZooKeeper。ZooKeeper 是分布式服务框架，为分布式应用提供一致性协调服务，是 Google Chubby 的一个开源实现，也是 Hadoop 和 Hbase 的重要组件。其主要作用是解决分布式环境下的数据管理问题，如统一命名服务、状态同步服务、集群管理、分布式应用配置项的管理，等等。

2. 大数据计算引擎 Spark

Spark 是专为大规模数据处理而设计的快速通用的计算引擎，是 UC Berkeley AMP lab（加州大学伯克利分校的 AMP 实验室）所开源的类 Hadoop MapReduce 的通用并行框架，既拥有 Hadoop MapReduce 所具有的优点，又能更好地适用于数据挖掘与机器学习等需要迭代的 MapReduce 的算法，是集批处理、结构化数据查询、流计算、图计算和机器学习等场景的全栈式计算平台。Spark 的技术框架分为四层，即部署模式、数据存储、处理引擎、访问和接口组件，如图 8-4 所示。目前，Spark2.0 版本得到了业界的普遍认可，而 3.0 版本的预览版也已发布，做了大量的性能改进，尤其是与 AI 框架深度集成值得期盼。

（1）多种部署模式

1）Local 本地模式：常用于本地开发测试。

2）Standalone 独立集群模式：Spark 原生的简单集群管理器，自带完整的服务，可单独部署到一个集群中，无须依赖任何其他资源管理系统，使用 Standalone 可以很方便地搭建一个集群，单点故障问题借助 ZooKeeper 解决。

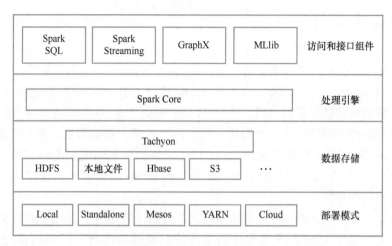

图 8-4　Spark 生态系统

3）Mesos 集群模式：运行在 Mesos 资源管理器框架之上，由 Mesos 负责资源管理，Spark 负责任务调度和计算。

4）YARN 集群模式：运行在 YARN 资源管理器框架之上，由 YARN 负责资源管理，Spark 负责任务调度和计算。

YARN 与 Mesos 的不同之处在于 Mesos 对 Spark 的支持力度更大，但国内主流使用 YARN，主要是因为 YARN 对 Hadoop 生态的适用性更好。

5）Cloud 集群模式：亚马逊云计算平台 EC2（Elastic Compute Cloud），使用该模式能很方便地访问 Amazon 的 S3（Simple Storage Service）。

（2）数据封装

Spark 处理的数据封装为 RDD（Resilient Distributed Dataset）数据集，且存储在内存中。Spark 也支持其他分布式存储系统，如 HDFS、HBase 和 S3 等。Tachyon 是以内存为中心的分布式文件系统，拥有高性能和容错能力，能够为 Spark、MapReduce 集群框架提供可靠的内存级速度的文件共享服务，把内存存储功能从 Spark 中分离出来，使 Spark 可以更专注于计算，达到更高的执行效率。此外，Spark 专注于计算，数据存储借助 HDFS、S3 等分布式文件系统实现机制，使得 Hadoop 应用程序能够非常容易地迁移到 Spark 系统。

（3）处理引擎 Spark Core

作为 Spark 生态系统的核心，Spark Core 主要提供基于内存计算、任务调度、部署模式、故障恢复、存储管理等功能，不仅包含 Hadoop 的计算模型 MapReduce，还包含很多其他如 reduceByKey、groupByKey、foreach、join 和 filter 等 API。Spark 通过建立统一的抽象 RDD，有效扩充编程模型，使不同的大数据应用场景无缝融合。

（4）支持多种程序语言开发环境

Spark 同时支持 Scala、Python、Java 三种应用程序 API 编程接口和编程方式。Scala 作为 Spark 的原生语言，代码优雅、简洁而且功能完善，很多开发者都比较认可，它是业界广泛使用的 Spark 程序开发语言。Spark 也提供了 Python 的编程模型 PySpark，使得 Python 可以作为 Spark 开发语言之一。尽管现在 PySpark 还不能支持所有的 Spark API，但是以后的支持度会越来越高。

（5）四大接口组件

在 Spark 核心上面是四大接口组件 Spark Streaming、GraphX、MLlib、Spark SQL，它们均采用 Spark 作为计算引擎，可单独使用，也可以共同运行在一个大数据环境中。

1）Spark Streaming。Spark Streaming 是 Spark 平台上针对实时数据进行流式计算的组件，提供了丰富的处理数据流的 API。这些 API 与 Spark Core 中的基本操作相对应，使得编程人员可以更容易地了解项目，并且可以在操作内存数据、磁盘数据、实时数据的应用之间快速切换。Spark Streaming 被设计为和 Spark 核心组件提供相同级别的容错性、吞吐量和可伸缩性。此外，Spark Streaming 还能和 Spark SQL 和 MLlib 联合使用，构建强大的流状运行即席查询和实时推荐系统。

2）GraphX。GraphX 是 Spark 上层的分布式并行图计算组件，提出了弹性分布式属性图的概念，并在此基础上实现了图视图与表视图的有机结合与统一。GraphX 还提供了类似 Google 图算法引擎 Pregel 的功能，主要处理社交网络等节点和边模型的问题。GraphX 扩展了 Spark RDD API，因为 Spark 良好的迭代计算特性，其处理效率优势明显，能在海量数据上自如运行复杂的图算法。

3）MLlib。MLlib 是 Spark 提供的一个机器学习算法库，实现逻辑回归、线性 SVM、随机森林、k 均值、奇异值分解、聚类、协同过滤等多种分布式机器学习算法，充分利用 RDD 的迭代优势，能对大规模数据应用机器学习模型，并能与 Spark Streaming、Spark SQL 进行协作开发应用，让机器学习算法在基于大数据的预测、推荐和模式识别等方面应用更加广泛。MLlib 不仅提供了模型评估、数据导入等额外的功能，还提供了一些更底层的机器学习原语，包括通用的梯度下降优化基础算法。

4）Spark SQL。Spark SQL 是 Spark 用来处理结构化数据的组件，提供交互式操作，使用户可以像 Hive 查询语言（Hive Query Language，HQL）一样通过 SQL 语句查询数据，支持多种数据源，包括 Hive 表、Parquet 和 JSON。除了为 Spark 提供一个 SQL 接口外，Spark SQL 允许开发人员将 SQL 查询和由 RDD 通过 Python、Java 和 Scala 支持的数据编程操作混合进一个单一的应用中，进而将 SQL 与复杂的分析结合，与计算密集型环境紧密集成，使得 Spark SQL 不同于任何其他开源的数据仓库工具。

8.2.3 大数据存储

关于结构化、半结构化和非结构化海量数据的存储和管理，轻型数据库无法满足对其存储以及复杂的数据挖掘和分析操作需求，通常使用分布式文件系统、NoSQL 数据库、云数据库等。

1. 大数据文件系统 HDFS

HDFS（Hadoop Distributed File System）被设计用来搭建大规模的分布式集群，提供海量数据的读写、存储功能。在 Hadoop 生态系统中，HDFS 是非常关键的一环，为管理大数据资源池和支撑相关大数据分析应用提供了一个具有高可靠性的工具。HDFS 是对谷歌分布式文件系统（GFS）基本思想的开源实现，是一个可扩展的分布式文件系统，用于大型的、分布式的、对大量数据进行访问的应用，如图 8-5 所示。

HDFS 使用主/从（Master/Slave）架构，每个 Hadoop 集群包括一个 NameNode 和多个

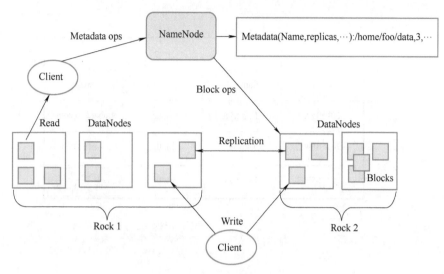

图 8-5 HDFS 架构

DataNode，NameNode 用于管理文件系统运行，DataNode 用于管理单个计算节点上的数据存储，应用程序通过 Client 与 NameNode 和 DataNode 进行交互。HDFS 以数据块（Block）为存储单位（块大小默认为 128MB，数据块副本默认为 3），并将它们分布到集群中的不同节点，从而支持高效的并行处理。HDFS 具有高容错特性，HDFS 可以多次复制每个数据片段，并将副本分发给各个节点，将至少一个副本放在其他服务器机架上，这确保了崩溃节点上数据的可恢复性，同时也确保了在恢复数据时可以继续进行数据处理。

2. NoSQL 数据库 HBase

NoSQL（Not Only SQL）泛指非关系型的数据库。随着互联网 Web2.0 网站的兴起，传统的关系型数据库在超大规模存储和并发性上出现了很多难以克服的问题。NoSQL 数据库的产生就是为了解决大规模数据集合多重数据种类带来的挑战，尤其是大数据应用的难题。NoSQL 具有大数据量、易扩展、高读写性能、数据模型灵活、高可用性等共同特征。开源的 NoSQL 数据库软件有 HBase、MongoDB、MemBase 等。下面以 HBase 为例进行说明。

HBase 由谷歌的一个分布式存储系统 BigTable 发展而来。2007 年，随着 Hadoop 0.15.0 的发布，第 1 版的 HBase 诞生；2010 年，HBase 项目从 Hadoop 的子项目升级成为 Apache 的顶层项目，至今，已成为一种广泛应用于各个行业的成熟技术。HBase 是一个基于 HDFS 开发的面向列（面向列族）的分布式数据库，它主要用于超大规模的数据集存储，从而可以实现对超大规模数据的实时随机访问。HBase 自底向上进行构建，解决了原有关系型数据库横向扩展难的问题，使用 Hbase 可以简单地通过增加节点来达到横向扩展，扩大存储规模，也就是在廉价普通的硬件构成的集群上管理超大规模（超过 10 亿行和数百万列）的数据表。图 8-6 中给出的数据模型实例，其中包括如下几个基本概念：

1）表。HBase 的数据同样是用表来组织的，表由行和列组成，列分为若干个列族，行和列的坐标交叉决定了一个单元格。

2）行。每个表由若干行组成，每个行有一个行键作为这一行的唯一标识。访问表中的行只有三种方式：通过单个行键进行查询、通过一个行键的区间来访问、全表扫描。

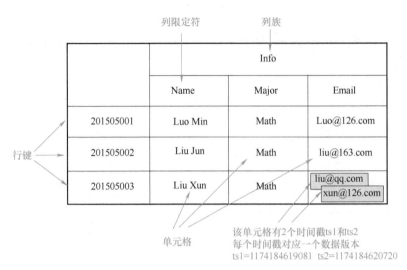

图 8-6　HBase 数据模型实例

3）列族。一个 HBase 表被分组成许多"列族"的集合，它是基本的访问控制单元。

4）列限定符（列修饰符）。列族里的数据通过列限定符（或列）来定位。

5）单元格。在 HBase 表中，通过行、列族和列限定符确定一个"单元格"（Cell），单元格中存储的数据没有数据类型，总被视为字节数组 byte［］。

6）时间戳。每个单元格都保存着同一份数据的多个版本，这些版本采用时间戳进行索引。

从数据模型实例可以看出，HBase 中需要根据行键、列族、列限定符和时间戳来确定一个单元格，因此，可以视为一个"四维坐标"，即［行键，列族，列限定符，时间戳］。HBase 可看作一个键值数据库，如图 8-6 中，［"201505003"，"Info"，"email"，1174184619081］是键，里面存储的数值为"liu@ qq. com"。

3. 云数据库

云数据库是基于云计算技术发展的一种共享基础架构的方法，是部署和虚拟化在云计算环境中的数据库。云数据库具有高可扩展性、高可用性、采用多租形式和支持资源有效分发等特点。云数据库的特征包括：①动态可扩展；②高可用性；③较低的使用代价；④易用性；⑤高性能；⑥免维护；⑦安全。

从数据模型的角度来说，云数据库并非一种全新的数据库技术，而只是以服务的方式提供数据库功能。云数据库所采用的数据模型可以是关系型数据库所使用的关系模型，如阿里云关系型数据库 RDS（Relational Database Service）；也可以是非关系型数据库，如 Amazon SimpleDB（云中的键值数据库）。同一个公司也可能提供采用不同数据模型的多种云数据库服务。

8.2.4　大数据计算模式

提及大数据计算，人们总是会想到 MapReduce。实际上，MapReduce 只是大数据计算模式的其中一种，大数据处理问题复杂多样，单一模式是无法满足不同类型的计算需求的。除了 MapReduce 之外，还有迭代计算、图计算、流计算等多种大数据计算模式（见表 8-1）。

表 8-1　大数据计算模式及代表产品

大数据计算模式	解 决 问 题	代 表 产 品
批处理计算	针对大规模数据的批量处理	MapReduce、Spark 等
流计算	针对流数据的实时计算	Storm、S4、Flume、Streams、Spark Streaming、Puma、DStream、Super Mario 等
迭代计算	数据挖掘、网页排名、图像分析、模型拟合等数据处理	MapReduce、Spark、Apache Hama、Apache Giraph、HaLoop、Twister 等
图计算	针对大规模图结构数据的处理	Pregel、GraphX、Apache Giraph、Power Graph、Apache Hama、Golden Orb 等
查询分析计算	大规模数据的存储管理和查询分析	Hbase、Hive、Cassandra、Impala 等
内存计算	实时处理，适用于多次迭代的计算模型（机器学习模型）	Dremel、HANA、Spark 等

1. 批处理计算

最适合于并行完成大数据批处理任务的计算模式是 MapReduce，它是一种单输入、两阶段、粗粒度数据并行的分布式框架，将复杂的、运行于大规模集群上的并行计算过程，采用分而治之的并行处理思想，高度抽象到了两个函数：Map 和 Reduce，并把一个大数据集切分成多个小数据集，分布到不同的机器上进行并行处理，极大地方便了分布式编程工作。MapReduce 提供了一个统一的并行计算框架，把并行计算所涉及的诸多系统层细节都交给计算框架去完成，大大简化了程序员进行并行化程序设计的负担。在 MapReduce 中，数据流从一个稳定的来源，进行一系列加工处理后，流出到一个稳定的文件系统（如 HDFS）。

2. 流计算

流数据（或数据流）也是大数据分析中重要数据类型，指在时间分布和数量上无限的一系列动态数据集合体，数据的价值随着时间的流逝而降低，需要在规定的时间窗口内完成新数据的实时计算与处理。流计算又称流式计算，顾名思义，就是对数据流进行处理，是一种高实时性的计算模式。流计算通常应用在实时场景，其数据一般是动态的、没有边界的。因此，流计算的一个显著特点是数据流动而运算不能移动。不同的运算节点常常绑定在不同的服务器上。目前，流计算模式的典型系统有 Facebook 的 Scribe 和 Apache 的 Flume，它们可实现分布式日志数据流处理。商业级流计算平台包括 IBM InfoSphere Streams、IBM StreamBase 等，更通用的流计算开源平台有 Twitter Storm、Yahoo! S4、Berkeley AMP lab Spark Streaming，等等。

3. 迭代计算

迭代程序在数据挖掘、网页排名、图像分析、模型拟合等许多应用领域中广泛使用，为了克服 Hadoop MapReduce 难以支持迭代计算的缺陷，工业界和学术界对 Hadoop MapReduce 进行了改进。例如，Hadoop 把迭代控制放到 MapReduce 作业执行的框架内部，通过调度任务程序感知循环和增加各种缓存的机制，保证前次迭代的 Reduce 输出和本次迭代的 Map 输入数据在同一台物理机上，以减少迭代间的数据传输开销。在此基础上，通过保持 Map 和 Reduce 的持久性，规避启动和调度开销。目前，Spark 具有类 Hadoop MapReduce 的特点，能够更好地适用于数据挖掘与机器学习等需要迭代的 MapReduce 算法。

4. 图计算

图是用于表示对象之间关联关系的一种抽象数据结构，使用顶点（Vertex）和边（Edge）进行描述：顶点表示对象，边表示对象之间的关系。可抽象成用图描述的数据即为图数据。图计算，便是以图作为数据模型来表达问题并予以解决的过程。社交网络、Web链接关系图、传染病传播途径等，都呈现大规模图或网络的形式。此外，由于图数据结构很好地表达了数据之间的关联性，许多非图结构的大数据，也常常会被转换为图模型后进行分析。由于图的计算中涉及边与边的依赖关系，以及图计算缺少数据并行性，所以大规模图处理使得 MapReduce 显得力不从心。因此，需要引入图计算模式，来处理大规模具有复杂关系的数据的存储管理和计算分析。

目前，已经出现了很多分布式图计算系统和产品，大致可以两类：第一类主要是基于遍历算法的、实时的图数据库，如 Neo4j、OrientDB、DEX 和 Infinite Graph；第二类则是以图顶点为中心的、基于消息传递批处理的并行引擎，如 Pregel、Golden Orb、Giraph 和 Hama，这些图处理软件主要是基于 BSP（Bulk Synchronous Parallel，整体同步并行）模型实现的并行图处理系统。Pregel 搭建了一套可扩展的、有容错机制的平台，该平台提供了一套非常灵活的 API，可以描述各种各样的图计算。

此外，2019 年 11 月 14 日，腾讯公司开源了一个图计算框架 Plato，可满足十亿级节点的超大规模图计算需求，将算法计算时间从天级缩短到分钟级，并且只需要十台左右的服务器即可完成计算，标志着十亿级节点图计算进入分钟级时代。

5. 内存计算

大数据应用推动了"让内存更接近计算资源"的架构需求，而人工智能和机器学习则进一步证明了硬件和硬件架构在成功部署中发挥的关键作用。不过这里有一个关键问题，即数据处理应该在哪里进行。

Hadoop 的 MapReduce 是为大数据脱机批处理设计的，它的主要缺陷在于频繁的磁盘 I/O 操作而降低了计算性能。随着大量需要高响应性能的大数据查询分析计算问题的出现，磁盘 I/O 成了主要的数据访问瓶颈，MapReduce 难以满足在线海量数据处理需求。此外，众多机器学习算法涉及大规模数据的反复迭代运算，如分类算法需要通过大量数据多次迭代计算，进而产生训练模型中的参数，将需要反复运算的数据存放在内存中将可以大幅加快此类计算速度。

随着内存价格的下降，服务器配置的内存容量不断提高，用内存计算完成高速的大数据处理已经成为大数据计算发展的一个重要趋势。Spark 则是近年来兴起的分布式内存计算的一个典型系统，在 Spark 之上建立的 MLlib 是最为知名的基于内存计算的机器学习算法库，它支持分类、聚类及矩阵分解（如 PCA）等算法。

6. 查询分析计算

在大数据的时代，数据查询分析计算系统是最常见的系统。当数据规模的增长大大超出了传统关系型数据库的承载和处理能力时，可以使用分布式数据存储管理和并行计算方法，进行大数据的查询分析计算。大数据查询分析计算系统需要具备对大规模数据进行实时或准实时查询的能力，才能很好地满足需求。如 Google 开发的 Dremel，是一套用于分析只读嵌套数据的可扩展交互式实时查询系统。通过结合多层树状执行过程和列式数据结构，可以在秒级完成上万亿行表的聚合查询，系统可以扩展到几千个 CPU、PB 级别的数据。

另外，还有一些具备大数据查询分析计算模式的典型系统，包括：Hadoop 下的 HBase 和 Hive，Facebook 开发的 Cassandra，Cloudera 公司的 Impala，以及 Berkeley 的 Spark 数据仓库 Shark，SAP HANA 是一个软硬件结合体，提供高性能的数据查询功能，用户可以直接对大量实时业务数据进行查询和分析，而不需要对业务数据进行建模、聚合等操作。

8.3　大数据技术基础

从大数据的生命周期来看，大数据采集、大数据预处理、大数据存储和大数据分析共同组成了大数据生命周期里最核心的技术，而大数据分析是挖掘出数据中所蕴含有用、有价值信息的关键环节。四种常用的分析任务和方法包括：①描述型分析：发生了什么？②诊断型分析：为什么会发生？③预测型分析：可能发生什么？④指令型分析：需要做什么？下面介绍仅最基本的大数据分析技术实现。

8.3.1　MapReduce

1. MapReduce 基本思想

Hadoop MapReduce 是一个软件框架，基于该框架能够很容易地编写应用程序，这些应用程序能够运行在由上千台商用机器组成的大集群上，并以一种可靠的具有容错能力的方式并行地处理上 TB 级别的海量数据集。MapReduce 充分借鉴了分而治之的思想，对相互间没有计算依赖关系的大数据实现并行处理。MapReduce 借鉴了 LISP 和其他函数式编程语言中的映射和化简操作，将分而治之的思想上升到抽象模型，把一个数据处理过程拆分为主要的 Map（映射）与 Reduce（化简）两步，即便用户不懂分布式计算框架的内部运行机制，只要能用 Map 和 Reduce 的思想描述清楚要处理的问题，即编写 Map() 和 Reduce() 函数，就能轻松地使问题的计算实现分布式，并在 Hadoop 上运行。这种统一架构为程序员隐藏了系统层的实现细节，解决了信息传递接口（MPI）等并行计算方法缺少统一计算框架支持的问题。

MapReduce 设计的一个理念就是"计算向数据靠拢"，而不是"数据向计算靠拢"。因为移动数据需要大量的网络传输开销，尤其是在大规模数据环境下，这种开销尤为惊人。因此，MapReduce 框架的设计就是 Map 任务在就近的存储有输入数据的 HDFS 节点上运行，这样可以获得最佳性能，因为无须耗用宝贵的集群带宽，这就是"数据本地化"的优势。而 Reduce 任务不具备数据本地化的优势，单个 Reduce 任务的输入通常情况下是来自于所有 Map 函数的输出，因此，排过序的 Map 输出需要通过网络传输到运行 Reduce 任务的节点，数据在此进行归并，然后由用户定义的 Reduce 函数进行处理，最终将得到的输出结果存储在 HDFS 中，从而完成整个 MapReduce 作业。

2. Map 和 Reduce

MapReduce 将复杂的、运行于大规模集群上的并行计算过程高度地抽象到了两个函数：Map 和 Reduce。一个存储在分布式文件系统中的大规模数据集，会被切分成许多独立的分片（Split），这些分片可以被多个 Map 任务并行处理。MapReduce 操作数据的最小单位是一个键值对。Map 和 Reduce 函数都是以<key, value>作为输入，按一定的映射规则转换成另一个或一批<key, value>进行输出（见表 8-2）。

表 8-2　Map 和 Reduce

函　数	输　入	输　出	说　明
Map	<k1, v1> 如：<行号，"abc" >	List（< k2, v2>) 如：<"a"，1><"b"，1><"c"，1>	将每一个输入的键值对 < k1, v1>，变成一批键值对
Reduce	< k2, List（v2）> 如：<"a"，<1, 1, 1≫	<k3, v3> 如：<"a"，3>	输入一个键值对，输出一批 键值对

3. MapReduce 工作流程

MapReduce 的工作流程如图 8-7 所示，简言之，就是 Input 从 HDFS 里面并行读取文本中的内容，经过 MapReduce 模型，最终把分析出来的结果用 Output 封装，持久化到 HDFS 中。

用户在使用 MapReduce 编程模型时，第一步，将每个数据块（Block）分片（逻辑切分），每个分片都对应一个 Map 任务。默认一个 Block 对应一个分片和一个 Map 任务。分片中包含其元数据信息，包括起始位置、长度和所在节点列表等。第二步，将数据抽象为键值对的形式，Map 函数以键值对作为输入，经过 Map 函数的处

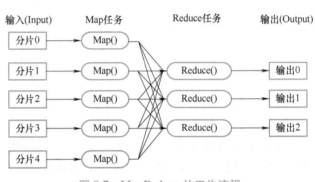

图 8-7　MapReduce 的工作流程

理，产生一系列新的键值对作为中间结果输出到本地。第三步，MapReduce 计算框架会自动将这些中间结果数据按照键值做聚合处理，并将键值相同的数据分发给 Reduce 函数处理。最后，Reduce 函数以键和对应的值的集合作为输入，经过 Reduce 函数的处理后，产生了另外一系列键值对作为最终输出，存储到 HDFS 存储系统中。

这里需要说明的是，不同的 Map/Reduce 任务之间不会进行通信。HDFS 以固定大小的数据块为基本的单位存储数据，而对于 MapReduce 来讲，其处理单位是分片。分片是一个逻辑概念，它只包含一些元数据信息，比如数据起始位置、数据长度、数据所在节点等。它的划分方法完全由用户自己决定。数据块与分片是两个不同的东西，但是为了减少寻址开销，一般一个分片就是一个数据块大小（一个分片也可以是一个半数据块，但是如果这些数据块不在同一个机架上，那么就需要去寻找另一台机器），分片的多少就决定了 Map 任务的数目。而 Reduce 任务的数目取决于集群中可用的 Reduce 任务槽（Slot），通常设置比 Reduce 任务槽数目少一点的 Reduce 任务个数，预留一些系统资源用来处理可能会发生的错误。

4. WordCount 运行实例

假设在一个执行单词统计任务的作业中，有三个 Map 任务的工作者（Worker）和一个 Reduce 任务的 Worker。一个文档包含三行文本内容，每一行分给一个 Map 任务来处理。下面给出具体的执行过程。

（1）WordCount 的 Map 过程

首先，将文件切分为三个分片，每个分片一行文本内容，这一步由 MapReduce 框架自

身完成。然后，使用三个 Map 任务并行读取三个分片，并对读取的单词进行 Map 操作，每个单词都以<key，value>形式生成，如图 8-8 所示。

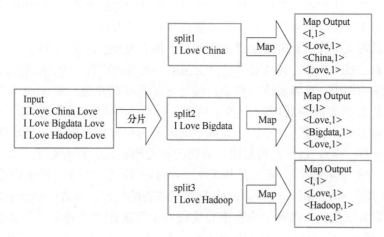

图 8-8　Map 过程示意

（2）WordCount 的 Reduce 过程

Reduce 操作是对 Map 的结果进行排序、合并等操作，最后得出词频，如图 8-9 所示。

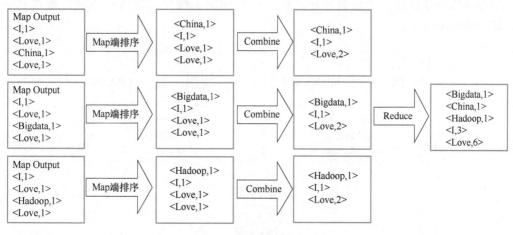

图 8-9　Reduce 过程示意

8.3.2　协同推荐

1. 推荐系统

随着网络迅速发展而带来的网上信息量的大幅增长，人们迅速步入了信息超载的时代。在面对大量信息时无法从中获得对自己真正有用的那部分信息，而信息也越来越难以展示给可能对它感兴趣的用户。解决这些问题的一个非常有潜力的办法就是推荐系统，其核心是预测用户的需求，连接用户和信息，创造价值。例如，购物网站包含有大量的商品，商家如何发现长尾商品（注：长尾指的就是需求曲线上那条长长的尾巴，从人们的需求来看，大部分都会集中在热门商品，而尾部的个性化需求，看起来量小而且零散，但是它的种类多，累加起来形成的市场，实际上比主流市场要大得多。因此，长尾商品常常指个性化的、冷门的商品），并且将这些长尾商品推荐给用户，这正是推荐系统的重要作用。

根据推荐系统使用数据的不同，推荐算法可分为协同过滤推荐、基于内容推荐、基于社交网络推荐、基于关联规则推荐、基于效用推荐、基于知识推荐、基于流行度推荐、混合推荐等。主流的推荐系统算法常采用协同过滤推荐、基于内容推荐和混合推荐三种。

在电子商务、在线视频、在线音乐、社交网络、互联网广告、个性化阅读、基于位置的服务等各类网站应用中，推荐系统都开始扮演越来越重要的角色。Amazon 作为推荐系统的鼻祖，已将推荐思想渗透到其网站的各个角落，利用可以记录的所有用户在站点上的行为，根据不同数据的特点进行处理，并分成不同区域为用户推送推荐。今日推荐（Today's Recommendation For You）通常是根据用户近期的历史购买或者查看记录，并结合时下流行的物品给出一个折中的推荐；新产品推荐（New For You）采用了基于内容的推荐机制（Content-based Recommendation），将一些新到物品推荐给用户。在方法选择上由于新物品没有大量的用户喜好信息，所以基于内容推荐能很好地解决这个"冷启动"的问题。别人购买/浏览的商品推荐（Customers Who Bought/See This Item Also Bought/See）也是典型的基于物品的协同过滤推荐的应用，通过社会化机制用户能更快更方便地找到自己感兴趣的物品，比如通过获得用户的 Facebook 好友，根据好友关系进行推荐。

2. 推荐系统模型

推荐系统通常包括三个组成模块：用户建模模块、推荐对象建模模块、推荐算法模块，如图 8-10 所示。

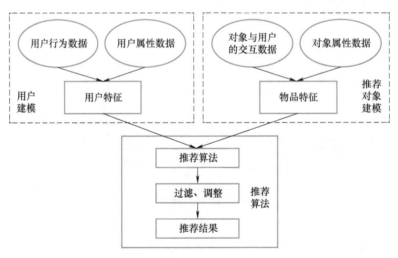

图 8-10　推荐系统基本框架

首先，对用户进行建模，根据用户行为数据和用户属性数据分析用户的兴趣和需求。然后，根据对象数据对推荐对象进行建模。最后，基于用户特征和物品特征，采用推荐算法计算得到用户可能感兴趣的对象，并根据推荐场景对推荐结果进行一定的调整，将推荐结果最终展示给用户。

推荐系统通常需要处理的数据量庞大，既要考虑推荐的精度，也要考虑计算推荐结果所需的时间，因此推荐系统也可分为在线计算和离线计算，前者要求快速响应，能够容忍精度的不足；而离线计算采用更复杂的算法处理更大的计算量，得出的结果精度也更高。有时将两种方式相结合也是一种不错的折中选择。

3. 协同过滤

基于用户行为的推荐算法也称为协同过滤算法（Collaborative Filtering Recommendation），是推荐领域应用最早也是最广泛的算法。该算法不需要预先获得用户或物品的特征数据，仅依赖于用户的历史行为数据对用户进行建模，从而为用户进行推荐。协同过滤算法主要包括基于用户的协同过滤（User-based CF）、基于物品的协同过滤（Item-based CF）、隐语义模型（Latent Factor Model，LFM）等。其中基于用户和物品的协同过滤通过统计学方法对数据进行分析，因此也称为基于内存的协同过滤或基于邻域的协同过滤；隐语义模型是采用机器学习等算法，通过学习数据得出模型，然后根据模型进行预测和推荐，属于基于模型的协同过滤。

1）基于用户的协同过滤（简称 UserCF）。如图 8-11 所示，该算法的基本思想为：给用户推荐和他兴趣相似的用户感兴趣的物品。当需要为一个用户 a 进行推荐时，首先，找到和 a 兴趣相似的用户集合 U，然后，把集合 U 中用户感兴趣而 a 没有听说过（未进行过操作）的物品推荐给 a。算法分为两个步骤：首先，计算用户之间的相似度，选取最相似的 n 个用户，然后，根据相似度计算用户评分。如图 8-11 所示，用户 a 和 c 同时喜欢物品 C 而成为相似用

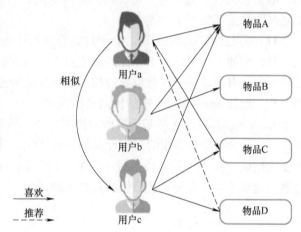

图 8-11　基于用户的协同过滤

户，于是系统将用户 c 喜欢的物品 D 推荐给用户 a（未接触过）。

2）基于物品的协同过滤（简称 ItemCF）。如图 8-12 所示，该算法的基本思想为：给用户推荐和他们以前喜欢的物品相似的物品，这里所说的相似并非从物品的内容角度出发，而是基于一种假设：喜欢物品 A 的用户大多也喜欢物品 B 表示物品 A 和物品 B 相似。基于物品的协同过滤算法能够为推荐结果做出合理的解释，比如电子商务网站中的"购买该物品的用户还购买了……"。ItemCF 的计算步骤和 UserCF 大致相同：首先，计算物品相似度，选出最相似的 N 个物品，然后根据相似度计算用户评分。如图 8-12 所示，用户

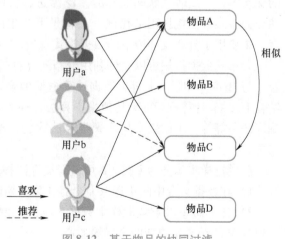

图 8-12　基于物品的协同过滤

a 和 c 都购买了物品 A 和 C，可以认为物品 A 和 C 相似，用户 b 购买了物品 A 而没有购买物品 C，所以将物品 C 推荐给用户 b。

3）隐语义模型。在显式反馈（如评分）推荐系统中，隐语义模型能够达到很好的精度。它的基本思想是通过机器学习方法从用户-物品评分矩阵中分解出两个低阶矩阵，表示对用户兴趣和物品的隐含分类特征，通过隐含特征预测用户评分。

下面举例说明隐语义模型的基本思想。假设用户 a 喜欢《数据挖掘导论》，用户 b 喜欢《西游记》，现在要为用户 a 和用户 b 推荐其他书籍。基于 UserCF，找到与他们偏好相似的用户，将相似用户偏好的书籍推荐给他们；基于 ItemCF，找到与他们当前偏好书籍相似的其他书籍，推荐给他们。其实还有一种思路，就是根据用户的当前偏好信息，得到用户的兴趣偏好，将该类兴趣对应的物品推荐给当前用户。比如，用户 a 喜欢的《数据挖掘导论》属于计算机类的书籍，那就可以将《大数据导论》等计算机类书籍推荐给用户 a；用户 b 喜欢的是文学类书籍，可将《封神演义》等这类文学作品推荐给用户 b。这就是隐语义模型，依据"兴趣"这一隐含特征将用户与物品进行连接，需要说明的是此处的"兴趣"其实是对物品类型的一个分类。

4）协同过滤算法的实现。协同过滤算法可以通过 Python 语言环境实现，但是当数据量巨大时，再加上实时性需求，比如淘宝双 11 活动时的商品推荐，对推荐系统的计算性能要求很高，只有构建基于大数据处理技术框架的协同过滤算法，才能满足大规模数据集下的推荐性能，比如 Spark MLlib 中的协同过滤算法。

Spark MLlib 目前支持基于模型的协同过滤，该算法基于交替最小二乘法（ALS）算法。ALS 是统计分析中最常用的逼近计算的一种算法，其交替计算结果使得最终结果尽可能地逼近真实结果。而 ALS 的基础是最小二乘（LS）法，LS 法是一种常用的机器学习算法，它通过最小化误差的平方和寻找数据的最佳函数匹配。

8.3.3　分布式数据挖掘

数据挖掘是指从巨量数据中获取有效的、新颖的、潜在有用的、最终可理解的模式的过程。它是一门涉及机器学习、统计学、数据库、可视化技术、高性能计算等诸多理论与技术的交叉学科。随着互联网业务的广泛渗透，实际应用要求数据挖掘系统具有更好的可扩展性。分布式数据挖掘正是在这一大背景下产生的，要求数据挖掘技术与分布式计算有机结合，主要用于分布式环境下的数据模式发现。

分布式数据挖掘可以充分利用分布式计算的超强算力对相关的大规模数据进行分析与综合，与 Hadoop 和 Spark 等大数据计算框架融合，在大数据应用系统中发挥着重要作用。如结合 Hadoop 计算框架的 k 均值聚类算法、朴素贝叶斯分类并行化算法、Apriori 频繁项集挖掘算法，等等。下面以 k 均值聚类算法为例，给出算法在分布式计算框架 MapReduce 中的实现。

假设把样本集分为 k 类，k 均值聚类算法描述如下：

1）在数据集合中随机选取 k 个点作为初始的簇质心。

2）各个 Map 节点读取样本数据片段，并为其寻找距离最近的簇质心，然后，Reduce 阶段根据 Map 结果生成新的全局簇质心。

3）重复步骤 2），直到满足聚类结束条件。

4）根据最终生成的簇质心，对样本进行分类。

用 MapReduce 处理的数据集应该具备这样的特点：可以被分解成许多小的数据集，且每一个小的数据集可以完全并行地进行处理。在 k 均值算法中，每个元素到质心距离的计算都是独立被操作的，元素在运算过程中相互没有联系，因此，可以使用 MapReduce 模型来实现并行化。基本思路是：每一次迭代启动一个 MapReduce 过程，具体过程如图 8-13 所示。根据 MapReduce 计算的需求，将数据按行分片，并且片间数据无任何相关性。

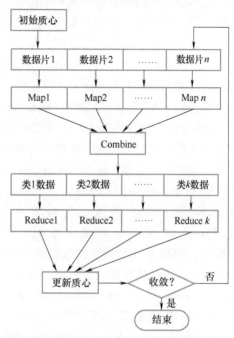

图 8-13　基于 MapReduce 的 k 均值聚类算法基本流程

8.3.4　Spark 机器学习

Python 机器学习模块主要是 Pandas 和 Scikit-learn，但是在大数据时代有大量的数据，必须具有分布式存储以及分布式计算能力才能处理。故此，使用 Python 开发 Spark 应用程序，可以使用 HDFS 分布式大数据存储，还可以使用大数据计算框架进行分布式计算，同时，由于 Spark 特有的内存计算特性，执行速度可大幅度提升。Spark 机器学习主要有两个 API 库 Spark MLlib 和 Spark MLPipeline。

1. Spark MLlib 基于 RDD 的机器学习

Spark MLlib 是 Spark 中可扩展的机器学习库，由一系列的机器学习算法和实用程序组成，包括分类、回归、聚类、协同过滤等，以及一些底层优化的方法。Spark 的设计初衷就是为了支持一些迭代的作业（Job），因此，Spark 在设计之初就提供了以 RDD 为基础的机器学习模块，优点是可以发挥内存计算和分布式计算的性能，大幅提升需要迭代的机器学习模块的执行效率。Spark MLlib 的组成如图 8-14 所示。

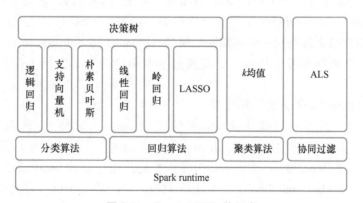

图 8-14　Spark MLlib 的组成

MLlib 基于 RDD，天生就可以与 Spark SQL、GraphX、Spark Streaming 无缝集成。以 RDD 为基石，四个子框架可联合构建大数据计算。

机器学习算法一般都有很多个迭代计算过程，需要在多次迭代后获得足够小的误差或者足够收敛才会停止。迭代时如果使用 Hadoop 的 MapReduce 计算框架，每次计算都要读/写磁盘，还包括任务的启动等工作，导致非常大的 I/O 和 CPU 消耗。而 Spark 基于内存的计算模型本身就擅长迭代计算，迭代计算直接在内存中完成，只有在必要时才会操作磁盘和网络，所以说 Spark 正是机器学习的理想平台。

2. Spark MLPipeline 基于 DataFrame 的机器学习

使用 Spark MLPipeline API 可以很方便地处理数据、特征转换、正则化，以及将多个机器学习算法联合起来构建一个单一完整的机器学习流水线。这种方式更符合机器学习过程的特点，也更容易迁移。Spark DataFrame 采用 Pandas 类似的设计架构，降低了学习门槛。另外，Spark DataFrame 与 Pandas DataFrame 可以互相转换，为 Python 开发者带来了便利。利用 Spark MLPipline 的强大机器学习功能完成训练和预测，再将结果转换为 Pandas DataFrame，在 Python 环境下使用。此外，Spark DataFrame 提供的 API 能够轻松读取 Hadoop、JSON 等大数据中的数据源，还可以通过 JDBC 读取 MySQL、MSSQL 等关系型数据库，以适合不同应用需求服务的开发。

3. Spark MLlib 和 Spark MLPipeline 的比较

Spark MLlib 提供了强大的机器学习功能库，但是 Spark 已经逐步将 MLlib 向 ML 迁移，MLlib 库也将在 Spark 3.0 后停止维护。在 Spark ML 库中，核心数据对象由 RDD 变为了 DataFrame，同时，ML 库中有一些特征转换的方法，并提供了 Pipeline 这一工具，可以使用户方便地将对数据的不同处理组合起来一次运行，从而使整个机器学习过程变得更加易用、简洁、规范和高效。

4. Spark MLPipeline 应用示例

MLPipeline 称为 ML 管道，提供一套统一的机器学习高级 API，它建立在 DataFrame 之上，帮助用户创建和调整实用的机器学习管道。Pipeline 由 Transformer 和 Estimator 两个管理组件构成，Transformer 是包括特征变换和学习模型的一种抽象，而 Estimator 是学习算法或任何算法对数据进行填充和训练的概念。Transformer 可看作转换器，它是一个算法，可以将一个 DataFrame 转换成另一个 DataFrame。Estimator 可看作预测器，它也是一个算法，通过 fit（）方法，接收一个 DataFrame 并产出一个模型。例如，逻辑回归算法是一种预测器，通过调用 fit（）方法来训练得到一个逻辑回归模型。Pipeline 将多个转换器和预测器连接在一起，就形成了一个机器学习工作流。下面通过一个简单的文本文档工作流来解释其工作原理。

（1）训练过程中 Pipeline 的工作流程

在图 8-15 中，上面一行表示 Pipeline 的三个 stage（阶段）。前两个 Tokenizer 和 HashingTF 是转换器，第三个 LogisticRegression 是一个预测器。下面一行表示通过 Pipeline 的数据流，圆柱体代表 DataFrame。Pipeline. fit（）方法作用于原始 DataFrame，其中包含原始的文档和标签。Tokenizer. transform（）方法将原始文档分成单个词，将其作为新的列加入 DataFrame。HashingTF. transform（）方法将文本列转化成特征向量，将这些向量作为新的列加入 DataFrame。因为 LogisticRegression 是一个预测器，Pipeline 调用 LogisticRegression. fit（）来产生一个 LogisticRegressionModel。

整个 Pipeline 可以看作一个预测器，因此，在一个 Pipeline 的 fit（）方法执行完毕

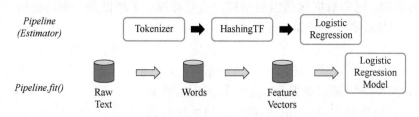

图 8-15　训练过程中 Pipeline 的工作流程

后，它会产生一个 PipelineModel，这个 PipelineModel 可在测试阶段调用。

（2）PipelineModel 在测试过程中的流程

如图 8-16 所示，PipelineModel 和原始 Pipeline 有相同数量的 stage，不同之处在于把原始 Pipeline 中的预测器都变成了转换器。当 PipelineModel 的 transform（）方法被作用于测试数据集时，数据会按顺序穿过 Pipeline 的各个阶段。每个 stage 的 transform（）方法都对数据集做了改变，然后再将其送至下一个 stage。

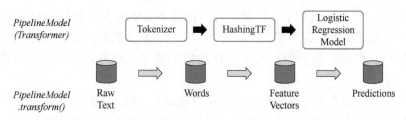

图 8-16　**PipelineModel 在测试过程中的流程**

8.4　大数据应用

大数据价值创造的关键在于大数据的应用。随着大数据技术的飞速发展，大数据应用已经融入各行各业。下面介绍三个典型案例，以期读者能够从中初步感受到大数据的价值所在。

8.4.1　在智能制造中的应用

近年来，随着互联网、物联网、云计算等信息技术与通信技术的迅猛发展，大数据的出现使很多行业在面对严峻挑战的同时，也获得了宝贵的发展机遇。目前，大数据可能带来的巨大价值正在被传统制造业认可，通过技术创新与发展，以及数据的全面感知、收集、分析、共享，大数据为企业管理者和参与者呈现出看待制造业价值链的全新视角。因此，可以说大数据驱动了制造业企业的智能化。

在现代制造业生产、管理、销售等活动中，每时每刻都产生出大量数据，这些数据是企业生存和发展的重要基础，也是企业的宝贵财富。从数据来源上看，制造业大数据的获取来源（如图 8-17 所示）主要有以下几种。

1）产品数据。产品数据包括设计、建模、工艺、加工、测试、维护数据，以及产品结构、零部件配置关系、变更记录等数据。

2）运营数据。运营数据包括组织结构、业务管理、生产设备、市场营销、质量控制、采购、库存、目标计划、电子商务等数据。

3）价值链数据。价值链数据包括客户、供应商、物流合作伙伴等数据。

4）外部数据。外部数据包括宏观经济数据、行业数据、市场数据、竞争对手数据等。

大数据如何驱动智能制造呢？首先必须实现生产制造的合理化、自动化到智能化 IoT 的转变，到系统自适应、质量控制的转变，最终实现制造数据的自动采集、存储、分析、处理，建立完善的智能制造生产体系，实现物料配送智能化、生产过程智能化、质量控制智能化、产品发运智能化等全面的智能化制造。

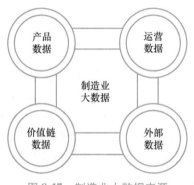

图 8-17　制造业大数据来源

随着大数据在制造业应用的普及，可以感受到从采购、生产、物流到销售市场都是大数据的战场。大数据可以帮助实现客户的分析和挖掘，应用场景包括了设计、生产、交易、服务、售后服务等，载体包括手机、传感器、可穿戴设备、3D 打印机和平板计算机等。传感器采集的各类数据是制造业大数据的主要来源之一，这些数据可以帮助找到已经发生的问题，预测类似问题未来重复发生的概率与时间，保障生产，提高产品质量，满足法律法规的要求，提升环保水平，改善客户服务，等等。

由此可知，智能制造是在网络化和数字化的基础上，融入大数据、人工智能和机器人技术形成的人机物相互交互和深度融合的新一代制造体系，因此，大数据与制造业的关系可以归纳为三点：①大数据促使生产智能化；②大数据促使制造业转型；③大数据造就新一代智能工厂。

8.4.2　在城市空气质量监测中的应用

城市空气质量监测是对空气中的常规污染因子和气象参数进行 24h 连续在线的监测，将分析出的数据提供给环保部门作为空气质量判断的参考，并辅助环保决策，其中需监测的指标包括：细颗粒物（PM2.5，PM10）、臭氧、二氧化硫、一氧化碳、硫化氢、氮氧化物、挥发性有机污染物、总悬浮颗粒物、铅、苯、气象参数、能见度等。为了对空气质量进行监测，传统方法是在城市某些固定位置设立若干个空气监测站，站内安装各种参数自动监测仪器实现连续自动监测。

为了克服固定监测站的不足，配备有专用监测设备的流动监测车、公交车甚至无人机逐渐被应用到空气质量监测中来。多源的数据采集、汇总、分析，使城市质量监测覆盖更加全面，分析预测结果更加科学、客观，而且可以提供相关的智能服务，如图 8-18 所示。

1）重点区域实时监测预警。通过每天实时的海量监测数据，及时发现异常区域，促使街道、村居更加关注周边的空气质量情况。

2）区域间空气质量对比分析。通过监测数据，可以对城市的大气重点污染区域、重点道路进行影响分析、排名，这有利于分级别管理和治理。

3）针对性的专题分析应用。通过有针对性的专题分析，优化调控措施，如：对主干道路洒水降尘频次、时间、洒水车种类进行科学的搭配，提升实效；对重点区域、工地扬尘的

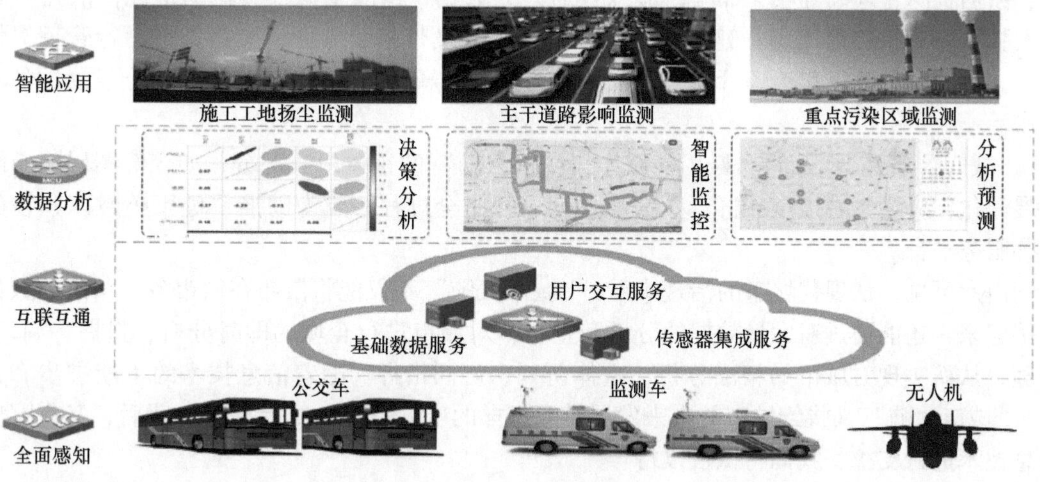

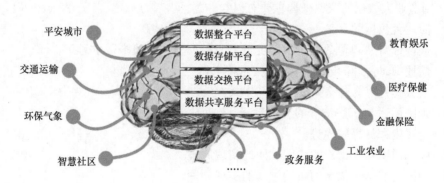

智能应用

施工工地扬尘监测　　主干道路影响监测　　重点污染区域监测

数据分析　　决策分析　　智能监控　　分析预测

互联互通　　用户交互服务　基础数据服务　传感器集成服务

全面感知　　公交车　　监测车　　无人机

图 8-18　空气质量监测

污染影响进行科学评估，以便于制定更有针对性的措施。

8.4.3　在城市治理中的应用

2016 年 4 月，杭州市政府以交通领域为突破口，开启了利用大数据改善城市治理的探索。2016 年 10 月在云栖大会上正式发布"城市大脑"，2017 年 10 月，杭州"城市大脑"正式上线。在"城市大脑"的精准调控下，杭州的"数字治堵"成效显著，在百城拥堵指数排名中，杭州从 2015 年的前 3 位降到了 2019 年的第 35 位。

如今，"城市大脑"内涵更加丰富，已经实现从"治堵"向"治城"的实质性跨越。新型的城市大脑是神经网络化的，基于物联网、移动互联网、大数据、云计算、区块链等新一代信息技术，通过对数据的收集、整合、存储、交换、共享、挖掘与分析，实现数据的可视化以辅助人工决策、数据的人工智能以实现机器决策，为"互联网+"政务服务、交通出行、智慧医疗、智慧教育、智慧环保、智慧旅游、普惠金融、信用建设、平安城市建设等城市治理等提供支持，如图 8-19 所示。

平安城市　交通运输　环保气象　智慧社区　数据整合平台　数据存储平台　数据交换平台　数据共享服务平台　教育娱乐　医疗保健　金融保险　工业农业　政务服务

图 8-19　城市大脑

2020 年年初，杭州"城市大脑"迅速从"平时"运作转入"战时"状态。杭州卫健委、数据资源管理局等相关部门，应急打通公共数据，精准掌握人员流动情况，依托"城市大脑"率先推出健康码。健康码既为外来务工人员带来了方便，又为城市运行管理提供数据支撑。通过数字化治理管活了人、盘活了城，统筹推进疫情防控和经济社会发展的各项工作。

"战时"管用，"平时"好用。作为"城市大脑"的重要组成部分，如今健康码正不断拓展深化，应用于城市全人群、生命全周期、健康全过程，成为助推"健康杭州"建设的公共服务平台。

由此可见，从现代城市的治理来看，"城市大脑"不仅能将散布在城市各个角落的数据连接起来，还能通过对大量数据的分析和整合，对城市进行全域的即时分析、指挥、调动、管理，从而实现对城市的精准分析、整体研判、协同指挥。随着信息技术的不断进步和创新，"城市大脑"又将给城市的未来发展带来怎样的变革？在"城市大脑"背后，又有哪些信息技术进行支撑？我们将拭目以待！

✎ 思考题与习题

8-1 填空题

1）大数据的发展历程共分为四个阶段，分别是（   ）、（   ）、（   ）和（   ）。

2）大数据具有四个基本特征，分别是（   ）、（   ）、（   ）和（   ）。

3）大数据的关键技术分别是（   ）、（   ）、（   ）、（   ）和（   ）。

4）四种大数据采集方法分别是（   ）、（   ）、（   ）和（   ）。

5）大数据通常采用（   ）、（   ）和（   ）进行存储与管理。

6）大数据的六种计算模式分别是（   ）、（   ）、（   ）、（   ）、（   ）和（   ）。

7）主流的推荐系统算法常采用（   ）、（   ）和（   ）三种。

8）推荐系统通常包括三个组成模块：分别是（   ）、（   ）和（   ）。

9）协同过滤算法主要包括（   ）、（   ）和（   ）。

10）制造业大数据的获取来源主要有（   ）、（   ）、（   ）和（   ）。

8-2 简述大数据的含义。

8-3 谈谈你对"单位数据价值密度低，大数据整体价值高"的理解。

8-4 简述 Hadoop 和 Spark 各自的技术特点。

8-5 大数据计算为什么需要流计算模式？

8-6 画图简述 MapReduce 的工作流程。

8-7 简述内存计算的优势。

8-8 画图说明基于用户的协同过滤的实现原理。

8-9 画图说明基于物品的协同过滤的实现原理。

8-10 请结合亲身经历，谈谈对大数据应用的认识和体验。

参考文献

［1］林子雨. 大数据技术原理与应用［M］. 北京：人民邮电出版社，2017.

［2］罗福强，李瑶，陈虹君. 大数据技术基础［M］. 北京：人民邮电出版社，2017.

［3］杨正洪，郭良越，刘玮. 人工智能与大数据技术导论［M］. 北京：清华大学出版社，2019.

［4］林大贵. Python+Spark2.0+Hadoop 机器学习与大数据［M］. 北京：清华大学出版社，2018.

［5］姚海鹏. 大数据与人工智能导论［M］. 北京：人民邮电出版社，2017.

［6］林子雨. 大数据导论［M］. 北京：高等教育出版社，2020.

［7］世纪互联蓝云公司. Microsoft Power BI 智能大数据分析［M］. 北京：电子工业出版社，2017.

［8］卓巴斯. PySpark 实战指南［M］. 栾云杰，陈瑶，刘旭斌，译. 北京：机械工业出版社，2019.

［9］迈尔-舍恩伯格，库克耶. 大数据时代［M］. 盛杨燕，周涛，译. 杭州：浙江人民出版社，2013.

［10］吴军. 智能时代［M］. 北京：中信出版社，2016.

［11］梁旭鹏. 数据产品经理修炼手册：从零基础到大数据产品实践［M］. 北京：电子工业出版社，2019.

［12］董西成. 大数据技术体系详解：原理、架构与实践［M］. 北京：机械工业出版社，2019.

［13］赵宏田. 用户画像：方法论与工程化解决方案［M］. 北京：机械工业出版社，2020.

［14］刘知远. 大数据智能：数据驱动的自然语言处理技术［M］. 北京：电子工业出版社，2020.

［15］李杰. 从大数据到智能制造［M］. 上海：上海交通大学出版社，2016.

［16］袁纪辉. 大数据发展研究综述及启示［J］. 网络空间安全，2019（12）：54-61.

［17］梅宏. 大数据发展现状与未来趋势［J］. 交通运输研究，2019（5）：1-11.

［18］武志学. 大数据导论：思维、技术与应用［M］. 北京：人民邮电出版社，2019.

［19］彭知辉. 论大数据思维的内涵及构成［J］. 情报杂志，2019（6）：124-130，123.

智能系统与发展前瞻

☞ **导　读**

主要内容：

本章介绍智能系统与发展前瞻，主要内容包括：

1）三种典型智能系统：诊断专家系统、多 Agent 系统和智能控制系统，介绍其基本概念、结构和工作原理。

2）以大规模感知为目的的群体智能概念，以及群智感知的流程、需解决的核心问题和主要应用案例。

3）智能家居、智慧城市的概念，以及智慧城市的建设目标、特征及主要智慧应用。

4）智能科学与技术产业内涵、产业生态、产业链，并结合脑与认知科学、类脑智能和人工智能芯片，从理论和技术层面介绍智能科学与技术的发展趋势和展望。

学习要点：

掌握三种典型智能系统的概念、结构和工作原理，群体感知的流程及核心问题，以及智慧家居、智慧城市的建设目标。熟悉智能科学与技术产业内涵、产业生态、产业链。了解群体智能的应用，以及智能科学与技术的发展趋势。

9.1　智能系统及其应用

简单说，智能系统是运用了智能科学与技术理论和技术的系统，具体涉及诊断专家系统、多 Agent 系统、智能控制系统、知识工程、定性推理等多个领域，其应用已经渗透到了各行各业，鉴于篇幅所限，本节仅介绍诊断专家系统、多 Agent 系统和智能控制系统。

9.1.1　诊断专家系统

1. 病害诊断专家系统

医学一直是专家系统应用最多也是最有效的领域。1959 年，美国乔治敦大学教授莱德利（Robert S. Ledley）首次应用布尔代数和贝叶斯定理建立了计算机诊断的数学模型，并成功诊断了一组肺癌病例，开创了计算机辅助诊断先河。1966 年，莱德利正式提出了"计算机辅助诊断"（Computer Aided Diagnosis，CAD）的概念。1968 年，DENDRAL 专家系统诞生。不久，MYCIN 医学专家系统研制成功，该系统首次采用知识库、推理机系统结构，引入"可信度"概念进行非确定性推理，对用户咨询提问进行解释回答，并给出答案的可信度估计，形成了一整套专家系统的开发理论，为其他专家系统的研究与开发提供了范例和经验。

其后，医学专家系统逐渐成为医学领域内的一个重要分支领域，并在 20 世纪 80 年代达到高潮，出现了大量的综合医学专家系统。20 世纪 90 年代，医学专家系统逐步发展成为针对某一种或某一类疾病的专项诊断专家系统。例如，皮肤癌辅助诊断系统、急性腹痛诊断系统、贫血病诊断系统、艾滋病专家诊断系统等，这些专家系统促进了医学科学的发展。进入 21 世纪后，专家系统进展缓慢，医学专家系统取得的成果也不多。我国医学专家系统研究始于 20 世纪 70 年代末，历经几十年，先后研制出 200 多个医学专家系统。但是，由于种种原因，真正能够被医生所接受并且投入临床使用的医学专家系统少之又少。

医学专家系统通常由知识库、数据库、推理机、知识获取模块，以及解释和输入输出接口组成，如图 9-1 所示。对一些具体应用，需要根据相应领域的特点及要求进行必要的调整。

1）知识库。知识库用来存放和管理问题求解所需的专门知识，包含与领域相关的理论知识和专家凭经验得到的启发性知识和经验，知识库所拥有知识的数量和质量是衡量一个专家系统性能和问题求解能力的关键因素。

2）数据库。数据库用来存储当前用户提供的初始事实、问题描述和推理过程中得到的各种中间信息和推理结果，其内容不断变化。例如，患者姓名、年龄、性别、症状、体征、各种检查结果及推理获得的疾病名称等。

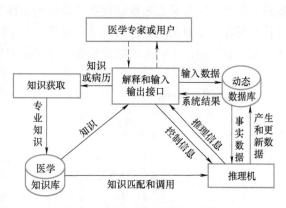

图 9-1　医学专家系统基本结构

3）推理机。推理机是专家系统的"思维"机构，是一组控制和协调整个系统的程序。推理机根据用户问题求解要求和所输入的原始数据，利用知识库中的知识，按一定的推理方法和控制策略解决所提出的问题，如疾病诊断。

4）知识获取模块。知识获取模块是学习模块，用来从人类专家那里获取知识，修改、扩充、完善和维护知识库。它主要靠知识工程师（IT 专业人员）与领域专家（医学专家）密切合作，共同完成知识的提炼和形式化工作。

5）解释和输入输出接口。解释和输入输出接口是用户与专家系统交互的环节，负责对推理给出合理的解释，必要时给出推理依据和路线的清晰解释，为用户了解推理过程和进行系统维护提供方便。

医生根据不同临床资料或不同疾病特点采用相适应的推理方法，而作为模拟医生诊治疾病的医学专家系统，其推理方法也是多种多样的，包括基于规则推理、基于案例推理、基于模糊数学推理、基于模糊证据推理、基于规则的神经网络推理，等等。

专家系统作为智能科学与技术最早实用化的技术与系统，也早已在农业领域得到了广泛应用，如花卉病害诊断专家系统、水稻病虫害诊断专家系统、果树病害诊断专家系统、蔬菜作物病害诊断专家系统等；在水产养殖业，如海参养殖专家系统、对虾病害诊断专家系统、鱼病诊断专家系统等；在畜牧业，如奶山羊疾病防治专家系统、奶牛疾病专家诊断系统、马消化系统疾病辅助诊疗专家系统、犬病诊断专家系统、猪病诊断专家系统、鸡病诊断专家系统，等等。

2. 故障诊断专家系统

事实上，专家系统除在医学、农业、畜牧、养殖中应用外，在工业生产、军事、交通运输等行业也有很多成功的应用案例。例如，对大型装备工作异常诊断和故障定位方面的应用，而且此类应用可采用嵌入式或半嵌入式结构的诊断专家系统。

现代装备或系统功能强大，结构复杂，信息化程度高，绝大部分是集光、机、电于一体的高新技术产品，对在实际运行或检修过程中出现的故障做出准确无误的判断并将故障及时排除，确保装备或系统的生存能力和可靠性，是提高其鲁棒性和生产效率的前提和保障。对于后改造的装备或系统来说，为了减少对原装备或系统的损坏，可采用半嵌入式结构。半嵌入式故障诊断专家系统分为诊断 Agent 和诊断客户端两部分：诊断 Agent 直接嵌入被诊断装备或系统中，实时采集被诊断装备或设备的工作状态，并将数据由通信接口发送给诊断客户端；诊断客户端对采集到的数据进行分析，并采用专家系统的推理机制进行推理、诊断，快速得出诊断结论。半嵌入式故障诊断专家系统典型结构如图 9-2 所示。

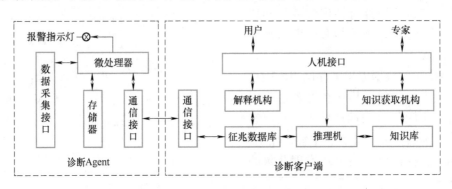

图 9-2　半嵌入式故障诊断专家系统典型结构

1）诊断 Agent。诊断 Agent 由数据采集接口电路、微处理单元、存储器和通信接口构成，嵌入被诊断装备或系统中，对其工作状态进行监测。诊断 Agent 实时采集被诊断装备或系统的各项参数，其内部存储器中保存了这些参数的正常范围，一旦所采集的参数值超限，说明装备或系统工作不正常，可根据故障征兆列表确定装备或系统故障源。诊断 Agent 嵌入被诊断装备或系统中，没有庞大的知识库和显示装置，当装备或系统发生故障时，诊断 Agent 通过报警指示灯（LED⊖灯）发出信息，并将采集的数据发送到通信接口。

2）诊断客户端。诊断客户端由知识库、推理机、知识获取机构、故障征兆数据库、人机接口、解释机构、通信接口等构成，供维修人员在装备或系统维修时使用，能提示故障诊

⊖　LED 为发光二极管。

断方法、维修措施等信息。诊断客户端的核心是知识库，知识库包括故障征兆知识和诊断推理规则两大类。当装备和系统发生故障时，诊断 Agent 监测到故障，并点亮报警指示灯。此时，诊断客户端接收诊断 Agent 传来的监测参数值，根据监测参数、故障征兆知识和诊断推理规则进行故障诊断和定位。

9.1.2 多 Agent 系统

Agent（智能体）技术作为人工智能的一个研究分支，近几年得到了广泛应用，给软件的发展带来了日新月异的变化。广义上，凡具有自主性智能行为，能与外部环境进行交互的分布式实体均可称为 Agent。由此定义可知，Agent 是指具有智能的任何实体，包括人类、智能硬件（如 Robot）和智能软件。Agent 具有环境感知能力，能根据自身资源、状态、行为能力、相关知识、推理规则，通过规划、推理和决策实现问题求解，并做出反应，自主地完成特定的任务，以期实现预定目标。

1. Agent 特性

对于 Agent，很多研究者给出了不同的定义，而且所使用的术语或观测点也是不同的。其实既然没有达成共识，也就没必要特别关注 Agent 的准确定义，只要掌握它的概念和特性，并不影响对 Agent 的研究和应用。Agent 的四个主要特性如下：

1）自主性。一个智能 Agent 应该是一个独立自主的智能实体，应能在无法事先建模的、动态变化的信息环境中独立解决实际问题，在用户不参与的情况下，独立自主地为用户提供一些服务，如索取信息资源等。

2）代理性。代理性主要体现在代表用户工作，可以对一些资源进行包装，引导或代替用户对这些资源进行访问，成为用户便利通达这些资源的枢纽和中介。

3）反应性。反应性是指智能 Agent 能够感知所处的环境（物理环境或信息环境等），并能对相关事件做出适当的反应。

4）主动性。主动性是指智能 Agent 能够遵循承诺采取主动行动，表现出面向目标的行为。

除上述四种基本特性外，Agent 还具有其他特性，见表 9-1。

表 9-1 Agent 特性

序　号	特　性	释　义
1	自主性	对自己的行为或动作有控制权
2	代理性	代表用户工作，或引导、代替用户访问资源
3	反应性	及时感知环境的变化，并执行动作以作用于环境
4	主动性	能够展现出一种导向目标的行为
5	可通信	与其他 Agent（也包括人）进行通信，交换信息
6	可推理	解释感知信息，或决定执行什么动作
7	可移动	能够跨平台持续运行
8	自学习	能够根据以前的经验校正其行为

2. Agent 结构

如图 9-3 所示为 Agent 的基本结构。Agent 一般包括环境感知、信息处理、知识库/信息库、通信/协作、任务/目标、推理与控制、执行等模块。

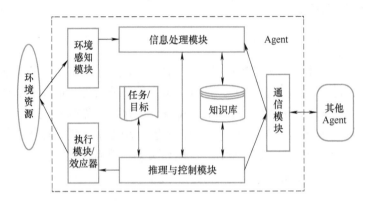

图 9-3　Agent 的基本结构

Agent 作为智能主体与环境相互作用，环境状态通过环境感知模块传达给信息处理模块。推理与控制模块根据环境感知信息处理结果、任务/目标，以及现有知识和信息，推理得出结论（命令）。执行模块/效应器接收推理与控制模块发出的命令，使智能主体作用于周围的环境。通信模块用于与其他 Agent 的通信，协同完成一项共同的工作。

3. 多 Agent 系统

多 Agent 系统（Multi-agent System，MAS）是指若干个智能 Agent 通过协作完成某些工作或实现某些目标的系统。MAS 中的多个 Agent 需要相互通信、相互协调、相互协商与相互协作。

1）通信。一个 Agent 需要和其他 Agent 或环境进行通信和交互，这些信息可能包括任务规划、部分结果和同步信息等。

2）协调。协调是指具有不同活动目标的多个 Agent 对其目标、资源等进行合理安排，以协调各自行为，最大限度地实现各自目标。协调包括定时为其他 Agent 提供必要的信息、保证主体之间活动的同步、避免冗余的问题求解等。

3）协商。协商是指多个 Agent 通过通信交换各自目标，直到多 Agent 的目标达成一致或不能达成协议。它是实现协同、协作、冲突消解和矛盾处理的关键环节，其关键技术有协商协议、协商策略、协商处理等。

4）协作。协作所采用的基本策略通常就是分解任务，然后把子任务分配或分布到不同Agent 上，要求 Agent 之间必须能够合作求解问题、完成任务。任务分解要考虑子问题的交互性、协调性、数据相关性等，而任务分配通常采用基于合同网机制来分配任务，各个Agent 对子问题进行求解，最终综合单个子问题的解。

4. 资源服务类多 Agent 系统

在多 Agent 系统开发时，要根据任务需要构建各个 Agent，形成异构 Agent 系统架构。各个 Agent 组织结构、行为能力不同，既可降低系统开发成本，也可提高 Agent 的使用效率，图 9-4 为资源服务类多 Agent 系统的体系架构。

　　资源服务类多 Agent 系统由多种具有不同功能的 Agent 组成，分为三个层次，即交互层、管理执行层和资源层，每一层至少含有一个或多个 Agent，这些 Agent 会根据自身能力完成各自承担的任务。

　　在交互层，交互 Agent 主要负责与用户进行交互，将用户发送的请求转化为系统可以识别的指令，并将其发送给管理执行层。

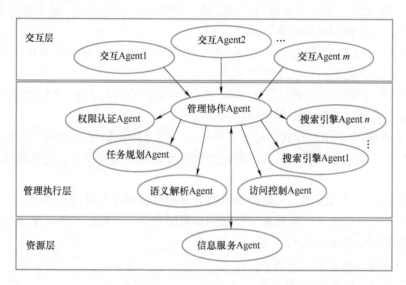

图 9-4　多 Agent 系统的体系架构

　　在管理执行层，管理协作 Agent 统一管理和调用所有 Agent，将任务分配给不同 Agent。当管理协作 Agent 接收到任务请求后，首先会对其进行逐步分解，然后将分解后的子任务分配给相应的 Agent 去执行。

　　在资源层，主要为管理执行层提供相对应的数据服务功能，并对执行过程中产生的新知识、新信息资源进行分类保存，实时更新相应数据库。因此，资源层相当于一个本地知识库。当管理执行层 Agent 需要某信息资源服务时，可从资源层调用，当执行完某任务后，也可将执行过程中产生的新信息资源存储到资源层，以便下次调用。

　　该资源服务类多 Agent 系统具有以下特征：

　　1）每一个 Agent 都呈模块化结构，方便独立开发和设计，可以根据环境变化迅速做出反应，并可以根据需要灵活增减 Agent 的数量。

　　2）Agent 之间相互独立，一个 Agent 失效不会对其他 Agent 产生影响。

　　3）信息服务 Agent 会对新到来的信息资源进行分类和存储，有助于系统学习新的知识并优化自身模型，丰富系统知识库。

　　4）每一个 Agent 都可以使用自身的知识库独立解决问题，从而提高整个系统解决问题的能力和效率。

9.1.3　智能控制系统

　　传统控制方法（经典控制、现代控制）是基于控制对象精确模型的控制方式。经典控制理论以频率响应法和根轨迹法为核心，主要研究单输入、单输出的自动控制系统，特别是线性定常系统。现代控制理论以状态空间法为基础，以最优控制理论为特征，以时间域方法为基本分析方法，可以处理线性系统和非线性系统、定常系统和时变系统、单变量系统和多变量系统。

1. 智能控制

随着自动控制技术的广泛应用，人们遇到了传统控制方法难以解决的问题：

1）大量实际系统，由于其复杂性、非线性、时变性、不确定性，或者所获取信息的不完全性等因素，无法得到精确的数学模型。

2）某些复杂的系统可能包含有不确定性的控制过程，无法用传统的数学模型来描述，也就是说根本无法解决传统建模问题。

3）在运用传统控制方法时，针对实际系统经常需要进行一些比较苛刻的线性化假设，而这些假设往往与实际系统不相符。

4）传统的控制要求相对较低、任务目标单一，而实际控制任务复杂，例如，对于机器人控制、计算机集成制造系统、社会经济管理系统等复杂的控制任务，传统控制方法就显得无能为力了。

其实，在社会生产实践中，复杂控制问题可通过熟练操作人员的经验和控制理论相结合去解决，它们完全可以适应控制对象的复杂性和不确定性。由此，就催生了智能控制。

智能控制是驱动智能机器自主地实现其目标的过程，或者说，智能控制是一类无须人的干预就能够独立地驱动智能机器实现其目标的自动控制。傅京孙教授 1971 年首先提出：智能控制是人工智能与自动控制的交叉，即二元论。1977 年，美国学者 G. N. Saridis 在此基础上引入运筹学，提出了三元论的智能控制概念，即 IC = AC∩AI∩OR，如图 9-5 所示。其中，IC 为智能控制（Intelligent Control）、AI 是人工智能（Artificial Intelligence）、AC 为自动控制（Automatic Control）、OR 是运筹学（Operational Research）。三元论除了"智能"与"控制"外，还强调了更

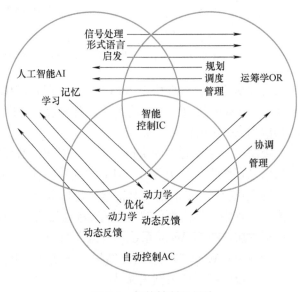

图 9-5　智能控制三元论

高层次控制中规划、调度和管理的作用，为递阶智能控制提供了理论依据。

智能控制的关键就是要设计一个控制器（或系统），使之具有学习、抽象、推理、决策等功能，并能根据环境（包括控制对象或控制过程）信息的变化做出适应性反应。近年来，神经网络、模糊数学、专家系统、进化论等各学科的发展给智能控制注入了巨大的活力，由此产生了各种智能控制方法，催生了各种各样的智能控制系统，为解决传统控制无法解决的问题找到了新的途径和手段。

2. 模糊控制系统

在工程实践中，一个复杂的控制系统可由一个操作人员凭着丰富的实践经验得到满意的控制效果。这说明，若能将这些熟练操作人员的实践经验加以总结和描述，用语言表达出来，就会得到一种定性的、不精确的控制规则，再利用模糊数学将其量化转化为模糊控制算法，就形成了模糊控制方法，图 9-6 所示为模糊控制原理。

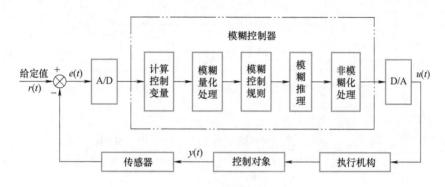

图 9-6　模糊控制原理

模糊控制器（Fuzzy Controller，FC）是模糊控制系统的核心。模糊控制器基于 1965 年扎德（L. A. Zadeh）提出的模糊数学理论，将被控制量的给定值与采集值之差模糊化处理为模糊量（如"高""中""低""大""小"等）。模糊控制输出量由模糊推理导出，再经非模糊化处理才可作为控制信号输出。在模糊推理中，模糊控制规则是模糊推理的基础和依据。

3. 神经网络控制系统

神经网络所具有的大规模并行性、冗余性、容错性、本质的非线性，以及自组织、自学习、自适应能力，给不断面临挑战的控制理论带来了生机。神经网络作为控制器，可实现对不确定系统或未知系统进行有效的控制，使控制系统达到所要求的动态特性和静态特性。

神经网络（Neural Network，NN）控制器结构多种多样，包括 NN 学习控制、NN 直接逆控制、NN 自适应控制、NN 内模控制、NN 预测控制、CMAC 控制、分级 NN 控制和多层 NN 控制等。

图 9-7 为基于神经网络的监督式控制系统，包括一个导师（监督程序）和一个可训练的神经网络控制器（Neural Network Controller，NNC）。在控制初期，监督程序作用较大。随着 NNC 训练的成熟，NNC 将对控制起到较大作用。实现 NN 监督式控制的步骤如下：

1）通过传感器和传感器信息处理，调用必要的和有用的控制信息。

2）构造神经网络，选择其类型、结构参数和学习算法等。

3）训练 NN 控制器，实现输入输出之间的映射，以便进行正确的控制。在训练过程中，可采用线性率、反馈线性化或解耦变换的非线性反馈作为导师（监督程序）来训练控制器。

4. 分层递阶智能控制

G. N. Saridis 在提出智能控制三元论的同时，还提出了分层递阶智能控制系统，其基本结构如图 9-8 所示。

第一级：组织级。它代表系统的主导思想，由人工智能起控制作用，负责处理高层次信

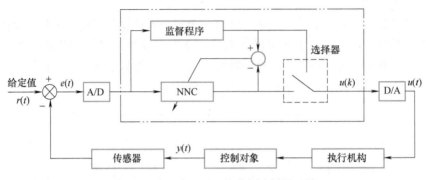

图 9-7　基于神经网络的监督式控制系统

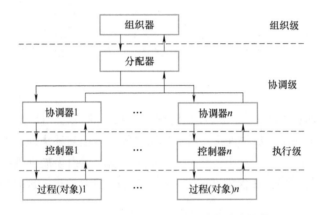

图 9-8　分层递阶智能控制系统的基本结构

息，用于机器推理、机器规划、机器决策、学习（反馈）和存储记忆等操作。

第二级：协调级。它是上（第一级）和下（第三级）级间的接口，由人工智能和运筹学起控制作用。协调级由一定数量的具有固定结构的协调器组成，每个协调器执行某些特定的任务。各协调器间的通信由分配器来完成，而分配器的可变结构由组织级来控制。

第三级：执行级。它是智能控制系统的最低层级，要求具有较高的精度，但只具有较低的智能。执行级按传统自动控制理论与技术进行控制，完成对相关过程的控制，或控制执行机构完成相应的动作。

9.2　群体智能及其应用

群体智能是自然计算和仿生网络系统领域最活跃的研究课题之一，它是新一代人工智能研究的重要方向，已经发展成为科学研究和工程实践中重要的复杂问题求解技术。人类是自然界的高级生物体，人类的群体智能曾是社会学研究的对象。随着移动互联网的普及，人类的群体智能表现出了新的特征，出现大量利用群体智能的新型互联网应用。

9.2.1　群智感知相关概念

随着移动互联网和智能终端的不断普及，人们在生活中已经离不开各种各样的移动终端设备，如手机、平板计算机、电子书、智能手表、智能手环和智能眼镜等。为了更好地服务于人类，移动设备中集成了大量传感器模块，如光线传感器、加速度传感器、陀螺仪、磁力计、气压计、温度计、距离传感器、屏幕压力传感器和指纹识别等。除此之外，移动设备上的非传感器部件也都具备了感知人类行为和周围环境的能力，如麦克风、摄像头、WiFi、蓝牙和 GPS，多种多样的传感器使移动设备具备了"感知"（Sensing）能力。

伴随着高速移动网络通信的发展，人们可以利用手中的移动设备随时随地采集不同模态的数据，从而出现了基于群体智能的感知计算（群智感知计算）这一新的研究领域。群智感知计算将普通用户的移动设备作为基本感知单元，通过移动互联网进行有意识或无意识的协作，实现感知任务分发与感知数据收集，完成大规模的、复杂的社会感知任务，是人类群体智能的一种应用形式。很显然，群智感知计算的数据采集和收集过程与传统的传感网有很大不同。

在群智感知计算方式下，人们使用随身携带的各种智能设备（如手机、手环、平板计算机和眼镜）在物理世界采集不同模态的数据（如图像、文本、轨迹和音频），数据通过智能设备的无线通信网络（如 WiFi 和 3G/4G/5G）上传至云端；这些群体贡献的数据具有碎片化、低质冗余等特点，经过清洗、优选和萃取后，对数据进行处理、融合和挖掘来获取有价值的知识，进而服务于大规模的城市和社会感知任务。

群智感知计算目前已经逐渐被应用到了各种不同的领域，如智能交通、定位与导航、环境监测、城市感知、公共安全和社会化推荐等。不同的群智感知计算应用往往关注于收集不同种类的数据，根据常见的移动终端传感器和应用场景，群智感知数据可大致分为如下五类：

1）数值。数值是传统传感器的数据形式，移动设备中内嵌的多种传感器已被广泛用于各种感知任务。例如，利用内置的陀螺仪、磁力计和加速度传感器可获取移动终端设备的姿态；通过车上乘客手机里的加速度计可以检测到手机随车辆颠簸的幅度，进而检测道路坑洼状况；通过磁力计和加速度计或者方向传感器可以检测到人们拍照时镜头对准的方向。

2）文本。文本是指由人们输入终端设备的语言内容，如商品评论、微博和影评等。基于文本数据的群智感知应用将每个人视为特殊的传感器，它接触到的各类信息在被吸收和加工后以文本的形式回到信息空间，例如，微博里的情感感知是基于文本的群智感知应用。

3）声音。麦克风让移动设备具备"听"的能力。例如，基于音频数据可感知城市里的噪声分布。

4）照片。摄像头让移动设备具备"看"的能力。利用人们在社交网络中分享的生活、工作、旅游、活动、植物和动物等照片，不但可以构建旅游百科，还可以进行事件感知、动植物研究、水文环境监测等。

5）轨迹。轨迹包括一系列的人或车辆的时空坐标记录，即一系列的时间和定位坐标。常用的空间坐标定位方法包括 GPS、北斗、WiFi 或基站定位。时空轨迹可用于研究人群移动规律和人口密度分布，以及开发电子地图导航等。典型的应用如 Waze（位智）和 OpenStreetMap（OSM）。Waze 是一款社区化的交通导航应用，驾驶人加入车友社区就可以与其他驾驶人共享实时交通道路信息，通过避开交通拥堵达到绿色出行的目的。OSM 是开放式的电子地图网站，它从人们共享的 GPS 轨迹中提取道路信息，构建全球电子路网数据库。基于出租车 GPS 轨迹大数据，通过研究出租车上下客的时空分布特征，不仅可以反映城市居民的工作、生活、出行的规律，也可反映城市空间在不同时段内的热度。

　　近年来，随着移动应用系统对传感器种类需求的不断提高，气压计、心率传感器、雷达等被集成在智能手机中。另外，通过蓝牙或 WiFi 与智能手机连接的外置传感器或可穿戴设备也被用于各种数据的采集中，比如智能眼镜、行车记录仪、智能手表和运动手环等。除了便携的移动设备，未来将有更多的智能移动设备具备丰富的感知能力，比如智能汽车和智能自行车等，它们通过蓝牙或 WiFi 即可与手机等移动通信设备互联，也可以直接接入物联网，这些智能设备的感知能力也将支持更多的群智感知应用为人类社会服务。

　　群智感知计算由众包（Crowd-sourcing）、参与感知（Participatory Sensing）等相关概念发展而来。众包是美国《连线》杂志 2006 年发明的一个专业术语，用来描述一种新的生产组织形式，具体是指企业/研发机构利用互联网将工作分配出去，利用大量用户的创意和能力解决技术问题。参与感知最早由美国加州大学的研究人员于 2006 年提出，强调通过用户参与的方式进行数据采集。2009 年 2 月，亚历克斯·彭特兰（Alex Pentland）教授等在美国《科学》杂志上撰文阐述"计算社会学"概念，认为可利用大规模感知数据理解个体、组织和社会，在计算目标上与群体感知大致相同。以上几个相关研究方向都以大量用户的参与或数据作为基础，但分别强调不同的层次和方面。2012 年，清华大学刘云浩教授首次对以上概念进行融合，提出"群智感知计算"概念。与基于传感网和物联网的感知方式不同，群智感知以大量普通用户作为感知源，强调利用大众的广泛分布性、灵活移动性和机会连接性进行感知，并为城市及社会管理提供智能辅助支持。

　　群智感知计算是利用群体行为、知识和能力完成大规模感知计算的一种问题解决形式。自然界中存在大量的群体智能，例如经典的蚁群最短路径算法的灵感便是基于群体智能解决寻径问题，但是群智感知计算的基础是人类智能，因此更为强大和复杂。

　　人类与机器智能相结合的研究有着悠久的历史。早在 1950 年图灵就曾指出"数字计算机后期的发展可以这样来展望，这些机器将不断具有任何由人类才能完成的工作的能力"。他后来还提出"图灵测试"，对给定程序的智能程度进行评估。这表明人类智慧和机器智能自人工智能研究诞生以来就一直是相互关联的主题。美国麻省理工学院的利克莱德（J. C. R. Licklider）教授在 1960 年发表过一篇开创性的论文，提出"人机共生"思想，即让人和计算机能够共同合作，一起完成复杂任务。2017 年以来，群智融合计算、人机共融智能、群智协同计算和人机混合智能等概念和应用也相继被提出来，这些研究领域与群智感知计算是群体参与概念的不断延伸。我国于 2017 年发布了新一代人工智能的国家重大科技战略，其中，群体智能便是核心内容之一。

9.2.2　群智感知的流程

　　群智感知计算的三要素是人群、智能设备和无线通信。数据收集是群智感知计算的核心，高质量的数据收集对于推动群智感知计算在不同领域获得广泛应用尤为重要。因此，一般的群智感知过程可描述为：人们携带智能设备在日常的行为活动中通过自动或手动方式采集数据，数据通过无线通信网络传输到数据中心以满足不同应用需求。

　　群智感知计算依数据来源方式分为机会式感知和参与式感知两种模式。机会式感知是一种用户无意识的感知模式。以采集照片数据为例，人们在日常生活中拍下自己感兴趣的照片并将其上传到各种社交网络进行分享，机会式感知利用这些照片及附带的信息（如作者、拍照地点、拍照时间、标签等）来完成感知任务。分享照片的用户成为无意识地完成感知任务的参与者。参与式感知通过参与者招募的方式来完成数据采集任务。以照片数据采集为例，参与者必须按任务要求在指定的时间和地点给特定对象拍摄照片以完成任务。在实际应用中，这两种感知模式互为补充。

在上面的例子中，机会式感知通常通过收集用户无意识贡献的数据来完成感知任务，成本相对较低。但是，在很多情况下用户间接贡献的数据难以满足特定任务的需求。针对那些不常被大众关注的感知对象，必须使用参与式感知方式才能获得所需数据。例如，收集大量购物小票的照片用于提取商品销售情况，但人们很少在互联网中分享日常购物小票，因此只能采取参与式感知方式完成。

采用参与式感知方式的群智感知应用需要一个用于发布任务和招募工作者的平台，数据需求者（Data Requester）在平台上发布数据采集任务（Task），接受任务的用户成为工作者，他们使用特定的移动客户端软件采集数据。发布任务的用户被称为任务发布者（Task Provider）或数据需求者（Data Requester），完成数据采集任务的用户被称为工作者（Worker）或参与者（Participant）。

有些群智感知数据采集通常需要特殊的 App 才能完成。例如，对于采集室内外照片的任务，为了协助用户采集数据，App 可以利用智能手机上丰富的传感器给用户提供任务帮助。不同的群智感知应用系统的感知对象和感知目的是不同的，它们对数据和数据集的需求亦不同，但是数据采集和汇聚的流程是类似的。为了让不同的群智感知应用能够收集到高质量数据，需要构建一个面向不同群智感知应用的任务管理和数据采集平台。图 9-9 给出了一个通用的参与式群智感知平台示例。一项任务在该平台上的生命周期分为四个阶段，分别是任务发布、任务执行、数据汇聚和结果移交。这样的多任务群智感知平台服务于两种用户：数据需求者（或任务发布者）和工作者。

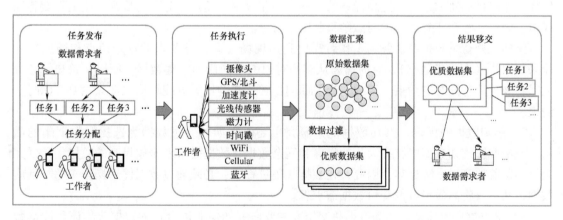

图 9-9　参与式群智感知平台示例

任务生命周期的四个阶段及工作流程如下：

1）任务发布。数据需求者在平台上发布任务，任务可以描述为 4W1H，即何时（When）何地（Where）以何种方式（How）针对哪个感知目标（What）采集数据，哪些数据（Which）应该被上传。任务分配方式包括两种：用户认领（Pull-based）和系统推送（Push-based）。用户认领是指参与者从平台上浏览或检索任务，并主动注册成为某任务的工作者。系统推送是指平台根据任务对时空和感知能力的限制，从所有参与者中寻找合适的人选，并推送任务。无论采用哪种任务分配方式，当参与者接受任务后，即成为该任务的一名工作者（即移动感知节点，简称感知节点）。

2）任务执行。工作者按照任务要求，到达指定地点完成相关数据采集。对于实时感知任务，工作者必须立即上传数据；如果是非实时感知任务，则允许工作者在任务截止时间之前选择适当通信方式上传数据。

3）数据汇聚。受分布式感知方式影响，群智感知原始数据集存在大量冗余（即低质或重复）数据，在数据汇聚阶段，平台根据任务要求对数据进行过滤和优选，挑选出满足任务要求的高质量数据集。

4）结果移交。数据需求者可在任务结束前或结束后从平台下载数据汇聚结果。多数群智感知任务很难在一开始就准确定义任务的数据采集约束，因此平台允许数据需求者在任务结束前查看数据汇聚结果，使数据需求者有机会在任务结束前调整任务要求。

9.2.3　群体智能的核心问题

群智感知计算需要解决的核心问题分为四个方面，分别是感知任务分配与激励机制、感知数据的优选、感知数据的移交和群智感知应用。

1）感知任务分配与激励机制。感知任务分配与激励机制研究主要研究如何进行任务分配和参与者激励以保证充足的数据来源。群智感知计算通过分配任务雇用参与者采集数据，参与者根据任务要求采集数据是群智感知计算的数据来源。为了收集足够的数据，群智感知需要雇用大量的参与者采集数据，很多任务还需要参与者前往特定的地点，然而发布任务的数据需求方仅能够提供有限的报酬，因此，如何分配任务使参与者低成本地完成任务是提高参与者接受任务积极性的关键，同时也是保证充足数据源的关键。群智感知的激励机制研究工作的目标通常是为了提高任务的分配率和完成率，而任务分配的目标往往是降低感知成本，因此，感知任务的分配与激励机制密不可分。

例如，群智感知拍照任务的工作者需要到达现场（即任务要求的特定地点和场景）才能采集照片（即采集数据），有时需要从感知对象的不同侧面采集数据，所以，感知任务分配需要满足严苛的时空约束。因此，当前面向群智感知的任务分配算法也都只主要考虑时空约束。

2）感知数据的优选。感知数据优选研究主要研究如何通过数据优选提高数据集的质量。原始群智感知数据中存在大量的噪声和冗余数据，数据需求者希望得到的数据集是低冗余且高覆盖的高质量数据集，因此，在数据收集过程中，必须通过数据优选操作来滤除低质数据，从而仅将高质量数据交付数据需求者。

3）感知数据的移交。感知数据移交研究主要研究如何通过合理的数据收集流程降低数据收集成本。例如，数据需求者购买参与工作者提供的照片，参与工作者完成任务的成本主要包括：①理解任务需求付出的脑力劳动；②到达任务地点付出的体力劳动；③根据任务要求拍照片时付出的体力劳动；④拍照和上传数据付出的移动设备能量；⑤传输数据的流量费用。参与工作者完成任务的成本直接影响了数据需求者购买数据时需要支付的费用（即数据收集成本），因此，除了通过优化任务分配，还可以通过优化数据收集流程降低参与者完成任务的成本，从而降低数据收集成本。

4）群智感知应用。群智感知应用研究主要研究群智感知计算能够为民众提供何种服务以及如何利用群智感知计算的理论、方法和技术搭建应用软件系统提供服务。群智感知应用能够提供的服务范围很广。在人们日常生活使用的软件中经常能够见到群智感知技术的应用，例如，智慧交通、电子地图、商品推荐、舆情分析等。群智感知应用还出现了一些跨领域应用，例如，利用社交网络数据定位物理世界正在发生的事件，将出租车派单数据用于外卖派单服务，等等。

随着群智感知计算的发展、新型传感器的出现和数据汇聚规模的增长，群智感知应用研究的重点仍然是设计基于群智感知计算的应用系统，以及根据群智感知应用需求提出新的群智感知计算研究问题。下面以激励机制为例介绍现有的问题解决方法。

针对在时间和空间性能方面要求较高的任务，可以在不改变人们原来的行程规划的基础上，结合人的移动性，根据参与者的历史移动轨迹，在感知成本控制范围内给参与者分配合适的任务，实现群智任务的低能耗分配。另外，支付货币和虚拟货币是常用的激励支付手段，如何支付也是常见的研究内容。例如，采用竞拍机制来促进用户参与，在工作者提交数据的过程中，服务器端采用逆向拍卖机制对数据进行收购；使用游戏元素来指导和激励工作者采集数据的方法。有些软件通过给人们提供服务，间接收集数据，即采用了双赢的合作模式，服务提供商通过向用户提供免费服务换取用户的数据，而用户无须提供额外的劳动就可以享受到免费的服务。例如，某 App 可以帮助人们识别植物，人们随时随地拍照上传植物图片，该 App 快速给出花名和比对图，其一方面给人们提供服务，同时收集到大量由用户主动上传的带有时空标签的植物照片，然后向用户提供植物地理分布的服务。又如，用户在使用电子地图类 App 时，也会把 GPS 轨迹序列上传，电子地图服务提供商根据轨迹可以精确校准路况，并协助驾驶人规划出行路线。

9.2.4　群智感知应用

群智感知可应用在很多重要领域，如水文环境监测、智能交通、公共交通、旅游百科、室内定位、信息传播、新闻报道和事件感知等，这些应用有些使用特殊的 App 采集照片，有些直接使用设备的电子相册或下载社交网络上的照片。这里简要介绍一些近年来基于照片的群智感知应用案例。

Gazitiki（2008 年）：Gazitiki 利用维基百科（Wikipedia）、Panoramio 和 Web 搜索构建地理百科的应用。Gazitiki 首先通过维基百科识别出所有的地名和它们的坐标，并对地名进行分类和排序，当用户检索地理信息时，Gazitiki 向用户展示详细的地理信息和相关照片。

MobiShop（2008 年）：MobiShop 收集人们的商店购物小票照片，通过 OCR 技术提取商品价格，并将收集到的商品价格信息推送给不同的客户，使人们可以共享商品价格信息。

Lostladybug（2010 年）：Lostladybug 收集瓢虫照片，用于研究瓢虫的种类、生存状况和习性，截至 2017 年 3 月，已收集 3.8 万份来自世界各地的数据。

CreekWatch（2011 年）：CreekWatch 是 IBM 开发的 iPhone 应用程序，用于监测河流水质。人们（无论是在岸边还是桥上）路过小溪或河流时，使用 CreekWatch App 提交河流在当前位置的状态，包括水量、垃圾量和一些照片。CreekWatch 通过 Web 网站向人们展示世界各地河流的健康状况。

WreckWatch（2011 年）：WreckWatch 能够通过车内手机的传感器检测到车祸，然后寻找路过的行人拍摄车祸现场的照片发送给救援中心，使救援人员能够及时准确地判断车祸位置和救援的紧急程度。

PhotoCity（2011 年）：PhotoCity 为了收集到满足构建 3D 城市需求的高质量照片，采用了一种游戏的方式，训练"玩家"成为采集照片"专家"，使"专家"能够从不同角度高密度地采集城市中建筑物的照片。

JamEyes（2012 年）：在发生交通拥堵时，JamEyes 计算被堵车辆数目并估算拥堵可能持续的时间，同时将拥堵源头位置车辆拍摄的视频分享给其他车辆，使处于拥堵中的驾驶人及时了解拥堵原因和拥堵情况。JamEyes 通过手机的 3D 加速度计和 WiFi 信号检测每一辆车周围的其他被堵车辆，并检测车辆之间的位置关系，从而得出拥堵车辆的数目，并找到处于拥堵源头的车辆。

GBUS（2012 年）：GBUS 使用 GPS 轨迹收集公交车的行驶数据，参与者还可以同时提供公交站点周围的照片用于提高公交车站的辨识度。

MediaScope（2013 年）：当有事件发生时，MediaScope 以新闻报道为目的，从现场目击者共享的手机相册中检索各种照片，检索条件包括图像相似度和地理信息等。

SmartPhoto（2014 年）：SmartPhoto 根据照片的拍照方向、拍照位置和摄像头的一些参数评估照片的价值，采用贪心算法选择 k 张拍照方向不同的照片，使这些照片能够最大限度地全方位覆盖拍摄对象。

FlierMeet（2015 年）：FlierMeet 收集城市中的公共张贴物（如海报和通知）的照片，计算人、张贴物和地点之间的关联关系，构建不同个体对不同类别张贴物的喜好关系，向不同的人群推送他们喜欢或需要的张贴物，提高城市信息传播效率。

SmartEye（2015 年）：为了从人们在灾后共享在云端的照片中检索低冗余、多样化高质量数据，SmartEye 解决基于照片的实时数据分析问题。

SakuraSensor（2015 年）：在樱花开放的季节，SakuraSensor 通过人们在车内拍摄的视频片段判断樱花的开放情况，并根据人们的行车轨迹计算游览樱花美景的最优路线。

iMoon（2015 年）：iMoon 收集大量室内的 2D 图像，然后构建成室内环境的 3D 模型用于室内导航。

SentiStory（2017）：SentiStory 提出了一种基于粗粒度情感分析的微博事件脉络总结方法，检测微博重大变化，并挖掘这些变化背后的原因。

LuckyPhoto（2018 年）：LuckyPhoto 是一个基于群智的室外照片收集平台。

CrowdTracking（2019 年）：CrowdTracking 通过路边行人的手机拍摄路面的移动目标（如车辆、巡游花车等），实现对移动目标的持续跟踪。

9.3 智能家居与智慧城市

"智慧生活""智能家居""智慧城市""智能社会"是近几年日渐流行的词语，无论是在网络上，还是在人们日常交谈中，"智能""智慧"都越来越多地与"家居""城市""社会""生活""工作"连在了一起。这从一个侧面说明，智能科学与技术的应用已经渗透到了人们社会生产生活的方方面面，这不仅体现在智能家居、智慧城市的兴建之中，也体现在了不断成长的智能社会的构建当中。

9.3.1　智能家居

家庭是社会的基本单元。智能社会愿景实现的第一步，自然首先是家居的智能化，为家庭提供安全、方便、舒适、环保、愉悦、健康的生活环境。家居生活的智能化实现技术统称为智能家居（Smart Home/Intelligent Home），是一个综合利用智能科学与技术的研究领域。

1. 智能家居定义

从技术层面上讲，智能家居以住宅为平台，利用综合布线技术、网络通信技术、安全防范技术、自动控制技术、物联网技术、音视频技术、人工智能技术等将家居生活有关的设备设施集成，构建高效的住宅设施与家庭日常事务的管理系统，提升家居的安全性、便利性、舒适性、艺术性，并实现环保节能的目标。

智能家居系统主要包括家居布线子系统、家庭网络子系统、中央控制子系统、家庭安防子系统、家庭娱乐子系统、健康咨询子系统以及家政服务子系统等。下面重点介绍智能化程度较高的几个子系统的功能。

1）家居布线子系统。为了实现智能家居的各种智能化服务，首先需要在家居住宅中进行综合布线，以便支撑语音/数据通信、多媒体、家电自动化、安防等多种应用。考虑到各种不同应用的需要，可在住宅同时部署有线网络和无线网络。

2）家庭安防子系统。主要目的是确保住宅的财产与人员安全，基础设施包括门磁开关、紧急求助、烟雾检测报警器、燃气泄漏报警器、玻璃碎探测报警器、红外微波探测报警器等。也可根据需要配置视频实时监控系统，即使远离住宅，家庭成员也能够通过移动智能终端（如智能手机），实时监视住宅内外的情况。

3）家庭娱乐子系统。充分利用音视频技术、多媒体技术、VR/AR等技术丰富家庭业余生活。例如，背景音乐、人机互动娱乐、智能点歌，甚至机器填词谱曲等。

4）健康咨询子系统。利用智能检测分析技术，根据住户的生活习惯，提供健康咨询、饮食指南等服务，甚至根据采集的呼吸、心率、血压、体温等体征数据，对疾病提供基本的辅助诊断、治疗建议，并协助完成康复训练等任务。

5）家政服务子系统。除了家庭日常事务管理外，还包括家电、灯光、窗帘、马桶、衣柜控制，例如，扫地、洗衣、做饭、调节室内温湿度、马桶开启与关闭等，甚至还可以配置各种家政服务机器人。

2. 智能家居服务

智能家居系统应能提供如下服务：

1）通过家庭网关与互联网相连，提供全天候网络信息服务。

2）实时监控非法闯入、火灾、煤气泄漏，必要时紧急呼救。一旦出现险情，智能家居系统自动发出报警信息，同时启动相关设备进入应急联动状态，实现主动防范，避免不必要的财产损失或人身伤害。

3）利用人机会话技术，实现家电智能控制或远程交互性控制，提高家电使用效率，减少待机时间。

4）提供全方位的家庭娱乐服务，不仅仅是家庭影院、背景音乐这些基本的娱乐服务，而且还可利用人工智能技术，提供声控点歌、辅助作词谱曲、歌舞动漫仿真等娱乐服务。

5）提供全面的家庭信息服务，包括健康咨询、理财管理、日常事务管理的信息化，以及健康饮食、天气气象、小区物业对接、缴费信息提醒等服务。

目前，智能家居技术尚在不断完善之中，随着智能家居产业的迅猛发展，越来越多的家庭开始引入智能化系统和设备。相信在不久的将来，智能家居将成为人们的普遍需求。

9.3.2 智慧城市相关概念和见解

智慧城市不是凭空产生的崭新概念，而是信息技术不断创新发展与城市经济社会密切结合和广泛应用之后的产物，对于它的内涵和定义目前业界并无统一的认识和界定。下面首先简单梳理一下国内外学术界和业界对智慧城市概念、定义的探讨，以供读者参考。

1. 智慧城市概念

对于智慧城市的概念与内涵，国外很早就展开了研究，尤其以维也纳理工技术大学区域科学中心（Centre of Regional Science，Vienna UT）的欧洲智慧城市（European Smart Cities）研究项目最具代表性。2007年10月，该中心发布了对欧盟中等城市（人口20万以下）的可持续发展能力与竞争力的评估报告《欧盟中等城市智慧城市排名》，首次系统性地提出了智慧城市的内涵："当一个城市将对人和社会资本、传统（交通）和现代（ICT）的交通基础设施的投入作为支撑经济持续增长的动力，实现高质量的人民生活，并通过参与性管理达到生态和谐时，那么它就是一个智慧城市"。

该评估报告从智慧经济、智慧民众、智慧治理、智慧交通与ICT、智慧环境和智慧生活六个维度阐述了智慧城市的特征，这六个维度代表了城市的区域竞争力、交通和ICT、自然资源、人力和社会成本、生活质量和公众参与社会的状况。

2. 典型的见解

随着时间的推移，一大批国内外的各种学术机构、政府部门、企业和专家学者都对智慧城市提出了自己的见解，有代表性的观点见表9-2。

表9-2　对智慧城市的见解

类 属	名 称	对智慧城市的见解
学术机构	纽约州立大学	智慧城市不仅是一个技术概念，而是一个社会经济发展的概念：①智慧城市应以服务为导向，而不应以建设系统为目的；②智慧城市不仅是对一个城市的想象，而是全球性的现象；③建设智慧城市需要多部门协作；④智慧城市是指城市的演进过程，并非革命性的过程；⑤智慧城市并不是物理世界的替代品，而是物理世界和虚拟世界之间的协调
	国际电信联盟	智慧城市的定义应关注两方面的因素，即城市所期待的功能和实现的目的，其功能具体是指一个城市的市容市貌、运营情况，而目的则是建设智慧城市后所取得的收益和成效。从这两方面来看，智慧城市应能够战略性地运用各种智慧元素，如ICT，以提高城市的可持续发展能力，在提升城市功能的同时保障公民的幸福和健康
国外企业	IBM	智慧城市能够充分运用信息和通信技术手段感测、分析、整合城市运行核心系统的各项关键信息，从而对于包括民生、环保、公共安全、城市服务、工商业活动在内的各种需求做出智能响应，为人类创造更美好的城市生活
	Oracle	智慧城市是一个有前瞻性的城市，顺应全球知识经济发展的各项趋势，通过政府推动并主导，采用新一代科技手段，努力完善和变革城市生活、工作、学习和娱乐等各类社会活动方式，打造天人合一的和谐境界

（续）

类　属	名　称	对智慧城市的见解
中央部委	工信部	智慧城市是利用新一代信息技术来感知、监测、分析、整合城市资源，对各种需求做出迅速、灵活、准确反应，为公众创造绿色、和谐环境，提供泛在、便捷、高效服务的城市形态
	住建部	智慧城市是指智慧地规划和管理城镇，智慧地配置城市资源，优化城市宜居环境，提升城市文化的传承和创新，最终促进市民的幸福感提升和城市的可持续发展
地方政府	智慧北京	智慧北京是数字北京的下一个发展阶段，智慧北京的主要特征是：对城市、社会和经济更全面地感知，形成物理世界与虚拟世界的紧密联系；各种应用之间更充分地整合，形成智能化的管理体系；市民、企业界更深入地参与和互动，充分地享受信息技术带来的便捷；创造更多更好的管理与服务模式，信息化成为引领社会发展的重要力量；形成更加可持续的信息化发展方式，推动融合发展，迈向信息社会
	智慧广州	智慧城市以新一代信息技术和低碳技术引领经济社会实现发展转型，形成新型城市发展理念和发展模式，建成新一代信息通信网络国际枢纽、城市运行感知网络和智能应用服务系统，突破一批新一代信息技术，发展一批智慧型产业，构建以智慧新设施为"树根"、智慧新技术为"树干"、智慧新产业为"树枝"、智慧新应用新生活为"树叶"的智慧城市"树形"框架
院士	邬贺铨	智慧城市是城镇化进程的下一阶段，是城市信息化的新高度。无线城市、数字城市、宽带城市、物联网城市是智慧城市的必要条件。智慧城市是互联网城市，物联网是互联网应用的拓展，因此物联网是智慧城市的重要支撑。智慧城市是低碳城市、绿色城市、幸福城市，创新城市是智慧城市的应有之意。智慧城市不仅强调信息通信技术对经济社会和民生服务的重要作用，而且还应重视人力资源教育、社会资源及环境对城市发展的影响
	李德仁	智慧城市是城市全面数字化基础之上的可视化和可测量的智能化城市管理和运营，即智慧城市＝数字城市＋物联网，包括城市的信息资源、数据基础设施，以及在此基础之上建立的网络化的城市信息管理平台和综合决策支撑平台
国内企业	华为	智慧城市在广义上是指城市信息化，即通过建设宽带多媒体信息网络、地理信息系统等基础设施平台，整合城市信息资源，建立电子政务、电子商务、劳动社会保险等信息化社区，逐步实现城市国民经济和社会的信息化，使城市在信息化时代的竞争中立于不败之地。智慧城市将人与人之间的 P2P 通信扩展到了机器与机器之间的 M2M 通信，通信网＋互联网＋物联网构成了智慧城市的基础通信网络，并在通信网络上叠加城市信息化应用
	神州数码	智慧城市是智能系统和融合服务叠加作用于城市之上，包括信息技术、管理模式、文化素质、政策法规等多项内容。智慧城市应能促进经济的繁荣，提升民生的幸福，推进社会的和谐
大学学者	李重照 复旦大学	智慧城市的内涵包括信息通信技术的基础性作用、注重经济发展和鼓励创新、促进各部门间资源共享和协同作业、实现社会包容、关注人力和社会资本的作用、保护环境并合理利用自然资源等方面
	钟义信 北京邮电大学	智慧城市的内涵可以表述为：以民生需求为导向，以民众参与为前提，以智能科学技术为主导，遵循复杂系统工程方法，立足现实，放眼未来，统筹协调，合理利用和保护资源，推动基础设施现代化、社会生产力智能化、生产关系平等化和上层建筑服务化，有序持续地改善民众生存发展水平，并实现天人共赢的美好城市

从以上对智慧城市的各种见解可以看出，智慧城市是当今和未来城市发展的新理念和新模式，是推动政府职能转变、推动社会管理创新的新手段和新方法，是城市走向绿色、低碳、可持续发展的本质需求，是新一代信息技术、智能科学技术的创新应用与城市转型发展深度融合的必然结果。

值得强调的是，智慧城市是一个动态发展的过程，而不是一个确定的结果，不可能一蹴而就地建设完成。因此，智慧城市的最终目标具有动态性，其目标也是随着人们的需求变化而不断地动态调整的。而且，不断涌现的新理念、新理论、新技术、新工艺也会被应用到智慧城市的建设中，包括近几年快速发展的新的智能科学与技术（人工智能）和区块链技术。

9.3.3 智慧城市建设目标与核心特征

城市信息化是信息技术在城市发展的经济、社会、文化、生态等各个领域的不断深化应用，而智慧城市是迈向信息社会的城市信息化发展的新实践，是在电子城市、数字城市、光网城市、宽带城市、无线城市、泛在城市、智能城市等城市信息化理念上的新跃升。同时，智慧城市也是与已有的城市发展理念，包括低碳城市、知识城市、可持续发展城市、创新型城市、幸福城市、宜居城市等相互吸纳、融合后的城市发展新理念，其内涵更为丰富。

1. 智慧城市建设目标

图 9-10 所示为智慧城市的建设目标，智慧城市建设能够有效帮助城市解决五大核心系统（基础设施、资源环境、社会民生、经济产业、市政管理）及其关联所面临的挑战，形成涵盖市民、企业和政府的新城市生态系统。

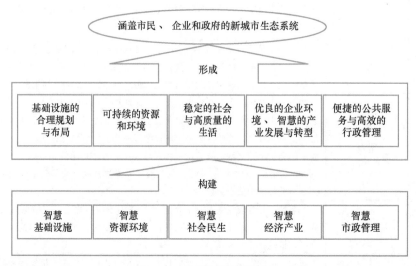

图 9-10　智慧城市建设目标

由图 9-10 可以看出，智慧城市规划与建设，就是要充分运用智能信息处理技术手段来感知、识别、分析、融合城市运行核心系统的关键信息，提升民生、环保、安全、服务、商务等质量，为市民创造出更加美好的城市生活。

2. 智慧城市的表现特征

从城市发展的维度看，智慧城市具有如下四个表现特征：

1）物理虚拟、空间一体。通过物联网、移动互联网、大数据、云计算等新一代信息技术的深入应用，促进城市实体物理空间和网络虚拟空间的一体化发展，实现物理空间和虚拟空间状态的智能感知、市民和企业需求的快速响应，保障城市安全和高效运转。

2）资源共享、协同服务。通过信息资源的有效整合和共享，以及多系统的融合和互通，促进城市从分散独立的生产制造和商务活动、部门孤岛式的社会管理，迈向协同网络化的生产经营和全方位的精细化管理，实现管理和服务的精确性和人性化，推动城市管理和服务模式改革。

3）知识驱动、发展转型。通过知识创新和应用促进经济发展高端化，以及信息基础设施建设和传统基础设施的智能化提升，拉动高端产业发展，创造更多知识型就业岗位，促进城市知识经济增长，驱动城市经济发展方式从资源获取、粗放发展向高端创新、精细发展转型。

4）互动参与、智力集聚。通过无处不在的智能手段实施参与互动、城市各领域的建设和发展，以满足公民的需求为导向，而非以政府行政管理为中心，支撑城市提供双向交互和个性化的公共服务，丰富城市幸福生活体验。通过构建高质量的居民终身学习、人才聚集和创新创业环境，不断提升居民现代文明素质，为城市持续繁荣发展提供不竭的智力资源。

3. 智慧城市的技术特征

从技术的维度看，智慧城市具有如下四个技术特征：

1）状态更加全面感知。通过物联网的感知技术，结合视频监控、网络舆情监控等方式，全面采集城市中人流、物流、信息流状态，形成城市智慧的丰富的信息源。

2）信息更加泛在互联。通过发展下一代互联网、新一代移动通信网，融合通信网、互联网和移动通信网，实现信息的实时传递和广泛互通。

3）系统更加高效协同。利用各种信息资源库和公共服务平台，结合高度集成、智能化的智能城市运行智慧中心，加强行业、部门间的资源整合、信息共享，使城市各个系统和参与者能够进行高效协作，最终达到城市运行的最佳状态。

4）决策更加科学智能。利用云计算、大数据、人工智能等技术，结合领域知识和模型构建，对城市海量信息资源和数据进行智能分析和处理，为科学决策提供支持。

9.3.4　智慧城市应用与核心技术

智慧城市的应用服务是构建面向政府、企业和公众的服务系统，依托台式计算机、笔记本计算机、智能手机、平板计算机等终端设备，向用户提供全方位、主动式的定制化应用服务。

1. 主要应用服务

智慧城市的主要应用服务如下：

1）智慧公共服务。通过加强就业、医疗、文化、安居等应用系统建设，提升城市建设与管理的规范化、精准化和智能化水平，有效促进城市公共资源在全市范围内共享，促进城市人流、物流、信息流、资金流的协调高效运行，在提升城市运行效率和公共服务水平的同时，推动城市发展转型升级。

2）智慧社会管理。建设市民呼叫中心，拓展服务形式和覆盖面，采用语音、传真、电子邮件、智能自助和人工服务等多种咨询服务方式，提供生产、生活、政策和法律法规等多方面咨询服务。开展司法行政法律帮扶平台、职工维权帮扶平台等公共服务平台建设，打造覆盖全面、及时有效、群众满意的公共服务载体。

3）智慧企业服务。完善政府门户网站群、网上审批、信息公开等公共服务平台建设，推进"网上一站式"行政审批及其他公共行政服务，增强信息公开水平，提高网上服务能力。着力推进中小企业公共服务平台建设，提高中小企业在产品研发、生产、销售、物流等多个环节的工作效率。

4）智慧安居服务。充分考虑公共区、商务区、居住区的不同需求，融合应用物联网、互联网、移动通信等各种信息技术，发展智慧社区政务、智慧家居系统、智慧楼宇管理、智慧社区服务、社区远程监控、安全管理、智慧商务办公等智慧社区应用系统，使居民可就近获得所需服务。

5）智慧教育服务。完善城市教育城域网和校园网工程，重点建设教育综合信息网、网络学校、数字化课件、教学资源库、虚拟图书馆、教学综合管理系统、远程教育系统等智慧教育资源及共享应用平台。大力推进再教育工程，提供多渠道的教育培训就业服务，建设终身学习型智慧社会。

6）智慧文化服务。推进先进网络文化的发展，加强信息资源整合，完善公共文化信息资源服务体系建设。构建旅游公共信息服务平台，提供更加方便快捷的旅游服务，提升旅游文化品牌。

7）智慧服务管理。通过示范带动和信息化深入应用，推进传统服务企业经营、管理和服务模式创新，实现智慧物流、智慧贸易、智慧服务，加快向现代智慧服务产业转型。

8）智慧医疗服务。构建以区域化卫生信息管理为核心的信息平台，建立居民电子健康档案，推进远程挂号、数字远程医疗、图文体检诊断系统等智慧医疗系统建设，有效提升医疗健康服务水平，增强突发公共卫生事件的应急处理能力。

9）智慧交通服务。建立以交通引导、应急指挥、智能出行、出租车和公交车管理等为重点的、统一的智能化城市交通综合管理和服务系统，实现交通信息的充分共享、交通状况的实时监控及动态管理，确保交通运输安全、畅通。

10）智慧农村服务。建立面向新农村的公共信息服务平台，整合各类信息资源，为广大农民提供政策咨询、技术辅导、气象发布、卫生保健、村务公开等综合信息，提升三农的智慧服务水平。

11）智慧安防服务。整合公安监控和社会监控资源，建立基层社会治安综合治理管理信息平台，完善公共安全应急处置机制，提高对各类事故、灾害、疫情、案件和突发事件的防范和应急处理能力。

12）智慧政务服务。推进政府智能办公、智能监管、智能服务和智能决策四大主体电子政务系统建设，深化"互联网+"政务服务改革，提高政府部门工作效率，提升服务水平和公众的满意度。

上面所述只是智慧城市的12个主要应用服务，或者说涉及了智慧城市主要的智慧服务体系建设。

2. 主要核心技术

智慧城市众多的智慧应用系统建设都需要智能科学与技术等核心技术的支持，归纳起来智慧城市建设所涉及的主要核心技术如下：

1）智能感知识别技术。通过物联网采集的信息均需解决智能识别问题，这就需要提供各种智能识别技术，如射频识别技术、条码识别技术、各种专用传感器识别技术、视频分析识别技术、无线定位识别技术等。

2）智能移动计算技术。智慧城市首先是无线城市，无线移动计算的智能化代表着下一代移动计算的发展方向，这其中存在着众多智能化的难题需要解决，比如各种移动智能终端的开发，以及身份识别、远程支付、移动监控等智能软件的开发等。

3）智能信息融合技术。智慧城市建设中涉及大量不同类型的信息处理，需要将不同来源、不同格式、不同时态、不同尺度、不同专业的数据在统一的框架下进行处理，这就需要智能信息融合技术来实现，包括底层原始数据融合、中层特征数据融合以及高层的决策数据融合多个层次。

另外，由于数据处理规模庞大、关系复杂、交流频繁，因此需要建立云计算数据中心，以保障诸功能系统的有效运行。并以此为依托，建立信息网络平台、公用信息平台、决策支持平台和空间信息平台，包括建立相应的智能信息处理中心，如智能网络互联中心、身份认证中心、信息资源管理中心、智能服务中心、互联网数据中心、智能决策支持中心等，构成庞大的智慧城市数据处理支撑体系。

可以预见，随着智能科学与技术和其他科技的加速融合与发展，智能家居的逐渐普及，以及智慧城市建设的不断完善，人类社会正在日益逼近新一轮变革的临界点，继农业社会、工业社会、信息社会之后的一种更为高级的社会形态——智能社会——正在加速到来。

9.4　智能科学与技术产业及发展展望

智能科学与技术产业作为全球性的新兴产业，学界对其内涵和外延研究并不多。一般来说，智能科学与技术产业的内涵和外延是相对的，相互之间存在一种制约的关系。根据主流的观点，本书将智能科学与技术的内涵定义为其产业的本质特征，包括特征及属性。智能科学与技术产业的外延，主要是指与其内容相关的数量及范围。

9.4.1　智能科学与技术产业

1956 年提出人工智能概念，经过了几十年的起伏跌宕发展。近年来，随着信息技术的快速发展和互联网的迅速普及，以人工智能为主要标志的智能科学与技术迎来了高速发展期。世界各国均把发展人工智能作为提升国家竞争力、维护国家安全的重大战略。美国、德国、英国、日本等发达国家先后发布了一系列人工智能战略，大力推进人工智能向前发展。

我国同样高度重视人工智能发展，2015 年后密集发布了一系列人工智能相关的政策和规划。《新一代人工智能发展规划》（国发〔2017〕35 号）提出了我国人工智能发展战略和目标计划，到 2030 年我国在人工智能理论、技术与应用等领域总体达到世界领先水平，成为世界主要人工智能创新中心，智能经济、智能社会取得明显成效，为跻身创新型国家前列和经济强国奠定重要基础。2017 年 12 月，工信部发布的《促进新一代人工智能产业发展三年行动计划（2018—2020 年）》提出：促进人工智能产业发展，提升制造业智能化水平，推动人工智能和实体经济深度融合。

有赖于近几年我国互联网行业的迅猛发展，一大批互联网科技公司积累了一定的用户数据和研究资本，而且吸引了大量专业技术人才为其进行人工智能方面的研发。虽然较于美国等发达国家，中国高校在人工智能领域的课程较为分散，智能科学与技术相关专业人才培养格局也是在近几年才逐步布局完善的。但在国家政策的激励和引导下，国内大批企业和创新领军人才都在争相进军智能科学与技术领域。而且《中国制造 2025》的发布，更是促使国内众多大企业凭借自身的资金实力和科研能力，加速布局智能科学与技术产业链，以获取巨大的经济和社会效益。

1. 智能科学与技术产业内涵

通常情况下，产业之间主要以核心技术和工艺为依据划分产业层次，即以核心技术划分产业。因此，智能科学与技术产业的核心是基于其技术本身，由使用核心技术的产品和服务所构成的产业，包含对外提供的产品、以平台的方式对外提供的服务、解决方案或集成服务三种类型。智能科学与技术产业包括数字资源、计算引擎、算法、技术、基于智能原理与算法和技术进行研究及拓展应用的企业以及应用领域。

2. 智能科学与技术产业生态

从产业生态角度，将智能科学与技术产业分为三个层次，即核心业态、关联业态、衍生业态。其中，核心业态主要包括基础设施、信息及数据、技术服务、产品。关联业态主要涉及软件开发、信息技术、电子材料、系统集成等。衍生业态主要涉及智能制造、智能家居、智能金融、智能交通、智能医疗等行业应用。

从技术结合角度，智能科学与技术产业外延是指相关核心技术集成的产业，或与其他技术相结合的研究与应用的相关产业，既包括机器人产业与智能系统产业，也涵盖智能科学与技术在物联网、大数据、云计算、区块链，以及其他科技领域的研究与应用产业。

从行业交叉角度，智能科学与技术产业是指智能科学与技术和其他行业交叉结合发展，例如工业、农业、教育、金融、医疗、物流、社会治理、城市建设等，反映了大数据背景下，智能科学与技术产业发展和其他领域相互融入、相互结合，形成了多元化的产业生态。

3. 智能科学与技术产业链

产业链是各个产业主体（部门）之间基于一定的技术经济关联，依据特定的逻辑关系和时空布局关系客观形成的链条式关联关系形态。纵观智能科学与技术产业发展情况，可以将产业链自下而上划分成三层：基础层产业、技术层产业和应用层产业，如图 9-11 所示。

1）基础层产业。基础层是推动智能科学与技术发展的基石，提供算力（感知智能、计算智能、认知智能）。主要包括传感器、芯片、泛在网络、云计算、存储、普适计算、脑科学、大数据、分析挖掘平台等相关产业。虽然集成电路芯片等相关技术掌握在 IBM、英伟达、英特尔、谷歌等国外巨头手中，但近几年国内企业奋起直追、发展迅猛，尤其在网络通信、云计算、大数据等细分产业逐步掌握了主动权，而且在脑科学研究方面，进展与国外并驾齐驱。

2）技术层产业。解决技术支撑问题，主要提供算法、模型、技术架构和通用技术。这一层主要依托技术架构、算法模型和数据资源进行海量识别训练和机器学习建模，开发面向不同领域的通用技术，该层的细分领域竞争激烈。技术架构平台包括 TensorFlow、Caffe2、PyTorch、Torchnet 以及百度的 Paddle 等。算法模型包括神经网络、聚类、决策树、支持向量机等。通用技术包括机器视觉、机器听觉、自然语言处理、机器学习、知识图谱等。国内

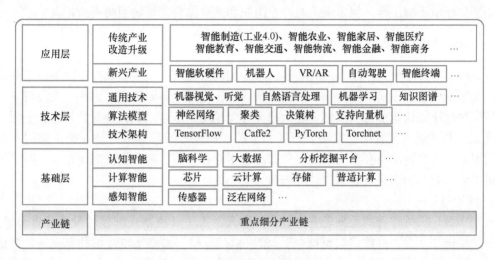

图 9-11　智能科学与技术产业链

外科技巨头，如谷歌、IBM、亚马逊、苹果、阿里巴巴、百度、腾讯都在该层深度布局。国内企业近年来发展迅速，主要聚焦在计算机视觉、语音识别和自然语言处理等领域，除了百度、阿里巴巴、腾讯（BAT）之外，还涌现了如商汤、旷视、科大讯飞等诸多独角兽公司。

3）应用层产业。解决实践问题，主要提供应用场景（应用智能科学与技术促使传统产业升级改造、培育新兴产业）。应用层运用智能科学与技术针对行业提供产品、服务和解决方案，其核心是商业化应用。应用层企业将智能科学与技术集成到自己的产品和服务中，从特定行业或应用场景切入（工业、农业、教育、金融、医疗、物流、社会治理、城市建设等）。应用层市场空间巨大，参与企业众多，通过整合各种资源，发展垂直应用，最终达到解决行业痛点、实现场景落地的目的。从全球来看，应用层的中国企业规模和数量占比最大，而且取得的成就也是最为耀眼的。

基础层产业、技术层产业、应用层产业形成了一个完整的产业链，分别提供智能科学与技术所需的算力、算法和应用场景，并且相互促进。

4. 智能科学与技术产业发展

目前，智能科学与技术逐渐走向应用，取得了飞速发展，但是，现阶段仍是以特定应用领域为主。未来，智能科学与技术产业有望持续快速扩张，成为全球经济发展的新引擎，同时带来全球产业结构和产业生态的重塑。目前，我国智能科学与技术产业的发展态势可以简单总结为以下三点：

1）地方产业布局加速完善。在国家政策的激励和指引下，各地的智能科学与技术产业区域布局日趋完善。目前，我国已形成以北京、上海、深圳为核心，京津冀地区、长三角地区和粤港澳大湾区协同发展的智能科学与技术产业区域布局。

2）逐步迈入大规模商用阶段。随着智能科学与技术不断发展，越来越多成熟的产品和服务涌入消费市场，以及智能科学与技术应用所带来的社会、经济、产业、企业和人力资源的变革，都喻示智能科学与技术已经逐步迈入大规模商业化应用阶段。

3）改变产业组织和就业结构。智能科学与技术的大规模商业化应用给产业组织和就业结构带来了冲击，促使其重构。虽然目前受影响较大的是人类不愿从事或难以招聘的工种，如恶劣环境下的工作，但未来，对产业组织和就业结构的影响面将逐渐扩大。

9.4.2 智能科学与技术发展展望

智能科学与技术研究涉及人类智能和机器智能两大领域。人类智能在生理基础与外部环境共同作用下产生，在实践、认识、再实践和再认识过程中不断提高。因此，人类对于自身和外界事物规律的认识能力以及创造能力是无穷无尽的，也可以说人类智能不存在上限。机器（人工）智能是人类智能的模仿、扩展和延续，在技术方面能够弥补人类智能的不足且为人类服务。人类智能不存在上限，机器智能也不存在上限，两种智能需要相互协同，为人类创造更多的有利因素来发展多样性的未来。

1. 挑战与机遇

长期来看，人类智能的发掘还有待进一步深入，人工（机器）智能的发展任重而道远。第一，区块链技术能否打破"数据壁垒"、解决信任危机，最终实现数据共享流通，帮助各个领域、行业合作研发出更加综合全面的人工智能产品，还有待验证。第二，近年来人工智能只是在部分领域小规模应用取得初步成功，为了使人工智能更好地给各行各业赋能，探索出各行各业、各领域可规模化应用的方案将是一大挑战。第三，人工智能关键技术的研发和突破离不开智能科学与技术及相关专业人才的努力，未来的智能科学与技术及相关专业人才培养将是无法回避的重大问题。第四，很多人仍然对未来的人工智能发展持有威胁论的看法，未来能否研发出具有自主学习和生物特性的超级人工智能？以及从伦理上来说，当人工智能足够发达、人类智能与人工智能界限模糊的时候，又该如何平衡两者的关系？这些可能都是未来需要思考的问题。

目前，智能科学与技术所包含的人类智能和机器智能是信息社会中是最热门和最有发展前景的领域之一，利用智能技术赋能各行各业不仅可以缓解人类的脑力劳动，更会大幅提高社会生产力，提供足够的资源和时间使人类进行更多的技术创新与突破，从而实现良性循环。当然，智能技术与历史上其他任何新兴技术应用一样，在给人类活动带来巨大进步的同时，也必然会对人类社会原有秩序带来一定的冲击。比如人工智能在工业上的大规模应用可能会造成部分人失业，在军事领域应用可能会加剧军备竞赛，人机结合技术甚至会对人类传统社会伦理道德带来挑战。这些问题必须引起我们的高度重视和戒备，在大力研究和发展智能科学与技术的同时，把其可能产生的副作用控制在最小范围之内。

综合智能科学与技术的发展历史和脉络，未来的发展趋势必将是人机智能的不断融合促进，这种认知得到了业界的普遍认可。人机融合智能，简单地说就是充分利用人和机器的长处形成一种新的智能形式。未来，人机结合技术的实现将会变得尤为重要。

在教育方面，人机结合技术能使学习知识变得极其容易。例如在人类身上安装人机接口，所有外界知识都可通过电子信息自由转换为人脑中的信息，甚至人与人之间进行联机组成脑联网进行知识的共享。人机结合技术将会完全改变现有的知识教育体系，任何理论性知识都可简单获取。在医学方面，人机结合技术将有望大大延长人类寿命，人造器官将可以更换成更坚硬和更多功能的精密器械，从而使人类生命不再那么脆弱。让航空航天、潜水等复杂活动不借助任何笨重的工具就可实现，让人类在极地、高山、沙漠等恶劣气候下生存难度大大降低。甚至在外星探索方面，利用人机结合技术在外星球上建造人工生命的机器人将会是最可靠和有效的技术，使人类开辟外星家园成为可能。

鉴于篇幅所限，下面仅介绍脑与认知科学、类脑智能和人工智能芯片三项关键理论与技术的发展展望。

2. 脑与认知科学发展展望

业界普遍认为，智能科学与技术未来的演进方向是计算智能、感知智能和认知智能，欲实现突破就是要让计算机能真正进行理解、思考和自我学习。然而，无论是原理性设计（如智能芯片或智能机器等），还是工程化设计，智能科学与技术都需要脑与认知科学的理论和技术支撑，为发展类脑计算系统及器件、摆脱传统计算机架构的束缚提供重要的依据。

美国、日本、欧盟等都有脑研究计划，虽然各有侧重，但研究方向、研究内容都与我国脑计划的"一体""两翼"大致相同。

1）"一体"，理解脑：阐明脑认知功能的神经基础和工作原理。脑认知功能包括基本认知功能和高级认知功能，基本的脑认知功能是指感知觉、学习和记忆、情绪和情感、注意和抉择。果蝇、小鼠、猴子等很多动物都有这种基本认知功能。高级的脑认知功能只有灵长类以上比较高等的动物才有，包括共情心与同情心、社会认知、合作行为、各种意识和语言。鉴于涉及伦理问题，需要通过动物研究大脑神经元的信息处理机制，绘制出人类大脑神经网络（细胞层面）全景式图谱，包括结构图谱和活动图谱。

2）"第一翼"，保护脑：促进智力发展，防治脑疾病和创伤。幼年期的自闭症或者孤独症与智障，中年期的抑郁症和成瘾，以及老年期的阿尔茨海默病与帕金森病等退行性脑疾病等，都属于重大脑疾病。对于这些重大脑疾病，只有充分了解机理，才能找到最有效的解决方法。因此，研究脑疾病的诊断与治疗，保护好大脑，维持大脑的正常功能，延缓大脑退化，防止脑疾病的产生等都是健康生活所必需的。

3）"第二翼"，模拟脑：研发类脑计算方法和人工智能系统。人工智能技术近年来受到越来越多的关注，脑科学和类脑智能技术二者相互借鉴、相互融合的发展是近年来国际科学界涌现的新趋势。主要包括：脑机接口和脑机融合新模型、新方法；脑活动（电、磁、超声等）调控技术；新一代人工网络计算模型和类脑计算系统；类神经元的处理器、存储器和类脑计算机；类脑智能体和新型智能机器人；大数据信息处理和计算新理论；等等。

进入 21 世纪，一些认知科学家将脑科学与心理学、计算机科学等研究的高度结合看作第三代认知科学的发展契机。第三代认知科学是在认知神经科学研究的基础上，结合高科技的脑成像技术和计算机神经模拟技术，阐释人的认知活动、语言能力与脑神经的复杂关系，揭示人脑高级功能秘密。具体来说，就是运用新技术研究大脑活动，并利用计算机进行人脑模拟，揭秘人类语言、情绪、思维、决策等高级功能的认知过程。在第三代认知科学中，认知神经学和计算机科学是当之无愧的核心，语言学、心理学、人类学、教育学为认知研究提供有价值的研究问题和研究对象。

由此可以看出，智能科学与技术发展所面临的新瓶颈需要从脑科学、神经科学、认知科学等领域获得启发，而智能科学与技术的发展也可以帮助这些领域取得进一步的突破。

3. 类脑智能发展展望

类脑智能是以计算建模为手段，受脑神经机制和认知行为机制启发，并通过软硬件协同实现的机器智能。类脑智能系统在信息处理机制上类脑，认知行为和智能水平上类人，其目标是使机器以类脑的方式实现各种人类具有的认知能力及其协同机制，最终达到或超越人类的智能水平。

经过几十年的发展，类脑智能研究已经取得了阶段性的进展，但是目前仍然没有任何一个智能系统能够接近人类水平，具备多模态协同感知、协同多种不同认知能力，对复杂环境具备极强的自适应能力，对新事物、新环境具备人类水平的自主学习、自主决策能力，等等。在未来，类脑智能研究将重点聚焦在如下五个重要研究方向：

1）认知脑计算模型的构建。在未来认知脑计算模型的研究中，需要基于多尺度脑神经系统数据分析结果对脑信息处理系统进行计算建模，构建类脑多尺度神经网络计算模型，在多尺度模拟脑的多模态感知、自主学习与记忆、抉择等智能行为能力。

2）类脑信息处理。类脑信息处理的研究目标是构建高度协同视觉、听觉、触觉、语言处理、知识推理等认知能力的多模态认知机。具体而言，就是借鉴脑科学、神经科学、认知脑计算模型的研究结果，研究类脑神经机理和认知行为的视听触觉等多模态感知信息处理、多模态协同自主学习、自然语言处理与理解、知识表示与推理的新理论、新方法，使机器具有环境感知、自主学习、自适应、推理和决策的能力。

3）类脑芯片与类脑计算体系结构。未来类脑芯片的发展，应受脑与神经科学、认知脑计算模型、类脑信息处理研究的启发，探索超低功耗的材料及其计算结构，为进一步提高类脑计算芯片的性能奠定基础。国际上一个重要趋势是基于纳米等新型材料研制类脑忆阻器、忆容器、忆感器等神经计算元器件，从而支持更为复杂的类脑计算体系结构的构建。

4）类脑智能机器人与人机协同。类脑智能机器人的研究不但要在机理上使其多尺度地接近人类，还要构建机器人自主学习与人机交互平台，使机器人在与人及环境自主交互的基础上实现智能水平的不断提升，最终甚至能够通过语言、动作与行为等与人类协同工作。

5）类脑智能的应用。类脑智能未来的应用重点应是适合于人类相对计算机更具优势的信息处理任务，如多模态感知信息（视觉、听觉、嗅觉、触觉等）处理、语言理解、知识推理、类人机器人与人机协同等。即使在大数据（如互联网大数据）应用中，大部分数据也是图像视频、语音、自然语言等非结构化数据，需要类脑智能的理论与技术来提升机器的数据分析与理解能力。

4. 人工智能芯片发展展望

目前，并没有一个公认的人工智能芯片（AI芯片）定义，广义上可以认为"所有面向AI应用的芯片都可以称为AI芯片"。AI芯片设计方案繁多，包括但不限于GPU、FPGA、ASIC、DSP等。按设计思路主要分为三大类：专用于机器学习尤其是深度神经网络算法的训练和推理用加速芯片；受生物脑启发设计的类脑仿生芯片；可高效计算各类人工智能算法的通用AI芯片。

近几年，AI芯片在工艺、器件、芯片架构、算法等关键技术方面取得了巨大进展，主要应用在ADAS（高级驾驶辅助系统）、智能手机、安防监控、计算机视觉（Computer Vision，CV）设备、VR设备、语音交互设备等领域。国内代表性企业包括中科寒武纪、中星微、地平线机器人、深鉴科技、灵汐科技、启英泰伦、百度、华为等，国外包括英伟达、AMD、Google、高通、英特尔、IBM、ARM、CEVA、MIT/Eyeriss、苹果、三星等。

目前主流AI芯片的核心主要是利用乘加计算（Multiplier and Accumulation，MAC）加速阵列来实现对CNN中最主要的卷积运算的加速。这一代AI芯片主要存在如下三个方面的问题：

1）深度学习计算所需数据量巨大，造成内存带宽成为整个系统的瓶颈，即所谓内存墙

（Memory Wall）问题。

2）内存大量访问和 MAC 阵列的大量运算，造成 AI 芯片整体功耗增加。

3）新算法在已经固化的硬件加速器上无法得到很好的支持，即性能和灵活度之间的平衡问题。

因此，未来 AI 芯片可能会有如下发展趋势：更高效的大卷积解构/复用、更低的推断（Inference）计算/存储位宽、更多样的存储器定制设计、更稀疏的大规模向量实现、计算和存储一体化。在结构上，神经形态芯片、可重构计算芯片也在研发中。

神经形态芯片是指颠覆经典的冯·诺依曼计算架构，采用电子技术模拟已经被证明了的生物脑的运作规则，从而构建类似于生物脑的芯片。这种芯片具有如下特点：计算和存储融合，突破 Memory Wall 瓶颈；去中心化的众核架构，强大的细粒度互联能力；更好的在线学习能力等。

可重构计算芯片也叫作软件定义芯片，主要针对目前 AI 芯片存在的如下问题和任务需求：高效性和灵活性难以平衡；复杂的 AI 任务需要不同类型 AI 算法任务的组合；不同任务需要的计算精度不同等。可重构计算芯片的设计思想在于软硬件可编程，允许硬件架构和功能随软件变化而改变，从而可以兼顾灵活性和实现超高的能效比。

✎ 思考题与习题

9-1　填空题

1）医学专家系统通常由（　　）、（　　）、（　　）、（　　）及解释和输入输出接口组成。

2）Agent 的四个主要特性分别是（　　）、（　　）、（　　）和（　　）。

3）智能控制是（　　）、（　　）和（　　）的交叉，即三元论。

4）群智感知计算的三要素是（　　）、（　　）和（　　）。

5）群智感知计算依数据来源方式分为（　　）和（　　）两种模式。

6）一项任务在通用的参与式群智感知平台上的生命周期分为四个阶段，分别是（　　）、（　　）、（　　）和（　　）。

7）智能家居系统主要包括（　　）、（　　）、（　　）、（　　）、家庭娱乐子系统、健康咨询子系统以及家政服务子系统等。

8）智慧城市通过物联网的感知技术，结合视频监控、网络舆情监控等方式，全面采集城市中（　　）、（　　）、（　　）状态，形成城市智慧的丰富的信息源。

9）智能科学与技术产业链自下而上划分成三层，分别是（　　）、（　　）和（　　）。

10）大脑认知功能包括（　　）和（　　）两种，对于后者只有灵长类以上比较高等的动物才有。

9-2　请画出 Agent 的基本结构，并简述其工作原理。

9-3　请画出模糊控制原理框图，并简述其工作过程。

9-4　请给出分层递阶智能控制系统框图，并简述组织级、协调级和执行级功能。

9-5 请简述参与式群智感知计算的基本流程。

9-6 请简单论述感知任务分配与激励机制。

9-7 你认为智慧家居应该拥有哪些功能？

9-8 请简述智慧城市的表现特征。

9-9 请简述智慧城市的技术特征。

9-10 你接触或了解过智能科学与技术产业链上的某家企业吗？请简单介绍一下该企业的产品、销售与应用情况。

参考文献

[1] 王国强. 医学人工智能的发展 [J]. 张江科技评论, 2019 (3)：70-75.

[2] 卢培佩, 胡建安. 计算机专家系统在疾病诊疗中应用和发展 [J]. 实用预防医学, 2011 (6)：1167-1171.

[3] 耿朝阳, 刘德明. 嵌入式装备故障诊断专家系统 [J]. 西安工业大学学报, 2013 (11)：889-894.

[4] 张寅生, 唐跃平. 智能 Agent 与 Agent 系统 [J]. 计算机系统应用, 1998 (7)：2-4.

[5] 杨鲲, 霍永顺, 刘大有. Agent：特性与分类 [J]. 计算机科学, 1999 (9)：30-34.

[6] 刘明. 多 agent 技术的研究与应用 [J]. 科技信息, 2010 (11)：51, 178.

[7] 杨冠慰, 杜友福, 郭亮. 多 Agent 系统的研究 [J]. 电脑知识与技术, 2008 (11)：322-323.

[8] 王晶, 刘玮, 吴坤, 等. 异构 Agent 协作的研究进展 [J]. 武汉工程大学学报, 2017 (4)：378-386.

[9] 刘金琨. 智能控制 [M]. 4 版. 北京：电子工业出版社, 2017.

[10] 蔡自兴, 等. 智能控制原理与应用 [M]. 2 版. 北京：清华大学出版社, 2014.

[11] 成思危. 广义智慧城市导论 [M]. 北京：人民出版社, 2017.

[12] 周昌乐. 智能科学技术导论 [M]. 北京：机械工业出版社, 2015.

[13] 任恒娜. 我国人工智能产业发展的若干问题研究 [J]. 经济研究导刊, 2019 (24)：29-31.

[14] 纪汉霖, 黄嘉冬. 我国人工智能产业发展及应用研究 [J]. 软件导刊, 2019 (3)：34-38.

[15] 于申, 杨振磊. 全球人工智能产业链创新发展态势研究 [J]. 天津经济, 2019 (5)：13-18.

[16] 张鑫. 2019 全球人工智能产业发展回顾与展望 [J]. 新经济导刊, 2019 (4)：46-50.

[17] 周臻泽, 陈加洲. 智能及未来发展趋势探究 [J]. 电子商务, 2019 (1)：59-60.

[18] 王启睿. 智能科学与技术的现代应用与未来发展 [J]. 电子技术与软件工程, 2018 (2)：248-249.

[19] 蒲慕明. 脑科学研究的三大发展方向 [J]. 中国科学院院刊, 2019 (7)：807-813.

[20] 蒲慕明. 脑科学的未来 [J]. 心理学通讯, 2019 (2)：80-83.

[21] 李曼丽, 丁若曦, 张羽, 等. 从认知科学到学习科学：过去、现状与未来 [J]. 清华大学教育研究, 2018 (4)：29-39.

[22] 曾毅, 刘成林, 谭铁牛. 类脑智能研究的回顾与展望 [J]. 计算机学报, 2015 (1)：212-222.

[23] 安宝磊. AI 芯片发展现状及前景分析 [J]. 微纳电子与智能制造, 2020 (1)：91-94.

[24] 刘衡祁. AI 芯片的发展及应用 [J]. 电子技术与软件工程, 2019 (22)：91-92.

[25] 朱海涛. AI 芯片的应用与发展趋势 [J]. 中国安全防范技术与应用, 2019 (5)：44-49.